과학의 윤리

더욱 윤리적인 과학을 향하여

나남
nanam

한국연구재단 학술명저번역총서
서양편 381

과학의 윤리
더욱 윤리적인 과학을 향하여

2016년 2월 20일 발행
2016년 2월 20일 1쇄

지은이_ 데이비드 레스닉
옮긴이_ 양재섭・구미정
발행자_ 趙相浩
발행처_ (주) 나남
주소_ 413-120 경기도 파주시 회동길 193
전화_ (031) 955-4601 (代)
FAX_ (031) 955-4555
등록_ 제 1-71호 (1979.5.12)
홈페이지_ http://www.nanam.net
전자우편_ post@nanam.net
인쇄인_ 유성근 (삼화인쇄주식회사)

ISBN 978-89-300-8828-2
ISBN 978-89-300-8215-0 (세트)

책값은 뒤표지에 있습니다.

'한국연구재단 학술명저번역총서'는 우리 시대 기초학문의 부흥을 위해
한국연구재단과 (주)나남이 공동으로 펼치는 서양명저 번역간행사업입니다.

과학의 윤리

더욱 윤리적인 과학을 향하여

데이비드 레스닉 지음 | 양재섭 · 구미정 옮김

나남
nanam

The Ethics of Science
An Introduction
by David B. Resnik

이 책을 쓰도록 힘을 북돋아 주신
무리엘 레스닉(Muriel Resnik) 할머니를 그리워하며

하루가 멀다 하고 각종 과학뉴스가 쏟아져 나온다. 현대인에게 과학은 알게 모르게 일상생활의 중요한 일부가 되었다. 과학기술은 흔히 인간의 삶을 더욱 편리하고 안전하게 이끈다는 대중적 환상과 함께 지지와 환영을 받고 있으며, 따라서 그 위상은 한껏 높아졌다. 17세기 과학혁명 이래 과학은 다른 학문영역의 발전 속도가 미처 따라잡지 못할 정도로 놀라운 변신을 거듭해 왔고, '빛의 속도'로 내달리는 과학의 성과로 인해 인류의 삶의 질이 높아진 것은 부인할 수 없는 사실이다. 그러나 과학의 진보와 함께 갖춰야 할 윤리적 소양 역시 중요한 요소일 것인데, 과학문명이 절정을 향해 달려가는 그 이면에 윤리의 부재성이 동반되었다. 현대의 '사제'(司祭)가 되어 버린 과학에 대한 무의식적 동의가 일반화된 사회에서 과학은 독단적 혹은 독선적 행보를 내디딜 수 있었다. 이제 눈을 번쩍 뜨고 앞뒤좌우를 살펴볼 때가 되었다.

한국의 과학계는 2004년 이른바 '황우석 사태'로 인한 충격으로부터 그나마 다행스럽게 근본적인 성찰의 기회를 가졌다. 위기를 기회로 삼아 과학이 윤리에 관심을 보이기 시작했고 학계, 교육계와 정부가 함께 기초부터 다지기 시작하여 이제 어느 정도 토대를 마련했다고 생각한다. 그러나 과학윤리의 구조 자체가 대단히 복잡하고 여러 학문 분야가 얽혀 있기에 지속적인 관심과 연구가 필요함은 다시 말할 나위가 없다. 과학자도 1명의 인간이라는 점, 자신이 하는 일로 생계수단을 삼는 직업인이라는 점이 종종 간과되는 것은 그만큼 과학에 대한 대중의 신뢰가 깊기 때문일 것이다. 그러나 바로 그러한 이유로 과학은 대중을 기만해서는 안 되고 인류의 미래를 유린해서도 안 된다. 더 나아가 오늘의 과학은 많은 경우 기업, 군 또는 정부와 관련되어 있으며, 그 연구결과가 사회 전반에 걸쳐 포괄적인 영향력을 행사할 수 있기 때문에, 과학자에게는 더욱 엄중한 윤리적 책임이 요구된다고 하겠다.

이러한 맥락에서 데이비드 레스닉(David B. Resnik) 교수의 역작인 《과학의 윤리》(*The Ethics of Science: An Introduction*)는 과학자는 물론 과학의 시대를 살아가는 일반 교양인에게도 필수품으로 다가온다. 그것이 미국 사회에 공헌했듯이 우리 사회에도 크게 공헌하리라 기대되는 것이다. 이 책은 비단 과학자들뿐만 아니라 일반 시민들에게도 과학윤리에 대한 기본 지식과 정보를 제공하기에 부족함이 없을뿐더러, 과학 분야에서 발생할 수 있는 다양한 윤리적 쟁점을 포괄적으로 이해하고 해결할 수 있도록 안내하는 길라잡이가 될 것으로 믿어 의심치 않는다. 이 책을 통해 과학자 또는 과학 관련 종사자들은 자신의 일을 수행할 때 어떠한 윤리적 덕목을 배양해야 하는지를 분명히 깨닫게 될 것이다. 그런가 하면, 일반인의 경우에는 이른바 가치중립적이며 객관적이라고 간주되는 과학이 어떠한 비윤리적 유혹에 빠져들 수 있는지를 명확히 인식함으로써, 과학의 사회적 책임성을 각성하며, 또한 과학을 감시할 수 있는 전망을 얻게 될 것이다.

그동안 국내 대학에서 과학윤리 관련 과목들이 개설되고 몇몇 연구자와 강의 담당 교수들의 헌신적인 노력으로 토대가 구축되었으며, 정부의 관련 부처도 나름대로 노력을 기울인 덕분에 제법 교육의 환경이 호전되긴 했다. 하지만 아직도 과학윤리에 대한 이해를 확장하기에는 먼 길이 남아 있다고 생각한다. 더구나 교과서적 기본서를 만들기에는 여러 가지 어려움이 있기에 과학윤리의 여러 문제를 두루 집대성한 이 책이 출간되어 대학 강의를 위한 교재로, 또 이 분야에 관심 있는 일반인들을 위한 교양서로 폭넓게 활용된다면, 옮긴이들로서는 더없는 기쁨이 되겠다.

이 책의 번역작업은 한국연구재단 동서양학술명저 지원사업의 일환으로 진행되었다. 연구비를 지원받은 시점에서 일찍이 초고를 완성하고 심사를 거쳤으나 옮긴이들의 게으름으로 출판이 늦어진 점 머리 숙여 사과드리며 관계 기관과 독자들의 헤아림을 부탁드린다. 책의 성격에 맞게, 그리고 오역을 최대한 방지하기 위하여 과학자와 윤리학자가 함께 머리를 맞대고 번역했다는 사실도 여기에 기록해 두고자 한다. 두 옮긴이는 이 책의 번역에 앞서 이미 《기초생명윤리학》(대구대학교출판부, 2003) 과 《생명의 해방: 세포에서 공동체까지》(나남출판, 2010)를 공동 번역한 경험이 있기에, 이번 작업 역시 즐겁게 수행할 수 있었다. 번역과정에서 특히 과학전공자는 원서에 제시된 과학 관련 용어와 사례에 대하여, 또 윤리전공자는 윤리 관련 용어와 이론에 대하여 정확한 해석 및 해설을 제공하는 데 심혈을 기울였다. 그런데도 오류나 실수가 발견된다면 그건 순전히 역자들이 과문한 탓이므로, 독자들의 너른 이해와 용서를 바란다. 아울러 번역 초고를 먼저 읽고 꼼꼼히 조언해 주신 익명의 동료심사자들께 이 자리를 빌려 감사의 인사를 전한다. 동료심사제도가 있다는 것은 스스로의 시각과 경험에 매몰된 연구자들이 객관적인 시야를 확보하게 해준다는 점에서 대단히 유익하다고 생각한다.

과학윤리라는 미지의 학문영역을 항해하는 일에서 나침반과 지도만 손에 있다면 아무것도 두려울 게 없을 것이다. 더구나 그 나침반이 최고 성능을 자랑하며, 그 지도가 지루할 새 없이 흥미진진한 이야깃거리를 담고 있다면, 항해의 즐거움이 배가될 것은 틀림없는 사실이다. 이 항해에 독자들을 초대한다. 이 책이 훌륭한 나침반과 지도 역할을 해줄 것이다. 이 책에 담긴 지혜가 이 땅의 과학계를 밝게 빛내 주기를 소원해 본다.

2015년 12월
옮긴이를 대표하여
양재섭 드림

과학의 윤리

더욱 윤리적인 과학을 향하여

차례

제1장

과학과 윤리

지난 10년 동안, 과학자와 일반 시민, 그리고 정치가들은 과학연구에
서 윤리적 중요성을 점차 인식하게 되었다. 이렇게 관심이 증가한 데는
다음의 몇 가지 경향이 기여했다. 첫째, 신문마다 과학 분야에서 제기된
윤리문제에 관한 기사를 많이 취급했다. 가령, 냉전시대에 미국 정부가
비밀리에 자행한 인체실험이나 유전공학, 인간유전체 계획, 지능의 유
전적 기초에 관한 연구, 인간배아복제와 동물복제, 지구온난화 보도 등
이 자주 등장한 것이다. 둘째, 과학자와 정부관료는 연구의 다양한 측면
에서 윤리적으로 의문시되는 행위의 사례와 명백한 윤리적 부정행위를
조사하고 기록했으며, 또 소송을 제기하기도 했다. 과학에서의 윤리 부
재는 그 연구의 안정성(stability)과 충실성(integrity)을 위협한다는 것이
분명해졌다(PSRCR, 1992; Hilts, 1996; Hedges, 1997). 그러한 사례로
는 표절, 사기, 법률 위반, 연구비의 부당관리, 부하직원 착취, 재조합
DNA 규정의 위반, 차별, 이해갈등, FBI 범죄연구실 관련 문제 등이 있
다. 이렇게 비윤리적인 연구에 관한 증거가 점증함에도 불구하고, 자료

를 통해 알 수 있는 것은 과학에서 나타나는 부정행위의 빈도가 기업이나 의료, 또는 법률과 같은 다른 전문직업에서 나타나는 부정행위의 빈도와 비교해 볼 때 여전히 낮다는 점이다(PSRCR, 1992). [1]

과학에서 윤리가 절박한 관심사로 떠오른 세 번째 이유는 과학이 기업 및 산업과 맺는 상호의존적 관계가 증가하면서, 과학적 가치와 상업적 가치 사이에 윤리적 갈등이 빚어졌기 때문이다(PSRCR, 1992; Reiser, 1993). 이러한 갈등은 연구비 조달에 대한 의혹과 동료 전문가로부터 검증받는 시스템의 도입, 그 밖에 과학적 개방성이나 지식소유권, 또는 자료 공유에 대한 관심을 불러일으켰다. 대학에서는 사기업의 수주를 받아 혹은 개인이 경제적 수입을 올리기 위해 비밀연구를 수행하려고 학내 시설을 이용하는 과학자를 우려의 눈으로 바라보게 되었다(Bowie, 1994). 어떤 경우에는 특허와 지식재산권을 놓고 대학이 기업이나 개인과 맞붙어 길고 긴 법정투쟁을 벌이기도 했다. 대학 당국은 또한 기업을 위해 일하는 과학자가 교육 등 다른 의무를 소홀히 한다고 불평하기도 한다. 다양한 분야의 과학자는 과학과 기업의 관계가 응용문제를 해결하는 쪽으로 연구의 가닥을 재설정하게 될 것을 염려한다. 그렇게 되면 기초연구가 제대로 이루어질 수 없게 될 것이다. 정부 감시단은 기업이 공공자금으로 수행하는 연구로부터 이득을 얻도록 허용하는 것을 반대해 왔다 (Lomasky, 1987).

과학의 윤리적 부정행위 및 윤리문제에 대한 관심에 응답하여, 국립보건원(National Institutes of Health, NIH), 국립과학재단(National Science Foundation, NSF), 미국과학증진협회(American Association for the Advancement of Science, AAAS), 국립과학아카데미(National Academy

---

1) 공동체에는 윤리기준에 대한 분명한 합의가 있지만, 공동체의 구성원들은 그러한 기준에 따라 살지 못할 때, 비윤리적 행위 또는 부정행위가 발생한다.

of Sciences, NAS), 시그마 자이(Sigma Xi) 2) 등과 같은 다양한 기구와 학회들은 과학과 윤리의 문제를 연구하고 정책권고안을 만들기 위한 위원회를 가동시켰다(Sigma Xi, 1986/1993; AAAS, 1991; PSRCR, 1992; Committee on the Conduct of Science, 1994). 이에 덧붙여, 대학과 기업체, 그리고 과학학회들은 과학의 윤리적 쟁점을 논의하는 연구발표회와 회의를 후원했으며, 과학자들은 대학원과 학부 차원의 과학 교과과정에 윤리를 통합하는 노력을 시작했다. 과학계 및 인문학계의 다양한 학자들은 연구윤리에 관해 책과 논문들을 썼다. 그리고 과학의 윤리적 쟁점에 관해 논의하는 새로운 잡지들이 출간되었다(Reister, 1993; Bird and Spier, 1995; Garte, 1995). 그리하여 마침내 과학학회와 기관들은 윤리강령을 채택했고, 과학자들이 과학 교과과정에 윤리를 통합하도록 권고했다(Sigma Xi, 1986; US Congress, 1990; PSRCR, 1992).

이와 같이 과학에서 윤리가 중요하다는 새로운 인식이 대두되었지만, 일부 과학자들은 윤리적 부정행위를 별로 심각하게 받아들이지 않는다. 왜냐하면 과학에서의 부정행위란 매우 드물고 대수롭지 않은 것이라는 인식이 있으며, 따라서 부정행위를 확인한 보고들도 우발적이거나 이례적인 것으로 보기 때문이다. 어떤 과학자는 부정행위를 설명하기 위해 '심리학적 병리' 이론을 끌어내기도 한다. 비윤리적으로 행동하는 과학자는 틀림없이 정신적으로 온전하지 않은 상태에 있는데, 왜냐하면 오직 미친 사람만이 사기나 표절, 그 밖에 여러 형태의 부정을 저지르고도 벌받지 않을 수 있다고 생각할 것이기 때문이다(Broad and Wade, 1993). 이런 입장을 취하는 사람들은 과학에서는 범죄가 가당치도 않다고 주장

---

2) 〔옮긴이 주〕 1886년에 결성되어 120여 년의 전통을 자랑하는, 과학자 및 공학자를 위한 사교모임이다. 과학, 기술, 사회 간의 교류를 증진하고, 과학과 기술 분야의 독창적인 연구를 지원·장려하는 것을 목적으로 한다. 격월간지 〈아메리칸 사이언티스트〉를 발행하고 있다.

한다. 왜냐하면 과학적 방법, 동료 전문가의 검토 시스템, 공공연구를 수행한다는 과학 자체의 본성이 과학의 윤리규정을 위반하는 사람들의 발목을 붙잡는 기제로 작용하기 때문이다. 그러므로 부정행위는 과학에서 문젯거리도 되지 않는다고 말한다. 그것은 자주 발생하는 문제가 아닐 뿐만 아니라, 발생한다고 해도 연구 환경에 어떤 중대한 결함이 있음을 반영하지는 않기 때문이라는 것이다.

이와 같이 많은 과학자들이 과학에서는 중대한 윤리적 문제가 일어나지 않는다고 생각한다. 왜냐하면 과학은 '객관적'(*objective*)이라고 보기 때문이다. 과학은 사실을 연구하는 학문이다. 객관적인 방법을 사용하며, 지식과 합의를 도출해 낸다. 반면에 윤리는 가치의 학문이다. 주관적인 방법을 사용하며, 오직 견해 차이와 불일치를 낳을 뿐이다. 따라서 과학자는 연구를 수행할 때나 과학을 가르칠 때 윤리문제를 걱정할 필요가 없다. 사회의 일원으로서 과학자는 당연히 윤리문제에 직면할 필요가 있지만, 과학 공동체의 일원으로서 과학자는 이 문제를 다룰 필요가 없다. 물론 과학자도 윤리적 기준을 따라야 하지만, 이때의 규칙은 매우 분명하다. 따라서 과학자는 너무나도 자명한 사실, 곧 자료를 거짓으로 꾸미거나 왜곡하지 말아야 한다는 것을 알기 위해 굳이 철학적·윤리적 논쟁에 뛰어들 필요가 없다. 그러므로 과학에는 윤리문제와 인간 실존의 다른 영역을 둘러싼 모호성으로부터 동떨어진 객관적 성역을 제공해 주어야 한다는 것이다.

심지어 윤리적 부정행위와 쟁점을 진지하게 취급하는 과학자들조차도 과학자는 정식으로 윤리교육을 받을 필요가 없다고 생각할지 모른다. 혹자는 윤리란 어릴 때 배우는 것이기 때문에 이미 과학자가 된 사람은 정규 윤리교육을 다시 받을 필요가 없다고 확신하기도 한다. 설령 대학에 들어가서 윤리와 도덕을 배운다고 해도, 그 나이 때는 잘 배워지지도 않는다. 따라서 과학이라는 직종에 발을 디딜 때 그 사람이 이미 윤리적이라면 계속해서 윤리적으로 살 것이고, 반대로 과학에 입문할 때 그가 윤리적이지 않다면, 엄청난 교육을 실시한다고 해도 윤리적으로 만들 수는 없다는 것이다. 더 나아가 과학에서 윤리교육이 이루어질 수 있다고 생각하는 과학자들도 윤리란 모범적 사례와 실천, 그리고 삼투작용(osmosis)을 통해 배울 수 있기 때문에 여전히 윤리를 가르칠 필요가 없다고 믿을지 모른다. 과학에서 윤리적 지식이란 비공식적이고 암묵적이기 때문에, 과학자는 귀중한 수업시간을 윤리적 기준과 개념을 배우는 데 허비할 이유가 없다는 것이다. 과학자는 학생들에게 좋은 과학을 하는 방법을 보여 줌으로써, 그리고 과학을 윤리적으로 수행하는 모델을 제시함으로써 윤리를 가르칠 수 있다고 주장한다.

이제까지 논의한 이 모든 관점은 과학윤리에 대한 진지한 연구에 장벽을 세우는 것으로, 잘못된 인식에서 나온 것이다. 과학의 본성과 과학적 부정행위에 관한 연구가 쏟아져 나오면서, 과학의 연구 환경이 부정행위를 낳고 윤리문제를 양산하는 역할을 한다는 점이 점차 분명해지고 있다 (PSRCR, 1992; LaFollette, 1992; Grinnell, 1992; Shrader-Frechette, 1994; Macrina, 1995; Woodward and Goodstein, 1996). 만약에 과학의 연구 환경이 부정행위에 기여한다면, 부정행위가 있다는 보고 자체가 연구 환경의 어떤 구조적인 문제를 반영할 것이며, 따라서 부정행위를 연구 환경과 독립된 병리학적 우발행위로 다룰 수 없을 것이다.

우리는 연구 환경의 몇몇 측면이 윤리적 부정행위와 쟁점에 기여한다는 점을 인식할 필요가 있다. 첫째로, 대부분의 과학자에게 과학은 단순히 경력이다. 과학적 경력에서의 성공이란 저서 출판이나 국가 연구비 수혜, 연구 선정, 정년보장교수 임명, 수상 경력 등을 통해 달성된다. 대학에 임용된 대부분의 과학자들은 정년보장교수가 되거나 승진하기 전까지는 "논문을 써라, 그렇지 않으면 퇴출당할 것이다!"(publish or perish)라는 압력에 시달린다. 거의 모든 정년보장교수 임명위원회와 승진위원회는 대체로 과학자가 발표한 출판물의 양에 기초해서 그의 연구업적을 평가한다. 많을수록 좋다는 식이다. 심지어 정년보장을 받은 과학자라고 해도 더 진급하거나 자신의 명성을 더 떨치기 위해서는 계속해서 수많은 출판물을 내지 않으면 안 된다. 상황이 이러하기 때문에 일부 과학자들은 윤리적 원칙을 위반해서라도 자신의 경력을 향상시키고 싶은 유혹을 받을 수도 있다.

둘째로, 국가 연구비가 훨씬 빠듯해졌다는 점이다. 정부의 예산은 점점 줄어드는데, 연구자금을 구하는 과학자들은 점점 늘어나고 있다. 연구비를 따내거나 계속해서 지원을 받으려면 결과를 내놓아야만 한다. 실험이 잘 풀리지 않거나 결과가 모호하면, 과학자는 연구비를 신청하거나 결과를 보고할 때 이런 문제들을 얼버무릴지도 모른다.

셋째로, 많은 과학연구에는 경제적 보상을 따른다는 점이다. 새로운 공정이나 기술, 또는 발명에서 특허를 따낸 사람은 수천에서 수백만 달러를 벌게 된다. 따라서 경제적 동기 또한 과학의 비윤리적 관행을 낳는 원인이 될 수 있다.

넷째로, 동료 전문가의 검토라든가 논문 발표 및 응답 등 과학이 귀찮게 권유하는 자기 교정 장치들이 종종 사기나 잘못을 간파하지 못한다는 사실이다. 연구계획서나 논문을 검토하는 심사위원들은 거기에 어떤 실수나 오류가 있는지 철저히 검토할 시간이 없다. 그래서 출판되는 많은 논문이 사전에 전혀 읽히지 않으며, 대부분의 실험도 반복해서 검증되지 않는 경우가 허다하다(Broad and Wade, 1993; Kiang, 1995; Armstrong, 1997).

끝으로, 과학교육이 비윤리적 행동에 기여하는 경우도 있을 수 있다. 앞서 지적했듯이, 많은 과학자들은 연구윤리를 가르치려고 진지하게 시도할 필요조차 느끼지 않는다. 만약 학생들이 어떻게 해야 윤리적인 과학자가 되는지를 배우지 못한다면, 그들이 자라서 과학 분야의 직업을 갖게 될 때 대부분이 비윤리적인 행동을 한다고 해도 놀라서는 안 될 것이다. 게다가 교육적 관행과 학문적 압박이 부정행위를 부추기는 데 공모할 수 있다(Petersdorf, 1986; Sergestrale, 1990; Browning, 1995). 많은 연구실에서는 관행적으로 학생이 적절한 결과를 얻으면 그에 상응하는 보상을 준다. 어떻게 그런 결과를 얻게 되었는지는 상관없다. 학생들은 종종 얻어야 하는 결과가 무엇인지를 알기 때문에, 그러한 결과를 얻기 위해서 자료를 속이거나 날조하거나 없애려는 유혹을 받을 수도 있다. 대부분의 학생들은 좋은 성적을 받아야 한다는 압박에 시달리기 때문에, 좋은 성적을 받기 위해서 부정행위를 할지도 모른다. 특히 의과대학 예과 학생들의 경우에 더 그렇다. 본과에 올라가려면 매우 높은 성적을 받아야 하기 때문이다.

그러므로 과학에서 윤리적 부정행위를 예외적인 것으로 간주해서는 안 된다. 왜냐하면 그런 부정은 연구와 학습의 환경 내부에서 작용하는 요소들에서 기인할 가능성이 있기 때문이다. 과학적 부정행위의 빈도를 측정하기는 어렵다고 해도, 어떠한 부정이든 진지하게 다루어야만 한다(PSRCR, 1992). 설령 과학에서는 부정행위가 여전히 드물게 나타난다고 해도, 어쨌든 부정행위가 일어난다는 사실에 관심을 기울여야 한다. 왜냐하면 어떠한 부정행위든지 과학의 공적 이미지를 손상시키고 과학에 대한 공적 지원을 방해할 수 있기 때문이다.

과학은 방대한 사회적·정치적 맥락에서 수행되는 협동 작업이기 때문에, 과학에서도 윤리문제가 발생할 수 있고, 윤리 논쟁이 제기될 수 있다(Longino, 1990). 과학자라고 해서 인생의 다른 노정에서 일어나는 윤리문제와 곤경을 피할 수는 없다. 순수하게 객관적인 과학이란 애매하고 논쟁적이고 난처한 질문들로부터 도망치려는 사람들에 의해 영속적으로 유지되는 신화일 뿐이다. 과학자들은 종종 과학을 통제하는 행위기준에 동의하지 않기 때문에, 혹은 그 기준을 어떻게 해석하거나 적용해야 하는지에 동의하지 않기 때문에, 과학에서도 윤리적 딜레마와 윤리문제들이 발생할 수 있다(Whitbeck, 1995a). 예를 들면, 발표 관행은 과학에서 윤리적 논쟁의 영역인데, 왜냐하면 종종 공적과 책임을 어떻게 할당할 것인가에 관한 논쟁이 결부되기 때문이다(Rose and Fisher, 1995). 더 나아가 과학연구는 흔히 중대한 사회적·도덕적·정치적 결과를 낳기 때문에, 과학과 대중의 상호작용의 결과로서 윤리적 문제가 제기될 수도 있다(Committee on the Conduct of Science, 1994).

왜 과학을 공부하는 학생들이 일종의 정식 윤리교육을 받아야 하는가? 여기에는 몇 가지 이유가 있다. 첫째, 엄청난 양의 윤리교육이 주로 어릴 때 이루어지지만, 발달 심리학적 견지에서 보면 인간은 누구나 인생 전반에 걸쳐 윤리와 도덕적 추론에 관해 계속 배워야 한다는 증거가 나오고 있기 때문이다(Rest, 1986). 대학 연령층의 청년들과 장년들도 윤리문제를 인식하고, 기이한 상황에서 도덕적 선택을 하며 윤리와 도덕에 관해 합리적으로 판단하기를 배울 수 있다. 그들은 또한 윤리적 개념과 윤리이론 및 원칙을 배우며, 서로 다른 관점을 식별하고, 도덕적 덕목을 발전시킬 수도 있다. 더욱이 윤리적 개념과 원칙 중에는 오직 특정 업무 내지 직업을 이해하고 수행함으로써만 습득할 수 있는 것들도 있다. 가령, 의료연구 분야에서 '충분한 설명에 근거한 동의'(informed consent)라는 이론은 유치원이나 초등학교에서 배울 수 있다기보다는 어떤 특별한 윤리교육을 거쳐야 비로소 이해될 수 있는 것이다. 그 개념에 관해 제대로 배우려면 반드시 의료연구를 이해할 수 있어야 하고, 직접 실행해 보아야 한다. 그러므로 학부와 대학원 또는 직업교육의 차원에서 수행될 수 있는 소정의 윤리적 학습이 있는 법이다(Rest and Narvaez, 1994).

둘째, 비록 비공식적 교수법이 과학전공 학생들에게 윤리적으로 되는 길을 가르치는 최선의 방법이라고 해도, 이러한 비공식적 교육이 그 직무를 잘 감당하지 못하기 때문에 여전히 공식적 윤리교육이 필요하다.

비공식적 교육이 적절하게 이루어지지 않는 데는 몇 가지 이유가 있다. 근대 과학은 매우 크고 복잡한 사회제도 중의 하나이다. 전형적인 연구실에는 선임연구원와 연구원, 그리고 박사후연구원과 대학원생 등 적게는 수십 명에서 많게는 수백 명에 이르는 연구진이 있다. 말하자면, 대부분의 연구 환경에는 윤리적 지식을 전수하고 연구의 기준을 확실히 따르거나 또는 중요한 윤리적 관심사를 논의하기 위해 전적으로 비공식적 교육에만 의존하는 구성원들이 너무 많다는 것이다. 게다가 학부 차원의 과학교육은 흔히 대규모로 이루어진다. 주립대학의 과학 입문 강의실은 수백 명의 학생들로 넘쳐 난다. 이러한 실정에서 비공식적 교육이 제대로 이루어질 리 만무하다. 대규모 강의를 듣는 학생들은 윤리문제를 논의할 기회를 충분히 얻을 수가 없기 때문이다.

끝으로, 모든 과학자가 다 윤리적 행위의 본보기가 되는 훌륭한 작업을 하는 것은 아니다. 과학자들이 비윤리적으로 행동하는 것을 목격한다면, 과학전공 학생들은 윤리적으로 행동하는 법을 배울 수 없을 것이다.

과학에서도 윤리가 필요하다는 점을 보여 주기 위해, 최근 윤리적 질문과 논쟁을 불러일으켰던 과학연구의 사례를 몇 가지 논의하고자 한다.

1. 볼티모어 사건

최근 기억을 떠올려 보면, 확실한 과학적 부정행위로 가장 널리 알려진 사례로 '볼티모어 사건'이 있다. 노벨상 수상 과학자 데이비드 볼티모어(David Baltimore)가 공동 저술한 논문이 조작된 자료를 포함한다는 의혹을 받은 것이다. 1991년 여름, 〈뉴욕 타임스〉(New York Times)는 이 이야기를 1면 기사로 내보냈다. 이 추문은 그 연구를 지원한 기관들, 곧 국립보건원과 화이트헤드연구소(Whitehead Institute)를 당혹스럽게 만들었으며, 볼티모어의 명성에 흠집을 냈고, 의회의 관심을 끌었으며, 심지어 비밀첩보부를 개입시키기까지 했다.[3] 1986년 4월 25일에 발행된 〈셀〉(Cell)지에 실린 그 논문에는 6명의 공저자 이름이 나란히 표기되어 있었다. 볼티모어는 직접 실험을 수행하지는 않았지만 책임 연구자였다. 그 논문에는 특정한 계통의 생쥐에게 다른 생쥐의 유전자를 삽입하면, 자신의 유전자로 하여금 삽입된 외부 유전자를 흉내 내어 항체를 생산하도록 유발한다는 실험 결과가 실려 있었다. 만약 이 주장이 사실이라면, 항체를 생산하는 외부 유전자를 이용하여 면역체계를 조절할 수 있다는 주장이 성립된다. 아직까지 이러한 연구는 다른 과학자들에 의해 확인된 바가 없었다. 그 실험은 매사추세츠 공과대학(MIT) 및 터프츠대학교(Tufts University)와 제휴한 화이트헤드연구소에서 수행되었으며, 국립보건원의 연구비 지원을 받았다.

당시 화이트헤드연구소에서 박사후연구원으로 일하던 마고 오툴(Margot O'Toole)은 볼티모어 논문의 공저자 중 한 사람인 면역학자 테레자 이마니쉬-카리(Thereza Imanishi-Kari)의 지도 아래 있었다. 오툴은 이마니쉬-카리의 17쪽짜리 연구일지에서 논문 결과와 상반되는 내용을 찾아내자 연구에 의혹을 품게 되었다. 그녀는 실험의 일부를 되풀이하여 시도해 보았지만 모두 실패했고, 따라서 논문에 실린 실험의 많은 부분이 전혀 행해지지 않았거나 논문에서 말한 결과를 산출하지 않았을 것으로 추정했다. 그리하여 마침내 매사추세츠 공과대학과 터프츠대학교 심의위원회에 자신의 의혹을 전달함으로써 이 연구에 관해 폭로했다. 심의위원회는 초기 조사에서 작업상의 일부 오류를 찾아냈지만, 연구 자

---

3) 이 사례에 대한 참고도서를 모두 인용하는 대신에, 독자들에게 다음의 자료 목록만 제공하고자 한다. 위조된 자료가 들어 있는 원래 논문(Weaver *et al.* 1986)과 〈뉴욕 타임스〉에 실린 기사 내용(Hilts, 1991b/1992/1994b/1996), 그 밖에 자료들(Sarasohn, 1993; Weiss, 1996)이 그것이다.

체가 의심스럽다고 결론 내리지는 않았다. 한편, 1년 예정의 박사후과정이 끝난 오툴은 한동안 일자리를 찾기가 어려웠다. 그녀는 이미 쓸데없이 문제나 만드는 골칫덩어리로 알려진 것이다.

그러나 국립보건원 산하 연구윤리국(Office of Research Integrity, ORI)이 대학 심의위원회가 수행한 초기 조사를 철저히 추적했고, 의회 역시 이 과학적 추문에 관해 알게 되었다. 의회 감시 및 조사 위원회(House Oversight and Investigations Committee) 의장이었던 미시간 주 하원의원 존 딘젤(John Dingell)과 그의 직원들은 이 사건에 대해 두 차례의 청문회를 소집했으며, 비밀첩보부로 하여금 조사를 돕도록 명령했다. 초기 조사에서는 이마니쉬-카리의 연구일지가 검토되지 않았지만, 의회 조사에서는 검토되었다. 이로써 연구일지에 있던 날짜가 변경되고, 실험 결과가 다른 종이에 다른 색 잉크로 써졌다는 사실이 밝혀졌다. 이것은 의문시되었던 그의 연구에서 이마니쉬-카리가 분명히 했다고 말했던 실험의 많은 부분이 사실상 수행되지 않았을 수도 있음을 보여 주는 것이었다. 그리하여 의회 조사는 이마니쉬-카리가 아마도 연구에 관해 의혹이 제기된 다음에 연구일지를 편집했을 것이라고 결론지었다. 그리고 1994년 이 사건에 관해 최종 보고서를 제출한 연구윤리국은 이마니쉬-카리가 실험 자료와 결과를 위조(fabrication) 및 변조(falsification) 했다고 결론 내렸다. 그 보고서가 나온 뒤, 터프츠대학교는 이마니쉬-카리에게 휴직을 명했다.

그러나 이마니쉬-카리는 사건의 전 과정에서 무죄를 주장했으며, 연구윤리국의 최종 판결에 불복하여 항소했다. 1996년 6월 21일 마침내 미국 보건복지부(Department of Health and Human Services)의 항소심 배심원단은 그녀의 부정행위를 입증하는 증거들이 확실치 않거나 신빙성이 없거나 또는 일관성이 없다고 결론지었다. 이로써 10여 년에 걸친 소송에서 이마니쉬-카리는 자신을 둘러싼 혐의를 완전히 벗고 자유롭게 되었다. 배심원단은 또한 연구윤리국이 무책임한 방식으로 사건을 조사하고 처리했다고 비난했다. 터프츠대학교는 배심원단이 그녀의 결백을 선언하자 그녀를 즉시 복직시켰다. 이마니쉬-카리는 변호진술에서 자기가 연구실 노트를 잘 정리하거나 챙기지 못한 점을 시인했다. 부정행위로 고소당했을 때, 연구실 노트 한 권에 따로 종이들을 끼워 두었다는 것이다. 그녀는 절대로 조사관들을 속이거나 과학 공동체를 속일 의도가 없었다고 주장했다. 자기가 기록을 보관하는 데 서툴렀던 점은 인정하지만, 자료를 조작하거나 위조한 적은 없었다는 항변이었다. 이러한 이마니쉬-카리의 주장을 수용한 배심원단의 판결은 일부 과학자들을 분노하게 만들었다. 그들은 이마니쉬-카리가 자료를 위조하거나 변조했다고, 혹은 국립보건원이 사건을 잘못 처리했다고 믿는 사람들이었다. 그런가 하면 사건이 진행되는 동안 정부와 관료집단이 끼어들어 과학적 부정행위를 조사하고 판결하는 것에 반대하는 과학자도 많았다. 그들에 따르면, 과학자는 자기 스스로 단속할 수 있어야 한다는 것이다.

한편, 볼티모어는 사기를 저질렀다고 고소당하지는 않았지만, 자신의 이름이 들어간 사건에 휘말렸다는 이유로 1992년 12월 록펠러대학 총장 자리를 사임했다. 그는 사건의 전 과정에서 이마니쉬-카리를 변호했는데, 그녀의 사기혐의에 대한 조사를 과학적 마녀사냥에 비유하기도 했다. 논문에 담긴 오류를 없애기 위해 그와 다른 공저자들은 〈셀〉지에 실었던 작업을 수정하여 재출간했다. 볼티모어는 기록상의 불일치는 사기가 아니라 일을 엄밀히 처리하지 못했기 때문이라고 주장했고, 자기가 따로 실험 결과를 검증하지 않은 것이 잘못임을 인정했다.

볼티모어 사건은 여러 가지 중요한 윤리적 질문을 제기한다. 볼티모어는 자신의 책임지도하에 수행된 연구에 좀더 주의를 기울였어야 하지 않았나? 만약 그가 연구를 적절하게 책임지도하지 못했다면, 그는 책임 연구자가 아니라 단지 공저자의 한 사람으로 이름을 올렸어야 마땅하지 않을까? 내부고발을 한 오툴은 좀더 보호받았어야 하지 않는지? 초기 조사자들은 좀더 철저하고도 주의 깊은 조사를 수행했어야 하는 것이 아닌가? 과학 바깥에 있는 사람들도 과학적 부정행위 사건을 조사하고 판결하도록 허용해야 하지 않을까? 과학적 사기 사건은 과학적 증거 기준과 법적 증거 기준 가운데 어느 편에 기초해서 결정되어야 하는가? 정치가와 과학자, 그리고 언론은 '서둘러 판결내리기'에만 바쁘지 않았나? 이마니쉬-카리가 자료를 조작하거나 위조하지 않은 게 사실이라고 해도, 기록의 정리와 보관에 허술한 버릇은 무책임하거나 비윤리적으로 볼 수 있지 않을까? 이 사건에서 제기된 사기의 혐의를 어떻게 입증할 수 있을까?

2. 복제 연구

1993년 10월 13일 제리 홀(Jerry Hall)과 로버트 스틸만(Robert Stillman), 그리고 3명의 동료들은 미국생식학회(American Fertility Society) 회의에서 전 세계에 충격파를 던진 논문을 발표했다. 이 논문에서 그들은 인간배아복제 실험을 서술했다. 당시 그들은 곧바로 논쟁의 폭풍이 몰아치리라는 것을 전혀 예상하지 못했다.

이 이야기는 세계 각국의 신문 머리기사로 화려하게 다루어졌으며, 〈타임 매거진〉(Time Magazine)과 기타 정기간행물의 표지를 장식했다. 기자와 평론가는 아기 사육이 이루어질 것이라고 전망하거나, 히틀러 또는 아인슈타인 복제인간의 출현, 우생학 프로그램, 그리고 《멋진 신세계》(Brave New World) 식의 다양한 시나리오를 새삼스럽게 끄집어냈다 (Elmer-Dewitt, 1993; Kolata, 1993). 세계 각국의 정부 관리들은 그 연구가 소름끼치고 파렴치하다고 비난했다. 당시 미국 대통령 클린턴은 과학적 목적으로 인간배아를 만들어 내는 연구에 연방기금 사용을 금지하도록 지시했다. 일이 이 지경에 달하자, 대중의 공포를 얼마간 완화시킬 의도에서 홀과 스틸만은 〈나이트 라인〉(Night-line)이나 〈래리 킹 라이브〉(Larry King Live), 〈굿모닝 아메리카〉(Good Morning America) 같은 텔레비전 쇼에 출현했다. 자신들은 오로지 지식추구에만 관심이 있는 초연한 과학자라고 묘사함으로써, 그들의 연구에 내포된 도덕적 혐의로부터 손을 씻으려고 했던 것이다.

이 사건을 좀더 면밀히 들여다보면, 이 모든 소동이 상당 부분 홀과 스틸만 및 그 동료들이 행한 연구를 오해한 데서 비롯되었음을 알 수 있다. 홀과 스틸만이 복제한 배아는 1개 이상의 정자와 난자를 수정하여 만들어 낸, 도저히 생존이 불가능한 배아로부터 만들어졌다. 1개 이상의 정자가 수정된 배아는 생존할 수 없으며, 1명의 신생아나 1명의 성인이 될 수 없는 법이다. 이 생존 불가능한 배아를 특별히 준비된 용액에 넣어 8세포기까지 분열시켰다. 그래서 이 배아가 각각의 세포로 분리되고, 8개의 세포가 또 다시 분열을 시작했다. 8세포기의 배아로부터 나온 세포 전체는 유전적으로 동일하기 때문에, 한 배아마다 여덟 쌍둥이, 곧 클론(clone)이 만들어진 것이다.

이 연구가 아무리 의미심장하다고 해도, 대중들 사이에서 논의된 소름 끼치는 시나리오들은 과학적 허구의 영역에 있음을 지적할 필요가 있다. 첫째로, 그러한 배아는 생존이 불가능하다. 따라서 그 실험의 과정을 통해 성체 인간으로 성장하지 못한다. 성체 인간으로 만들어 내려면 실험 과정이 수정되어야 할 것이다. 그러나 현재 과학의 발전 상태로는 불가능하다. 둘째로, 맞춤인간을 만들기 위해서 배아를 조작하는 것은 아직까지 유전학적으로 가능하지 않다. 정확히 이 시점에서 우리가 시도하는 조작은 어떤 것이든 생존 불가능한 배아 또는 심각한 결함을 지닌 아기를 생산하기가 쉽다. 특수한 속성을 지닌 인간을 생산하기에는 아직 우리가 인류유전학과 발생학에 관해 아는 바가 충분하지 않기 때문이다. 끝으로, 이러한 과정을 통해 만들어진 클론은 성체세포를 복제한 것이 아니다. 그렇기 때문에 이 연구는 〈잔혹한 음모〉(The Boys from Brazil)나 〈쥬라기 공원〉(Jurassic Park) 같은 영화에서 묘사된 복제와는 완전히 다르다(Caplan, 1993).

복제 실험에 대한 대중의 반응이 대체로 부정적이었던 반면에, 그 실험을 수행한 연구자들은 미국생식학회 회의에서 크게 갈채를 받았다. 그리하여 홀과 스틸만이 발표한 논문은 '일반프로그램 상'(General Program Prize)[4]을 받았다. 생식연구자들은 임신에 어려움이 있는 커플에게 복제기술의 잠재적 유익을 권유하느라 바빴다. 한 커플이 생산할 수 있는 수정란의 수는 그다지 많지 않은데, 이렇게 소수의 수정란을 수많은 수정란으로 만들기 위해 복제기술을 적용한다면 임신 기회가 더욱 증가할 것이라고 말이다.

1997년 2월 23일 스코틀랜드 과학자들이 '돌리'(Dolly)라는 이름의 양을 성체세포로부터 복제했다고 발표하자, 유사한 대중의 항의가 제기되었다(Kolata, 1997). 이 새끼 양은 1996년 7월에 태어났지만, 돌리를 만든 과학자들이 돌리의 성장과정을 지켜보는 동안, 그리고 〈네이처〉(Nature)지에 보낸 그들의 논문이 통과되기를 기다리는 동안, 6개월이 넘도록 비밀에 부쳐졌다. 돌리는 포유류의 '성체'세포에서 생존 가능한 후손이 만들어진 첫 번째 사례가 되었다. 에든버러에 있는 로슬린연구소(Roslin Institute)의 배아발생학자 이안 윌머트(Ian Wilmut)와 그의 동료들은 실험실에서 암양의 유방으로부터 세포를 채취하여, 그 세포에서 핵을 추출한 뒤, 또 다른 양의 탈핵난자에 이 핵을 주입했다. 그런 다음에

---

4) 〔옮긴이 주〕 일반프로그램 상은 미국생식의학회(American Society for Reproductive Medicine) 산하 '일반프로그램 위원회'에서 생식의학 관련 우수논문을 선정·시상하는 상이다.

이 수정란을 제 3의 암양 자궁에 이식시켰다. 이런 식으로 만들어진 277 개의 배아 가운데 오직 19개만 생존했고, 그중에서도 오직 하나만 태어났으니, 그것이 바로 돌리다(Wilmut et al., 1997). 이 놀라운 소식이 전해진 직후, 미국 오레곤 주 과학자들도 배아세포로부터 레서스(rhesus) 원숭이를 복제하는 데 성공했다고 발표했다.

동물복제는 농업과 의학, 생명공학 산업에 중요하게 응용될 수 있을 것이다. 이러한 복제기술이 유전자 치료기술과 결합된다면, 저지방 닭이나 장기이식용 돼지 또는 다량의 젖을 분비하는 소를 만드는 데 이용될 수 있다. 아니면 인간의 호르몬이나 비타민, 그 밖에 의학적으로 중요한 성분을 생산하는 동물을 만들어 낼 수 있을 것이다. 윌머트 박사는 복제양을 약품공장으로 전환하는 공정을 발전시키기 위해서 자신의 연구를 수행했다고 한다. 그의 연구는 부분적으로 PPL 테라퓨틱스 PLC(PPL Therapeutics PLC)의 자금지원을 받았는데, 이 기업은 양의 젖에서 추출된 의약품을 판매할 계획이 있었다. 이러한 복제양 소식은 언론을 통해 발 빠르게 확산되었고, '돌리'는 모든 잡지의 표지모델로 등장했으며, 인터넷을 수놓았다.

많은 사람들은 이 연구가 충격적이면서도 소름끼친다고 보았는데, 왜냐하면 이제 성인의 복제가 전혀 불가능한 것이 아니게 되었기 때문이다. 미국에서 〈타임〉(TIME)지와 CNN이 성인 1,005명을 대상으로 벌인 공동 여론조사 결과, 93%가 인간복제는 나쁘다고 생각했으며, 66%는 심지어 동물복제도 나쁘다고 말한 것으로 드러났다(Lederer, 1997). 공공관리들은 즉각 이 소식에 반응을 보였다. 클린턴 대통령은 국가생명윤리위원회로 하여금 복제에 내포된 법적·윤리적 함의를 검토하도록 지시했으며, 인간복제에 관한 연구를 지원하기 위해 연방기금을 사용하는 것을 금지하는 행정명령을 발표했다(Clinton, 1997). 그 명령문에서 클린턴 대통령은 복제가 인간 생명의 고유성과 신성성을 위협하기 때문에 심오한 도덕적 · 종교적 물음을 제기한다고 경고했다. 더 나아가 그는 수많은 사기업들이 포유류 복제에 관심을 갖게 될 것이라고 내다보면서, 기업은 인간복제 연구에 대해 '자발적 모라토리엄'(*voluntary moratorium*)을 준수하라고 촉구했다. 영국과 같은 몇몇 나라에서는 인간복제가 불법으로 되어 있다. 그러나 이 책을 쓰고 있는 현재 미국에서는 법률안이 계류 중이기는 하지만 아직 불법이 아니다. 스코틀랜드에서는 영국 농림부 장관이 윌머트의 복제 연구를 더 이상 지원하지 않을 것이라고 발표했다. 그에게 지원되었던 41만 1천 달러의 연구비는 1997년 4월에 절반으로 삭감되었고, 1998년 4월에는 완전히 중단되었다.

복제에 관한 질문거리는 수없이 많다. 복제 연구의 사회적 결과 내지 생물학적 결과는 무엇인가? 동물복제는 농업적으로 혹은 의학적으로 어떻게 응용될 수 있는가? 인간복제는 인간 생명의 존엄성과 고유성 내지 신성성을 위협하는가? 인간이나 동물의 복제 연구는 정말로 중단되어야 마땅한가? 과학자들은 자기가 하고자 하는 어떠한 연구의 도덕적 · 사회적 함의와는 상관없이 스스로 의미 있다고 생각하면 무조건 할 권리가 있는가? 우리는 과학에서의 사상 및 표현의 자유를 도덕적 · 정치적 가치와 비교하여 어떻게 균형 있게 다룰 수 있을까? 미국 정부가 인간복제 연구에 자금지원을 거부한다면, 미국 내에서 사유자금을 통해 이 연구가 수행되는 것은 가능할까? 만약 언론과 대중이 복제 연구를 오해를 하고 있다면, 그러한 오해는 전 지구적인 소란에서 어떠한 역할을 담당하는가?

3. 저온핵융합 방식에 관한 논란

1989년 3월 23일, 유타대학교(University of Utah) 화학과 학과장 스탠리 폰스(Stanley Pons)와 사우샘프턴대학교(Southampton University) 교수 마틴 플라이슈만(Martin Fleischmann)이 기자회견을 열어 실온에서 핵융합이 일어나는 방법을 발견했다고 발표했다. 그러자 세계 도처의 취재기자가 이 두 전기화학자의 이야기를 대서특필했다(Huizenga, 1992). 그들은 고등학생들도 사용할 수 있는 장비로 핵융합을 이루어 냈다고 주장했다. 하지만 그들의 보도자료는 본질상 일반적이었고, 실제로 실험을 재현하는 방법에 관한 기술적 정보는 담기지 않았다. 대부분의 융합과학자들과 물리학자들은 폰스와 플라이슈만의 이상한 주장을 의심했지만, 언론은 전혀 회의적이지 않았다. 기자들은 이 놀라운 발견을 기꺼이 환영했고, 저온핵융합에 관한 그들의 보도는 많은 기대감을 불러일으켰다.

정교하게 확립된 수많은 실험 결과의 지지를 받는 표준핵융합 이론에 따르면, 융합은 별의 내부에서 흔히 발견되는 지극히 높은 온도와 압력에서만 일어날 수 있다. 실험실 환경에서 이렇게 극단적인 조건을 만드는 데 초점을 맞춘 전통적인 '고온'핵융합 연구는 지난 몇 세기 동안 느리지만 꾸준한 진보했다. 그러나 고온핵융합 기술은 21세기가 되기 전에는 아마 이용할 수 없을 것이다. 이러한 상황에서 폰스와 플라이슈만의 실험은 융합의 정설을 뒤엎는 것이었는데, 왜냐하면 정상 온도와 압력에서도 융합이 일어난다고 주장했기 때문이다. 그들의 실험은 중수(D_2O) 안에 들어 있는 리튬 이산화물(LiOD) 용액에 두 개의 팔라듐 막대를 넣고 휘저은 것이 전부였다. 폰스와 플라이슈만은 두 전극 사이에 전류가 흐르자 중수가 중수소 가스(D_2)와 산소(O_2)로 분해되었으며, 엄청난 양의 중수소(D)를 음극으로 밀어냈다고 주장했다. 또한 그들은 음극의 독특한 구조는 중수소 원자들을 서로 밀착시켜서 열과 중성자를 방출하는 3중수소 (T)로 융합되도록 한다고 주장했다. 폰스와 플라이슈만은 자신들이 고안한 실험을 통해 일반적인 화학적 방법으로는 생성될 수 없는 엄청난 양의 열을 관찰했으며, 그뿐만 아니라 소량의 3중수소와 중성자도 포착했다고 보고했다(Fleischmann and Pons, 1989).

이 환상적인 실험을 배우려는 열망으로 세계 도처의 실험실이 서둘러 그들을 따라 했다. 그러나 불행히도 수많은 실험실에서 폰스와 플라이슈만의 실험과 상반된 결과가 나왔다. 일부 실험실에서는 저온핵융합을 뒷받침하지 못하거나 또는 아무런 결론도 낼 수 없는 그런 흐지부지한 결과를 얻었다. 많은 과학자들은 심지어 실험을 이해하느라 고심하기도 했다. 왜냐하면 폰스와 플라이슈만이 자신들의 실험을 충분히 구체적으로 설명하지 않았기 때문이다. 뚜렷한 결론에 이르지 못하거나 모순된 결과만 나오는 어정쩡한 몇 년이 흐른 뒤, 대부분의 융합과학자들은 폰스와 플라이슈만의 연구가 부주의한 실수와 적당한 얼버무림 또는 자기기만에 입각한 것이었다고 믿게 되었다. 반면에 폰스와 플라이슈만은 자신들이 저온융합을 이루어 내기는 했지만, 그러한 불신 현상은 아마도 일반적인 전기화학적 반응에 대한 오해 내지 오역에서 기인했을 것이라고 믿었다.

만약 폰스와 플라이슈만이 자신들의 실험을 좀더 상세하게 서술했다면, 지금쯤 우리는 저온핵융합에 대해 뭐라도 알고 있을 것이다. 그러나 그 두 과학자는 모호하게 얼버무렸고, 그 대가로 경제적 보상을 받았다. 만약 다른 사람이 그들의 실험을 반복할 수 있다면, 그들(그리고 유타대학교)은 저온핵융합에 관한 특허 획득의 기회를 잃어버릴 수도 있다. 저온핵융합은 새로운 동력 자원이 될 수 있기 때문에, 성공하기만 하면 특허권을 소유한 사람은 놀랄 만한 부를 얻을 것이다. 하지만 완벽하게 재현되지도 못하고, 어떻게 작용하는지 설명되지도 않은 발명 내지 발견에 특허를 줄 수는 없다.

이 사건의 다른 두 가지 중대한 측면에서도 역시 돈이 중요한 역할을 담당했다. 첫째로 고려할 측면은 비밀주의에 관한 것이다. 폰스와 플라이슈만의 작업은 기자회견 이전뿐만 아니라 이후에도 철저히 비밀스런 베일에 가려져 있었다. 그 두 과학자는 대체로 다른 주류 융합연구자들과 동떨어져서 고립적으로 작업했다. 그리고는 저온핵융합에 관한 전문가 의견을 구하기도 전에 공공발표를 해버린 것이다. 유타대학교 밖에 있던 대부분의 물리학자들은 기자회견이 열리기 전까지 그들이 무슨 연구를 하는지조차 알지 못했다. 폰스와 플라이슈만, 그리고 유타대학교 당국자들은 연구의 특허를 안전하게 확보하기 위해 그러한 비밀주의가 필요했다. 둘째로 살펴볼 점은 공공발표에 관한 것이다. 폰스와 플라이슈만은 자신들의 연구결과를 기자회견을 통해 발표했다. 과학모임이나 과학잡지가 있는데도 말이다. 왜냐하면 그들은 특허를 안전하게 확보하고 적당한 명성을 얻는 데 관심이 있었기 때문이다. 이런 식의 공공발표는 정상적인 과학적 검증절차를 교묘히 회피하고, 다른 과학자들에게 철저히 점검되기도 전에 연구를 대중화한다.

이 사례는 여러 가지 다양한 윤리적 물음을 제기한다. 폰스와 플라이슈만은 반드시 기자회견을 통해 자신들의 연구결과를 알려야만 했을까? 그들은 다른 과학자들과 좀더 긴밀하게 협력했어야 하지 않을까? 또한 자신들의 실험에 대해서 보다 구체적으로 서술했어야 하지 않을까? 그들은 물론이고 유타대학 당국자들도 돈과 명성에는 덜 신경 쓰고 엄밀성과 진실에 더 신경 썼어야 하지 않을까? 저온핵융합은 자기기만에서 나온 허위 현상인가, 아니면 앞으로도 계속 탐구할 가치가 있는 것인가? 폰스와 플라이슈만이 자신들의 연구를 적당히 얼버무린 것은 과학적 태만으로 볼 수 있는가?

이제까지 다룬 세 가지 사례는 과학 연구윤리의 수많은 흥미로운 쟁점을 내포하며, 고무적인 대화를 풍부하게 제공할 수 있다. 정말로 나는 사례연구야말로 윤리적 부정행위와 쟁점을 고찰하는 가장 좋은 방편이 된다고 보기 때문에, 이 책에서 실제 사례를 가급적 많이 논의하고자 한다. 특히 부록에 실은 50가지 사례는 가상적이지만 현실성 있는 것들이다. 하지만 윤리는 다양한 현상에 단순히 본능적으로 반응하는 것 이상이어야 한다. 또한 철학적 연구는 우리로 하여금 어떤 사례에 관해 비공식적으로 이러쿵저러쿵 말할 수 있도록 해주는 것 이상이어야 한다. 우리는 사례가 제기하는 문제와 물음, 그리고 사례가 예시하는 일반적 원칙과 가치 및 의미를 이해할 필요가 있다. 요컨대 우리는 이른바 과학윤리에 관해 성찰하기 위한 일반적 틀을 발전시켜야만 한다. 그러한 틀이 있어야 비로소 중대한 문제와 물음 및 의미를 이해하게 될 것이다. 설령 갑론을박이 치열한 일부 쟁점에서는 합의에 도달하기가 어렵다고 해도 말이다.

다음 세 장(2~4장)에 걸쳐 나는 과학 연구윤리를 이해하기 위한 개념적 틀을 발전시키고자 한다. 여기에는 윤리의 본성 및 과학의 본성, 그리고 과학과 윤리의 관계에 관한 논의가 포함될 것이다. 이러한 틀은 과학윤리의 몇몇 원칙을 정당화하고, 과학적 규범과 좀더 광범위한 사회적 규범 사이의 갈등을 논의하며, 과학의 윤리원칙을 실제 결단에 적용하고, 과학윤리에 속한 문제를 숙고하기 위한 기초가 될 것이다. 그 다음 네 장(5~8장)에 걸쳐서는 과학에서 중요한 윤리적 딜레마와 쟁점에 이 틀을 적용시킬 것이다.

이쯤에서 몇 가지 주의사항을 덧붙이고자 한다. 다음 장들에서 논의할 각종 쟁점은 논란의 여지가 많은 것들이다. 또 내가 발전시킨 틀이 모든 독자를 만족시키지도 못할 것이다. 하지만 다행히 나는 이 책의 주제인 윤리 쟁점 혹은 화제를 논의하기 위해 난해한 논문을 작성할 필요는 없다. 철학자로서 나는 완전한 대답을 제공하기보다는 올바른 물음을 묻고 중요한 쟁점을 이해하는 데 더 관심이 있다. 그렇더라도 이 책에서는 질문을 던지는 것 그 이상을 하려고 한다. 즉 몇 가지 대답을 제시할 것이다. 나의 관점에 대해 독자들더러 왈가왈부하지 말라거나 무조건 받아들이라는 의미가 아니라, 그것이 납득할 만하고 포괄적인 한에서만 주장하겠다는 뜻이다.

나의 논변이 사례연구 및 기타 경험적 자료에 입각해서 도출된 것이라고는 해도, 전체적으로 이 책은 철학적 관점에서부터 주제들에 접근한다. 수많은 현행 연구가 과학 연구윤리에 대해 사회학적 또는 심리학적 관점을 취한다. 다시 말하면, 과학에서의 윤리적·비윤리적 행위와 그것의 원인을 서술하려 한다. 이러한 연구들이 과학윤리를 이해하는 데 본질적이기는 하지만, 철학적 접근 역시 귀중한 통찰을 제공할 수 있다. 실제로 과학에서의 윤리적·비윤리적 행위의 빈도를 측정하기 전에, 우리는 먼저 연구윤리의 본성을 분명히 이해해야 한다. 즉 과학에서 윤리적 행위 내지 비윤리적 행위를 구성하는 것은 무엇인가 등을 알아야 한다.

나는 이 책이 과학자와 과학전공 학생들에게 연구윤리를 교육하는 데 유용한 도구가 되길 바란다. 또한 과학자와 대중이 과학에서 윤리의 중요성을 좀더 잘 이해하는 데 도움이 되었으면 한다. 끝으로, 과학에 관심이 있는 다른 분야의 학자들도 이 책을 통하여 연구윤리야말로 앞으로도 계속 분석하고 탐구하고 논의할 가치가 있는 주제임을 확신하게 되기를 소망한다.

제2장

윤리이론과 그 응용

과학에서 윤리가 하는 역할을 제대로 이해하려면, 세 가지 가장 근본적인 물음을 물어야 한다. 첫째 물음은 "윤리란 무엇인가?"이고, 둘째 물음은 "과학이란 무엇인가?"이며, 마지막 물음은 "과학과 윤리는 서로 어떻게 연관되는가?"이다. 이 질문들에 대해 사람마다 서로 다른 대답을 제시했다. 따라서 나는 내가 하는 대답이 유일한 대답이라고 생각하지는 않는다. 그렇지만 나의 대답은 지극히 온당하며 방어할 만한 가치가 있는 것이라고 본다. 이제 앞서 제기한 순서에 따라 이 세 가지 근본 질문을 논의하고자 한다.

1. 윤리, 법, 정치 그리고 종교

첫 번째 물음에 대답하려면, 내용 주제로서의 윤리와 학문 분야로서의 윤리학 또는 도덕철학을 구분할 필요가 있다. 윤리는 행동을 규정하는 행위기준 내지 사회규범이다. 이때 행위기준이 실제 행동을 묘사하는 것은 아니다. 왜냐하면 우리는 널리 받아들여진 기준을 종종 위반하며 살기 때문이다. 예컨대, 미국에서 대부분의 사람들은 "진실을 말해야 한다"는 관념을 받아들이지만, 많은 사람들이 항상 거짓말을 입에 달고 산다. 이와 같이 비록 우리가 항상 거짓말을 한다고 하더라도, 공적으로는 정직을 수호하고 자녀들에게 정직하라고 가르치며, 거짓말을 승인하지 않는 듯이 표현함으로써 정직을 행위기준으로 시인하는 것이다(Gibbard, 1986).

윤리학자 또는 도덕철학자는 행위기준을 연구한다. 학문 분야로서의 윤리학은 규범적인(*normative*) 분과인데, 그것의 주요 목표는 서술적(*descriptive*)·설명적(*explanatory*)이라기보다는 지시적(*prescriptive*)·평가적(*evaluative*)이다(Pojman, 1995). 사회과학자는 행위기준에 관해 서술적이고 설명적인 보고를 하지만, 윤리학자는 그러한 기준들을 비판하고 평가하는 작업을 한다(Rest, 1986). 사회과학자는 미국에서 사람들이 어떻게 자살을 저지르는가를 이해하려고 시도하는 반면에, 윤리학자는 자살이 합리적으로 정당화될 수 있는가 없는가를 결정하려고 노력한다. 경제학자는 도박이 공동체에 미치는 영향을 파악하려고 하지만, 윤리학자는 도박의 도덕성을 평가한다. 행위에 관한 서술적 보고와 지시적 보고를 명확히 구분하는 데 도움을 주기 위하여, 나는 '행위기준' 혹은 '사회규범'이라는 용어를 지시적 의미로 사용할 것이며, '사회도덕', '관습' 내지 '인습'을 서술적 의미로 사용하고자 한다.

행위기준에 관해 생각할 때, 윤리(*ethics*)와 도덕(*morality*)을 구분하는 것이 유용할 것이다. 도덕은 한 사회에 존재하는 대부분의 일반기준들로 이루어진다. 이 기준들은 사회구성원들의 직업이나 제도적 역할과 상관없이 모두에게 적용된다(Pojman, 1995). 도덕기준이란 올바름과 그릇됨, 선과 악, 정의와 불의를 구분하는 것이다. 많은 학자들은 도덕적 의무나 책무가 다른 의무나 책무보다 우위에 있다고 주장한다. 만약 나에게 거짓말을 하지 말라는 의무가 있다면, 나는 설령 직업상 거짓말이 필요하더라도 절대로 거짓말을 해서는 안 된다. 도덕기준에는 대부분의 사람들이 어릴 때 배우는 규칙들, 예를 들면, "거짓말을 하지 마라, 남을 속이지 마라, 남의 것을 훔치지 마라, 남을 해치지 마라" 등이 포함된다. 반면에 윤리는 사회 속의 일반적인 행위기준이 아니라, 특정한 직업이나 업무, 제도 또는 집단의 기준을 말한다. 이런 식으로 '윤리'라는 말을 사용할 때, 그것은 통상 다른 단어의 수식어가 된다. 말하자면, 경영윤리, 의료윤리, 스포츠윤리, 군사윤리, 이슬람윤리 하는 식이다.

직업윤리란 직업상의 업무나 역할에 종사하는 사람들에게 적용되는 행위기준이다(Bayles, 1988). 직업세계에 들어가는 사람은 윤리적 책무를 갖게 된다. 왜냐하면 사회가 그 직업을 가진 사람이 귀중한 재화와 용역을 제공할 것으로 믿기 때문인데, 이러한 재화와 용역은 그들의 행위가 특정 기준에 맞지 않으면 결코 제공될 수 없는 것들이다. 자신에게 주어진 윤리적 책무에 따라 살지 못하는 직업인은 이러한 신뢰를 저버리는 것이다. 예를 들어 의사에게는 환자의 사생활을 존중하라는 도덕적 의무를 넘어서 철저하게 기밀을 유지해야 할 특별한 의무가 주어진다. 기밀을 깨뜨리는 의사는 의료 서비스를 제공할 능력에 해를 입으며, 사회와 환자의 신뢰를 저버리게 된다. 윤리학자들이 연구한 직업상의 기준은 의료윤리, 법조윤리, 대중매체윤리, 공학윤리 등 다양한 이름으로 불린다. 그 가운데 나는 과학 분야의 직업윤리에 관심이 있는 것이다. 다음 장에서는 직업윤리의 측면에서 과학자에게 필요한 덕목을 좀더 구체적으로 살펴보고자 한다.

그러나 행위의 모든 기준이 우리가 말하는 '윤리'는 아니다. 그러므로 윤리와 다른 사회규범, 말하자면 법률과 정치, 종교를 구분하는 것이 중요하다. 윤리는 다음과 같은 몇 가지 이유로 인해 법률과 다르다.

첫째로, 불법적인 행동이라고 해서 모두가 비윤리적이지는 않기 때문이다. 과속은 불법이다. 하지만 응급상황에 처한 어떤 환자를 병원에 후송하기 위해 속도제한 규정을 위반하는 것은 오히려 윤리적 책무라고 볼 수 있다.

둘째로, 비윤리적인 행동이라고 해서 모두가 불법적인 것은 아니라는 사실이다. 대부분의 사람들은 거짓말을 하는 것이 비윤리적이라는 데 동의할 것이다. 그러나 거짓말은 오로지 특정한 조건, 예컨대 소득세 환급을 위해 거짓말을 한다거나, 위증을 하지 않기로 서약해 놓고 거짓말을 한다거나 하는 조건하에서만 불법이 된다.

셋째로, 법률은 비윤리적이거나 부도덕할 수 있다(Hart, 1961). 미국에는 1800년대까지도 노예제도를 허용하는 법률이 있었지만, 오늘날 대부분의 사람들은 그러한 법률이 비윤리적이거나 부도덕하다고 말할 것이다. 인간에게는 법에 복종할 도덕적·윤리적 책무가 있다고 해도, 부도덕하거나 비윤리적인 법이 존재할 때에는 시민불복종이 정당화될 수 있다. 우리는 법률을 정당화하거나 비판하기 위해 도덕과 윤리에 호소할 수 있기 때문에, 많은 저자들이 법률제도의 주요 기능은 사회의 도덕적·윤리적 합의를 강화하는 것이라고 주장한다(Hart, 1961).

넷째로, 우리는 법률과 윤리를 표현하고 가르치고 고취하고 시행하기 위해 다양한 종류의 기제를 사용한다(Hart, 1961). 가령 법률은 성문법, 형법전, 법정재판, 정부규정 등을 통해 공적으로 표현된다. 반면에 윤리와 도덕은 때때로 종교서적이나 직업상의 행위규정집, 또는 철학저술에 명시되기는 하지만, 그렇더라도 수많은 윤리적·도덕적 기준은 암묵적이다. 법률은 또한 고도로 전문적이고 복잡한 직업용어로 표현되기 때문에, 그것을 해석하려면 특별히 훈련받은 사람들, 즉 변호사나 판사 등이 필요하다. 반면에 윤리와 도덕은 덜 전문적이고 덜 복잡하다.

마지막으로, 법률을 집행하기 위해서는 정부의 공권력이 사용된다. 특정한 법률을 위반하는 사람은 벌금을 물거나 감옥에 가거나 처형당할 수 있다. 하지만 윤리적·도덕적 기준을 위반한 사람은 그들의 행동이 법률을 위반한 것이 아닌 한 그러한 종류의 처벌을 받지는 않는다. 도덕적·윤리적 책무에 불복종한 사람에게 우리가 하는 '처벌'이란 다만 그 행동을 승인하지 않는다고 표현하거나 비난하는 것뿐이다. 이 책은 과학윤리를 다루기 때문에, 과학과 관련된 법률이나 공공정책에 관해 질문을 제기할 수는 있어도, 과학에서 제기되는 법적 쟁점을 깊이 있게 탐구하지는 않을 것이다.

한편, 윤리와 정치의 관계를 살펴보자. 어떤 행위기준은 본성상 윤리적·도덕적이라기보다는 정치적으로 간주하는 편이 더 나을 수도 있다. 예를 들면 '1인 1표'(one person, one vote)의 원칙은 선거구를 구성하고 선출 대표를 할당하는 데 중요한 역할을 한다. 이러한 정치적 격률(maxim)과 윤리적·도덕적 규범(norm)의 차이는 전자가 집단이나 사회 기구의 행위에 초점을 맞춘다면, 후자는 개인의 행위에 초점을 맞춘다는 점일 것이다. 정치적 기준은 인간사에 대해 거시적 관점을 취하나, 윤리적·도덕적 기준은 미시적 관점을 택한다. 이러한 측면에서 볼 때, 학문 주제로서 정치는 정치학이나 정치철학처럼 인간의 행위에 대해 거시적 관점을 취하는 분과들을 포함한다. 하지만 윤리와 정치 사이의 구분이 절대적이지는 않다. 왜냐하면 수많은 행동과 제도 및 상황이 윤리적 관점이나 정치적 관점에서 두루 평가될 수 있기 때문이다(Rawls, 1971). 예를 들어, 낙태는 태아의 지위와 모체의 자기결정권에 관한 도덕적 쟁점을 일으킨다. 그런데 이는 또한 정치적 쟁점이 되기도 하는데, 왜냐하면 정부 및 주 당국이 사적인 결정에 강제적으로 개입하는 문제와 연관되기 때문이다. 윤리와 정치 사이의 구분이 절대적이지 않기 때문에, 이 책은 1차적으로 윤리문제에 초점이 있다고 해도, 여전히 과학에서 제기되는 정치적 쟁점들을 탐구하게 될 것이다.

끝으로, 윤리와 종교를 구분하는 것이 중요하다. 세계의 주요 종교는 모두 행위기준을 규정한다. 성서, 코란, 우파니샤드, 도덕경 등 모든 경전이 도덕적 안내를 제시하며, 저마다의 윤리를 담고 있다. 그러나 윤리적 행위기준은 특정한 종교나 경전에 기초할 필요가 없다. 윤리적 기준은 어떤 구체적인 종교제도나 신학, 또는 성구에 관계없이 정당화되고 규정될 수 있다. 각 종교에 속하는 다양한 종파의 사람들뿐만 아니라, 기독교인, 이슬람교인, 힌두교인, 불교인, 유대교인 모두가 종교적·신학적 차이에도 불구하고 공통의 도덕적 원칙에 동의할 수 있다(Pojman, 1995). 더 나아가 무신론자들도 마찬가지로 도덕적인 행위를 할 수 있고, 도덕 준칙을 받아들일 수 있다. 즉 윤리는 거룩한 종교인들뿐만 아니라, 세속적인 사람들에게도 해당된다. 단순한 윤리와 특정 종교에 기반을 둔 윤리 사이의 차이는, 후자의 경우 종교가 행위기준을 정당화하고 규정하며 해석한다는 점에 있다. 종교제도와 성구, 신학은 윤리를 가르치고 윤리적 행위를 하도록 동기를 부여하기에 매우 유용하다. 정말로 종교는 세계인 대부분의 도덕교육에서 핵심적인 역할을 담당할 것이다. 윤리가 어떤 특정한 종교나 종교적 가르침에 귀착할 필요는 없지만, 종교는 윤리를 보충하며 보완할 수 있다. 우리가 윤리를 수식어로 생각한다면, 기독교윤리, 이슬람윤리, 힌두윤리 등에 대해 말하는 것도 이치에 맞을 것이다. 강조하건대 윤리가 이러한 용어들에 얽매일 필요는 없지만 말이다.

2. 도덕이론

도덕철학에는 하위 분야들, 곧 규범윤리, 응용윤리, 메타윤리가 있다 (Frankena, 1973). **규범윤리**는 도덕적 기준, 원칙, 개념, 가치, 이론에 관한 연구이다. **응용윤리**는 다양한 직업이나 업무 또는 구체적인 상황에서 발생하는 윤리적 딜레마와 선택, 그리고 그 선택의 기준에 관한 연구이며, 도덕이론과 개념을 구체적인 맥락에 적용하는 문제에 관한 연구이다(Fox and DeMarco, 1990). 응용윤리에 대해서는 앞부분에서 이미 의료윤리, 경영윤리 등 여러 영역이 언급되었다. **메타윤리**는 도덕적 기준, 가치, 원칙, 이론의 본성 및 정당성과 도덕적 개념 내지 용어의 의미를 연구한다. 메타윤리에서 가장 중요한 물음은 "도덕은 객관적인가?"와 "왜 우리는 도덕적 의무에 복종해야만 하는가?"이다. 나는 이 책에서 이런 심층적인 물음들을 논의하는 데 많은 시간을 할애하지는 않을 것이다. 왜냐하면 그런 물음들은 현재 논의의 범위를 훨씬 벗어나는 것이기 때문이다.[1] 다만 나는 독자들에게 과학윤리와 연관된 메타윤리적 쟁점을 소개하는 것으로 만족하고자 한다.

윤리이론과 그 이론의 적용을 좀더 잘 이해하기 위해서는 도덕철학에서 몇 가지 핵심적인 개념을 개괄하는 것이 유익할 것이다. 사회 각 개인은 누구나 상식도덕을 접한다. **상식도덕**은 서로 다른 원천, 예컨대 부모, 교사, 또래집단, 종교 지도자, 전문가, 문학, 음악, 대중매체 등으로부터 나온 것으로, 행위, 의무, 책무, 가치, 원칙에서의 다양한 기준으로 이루어진다(Pojman, 1995). 윤리학자들은 이러한 기준을 가리켜 '상식' 도덕이라고 부르는데, 왜냐하면 대부분의 사람들은 어떤 분명한 이론이

---

1) 메타윤리에 대한 상세한 논의는 L. Pojman, *Ethics* (Belmont, CA: Wadsworth, 1995)를 참고.

나 심오한 분석 없이도 그러한 기준을 배우고 실천하기 때문이다. 이렇게 상식적인 도덕에는 "다른 사람이 너에게 해주기를 바라는 대로 다른 사람에게 행위하라", "약속을 지켜라", "공정해라", "언제나 최선을 다해라" 등의 원칙이 있다. 또한 상식적인 가치에는 행복, 정직, 정의, 자선, 용기, 성실, 공동체, 사랑, 지식, 자유 등이 있다.

한편, **도덕이론**은 상식도덕의 토대 혹은 정당성을 제공하는 것이다. 도덕이론은 일반적으로 받아들여진 도덕을 서술하고, 통합하고, 설명하고, 비판한다(Fox and DeMarco, 1990). 도덕이론은 상식도덕의 확신을 집약한 데이터베이스에서 출발하지만, 심리학, 사회학, 생물학, 경제학 및 기타 학문에서 나온 자료들을 활용함으로써 상식을 넘어설 수 있다. 일단 도덕이론이 발전되면, 우리는 그 이론을 우리가 가진 상식도덕의 확신에 도전하기 위해 사용할 수 있다. 그렇게 되면 우리의 확신은 좀더 깊은 성찰과 분석에 비추어 교정될 수 있다. 그러므로 상식도덕은 비판적인 성찰에 응답하여 변화할 수 있으며, 액면가치 그대로 수용될 필요가 없다. 예를 들어, "매를 아끼면 자식을 버린다"(*spare the rod, spoil the child*)는 상식적 준칙이 지배적이던 시대가 있었는데, 그에 대한 해석도 심리학적 연구의 결과로서, 또한 자녀훈육의 윤리에 대한 깊은 성찰의 결과로서 변화했다. 1800년대에는 그 준칙에 입각하여 부모와 교사들이 말을 잘 듣지 않는 자녀와 학생들을 채찍질하고 때리고 치는 것을 정당화했다. 그러나 오늘날에는 아동발달 및 도덕담론에 관한 연구가 이루어져, 체벌에 대해 전혀 다른 관점을 갖게 되었다. 그 당시에는 아무 문제 없이 수용됐을 만한 행위가 지금은 아동학대로 간주될 수도 있는 것이다.

우리가 가진 상식도덕을 변화시키기 위해 도덕이론을 활용한 다음에는 그러한 이론이 이 새로운 데이터베이스와 일관되도록 하기 위해 그 이론을 변화시킬 수 있다. 이러한 상호과정, 즉 도덕이론에 비추어 상식도덕을 변화시키고, 상식도덕에 비추어 도덕이론을 변화시키는 과정은 무한히 계속될 수 있으며, 풍부한 성찰적 균형을 이루는 방법으로 알려져 있다(Rawls, 1971). 대부분의 윤리학자들은 이 방법이 도덕이론을 정당화하는 최선의 방법이 된다고 생각한다.

철학자들과 신학자들은 도덕에 대해 각자 나름대로의 특정한 관점으로 폭넓게 다양한 도덕이론을 옹호한다. 어떤 이론은 개인의 권리와 존엄성을 강조하며, 또 다른 이론은 공동선을 강조한다. 어떤 이론은 세속적인가 하면, 또 다른 이론은 종교적이다. 어떤 이론은 책무와 의무에 초점을 맞추는데, 또 다른 이론은 미덕과 성품에 초점을 맞춘다. 어떤 이론은 도덕적 이상을 세우고, 또 다른 이론은 실천적 원리에 전념한다. 어떤 이론은 행동을 판단할 때 결과를 보는가 하면, 또 다른 이론은 동기를 본다. 어떤 이론은 인간 중심적이지만, 또 다른 이론은 인간을 거대한 생태학적 틀 속에 나란히 놓는다. 학자들이 지난 수세기에 걸쳐 세우고 다듬은 도덕이론은 이토록 복잡하다. 나는 독자들이 그 미로 속을 헤매도록 하기보다는, 영향력 큰 것들 가운데 일부만 추려서 간략히 요약하고자 한다. 이를 위하여 각 이론이 제시하는 기본 전제를 중심으로 살펴보되, 심층적인 분석이나 비판은 하지 않기로 한다.[2]

신적 명령이론(*divine command theory*)은 행위의 올바름과 그릇됨이 신의 명령에 의지한다고 본다. 즉 어떤 행위가 신의 뜻에 합하면 올바른 것이고, 반하면 그릇된 것이다. 세계 대부분의 대중 종교는 신의 명령에 기반을 두고 나름의 도덕을 내세운다는 점에서 이 이론의 개정판을 지니고 있다. 앞서 언급했듯이, 나는 특정한 종교나 신학에 의지하지 않는 윤리 기준을 발전시키는 것이 가능하다고 보는데, 신적 명령이 이러한 주장을 부정한다. 물론 이 이론도 도덕적 선택과 기준에 통찰력을 제공해 줄 수

---

2) 도덕이론을 더 깊이 알려면 L. Pojman, *Ethics*(Belmont, CA: Wadsworth, 1995)를 참고.

있지만, 내가 하려는 시도는 윤리에 관한 비종교적 설명을 발전시키는 것이기 때문에, 과학윤리를 분석하면서 신적 명령이론에 의지하지는 않을 것이다. 앞으로 고려할 이론들은 세속적 토대 위에 선 윤리이다.

공리주의(*utilitarianism*)는 우리가 만인을 위해 장기적으로 선한 결과(또는 효용성)와 악한 결과(또는 효용성) 사이에서 최상의 균형을 산출하는 방식으로 행위를 해야 한다고 주장한다(Mill, 1979). 공리주의에는 크게 두 가지 유형이 있다. 하나는 행위공리주의(*act-utilitarianism*)로서 개인의 행위가 유익을 극대화하도록 이루어져야 한다는 것이고, 다른 하나는 규칙공리주의(*rule-utilitarianism*)로서 개인의 행위가 유익을 극대화하는 규칙체계에 입각하여 이루어져야 한다는 것이다. 대중적으로 이해된 공리주의는 목적이 수단을 정당화한다거나 다수의 선이 소수의 선을 능가한다는 식으로 풍자된다. 그러나 이 이론을 정교하게 다듬은 설명에서는 그런 식의 풍자적 의미를 삼가거나 완화시킨다(Pojman, 1995).

독일 계몽주의 철학자 임마누엘 칸트(Immanuel Kant)가 발전시킨 관점에 따르면, 인간은 언제나 내재적 가치를 지닌 이성적 존재로 대우받아야 하며, 외재적 가치만을 지닌 단순한 수단 혹은 대상으로 취급되어서는 안 된다(Kant, 1981). 칸트주의는 또한 도덕기준은 보편타당성이 있는 것이어야 하고, 도덕원칙은 선의지를 지닌 모든 이성적 존재가 따를 수 있는 규칙이어야 한다고 주장한다. 여기서 선의지를 지닌 인간의 행위 동기는 오직 의무 자체를 위하여 자신의 의무를 수행하고자 하는 욕구에 의해 유발된다. 칸트에 따르면 행동은 반드시 도덕적으로 칭송할 만한 가치를 얻고자 하는 올바른 이유에서 일어나야 한다. 칸트주의는 인간이 공동선을 위해 희생되어서는 안 되며, 우리에게는 행위의 결과에 의존하지 않을 도덕적 의무가 있고, 인간 행위의 도덕성을 평가하는 데는 동기가 중요하다고 본다.

자연권이론(*natural rights theory*)은 칸트주의와 마찬가지로 개인의 권리와 자유의 중요성을 강조한다. 이 관점에 따르면, 모든 사람에게는 날 때부터 생명·자유·재산에 대한 자연적 권리가 있으며, 자신의 행위가 다른 사람의 권리를 침해하지 않는 한도 내에서 원하는 것은 무엇이든지 할 도덕적 권리가 있다(Nozick, 1974). 이러한 견해에 비추어 볼 때 도덕적 권리란 마치 카드놀이에서 내놓는 으뜸패와 같다고 말할 수 있다. 왜냐하면 자신의 권리를 침해하는 어떤 행동에 대해서든 그것을 비판하기 위해 무조건 합법적 권리 주장이라는 방편에 의지할 수 있기 때문이다. 여기서 권리는 흔히 부정적인 방식으로 이해된다. 즉 사람에게는 자신에게 어떤 일이 일어나지 않게 할 권리가 있지만, 자기를 위해 어떤 일이 일어나도록 할 권리는 없다는 것이다. 이렇게 되면, 생명권이란 죽임 당하지 않을 권리를 의미하지, 죽음으로부터 건져질 권리는 아니다. 따라서 이 관점은 때때로 '최소 도덕'이라는 특징을 띠게 되는데, 왜냐하면 우리에게는 다른 사람을 도울 도덕적 의무가 없다고 주장하기 때문이다. 우리는 동의를 통해서나 남편-아내 또는 부모-자식과 같은 특수한 관계 속으로 들어감으로써 다른 사람을 도울 책무를 갖게 된다.

자연법이론(*natural law theory*)은 도덕이 인간의 본성에 근거를 둔다고 본다. 만일 행위가 인간의 자연적 본성이나 감정, 또는 사회적 관계에 기초한다면, 그 행위는 올바른 것이다. 반면에 행위가 인간의 자연적 본성이나 감정, 또는 사회적 관계에 거슬러서 일어난다면, 그 행위는 그릇된 것이다. 이 이론은 또한 우리가 자연적 선을 산출 내지 달성하고, 자연적 악을 제거 내지 회피하기 위해 노력해야 한다고 주장한다(Pojman, 1995). 자연적 선에는 생명·건강·행복이 포함된다.

사회계약이론(*social contract theory*)은 도덕이란 우리가 동의하는 일련의 규칙들로 이루어져 있으며, 이것이 사회를 규제하는 데 중요하다고 주장한다. 그러한 도덕은 인간이 사회 속에서 더불어 살기 위하여 제정한 일종의 사회계약이라는 것이다. 도덕규칙을 정당화하기 위하여, 사회계약이론가는 인간이 사회 형성 이전에는 자연상태에서 존재했다고 상정한다. 그러한 자연상태에서 잘 살기 위해서는 서로 협력하지 않으면 안 되는데, 협력하려면 행위의 규칙이 필요하다는 것이다. 사회계약이론에서는 이 규칙이 바로 도덕·정치·법의 규칙이라고 말한다(Pojman, 1995).

덕 윤리(*virtue ethics*)는 아리스토텔레스까지 거슬러 올라가는 오랜 역사를 지녔는데(Aristotle, 1984), 오랫동안 철학적 무대에서 공백기를 보이다가 최근에야 되살아났다. 덕 윤리적 접근에 따르면, 도덕에서 중심 질문은 "내가 무엇을 해야 하는가?"가 아니라 "내가 어떤 종류의 인간이어야 하는가?"이다. 인생의 주요 과제는 도덕적 덕목으로 알려진 특정한 성품의 특질을 발전시키는 것이다. 이러한 특질에는 정직, 청렴, 용기, 겸손, 성실, 친절, 지혜, 절제 등이 포함된다. 인간은 다른 성품 특질을 반복과 실천을 통해서 발전시키는 것처럼 도덕적 덕목 역시 똑같은 방법으로 나아가게 할 수 있다. 그러므로 덕스러운 인간이 되는 것은 훌륭한 농구선수나 음악가가 되는 것과 유사하다. 대부분의 덕 이론은 덕스러운 인간이 자신의 성품을 발전시킨 만큼 도덕적 규칙과 원칙을 따를 것이라고 암시한다. 그러나 이때에도 의무나 책무가 아니라 성품이 윤리적 행위를 규정한다고 본다.

돌봄의 윤리(*ethics of care*)는 도덕에 대한 여성주의적 접근에 의해 고취된 이론이다. 전통적인 접근이 의무·권리·정의에 너무 많은 강조점을 둔다는 이유에서 이를 거부하며 등장했다. 이 이론에 따르면, 전통적인 도덕이론들은 지나치게 추상적이고 율법적이며 보살핌의 측면이 약하다. 그에 대한 대안으로서 돌봄의 윤리는 인생의 주요 과제가 자기 자신과 다른 사람들을 사랑하고 보살피는 것이라고 말한다. 우리는 추상적인 개념과 원칙에 의존하는 대신에, 우리의 행위에서 사랑하고 보살피는 관계성을 길러야 한다(Gilligan, 1982). 어떤 측면에서 돌봄의 윤리는 예수가 "네 이웃을 네 몸과 같이 사랑하라"고 가르치고 바리새인들의 율법적 도덕을 비판한 것에 대한 현대적 번역이라고 할 수 있다.

마지막으로 언급할 가치가 있는 이론은 환경주의 운동에서 고무된 것이다. 이른바 **심층생태학**(*deep ecology*)이라고 불리는 이 새로운 접근은 인간 중심적이지 않다는 점에서 다른 윤리적 접근과 다르다. 인간 중심적 도덕이론들은 인간의 이익・권리・책무 등에 비추어 자연에 관한 물음들을 짜 맞춘다. 말하자면, 오염은 다만 오염된 환경이 인간에게 해를 미칠 수 있거나 인간이 다양한 선을 이루지 못하게끔 할 때에만 문제가 된다고 주장하는 식이다. 심층생태주의자들은 이러한 인간 중심적 윤리가 다른 생물 종, 땅, 생태계, 공기, 바다를 포함하는 도덕적 쟁점을 적절히 다룰 수 없다고 본다. 왜냐하면 자연에는 인간의 이득이나 권리와 무관한 가치가 있기 때문이다(Naess, 1989). 이 입장에서 보면, 생태계는 그 자체로 본래적인 도덕적 가치가 있기 때문에 보전해야 하는 것이지, 인간이 경제적・사회적으로 이용하기 위해 가치를 부여했기 때문에 보전해야 하는 것이 아니다. 일부 저자들에 따르면, 동물 역시 본래의 도덕적 가치가 있으며 인간의 이득을 증진하기 위한 단순한 도구가 아니므로 동물에게도 권리가 있다고 한다(Regan, 1983).

이상에서 살펴본 대로, 학자들은 수많은 도덕이론을 발전시켜 왔다. 이렇게 다양한 접근은 우리가 인간과 사회, 그리고 자연에 대해 생각할 때 발견하게 되는 다양한 통찰과 긴장을 보여 준다. 뿐만 아니라 도덕의 본질을 간파하는 다양한 방식이 존재한다는 것도 알 수 있다. 이러한 이론 중에서 단 하나만이 도덕성에 올바르게 접근하는 것일까? 우리는 도덕이론을 검증하기 위해 폭넓은 성찰적 균형(*reflective equilibrium*)의 방법을 사용할 수 있기 때문에, 존중받을 만한 어떠한 이론이든 과학이 제시하는 증거와 상식에 관한 성찰에 적용할 필요가 있다. 그러므로 대강 보기에는 이러한 이론들이 너무나 다르더라도, 우리가 그 이론들을 교정하기 위해 폭넓은 성찰적 균형의 방법을 사용한 후에는 유사한 기준과 가치를 지지하는 것으로 결론 나는 경우가 종종 있다. 이러한 결과는 대부분의 이론이 비슷비슷한 실천적 의미를 갖기 때문에 생겨나는 것이다.

유사한 결과를 낳는 도덕이론이 다양하게 존재하므로, 도덕을 이론화하는 데 가장 합리적인 접근은 일종의 다원주의를 받아들이는 것이라고 생각한다. 다원주의에 따르면, 서로 갈등을 일으킬 수 있는 기본적인 도덕기준 혹은 제1원칙이 많이 있다(Ross, 1930). 그렇지만 각각의 기준은 상식도덕의 측면에서 언뜻 보기에 정당성이 있으며, 대부분의 기준들이 다양한 도덕이론에 의해 옹호된다. 따라서 공리주의자든 칸트주의자든 사회계약 이론가든 모두가 인간은 다른 사람에게 해를 입혀서는 안 된다거나 거짓말을 해서는 안 된다는 데 동의할 수 있다. 이러한 원칙들은 광범위한 지지기반을 갖기 때문에, 통상 그 원칙들을 옹호하는 특정한 도덕이론보다는 덜 논쟁적이다(Beauchamp and Childress. 1994).

응용윤리를 연구하는 많은 철학자들은 도덕이론보다는 일반적인 윤리원칙을 활용하여 작업하는 쪽을 선호한다. 왜냐하면 논쟁 가능성이 농후한 도덕이론 전체를 옹호하지 않고도 윤리적 결단이나 사회정책을 지지하기 위해 일반 원칙들을 사용할 수 있기 때문이다(Fox and DeMarco, 1990). 일반 원칙을 사용하는 또 다른 이유는 그것이 도덕이론보다는 이해하고 가르치고 배우기에 더 용이하다는 점이다. 끝으로 원칙은 매우 일반적인 용어로 표현되기 때문에, 여러 가지 사례에 적용될 수 있고 다양한 방식으로 해석될 수 있다. 이와 같은 융통성으로 말미암아 우리는 중요한 세부사항을 무시하지 않고도 다양한 사례에 원칙을 적용할 수 있는 것이다. 기본적인 도덕원칙에는 다음과 같은 것들이 있다(Fox and DeMarco, 1990).

- 악행금지의 원칙(*Nonmalificence*): 너 자신에게나 다른 사람에게 해

악을 끼치지 마라.

- **선행의 원칙**(*Beneficence*): 너 자신과 다른 사람에게 도움을 주라.
- **자율의 원칙**(*Autonomy*): 합리적인 개인이 충분한 정보를 가지고 자유롭게 선택하도록 하라.
- **정의의 원칙**(*Justice*): 인간을 공정히 대우하라. 동등한 것은 동등하게, 동등하지 않은 것은 동등하지 않게 취급하라.
- **공리의 원칙**(*Utility*): 만인에게 해로운 것을 지양하고 유익한 비중을 극대화하라.
- **신용의 원칙**(*Fidelity*): 약속과 협의를 지키라.
- **정직의 원칙**(*Honesty*): 거짓말을 하거나 사기를 치거나 남을 기만하거나 오인하지 마라.
- **사생활의 원칙**(*Privacy*): 개인의 사생활과 비밀을 존중하라.

도덕철학자들은 '해악', '유익', '공정', '합리', '사기' 같은 개념을 자세히 말함으로써 이 원칙들을 해석하고 다듬지만, 내가 여기서 하려는 과제는 그것이 아니다. 우리의 목적을 위해서는 일련의 도덕원칙들이 광범위한 도덕적 선택에 적용될 수 있다는 점만 인식하면 될 것이다.

이 원칙들은 엄중한 규칙이라기보다는 행위지침으로 간주되어야 한다. 우리는 행위를 할 때 이 원칙들을 따라야 하지만, 그것이 서로 갈등하거나 다른 기준들과 충돌할 때에는 예외가 있을 수 있다. 두 원칙이 갈등하는 상황에 놓이면, 우리는 하나를 버리고 다른 하나를 선택하기 위해 결단해야 할지도 모른다. 가령, 누군가의 요리에 대해 의견을 말하도록 요구받은 상황에서 그 사람에게 해를 입히지 않으려면 완전한 정직보다는 약간 덜 정직한 것도 괜찮다고 결정할 수 있다. 다양한 원칙과 기준 사이에 갈등이 일어날 수 있기 때문에, 우리는 어떻게 행동할 것인가를 결정할 때 도덕적 판단 훈련을 자주 해야만 한다.[3] 판단 훈련을 하려면,

주어진 상황의 특수한 성격을 이해할 필요가 있다. 그러므로 윤리가 상황적이라는 말에는 중요한 의미가 있는 것이다. 비록 일반적인 윤리원칙이 우리의 행위를 인도해야 한다고 하더라도, 우리는 특수한 상황에 들어맞는 사실과 가치에 입각해서 결단하고 행위를 해야 한다. 다음 부분에서는 도덕 판단과 추론에 대한 접근을 개괄하고자 한다.

3. 도덕적 선택

우리는 인생에서 깨어 있는 매순간마다 선택을 한다. 이런 선택 중에는 사소한 것도 있고, 의미심장한 것도 있다. 어떤 선택은 개인의 선호도나 취향, 또는 단순한 변덕에서 이루어지기도 하고, 또 어떤 선택은 행위기준에 근거해서 이루어지기도 한다. 행위기준은 삶에서 부딪치는 수많은 선택에 지침을 제공함으로써 우리의 행동을 규제할 수 있다. 예컨대, 정직의 원칙은 자신의 골프 성적에 관해 거짓말을 하거나 진실을 말하거나 양자택일의 기로에서 진실을 말하도록 의무감을 불어넣는다. 그러나 항상 똑같은 행위기준을 따른다는 것은 쉬운 일이 아니다. 왜냐하면 행위기준마다 서로 갈등하기도 하고, 우리의 개인적 관심과 충돌하기도 하기 때문이다. 예를 들어 자신의 골프 성적에 관해 거짓말을 함으로써 엄청난 돈을 딸 수 있는 사람은 돈에 대한 관심과 진실을 말할 의무 사이에서 갈등에 직면할 것이다. 인간은 사적인 이득을 위해서라면 자기가 받아들인 윤리적·도덕적 기준도 종종 위반하는 법이다. 하지만 우리는 흔히 그러한 위반행위에 부도덕하다거나 이기적이라는 꼬리표를 붙이고 승

---

3) 도덕적 다원주의에 대한 후속 논의로는 B. Hooker, "Ross-style pluralism versus rule-consequentialism", *Mind 105*(1996), 531~552쪽을 참고.

인하지 않는다.

행위기준이 서로 갈등하면서 나타날 때는 다른 종류의 상황이 발생한다. 종종 우리는 윤리/도덕과 이기심 사이에서 선택하는 것이 아니라, 서로 다른 도덕적·윤리적·법적·정치적·종교적·제도적 의무 사이에서 선택해야 하는 경우가 있다. 이러한 상황에서 핵심적인 질문은 "내가 올바른 일을 해야 하는가?"가 아니라 "무엇이 올바른 일인가?"이다. 이렇게 확실치 않은 선택을 윤리적/도덕적 딜레마라고 한다. 즉 윤리적 딜레마란 적어도 두 가지 다른 행동 사이에서 선택할 수 있는 상황을 말하는데, 그 각각의 행동을 나름의 행위기준이 잘 옹호하는 것처럼 보이는 경우다(Fox and DeMarco, 1990). 그러한 선택은 두 가지 악 가운데 덜 악한 것을 고르거나 두 가지 선 가운데 더 선한 것을 고르는 것이 될 것이다. 때때로 이런 선택은 두 가지 다른 윤리기준을 포함하기도 한다. 예컨대, 어떤 사람이 제약회사와 거래비밀을 지키기로 약속했는데, 그 회사가 잘못을 저질렀으며, 검사를 거친 신약에 대하여 식품의약청에 제출한 자료 가운데 일부를 조작했음을 알게 되었다고 가정해 보자. 이때 그는 대중에게 해를 입히지 말아야 할 의무와 회사에 성실과 충실을 다해야 할 의무 사이에서 갈등하게 된다. 또한 이런 선택은 윤리와 법 사이의 갈등을 내포하기도 한다. 예컨대, 한 운전자가 응급상황에 있는 어떤 사람을 병원에 후송하려고 할 때, 그는 속도제한 규정을 지키는 것과 그 사람에게 해를 입히지 말아야 한다는 것 사이에서 선택의 기로에 서게 된다. 과학자를 포함하여 대부분의 사람들은 다양한 의무와 결단 사이에서 균형을 이루고자 할 때 날마다 윤리적 딜레마에 봉착하면서 살고 있다.

그렇다면 우리는 윤리적 딜레마를 어떻게 '해결'할 것인가? 윤리적 딜레마를 해결하는 길은 우리가 무엇을 해야 하는가를 결단 또는 선택하는 것이다. 어떤 종류의 선택이든 간에 결단을 내리기 위한 아주 간단한 방법 역시 윤리적 선택에 적용된다. 이런 방법을 일종의 실천적 추론이라고 하는데, 다음과 같이 전개된다(Fox and DeMarco, 1990).

- 1단계 : 일련의 질문을 만들어라.
- 2단계 : 정보를 수집하라.
- 3단계 : 다른 대안을 조사하라.
- 4단계 : 대안을 평가하라.
- 5단계 : 결단을 내려라.
- 6단계 : 행동을 취하라.

결단의 첫 단계는 흔히 일련의 질문을 제기하는 것이다. 여기서 질문이란 "내가 X를 해야 하는가, 하지 말아야 하는가?"처럼 간단할 수 있다. 일단 질문이 제기되면, 관련된 사실과 상황에 관한 정보를 수집한다. 분명히 우리는 정보를 모으는 데 너무 많은 시간과 노력을 들임으로써 의사결정 능력을 마비시킬 수 있다. 그러므로 적합한 정보를 결정하는 것 역시 필요하다. 충분한 정보를 얻지 못하면 빈약한 결정을 내릴 수 있으므로, 실수를 하더라도 정보가 너무 적은 것보다는 차라리 너무 많아서 실수하는 쪽이 더 낫다. 정보를 얻었으면 그 다음에는 다른 대안을 조사할 차례다. 우리가 취할 수 있는 다양한 행동 경로에는 어떤 것들이 있는가? 이 단계에서는 약간의 상상력과 열린 마음이 필요한데, 왜냐하면 우리는 모든 대안을 탐구하는 데 종종 실패하기 때문이다. 이것이 바로 매력적인 대안을 간과하는 원인이 된다. 그런가 하면, 때로는 서로 상충하는 의무를 서로 다른 시기에 완수함으로써 딜레마를 피할 수도 있다.

네 번째 단계는 모든 단계 중에서 가장 어렵다. 왜냐하면 우리에게 주어진 여러 가지 의무와 우리가 마음대로 수집한 정보에 비추어 다양한 선택들을 평가해야 하기 때문이다. 대안을 평가할 때는 다음의 순서대로 질문을 던지는 것이 중요하다. 대안 중에서 법률로 요구되거나 금지된 것이 있는가? 대안 중에서 특정한 제도적·직업적 윤리기준에 의해 요구되거나 금지된 것이 있는가? 도덕적 원칙은 다양한 행동들과 어떤 관계가 있는가? 나는 도덕성에 대한 다원주의적 접근을 받아들이고, 우리가 곤란한 도덕적 선택에 직면하면 서로 경쟁하는 기준들 사이에서 균형을 맞출 필요가 있다고 믿는다. 그렇지만 다양한 규범들은 다음과 같은 경험 법칙에 따라 우선순위가 정해질 수 있다고 본다. 즉, 다른 것들이 모두 동일하다면, 도덕적 의무는 윤리적 의무보다 우선시되며, 윤리적 의무는 법적 의무보다 우선시된다는 것이다. 모든 산업사회는 법의 통치에 의존한다. 따라서 설령 어떤 경우에는 법을 위반하는 것이 정당화될 수 있을지라도 우리에게는 법에 복종해야 할 도덕적 의무가 있다. 법은 오로지 우리로 하여금 분명히 비윤리적이거나 부도덕한 무언가를 하도록 요구할 때에만, 또는 시민불복종이 정당화될 때에만 위반되어야 한다. 또한, 사회적으로 가치가 부여된 직업과 제도는 오로지 직업적·제도적 역할을 점유한 사람들이 직업적·제도적 행위기준에 충실할 때에만 제 기능을 발휘할 수 있으므로, 우리는 특정한 윤리적 기준을 따라야 할 도덕적 의무를 지닌다. 그러나 직업적·제도적 기준은 그것이 만약 우리에게 불법적이거나 명백히 부도덕한 어떤 일을 하도록 요구한다면 위반될 수도 있다.[4] 여기서 핵심적인 요소는 법이나 특정한 윤리적 기준을 위반한 당사자에게 입증 책임이 있다는 점이다. 왜냐하면 이 기준들은 건전한 토대를 갖고 있기 때문이다. 이상적인 경우, '최선의' 결정은 다양한 기준, 곧 법적·윤리적·도덕적 기준을 주어진 상황에 어떻게 적용할 것인가를 고려한 결과로서 나타날 것이다. 이와 같이 다양한 대안을 평가함으로써 추론이 이루어진 다음에는 결정을 내리고 행동을 취하는 일만 남는다.

---

4) 우선권 문제에 관해서는 D. Wueste(ed.), *Professional Ethics and Social Responsibility*(Lanham, MD: Rowman and Littlefield, 1994)를 참고.

어떤 경우에는 하나의 선택이 다른 선택보다 좋다는 증거가 우세하기 때문에, 결정을 내리는 것이 어렵지 않을 것이다. 하지만 때로는 우리가 면밀한 평가를 통해 행동한 뒤에도 여전히 두 개 혹은 그 이상의 선택들이 똑같이 좋게 혹은 나쁘게 보일 수 있다. 이러한 어려움에 부딪히면, 이 과정에서 앞 단계로 되돌아갈 수 있다. 우리의 선택에 대한 평가가 이루어지고 나면, 무언가 좀더 많은 정보가 필요하다거나 최초의 평가에서 미처 고려하지 않았던 또 다른 대안이 있음을 발견하게 될지도 모른다. 그럴 때 앞 단계로 되돌아가 재평가를 해보고 나서 다시 뒤 단계로 나아갈 수 있고, 아니면 또 그 앞 단계로 되돌아갈 수도 있다. 그러므로 이 과정은 직선 형태로 진행되는 것처럼 묘사했지만, 종종 순환적으로 진행되기도 한다.

어려운 결정의 사례를 제시하는 것이 이 방법을 설명하는 데 도움이 될 것이다. 한 교수가 이제 막 한 학기 최종 성적을 제출하려고 한다. 그때 이 교수의 과목을 수강했던 한 학생이 찾아와서 자기의 성적을 묻는다. 교수는 그가 C 학점을 받을 것이라고 말해 준다. 그러자 그는 학점을 B로 올려 달라고 사정한다. 자기가 대학에서 장학금을 계속 받으려면 이 과목에서 반드시 B를 받아야 한다는 것이다. 그는 교수에게 지금이라도 학점을 올릴 수만 있다면 추가과제라도 하겠다고 말한다. 이때 교수가 스스로에게 묻게 되는 질문은 "내가 이 학생의 학점을 올려 주기 위하여 추가과제를 하도록 허용해야 하는가?"가 될 것이다. 교수의 결정에서 정보 수집은 그 학생이 해당 학기에 받은 성적들을 검토하는 것과 본인이 성적을 매기는 데 어떤 실수라도 하지 않았는지 살펴보는 일이 해당된다. 또한 그 학생이 받은 C 학점이 B 학점과 얼마나 차이가 있는가를 살펴보기 위해 전체적인 성적 분포를 확인하는 것도 포함된다. 그런 연후에 교수는 다음과 같은 선택을 할 수 있을 것이다. ① 학생이 추가과제를 수행한다는 조건하에 학점을 올려 준다. ② 조건 없이 학점을 올려 준다. ③ 학점을 올려 주지 않는다. 자신의 결정을 평가하기 위해 교수는 다양한 의무들을 고려하게 된다. 교수로서 그에게는 공정한 성적 처리를 해야 할 의무가 있다. 유독 이 학생에게만 학점을 올려 주면 다른 학생들에게 불공정한 처사가 될 것이다. 이 학생은 더 나은 성적을 받을 만한 자격이 없다. 하지만 교수로서 그는 자신의 학생들을 도와야 할 의무도 있다. 혹자는 교수가 이 학생을 돕는 최선의 길은 학점을 올려 주는 것이라고 주장할 수 있다. 왜냐하면 그 학생이 이 과목의 학점이 나빠서 장학금을 타지 못하면 학교를 그만두어야 할지도 모르기 때문이다. 다른 한편, 혹자는 그 학생이 대학생으로서의 책임감이라든가 근면성, 평소 열심히 공부하는 습관 등에 대해 교훈을 얻을 필요가 있다고 주장할 수도 있다. 그러기 위해서는 이번에 C 학점을 받아야만 확실히 깨달을 수 있다는 것이다. 계속 생각하다가 교수는 더 많은 정보를 얻어야겠다고 결심하고, 학생에게 질문을 던진다. 그 결과, 이 학생이 다른 교수들에게도 찾아가서 똑같은 이야기를 한 사실과 그들 중 누구도 학점을 올려 주지 않은 사실을 알게 된다. 그리하여 마침내 교수는 학생의 학점을 고쳐 주지 않기로 결정한다. 여기에는 두 가지 이유가 작용한다. 첫째, 교수에게는 공정해야 할 의무가 있기 때문이다. 둘째, 비록 교수가 학생을 도울 의무가 있다고는 하나, 어떠한 상황하에서든지 학생의 학점을 변경하는 것이 그를 돕는 최선의 길이라는 분명한 근거는 전혀 없기 때문이다.

이 사례는 하나의 해결책이 그 딜레마를 푸는 '최선의' 방법으로 대두했기 때문에 그나마 '쉬운' 사례처럼 보인다. 그렇지만 때로는 면밀한 평가를 수행한 뒤에도 여전히 몇 가지 서로 다른 해결책들이 똑같이 좋게 여겨질 수 있다. 말하자면 단일한 최적의 해결책이 없을 수도 있다 (Whitbeck, 1995a). 그러므로 도덕적 결단은 공학 설계의 문제와 유사하다. 다리를 세우는 방법에는 하나의 정답만 있는 것이 아니듯, 도덕적 딜레마를 해결하는 데도 하나의 올바른 길만 있는 것은 아니다. 하지만 그렇다고 해서 윤리적 딜레마를 해결하는 데는 "무엇이든지 괜찮다"는 뜻은 아니다. 어떤 결정은 명백하게 그르거나 도저히 받아들일 수 없기도 하고, 또 어떤 결정은 특정한 기준에 관해 다른 것보다 더 나을 수도 있기 때문이다. 안정적 구조를 낳을 수 없는 다리 설계는 받아들여질 수 없는 법이다. 우리는 비용효율성, 견고성, 내구성 및 기타 척도와 연관 지어 다양한 설계도를 평가할 수 있다. 마찬가지로, 가장 널리 고수되는 도덕 원칙에 어긋나는 도덕적 선택이라면 받아들일 수 없을 것이다. 우리는 선행, 정의, 자율, 기타 도덕적·윤리적 기준에 충실한 다른 선택들을 평가해야 한다.

수많은 해결책이 있다는 것은 도덕적 의사결정에 영향을 미치는 비합리적 요소를 허용하는 모종의 정당화가 있을 수 있음을 암시한다. 추론이 몇 가지 똑같이 좋은 해결책을 낳고, 우리는 하나의 해결책에 입각해서 행동할 필요가 있을 때, 다른 방법들, 가령 직관이나 정서, 혹은 우연에 호소할 수 있다. 때로는 어려운 딜레마를 해결하는 데서 본능적 느낌이 결정자가 될 수도 있다. 물론 이것은 추론이 의사결정에서 중요한 역할을 담당해서는 안 된다는 뜻이 아니다. 어려운 결정의 전 단계들에 이미 추론이 포함되어 있기 때문이다. 정보수집이나 대안평가에 앞서 본능적 느낌에만 의존하는 것은 어리석은 일이다. 반면에 딜레마에 대한 단일한, 최적의 해결책을 찾지 못했다는 이유로 결정을 내리지 않는 것도 경솔한 행동이다. 추론이 오히려 우리가 효과적인 행동을 취하는 데 방해가 된다면 비생산적인 과정이 될 수도 있다.

결정에 도달하기 전에 우리의 결정과정을 평가하는 데 다음의 질문들이 유용할 것이다. 첫째, "나는 일반 대중 앞에서 이 결정을 정당화할 수 있는가?", 둘째, "나는 이 결정에 책임지며 살 수 있는가?", 셋째, "나는 이 결정을 내리는 데 도움이 될 만한 다른 누군가의 경험이나 전문가의 의견에 의지할 수 있는가?"

첫 번째 질문은 공적 책임성에 대한 고려를 말하는 것이다. 때때로 사람들은 자신의 결정이나 행동이 공적인 것이 아니라고 생각하기 때문에, 비윤리적으로 행동하거나 또는 부족한 결정을 쉽게 내린다. 그러나 우리는 자신의 선택을 정당화하거나 설명해야만 하고, 자신의 행동에 책임을 져야만 한다. 이것은 특히 직업의 영역에서 더 중요하다. 직업세계는 고객과 대중이 책임을 요구하는 곳이기 때문이다(Bayles, 1988). 책임에 초점을 맞춘다고 해서 모든 사람이 만족할 만한 결과가 보장되는 것은 아니다. 어떤 사람들은 여전히 결정에 동의하지 않을 수도 있다. 하지만 다른 사람 앞에서 자신의 결정을 옹호할 수 있는 사람이라면, 그렇지 못한 사람보다 좋은 선택을 할 가망성이 더 클 것이다.

두 번째 질문은 사적 성실성에 대한 배려를 말한다. 좋은 삶을 누리는 데는 자신의 행동과 성품에 자부심을 갖는 것도 중요하다. 우리는 종종 스스로 불충분한 결정을 내렸다고 느꼈을 때나 지혜롭지 못하게 처신했다고 깨달았을 때, 또는 자기가 되고자 원하는 종류의 인간으로 행동하지 못했음을 알았을 때 부끄러움을 느낀다. 좋은 선택·좋은 행동·좋은 성품은 우리 삶에서 마치 보석처럼 빛나는 특질들로서, 우리 행동에 자부심을 불어넣어 준다. 좋은 성품은 어려운 도덕적 선택을 심사숙고하는 데서 나오며, 그 과정에서 자연스럽게 드러나기 마련이다.

마지막 질문은 우리가 어려운 선택에 직면했을 때 다른 사람의 조언을 구할 수 있고, 또 구해야 한다는 점을 상기시킨다. 우리는 유사한 딜레마를 겪었던 다른 사람을 알 수도 있고, 또 사람의 지혜와 경험에서 유익을 얻을 수도 있을 것이다. 물론, 인간은 자기가 내린 결정에 스스로 책임을 져야만 한다. 정말로 자기에게 속한 선택을 다른 사람이 하도록 내버려 두어서는 안 된다. 하지만 또한 우리는 혼자가 아니라는 사실을 아는 것이 도움이 될 때가 종종 있다. 가령, 과학자들은 어려운 윤리적 선택을 내려야 할 때 동료나 멘토에게 의지할 수 있다.

4. 상대주의

　도덕철학에 대한 개괄적 고찰을 마무리하기 전에, 윤리·도덕 논쟁이 일어날 때마다 귀찮게 따라붙는 우려사항을 검토해야 할 것이다. 그것은 바로 이 책에서 논의된 기준들이 특정한 사회 또는 문화의 관습 내지 인습에 지나지 않을 수도 있다는 점이다. 올바름과 그릇됨, 윤리적인 것과 비윤리적인 것을 가르는 기준은 사회 또는 문화에 따라 상대적이라는 관점이 있다. 이 관점에 따르면, 내가 주장하는 과학윤리도 여기서 논의된 가치와 기준을 받아들이는 사회나 문화에만 적용될 것이다. 이른바 상대주의에 대한 염려는 앞부분에서 이미 도덕원칙과 윤리적 딜레마를 다룰 때도 제기되었다. 비록 지면상의 제약 때문에 이 주제를 구체적으로 탐구하지는 못하더라도, 과학과 윤리에 관한 논의를 명확히 하기 위하여 상대주의에 관해 몇 마디 언급할 필요가 있다.

　쟁점의 폭을 좁히기 위해 나는 상대주의를 세 가지 유형으로 구분하고자 한다.

- 법적 상대주의 : 법적 기준은 일정한 국가 또는 사회에 따라 상대적이다.
- 특수 윤리적 상대주의 : 특수한 윤리적 기준은 특정한 사회제도나 직업에 따라 상대적이다.
- 일반 윤리적 상대주의 또는 도덕적 상대주의 : 모든 행위기준은 특수한 사회나 문화에 따라 상대적이다.

　법적 상대주의는 세 가지 관점 가운데 가장 논란의 여지가 적어 보인다. 한 국가의 주권은 그 나라가 스스로 법을 제정하고 집행하는 능력에 달려 있다. 미국 시민이 만든 법은 다른 나라에 적용되지 않으며, 그 역도 마찬가지다. 여러 나라가 국제법과 국제조약에 동의할 수는 있지만, 그러한 국제법조차도 그것에 동의한 나라들에만 적용될 것이다. 만약 법이 나라마다, 그리고 각국의 협정에 따라 상대적이라면, 법에 복종하라는 의무는 나라마다, 그리고 이 나라가 다른 나라와 맺은 협정에 따라 상대적일 것이다. 말하자면, 로마에 가면 로마법을 따르라는 식이다. 도덕적·윤리적 고찰에 의하면 어떤 경우에는 법을 위반하는 것이 정당하다고 보기 때문에, 우리는 한 나라의 법을 비판하는 데 이 기준에 호소할 수 있다.

특수 윤리적 상대주의 또한 특수한 윤리적 기준도 여전히 법과 도덕에 부응해야 한다고 이해하는 한, 납득할 만한 입장이 될 것이다. 예를 들어, 의사와 변호사는 각각 직업의 목적이 서로 다르고 제공하는 재화와 용역도 서로 다르기 때문에, 서로 다른 윤리적 기준에 복종할 수 있고, 또 그래야 한다는 것이 자명해 보인다. 법조윤리나 의료윤리 모두 기밀을 유지할 의무를 포함하는 것처럼, 어떤 기준들은 두 직업에 다 해당할 것이다. 그렇지만 변호사와 의사는 각자 직업상의 기준에 복종해야 한다 (Bayles, 1988). 의술을 수행할 때는 의료윤리를 따르고, 법률을 시행할 때는 법조윤리에 따라야 한다는 말이다. 그러나 의료윤리나 법조윤리의 기준은 의사와 변호사에게 관례상 법을 위반하지 말도록 요구할뿐더러, 명백히 부도덕한 일을 저지르지 말 것을 요구한다. 이 점을 좀더 분명히 하기 위해, 조직폭력배의 행위기준을 '조폭윤리'라 가정하고 한번 살펴보기로 하자. 조직폭력배에게 '윤리적' 행위란 아마도 폭행, 절도, 방화, 파괴, 살인, 공갈, 협박 및 기타 불법적이고 부도덕한 행위들이 될 것이다. 그렇다면 우리는 이러한 '조폭윤리'를 의료윤리와 흡사하게 하나의 직업적 기준으로 취급할 수 있을까? 대답은 확실히 "아니오"이다. 그 이유는 조폭세계의 규범이 법적·도덕적 기준을 침해하기 때문이다. 우리는 조폭의 행위기준을 '사회규범'이라고 부를 수는 있지만, '윤리규범'이라고 부를 수는 없다.

이러한 문제에서 우리는 일반 윤리적 상대주의를 논하게 된다. 상대주의의 세 가지 설 가운데 가장 논란의 여지가 많은 부분이다. 수백 년 전에는 서구세계에 살던 대부분의 사람들이 이 입장을 이단으로 배척했다. 왜냐하면 도덕이란 신의 명령에 근거하는데, 그 신의 명령은 문화에 따라 다양하게 나타날 수가 없다고 보았기 때문이다. 이런 관점에서는 참신이 오직 한 분이신 것처럼, 참 도덕도 오직 하나다. 이렇게 단일한 도덕기준을 인정하지 않는 사람은 야만적이고 부도덕하며 신앙이 없는 사람으로 치부되었다. 하지만 지난 수백 년 사이에 사정이 달라졌다. 아마도 오늘날에는 역사상 그 어느 시대보다 더 많은 서구인들이 도덕적 상대주의를 신봉할 것이다. 도덕적 상대주의에 대한 믿음이 자라나게 된 연유를 설명하는 데는 다음과 같은 몇 가지 요인들이 도움이 된다(Pojman, 1995).

- **종교의 쇠퇴**: 오늘날 사람들은 점점 덜 종교적으로 되어 간다. 그래서 신의 뜻에 기반을 둔 절대적인 도덕을 신봉하기가 점점 더 어렵게 되는 경향이 있다.
- **제국주의의 횡포에 대한 반동**: 제국주의 시대에, 아니 그 이전에도 서구 개척자들과 탐험가들은 미국, 아프리카, 태평양 군도 등지에서 찾은 '미개한' 사람들을 정복하고 개종시켰다. 이러한 횡포가 원주민 문화를 파괴했고, 서구 종교와 도덕의 이름으로 원주민들을 착취했다는 인식이 생겨났다.
- **다문화주의**: 이민 인구의 증가와 지구적 통신수단의 발달, 그리고 인류학에서 얻은 경험적 자료의 증가로 문화적 다양성을 인정하게 되었다.
- **과학**: 오늘날 많은 사람들이 과학을 유일한 진리 결정자로 간주하

고, 과학과 똑같은 수준의 객관성을 갖지 못한 도덕철학과 같은 분야를 불신하는 경향이 있다. 더 나아가 다윈의 진화론처럼 널리 받아들여진 과학적 관념들이 객관적인 도덕기준에 대한 믿음을 훼손하고 있다(Dennett, 1995).

- 철학 : 지난 세기 동안에 많은 철학자들은 윤리의 객관성에 도전했으며, 도덕적 상대주의의 여러 변형을 옹호했다. 그들 중에서 니체(Friedrich W. Nietzsche)와 사르트르(Jean Paul Sartre) 같은 철학자들은 특히 서구 문학과 문화에 강한 영향을 미쳤다.

이 장에서 도덕적 상대주의를 면밀히 비판하는 것이 나의 목적은 아니다. 그 과제를 수행하려면 적어도 책 한 권을 새로 써야 할 것이다. 하지만 나는 도덕적 상대주의에 대한 간략한 평가와 함께 그것이 과학과 윤리에서 의미하는 바를 독자들에게 제시하고자 한다.

도덕적 상대주의의 주요 논제 가운데 하나는 문화적 다양성이 존재한다는 사실이다(Benedict, 1946). 이 사실은 서술적 명제로 표현된다. 즉 서로 다른 사회에는 서로 다른 관습·습속·인습이 있다. 어떤 문화에서는 소를 숭배하는데, 다른 문화에서는 소고기를 먹는다. 어떤 문화는 일부다처제를 받아들이지만, 다른 문화는 일부일처제를 요구한다. 어떤 문화는 여성 할례를 승인하지만, 다른 문화는 이런 관습에 질색을 한다. 어떤 문화에는 식인 풍습이 있지만, 다른 문화에서는 인육을 먹는 것을 비난한다. 인류학자들의 연구결과로 우리는 이러한 문화적 다양성을 알게 되었다. 도덕적 상대주의의 또 다른 주요 논제는 도덕적 불일치가 있다는 사실이다. 이 사실 역시 서술적 주장이다. 국경을 넘어 다른 나라 사람과는 물론, 한 나라에 사는 사람들끼리도 낙태, 안락사, 사형, 인권 등과 같은 도덕적 쟁점에 관해 일치된 견해를 갖기 어렵다. 이러한 서술적 주장에 입각하여, 일반 윤리적 상대주의를 옹호하는 사람들은 규범적 결론을 이끌어 낸다. 도덕기준은 특정한 사회나 문화에 따라 상대적이라는 것이다(Pojman, 1990). 상대주의자들은 자신들의 관점을 지지하기 위한 요소로서 상대주의에 내포된 도덕적 관용의 덕목을 제시한다. 우리가 만약 도덕기준이 각 사회마다 다르다는 점을 인식한다면, 각 사회의 가치와 기준을 용인하게 될 것이고, 또 그렇게 되면 다른 문화를 판단하거나 그들의 생활방식 및 사고방식을 '교정'하기 위해 개종시키려고 하지 않을 것이라는 주장이다.

이러한 두 가지 사실, 곧 문화적 다양성과 도덕적 불일치의 존재는 사실상 논외로 해야 맞지만, 그것이 정말로 도덕적 상대주의를 지지하는가는 물을 수 있다. 도덕적 상대주의를 비판하는 사람들은 그 두 가지 사실의 정체를 다음과 같은 방식으로 폭로하려고 시도한다. 첫째, 문화적 다양성은 언뜻 보기에 그다지 커 보이지 않는다. 인류학자들 역시 많은 문화에서 서로 공통된 기준들이 발견된다는 증거를 제시해 왔다. 예컨대 거의 모든 문화에서 살인, 폭행, 절도, 강간, 부정직, 근친상간 등을 금지한다(Pojman, 1990). 또한 도덕 공동체에 속한 사람에 대해서도 문화마다 서로 입장이 다르다. 자신의 도덕 공동체에 속한 사람을 죽이면 비난할 테지만, 다른 도덕 공동체, 곧 다른 부족이나 다른 민족에 속한 사람을 죽이는 행위에 대해서는 묵과할 수도 있다. 혹자는 성 풍습이나 결혼, 또는 사적 자유와 관련된 기준처럼 그 변화의 폭이 대단히 큰 기준도 있는 반면에, 모든 사회에서 지지되는 기본적인 기준도 있다고 주장할지도 모른다. 이런 기준을 핵심도덕(*core morality*)이라고 부를 수 있다. 핵심도덕에 대해 그럴듯한 과학적 설명을 시도하는 사람들은 핵심도덕이 어떤 사회에서든 생존하는 데 필요한 기준들로 이루어져 있다고 말하기도 한다(Pojman, 1990). 공통의 기준이 없으면 사회가 와해될 것이다. 그러한 핵심도덕의 기준 가운데 어떤 것은 일반적인 본능과 정서에 강한 토대를 두고 있으며, 이러한 특질이 진화의 기초가 된다고 보는 이도 있다(Alexander, 1987).

더 나아가 많은 경우 도덕적 다양성은 경제적 조건이나 배경적 신념에 호소함으로써 훨씬 잘 설명될 수 있다. 일례로, 미국 사람들은 유아살해라면 질색이지만, 다른 나라에서는 그렇지 않다. 유아살해에 덜 엄격한 문화는 대부분 미국보다 경제적으로 훨씬 열악하여, 기형아나 원치 않는 아이까지 부양할 수가 없다. 하지만 미국 사람들은 기형아나 원치 않는 아이를 돌볼 자원을 넘치도록 충분히 가지고 있다. 따라서 만약 유아살해를 받아들이는 나라들이 좀더 많은 자원을 갖게 된다면, 그 나라 사람들도 이러한 관습을 더 이상 묵과하지 않을 것이다. 미국 사람은 소고기를 먹지만, 인도 사람은 소를 숭배한다. 이렇게 다른 태도는 부분적으로 소에 대한 형이상학적 신념이 다른 데서 야기된다. 미국 사람들은 대체로 소를 우둔한 동물로 간주하지만, 인도 사람들은 소가 환생한 인간이라고 믿기 때문이다.

둘째로, 비록 논란의 여지가 많은 사례와 쟁점에 대해서는 사람마다 의견이 다르더라도 공통된 도덕기준을 공유할 수는 있다. 가령, 낙태의 도덕성에 관해 의견이 서로 다른 사람들이라도, 살인은 나쁘며, 여성에게는 스스로 자신의 신체를 통제할 자유가 주어져야 한다는 데 동의할 것이다. 이 논의의 중심에는 태아가 도덕 공동체의 구성원인가 아닌가의 문제가 놓여 있다. 전형적으로 신생아에게나 할당되는 권리들이 태아에게도 있는가? 도덕적 상대주의를 비판하는 사람들은 설령 대부분의 사람들이 핵심도덕을 받아들인다고 해도 도덕적 논쟁이 어떻게 발생할 수 있는지를 설명하려고 노력한다(Pojman, 1990).

비판가들은 또한 사회의 관습에 관한 서술적 주장으로부터 행위기준에 관한 규범적 주장을 추론하는 상대주의자들의 방식이 자연주의적 오류에 빠지는 것이라고 지적한다. 대부분의 논리학자들은 '존재'로부터 '당위'를 이끌어 내거나 '사실'로부터 '가치'를 이끌어 내는 것이 오류라고 한다.

즉 많은 사람들이 담배를 피운다는 사실로부터 인간은 담배를 피워야 한다는 규범을 도출해 낼 수는 없다. 그러므로 문화적 다양성으로부터 도덕적 상대주의를 이끌어 내는 것은 오류라는 것이다. 즉, 우리는 서로 다른 문화에 서로 다른 사회관습이 있다는 사실로부터 그 사회에는 마땅히 그러한 관습이 있어야 한다고 추론해서는 안 된다(Frankena, 1973).

끝으로, 비판가들은 상대주의가 관용을 의미하는 것은 아니라고 주장함으로써, 관용에 호소하는 상대주의자들의 논변을 공격한다(Pojman, 1990). 관용이 S_1이라는 사회에서는 사회적 관습이지만, S_2라는 사회에서는 그렇지 않은 경우를 생각해 보자. 상대주의를 받아들인다면, S_1에 사는 사람들은 관대해야 하지만, S_2에 사는 사람들은 그럴 의무가 없다. 그러므로 만약 S_2에 사는 사람들이 S_1의 관습을 무너뜨리고 변경하려고 한다면, S_1의 사람들은 어디에 호소할 근거가 없게 된다. 관대하라는 의무는 오직 관대한 사회에 살 때에만 해당되기 때문이다. 이렇게 되면 도덕적 관용을 옹호하기가 매우 어려워 보인다. 하지만 도덕적 상대주의의 전제를 따르면, 이런 식의 귀결밖에는 나올 수가 없다. 관용을 이야기할 때 좀더 실질적인 토대를 제시하려면, 우리는 적어도 하나의 도덕기준, 곧 다른 문화에 대한 관용이 모든 문화에 적용된다고 주장할 필요가 있다. 여기서 역설적인 점은 철저하고 완벽한 상대주의가 상대주의자들이 통상 옹호하는 가치 중의 하나인 관용을 오히려 약화시킨다는 사실이다.

도덕적 상대주의의 대안은 어느 정도 도덕적 객관주의의 형태를 띤다. 이 논의를 위하여 우리는 객관주의를 강한 객관주의(*strong objectivism*)와 약한 객관주의(*weak objectivism*)로 구분하여 설명할 수 있다(Pojman, 1990). 강한 객관주의는 절대주의라고도 하는데, 다음과 같이 주장한다. ① 어떤 보편적인 도덕기준이 존재한다. ② 이 기준에는 예외가 없으며, 엄중한 규칙들로 이루어져 있다. 반면에 약한 객관주의는 ①을 고수하지만, ②는 부정하는 입장이다. 즉 도덕기준은 보편적이지만, 절대적인 규칙이 아니라 행위지침일 뿐이다. 이 두 가지 이론 가운데 강한 객관주의보다는 약한 객관주의가 문화적 다양성과 도덕적 불일치의 사실을 조절하는 데 더 낫기 때문에 훨씬 설득력이 있어 보인다. 도덕적 차이와 논쟁은 사회마다 서로 다른 방식으로 보편적인 기준을 해석하고 적용하기 때문에 발생하는 것이다. 반면에 일반 원칙들에는 다양한 예외가 존재한다. '도덕이론'이라는 제목 아래 이 부분에서 논의한 모든 도덕이론 중에서 다원주의적 접근에 가장 알맞은 것이 바로 약한 객관주의라 하겠다(Pojman, 1990).

나는 도덕적 객관주의가 아주 그럴듯하다고 생각하지만, 여기에도 역시 그 나름의 난점이 있다. 객관주의자의 주요 문제는 도덕성의 객관적 기초를 제공하는 것이다. 어떻게 문화를 가로질러 윤리기준을 적용할 수 있을 것인가? 보편적 도덕가치나 원칙의 토대는 무엇인가? 도덕성의 객관적 토대를 추구할 때, 전통적으로 제시되는 세 가지 응답이 있다.

- 자연주의(*Naturalism*): 도덕성은 인간생물학, 심리학, 사회학 등에 기초한다.
- 합리주의(*Rationalism*): 도덕성은 이성 자체에 기초한다. 도덕기준이란 어떤 합리적·도덕적 행위자라도 받아들일 만한 규칙이다.
- 초자연주의(*Supernaturalism*): 도덕성은 신의 뜻에 기초한다.

이 각각의 접근에서는 나름대로의 문제가 발생한다. 자연주의자들은 자연주의적 오류에 직면하지 않을 수 없다. 그들은 자신의 학설이 어떻게 인간 종족에 따라, 그리고 각 종족의 필요와 목표에 따라 도덕을 상대적으로 만들지 않는지 설명해야 한다. 합리주의자들은 합리성에 대하여 비순환적이고 유익하며 실천적인 설명을 제시할 의무가 있다. 초자연주의자들은 신의 존재에 대한 믿음을 정당화해야 하고, 도덕성과 신의 명령과의 관계를 설명해야만 한다. 나는 여기서 이러한 메타윤리적 문제와 주제를 깊이 있게 규명하지는 않을 것이다.[5]

약속했던 것처럼 나는 우리의 주요 화두인 과학윤리로 이 논의를 되돌리고자 한다. 상대주의의 다양한 설명은 과학에서의 윤리적 행위에 어떤 의미가 있는가? 첫째, 법적 상대주의를 살펴보자. 이 관점을 과학에 적용한다면, 과학자들은 연구를 행하는 국가의 법이나 연구와 관련된 법을 따라야 한다는 뜻이다. 이는 아마 대부분의 과학자들이 받아들일 만한 온당한 관점이라고 하겠다(물론 연구가 여러 나라에 걸쳐 있을 때는 흥미로운 법적 문제가 야기되기도 한다). 법률의 도덕적 타당성은 제쳐 두고, 과학자들에게는 또한 법에 복종해야 할 충분한 실천적 이유가 있다. 법을 위반하는 과학자는 해당 지역당국 및 일반 대중과 문제를 일으킬 수 있기 때문이다. 비록 과학자들이 드문 조건하에서는 법을 위반할지 몰라도, 여전히 자국의 법에 순응해야 할 일반적 의무가 있다.

과학윤리가 법률뿐만 아니라 일반적으로 받아들여진 도덕기준에 순응해야 한다면, 특수 윤리적 상대주의 역시 과학에서 의미를 갖는다. 직업인으로서 과학자들은 과학 이외의 다른 직업기준이 아닌 자신의 직업기준을 따라야 한다. 회계사와 변호사는 그들 직업의 일부로서 비밀엄수를 실천하지만, 과학에서는 일반적으로 특수한 상황을 제외하고는 비밀엄수가 마땅치 않다. 비밀엄수와 개방의 문제에 직면할 때, 과학자들은 법조윤리가 아니라 과학윤리를 따라야 한다. 즉, 자신의 직업적 기준을 위반할 도덕적 이유가 없는 한, 과학자들은 그 기준에 충실해야만 한다. 과학을 수행할 때는 과학자가 하는 대로 하도록 놔두라는 논리다.

---

5) 윤리적 상대주의에 대한 후속 논의로는 A. Gibbard, *Wise Choices, Ape Feeling*(Cambridge, MA: Harvard University Press, 1986)과 L. Pojman, "A critique of moral relativism", in L. Pojman(ed.), *Philosophy*, 2nd ed. (Belmont, CA: Wadsworth, 1990)을 참고.

이는 우리가 상대주의의 최종판인 도덕적 상대주의를 고려하게 한다. 과학자들이 법적 기준과 특수 윤리적 기준에 우선권을 둔다면, 도덕적 상대주의에 대한 관심은 과학적 행위에서 오로지 작은 역할만 담당하게 될 것이다. 세계 도처의 서로 다른 문화에서 정직이 가치 있게 여겨지느냐 아니냐는 과학자에게 별로 문젯거리가 되지 않을 수 있다. 하지만 과학에서 정직이 가치 있게 여겨지느냐 아니냐는 과학자의 주요 관심이 되어야 한다. 만약 과학자가 과학에서 자신이 맡은 직업적 역할에만 머물러 있고 일반 사회와 상호작용하지 않는다면, 도덕적 상대주의에 대한 관심은 주요 문제가 될 수 없다. 그러나 과학자도 종종 일반 사회와 교류해야 하기 때문에, 과학에서도 성가신 도덕적 질문들이 제기될 수밖에 없다. 그리고 이 질문들은 도덕적 상대주의의 망령을 불러일으키는 것들이다. 그러므로 도덕적 상대주의는 과학자들에게 현실적인 문제가 될 수 있다. 다른 나라의 인체실험 대상을 어떻게 다룰지 결정할 때, 문화를 가로질러 지식재산권을 어떻게 공유할지 결정할 때, 인간배아복제 연구를 수행할 것인지 말 것인지 결정할 때, 대중과 더불어 동성애에 관한 연구를 어떻게 논의할 것인지 결정할 때, 그 밖의 수많은 사안들을 결정할 때 과학자들은 도덕적 상대주의와 씨름하지 않으면 안 된다.

제3장

전문직업으로서의 과학

앞 장에서 나는 윤리와 도덕을 구분했다. 그리고 직업마다 그 나름의
윤리기준이 있다고 주장했다. 과학을 하나의 직업으로 본다면, '과학자'
라는 직업의 역할을 수행하는 사람들은 도덕적 기준만이 아니라 직업적
기준에도 충실해야 한다(Shrader-Frechette, 1994). 직업적 행위기준은
그 직업이 사람들에게 가치 있는 재화와 용역을 제공하게끔 하는 한도 내
에서 정당화될 수 있다. 직업적 행위기준은 그 직업의 재화와 용역에 대
한 품질관리 기제로 기능하며, 그 직업에 대한 대중의 신뢰를 유지하도
록 돕는다(Bayles, 1988). 나아가 직업적 행위기준은 사람들이 법이나
통상적으로 받아들인 도덕기준을 위반하도록 요구해서는 안 된다는 점에
서, 도덕적·법적 기준이 직업적 행위를 안내하는 역할을 수행할 수 있
고 또 수행해야 한다. 도덕적 규범은 또한 직업의 윤리적 기준들이 서로
갈등하거나 또는 다른 행위기준과 마찰을 일으킬 때 직업인들에게 지침
을 제공할 수도 있다. 끝으로, 직업인들은 때때로 도덕적 이유 때문에 자
신의 특정한 행위기준을 위반하는 것이 정당화되기도 한다. 이 장에서

는 과학의 직업윤리에 관해 이러한 사유방식을 적용할 것이다. 이 과제를 달성하기 위해서는 과학을 직업으로 보아야 하는 이유를 설명할 필요가 있으며, 과학의 목표와 규범의 본질을 탐구해야 한다.

1. 과학 : 부업에서 직업으로

과학이란 무엇인가? 과학은 무엇보다도 1차적으로 사회제도이다 (Merton, 1973; Hull, 1988; Longino, 1990). 다른 사회제도와 마찬가지로, 과학도 넓은 사회 환경 속에서 공동의 목표를 수행하려는 다양한 사람들의 협력과 조정에 의존한다. 과학은 사회 속에서 작용하는 또 하나의 사회이다. 과학연구는 수없이 다양한 측면에서 여러 사람들의 협력과 조정을 필요로 한다. 가령 실험과 시험, 자료 분석, 보고서 작성 및 연구제안서 작성, 논문 심사 및 제안서 심사, 연구 프로젝트에 참여할 인력구성, 그리고 미래 과학자 교육 면에서 그렇다(Grinnell, 1992). 또한 연구의 많은 부분이 과학자를 사회 전체와의 직접 접촉으로 이끌기도 한다. 예를 들어 연구결과를 언론에 보도하기, 전문가를 통해 검증받기, 인간과 동물을 대상으로 실험하기, 정부로부터 연구비를 보조받기 등의 사안에서 말이다.

그러나 과학은 동시에 사회제도 그 이상으로서, 하나의 직업이기도 하다(Fuchs, 1992; Shrader-Frechette, 1994). 모든 사회제도가 다 직업이되는 것은 아니다. 사회제도는 개략적으로 책무와 사회적 역할을 낳는어떤 협동적인 사회활동을 말하기 때문에, 야구라든지 주식시장, 미 해군, 또는 결혼 등 대단히 다양한 활동들을 내포한다. 직업과 다른 사회제도를 구분하는 데는 여러 가지 척도가 있지만, 여기서는 아래와 같이 7가지 중심척도만 논의하고자 한다. 이 척도들은 직업이 되기 위한 필요충분조건으로 간주되어서는 안 된다. 즉, 우리는 하나의 제도가 이 모든 척도를 만족시키지 못한다고 해도 직업으로 간주할 수 있다. 그리고 어떤 제도가 이 모든 척도를 만족시켜도 직업으로 간주하지 않을 수 있다. 그러나 이 척도는 직업의 공통적인 특질을 서술하는 데 유용하다. 이제 이 척도가 어떻게 과학과 관련되는지를 살펴보자.

- 직업은 통상 사람들이 사회적으로 가치 있는 목표(곧 재화와 용역)를 획득하도록 돕는다. 직업인은 이러한 목표가 달성되도록 보장할 책무가 있다(Bayles, 1988; Jennings *et al.*, 1987). 과학 역시 사람들이 지식과 권력처럼 사회적으로 가치 있는 목표를 다양하게 획득하도록 돕는다.
- 직업은 직업적 활동을 주관하는 능력과 행위의 암묵적 혹은 명시적 기준을 갖는다. 이 기준이 직업인들로 하여금 기대된 활동을 수행하고, 전체적으로 직업이 우수성과 충실성을 유지하도록 돕는다(Bayles, 1988). 어떤 직업을 수행하기에 무능력하거나 비윤리적인 구성원은 대중의 신뢰를 저버리는 것은 물론이고, 품질이 의심스러운 재화와 용역을 산출하기 마련이다. 직업인들이 품질이 나쁜 재화와 용역을 생산하면, 사람들에게 해를 미칠 수 있다. 나쁜 과학은 불운한 사회적 결과를 낳을 수 있다. 따라서 과학 역시 그 나름의 능력과 행위기준이 있다.
- 직업인은 대개 그 직업에 발을 들여놓기에 앞서, 오랜 기간 동안 공식적이든 비공식적이든 교육과 훈련을 거친다(Fuchs, 1992). 교육과 훈련은 사람들로 하여금 그 직업의 기준에 부합하도록 보증하는 데 필요하다. 과학자도 학부와 대학원뿐만 아니라 박사후 과정까지 포함해서 오랜 기간의 교육과 훈련을 거친다(Fuchs, 1992). 과학자가 직업시험을 통과해야 하는 것은 아니지만, 폭넓은 지식과 다양

한 기술 및 방법을 숙달하지 않고 과학자로 고용되기는 사실상 불가능하다. 대부분의 연구과학자는 박사(Ph. D.)나 의학박사(MD) 같은 고급 학위를 소지하고 있다.

- 직업에는 직업적 기준이 지탱되도록 보증해 줄 관리기구가 있다. 과학에는 다른 직업에서 볼 수 있는 것만큼 강력하거나 공식적이지는 않지만, 그 나름의 비공식적 관리기구가 있다. 가령, 국립과학재단(NSF), 국립보건원(NIH), 미국과학증진협회(AAAS), 국립과학아카데미(NAS), 그 밖에 여러 과학조직 등이 있다(Fuchs, 1992). 다양한 과학잡지의 편집위원 역시 능력과 행위의 기준을 집행하고 강화한다는 점에서 관리기구의 기능을 담당할 수 있다(LaFollette, 1992).

- 직업은 경력 또는 적성이다. 직업적 역할을 맡고 있는 사람은 자기가 하는 일로 돈을 번다. 하지만 경력은 단순히 생계수단 그 이상으로서, 경력을 갖고 있는 사람은 통상 자기가 하는 일의 목표와 일체감을 느끼며, 자신의 적성에 자부심을 갖는다. 한때는 과학이 취미나 부업에 불과한 적도 있었지만, 이제는 경력이 되었다(PSRCR, 1992; Grinnell, 1992). 하기야 어떤 작가는 오늘날 우리가 과학에서 발견하는 무성한 경력주의가 과학에서 발생하는 비윤리적 행위에 최소한 부분적인 책임이 있다고 주장하기도 했다.

- 직업은 재화와 용역을 제공하기 위하여 특정한 혜택을 받는다. 그리고 이 혜택에는 책임과 신뢰가 수반된다. 사람들은 직업인이 자신의 재화와 용역을 책임 있고 윤리적인 방식으로 제공할 것이라고 믿기 때문에 그들에게 특정한 혜택을 주는 것이다(Bayles, 1988). 과학자 역시 어떤 혜택을 부여받는다. 예컨대 고고학자에게는 건축부지 탐사가 허용되고, 심리학자에게는 규제약물에 접근할 권리가 주어지며, 물리학자는 플루토늄과 기타 핵분열 물질에 접근할 권리

가 있다. 특별한 혜택에는 책임과 신뢰가 수반된다. 우리는 정부출연 연구비를 받는 과학자가 그 돈을 낭비하지 않을 것이라고 믿으며, 코카인이 쥐에 미치는 영향을 연구하는 심리학자가 그 약을 암시장에 내다 팔지 않을 것이라고 믿는다.

- 직업은 종종 전문기술의 영역 내에서 지적 권위를 지닌다고 인식된다(Bayles, 1988). 변호사가 법에 관한 특별한 지식과 판단과 전문성이 있다고 간주되는 것과 마찬가지로, 과학자는 그가 연구하는 현상에 관해 특별한 지식과 판단과 전문성이 있다고 여겨진다(Shrader-Frechette, 1994). 오늘날의 사회에서 지적 권위는 학교에서 배우는 지식의 대부분을 우리에게 제공하며, 공공정책을 형성하는 데 결정적인 역할을 한다(Hardwig, 1994).

직업에 관해 일반적으로 서술한 것들에 비추어 볼 때, 과학을 직업으로 보아야 하는가? 나는 그래야 한다고 본다. 어떤 사람들은 이 주장에 동조하지 않으리라는 것을 잘 알지만 말이다. 과학이 항상 직업이었던 것은 아니지만, 르네상스 이후로 과학은 좀더 직업에 가깝게 되었다(Fuchs, 1992). 물론 과학사에 등장하는 위인의 대다수는 우리가 직업 과학자라 부르는 그런 사람들이 아니었다. 위에 열거한 척도들에 따르면, 우리는 아리스토텔레스나 코페르니쿠스, 갈릴레오를 아마추어 과학자로 간주해야 한다. 그들이 무능해서가 아니라 당시에는 과학이 직업이 아니었기 때문이다. 그러나 다윈이 《종의 기원》(Origin of Species)을 출간했을 무렵 과학은 분명히 직업이 되었고, 이미 단순한 사회제도가 아니었다. 그렇다면 과학의 전문화를 낳은, 1450년에서 1850년 사이에 발생한 중대한 사건은 무엇인가? 여기서 그 전부를 논의할 수는 없다. 다만, 그 중대한 사건에는 다음과 같은 것이 포함될 것이다. 과학적 방법의 발달, 과학학회의 설립 및 과학잡지의 등장, 대학의 증가와 대학에 기반을 둔 연구의 활성화, 정규 교과과정에서 과학교육 강조, 산업체 및 군의 연구에서 과학자 기용, 과학에 기술을 적용, 과학의 권력과 권위와 위세에 대한 대중의 인지 등이다(Meadows, 1992; Fuchs, 1992). 하지만 과학은 의학이나 법률 같은 사회제도에 비하면 덜 직업적이다. 예컨대 과학에는 면허를 내주는 기관이 없으며, 많은 과학에 공식적인 행동강령이 없기도 하다.

과학을 직업으로 논하면서 나는 '과학직업'이라는 문구가 수많은 과학의 전문 분야들, 예를 들면 분자생물학, 발달심리학, 면역학, 생화학, 천문학, 곤충학 등을 지시할 때 사용하는 추상적이고 일반적인 표현임을 밝혀야겠다. 다양한 과학직업들 사이에는 중대한 차이가 있기는 하지만, 중대한 유사성도 있다. 이 유사성의 내용은 부분적으로 서로 다른 수많은 과학에 공통적으로 해당하는 직업적 기준과 목표로 이루어진다. 차이를 인식하는 것이 중요한 만큼, 유사성도 시야에서 놓치지 말아야 한다. 이 책은 유사성에 초점을 맞추려는 것이다. 그러므로 나는 '과학'이라는 용어를 모든 과학직업에 공통적인 무엇인가를 언급하는 데 자주 사용할 것이다.

많은 과학자들이 내가 과학을 직업으로 묘사한 것을 거북해할지도 모른다. 과학에 대한 이러한 관점은 아마추어 과학, 창조성, 자유, 동료애, 그 밖에 여타 직업모델에 들어맞지 않는 과학의 여러 측면들의 의의를 반영하지 않는다고 보기 때문이다. 게다가 과학이 현재의 모습보다 더 직업에 가깝게 되면, 돌이킬 수 없는 손상을 겪을 것이라고 주장하는 사람들도 많을 것이다. 과학의 직업화로 인해 생겨날 가장 심각한 위협은 과학적 창조성과 자유에 해가 된다는 점이다. 과학을 직업으로 만드는 것은 과학자를 기술 관료로 환원하고, 과학이 수행되는 방법에 아주 많은 제약을 가할 수 있다. 따라서 과학은 의학이나 법률과 같은 직업에서 보듯이, 엄격한 규칙과 면허기관, 기타 통제장치에 의해 규제되어서는 안 된다는 것이다(Feyerabend, 1975).

이러한 반대의견에 응답하면서 나는 과학이 직업모델에 완벽하게 들어맞는다고 주장하는 것이 아님을 밝히고 싶다. 다만 과학을 직업으로 간주하는 모델이 우리에게 충분히 잘 맞으며, 몇 세기 전보다는 지금에 와서 가장 잘 맞는 모델이라고 말할 뿐이다. 나는 과학이 앞으로 더욱 직업화될 때 발생할 수 있는 잠재적 손상에 대해서도 우려한다. 그러나 과학이 사회에 미치는 어마어마한 영향력과 사회적 책임성을 고려한다면, 완전히 비직업화된 과학은 오히려 사회적 가치에 심각한 위험이 된다고 본다(Shrader-Frechette, 1994). 그렇기 때문에 과학적 연구에 대한 모종의 품질관리 기준이 필요하다. 실제로 그 기준은 과학이 장래에 직업화를 향하도록 할 것이다. 어쩌면 우리는 직업화의 정도에 관해 적당한 타협에 도달할 수 있을지도 모른다. 과학은 우리에게 과학의 창조성과 지적 자유의 의의를 상기시킴으로써 그러한 타협을 성취해야 할 것이다.

2. 과학의 목표

다른 직업과 마찬가지로 과학도 사회적으로 가치 있는 재화와 용역을 제공한다. 과학에 종사하는 학자들은 이러한 재화와 용역을 과학의 목적 혹은 목표라고 말한다(Longino, 1990). 목적이나 목표라 함은 반드시 항상 성취되지는 않더라도, 개인이나 집단이 추구하는 결과물 내지 산출물이라고 정의할 수 있다. 한 직업의 목표는 그 직업을 규정하고, 그 직업의 행위기준을 정당화하는 데 핵심적인 역할을 한다.

과학의 목표를 생각할 때, 우리는 전통적인 아카데미 과학, 곧 단순 과학(science simpliciter)의 목표와 아카데미 밖에서 수행되는 비학구적인 과학, 곧 산업체나 군 과학의 목표를 구분할 필요가 있다. 왜냐하면 비학구적인 환경에서 일하는 과학자들은 보통 아카데미 과학과는 연관이 없는 제약이나 기준 아래에서 일해야 할 때가 많기 때문이다. 가령 아카데미 과학에서는 개방성이 주요 가치로 부각되지만, 군이나 산업체 과학에서는 기밀유지가 중요하다. 논의의 취지상 나는 단순 과학을 일반 범주로 다루고, 산업체와 군사적 과학은 이것의 하위 범주로써 포함되는 것으로 보고자 한다. 이러한 맥락에서 군사적 과학과 단순 과학의 차이는 군사적 과학이 군이라는 배경 속에서 수행되는 과학이라는 점이다.

그렇다면 과학의 목표는 무엇인가? 과학자들이 달성하고자 하는 결과는 폭이 넓고 다양하기 때문에, 어떤 하나의 목표가 과학 전체의 목표를 구성할 수는 없다(Resnik, 1996b). 여기서 우리는 과학이 성취하려는 목표를 두 가지 범주로 나누어 볼 수 있다. 하나는 인식적(epistemic) 목표이고, 다른 하나는 실천적(practical) 목표이다. 과학의 인식적 목표란 인간의 지식을 향상시키는 활동으로서, 예컨대 자연에 대한 정확한 묘사를 제공하는 것, 설명력을 지닌 이론과 가설을 발전시키는 것, 신뢰할 만한 예측을 제시하는 것, 오류와 편견을 제거하는 것, 후세대에게 과학을 가르치는 것, 대중에게 과학적 견해와 사실을 알리는 것 등이 포함된다. 그런가 하면 과학의 실천적 목표는 공학, 의학, 경제학, 농업, 그 밖에 여러 응용연구 분야의 문제를 해결하는 것이다. 이와 같이 실제적인 문제를 해결하는 일은 인간의 건강과 행복을 장려하며, 기술적 능력과 자연에 대한 통제력을 증진시킨다. 하나하나의 특수한 과학직업마다 이렇게 일반적인 목표를 다르게 해석할 수 있으며, 어떤 목표를 다른 목표보다 더 강조할 수도 있다. 예를 들면, 양자물리학자는 아원자 입자와 장(fields)에 관한 지식을 추구하는 반면, 세포학자는 세포에 관한 지식을 추구한다. 천문학자는 실천적인 목표를 달성하는 것보다도 천문학 나름의 지식추구에 더 강조점을 둘 테지만, 면역학과 내분비학 같은 의학은 명백히 실천적인 쪽을 지향한다. 그러나 이처럼 목표와 관련하여 다양한 과학직업들 사이에 중요한 차이가 있다고 해서, 이러한 차이가 일반적인 과학적 목표를 논의하는 데 걸림돌이 되지는 않는다고 본다.

이 책의 목적상 나는 '과학적 지식'(scientific knowledge)을 세계에 관한 정당화되고 옳은 믿음으로 이해하고자 한다. 1) 과학자는 지식을 얻기 위하여 옳은 믿음을 획득해야 하기 때문에, 진리는 과학의 인식적 목표에서 핵심적인 부분을 차지한다. 대부분의 무지는 그른 믿음을 견지하는 데서 비롯되므로, 과학 역시 무지를 극복하기 위한 탐구의 일부로서 그른 믿음이나 진술을 제거해야 하는 목표를 지닌다. 이러한 관점은 과학자가 옳은 믿음을 획득하고 그른 믿음을 제거해야 한다는 뜻을 함축한다(Goldman, 1986/1992).

나는 또한 '과학적 진리'를 구식으로, 그리고 상식적으로 해석하고자 한다. 과학적 믿음은 오직 그것이 세계 내지 실재에 관한 사실을 정확히 표상(表象)할 때라야 비로소 옳다는 것이다. 어떤 비과학적 믿음은 옳은 것이 되기 위하여 세계에 관한 정확한 표상을 제시할 필요가 없을지도 모른다. 예컨대 "산타클로스가 빨간 외투를 입고 있다"는 믿음의 진위성은 세계를 정확히 묘사하는 능력과는 상관이 없다. 그 믿음은 다만 산타클로스에 관한 신화와 민담의 맥락에서 참으로 간주될 뿐이다. 그러나 "탄소 원자는 6개의 양자로 이루어져 있다"는 믿음의 진위성은 세계에 관한 사실을 정확히 묘사하는 능력에 의존한다. 만약 탄소가 정말로 6개의 양자로 이루어져 있다면 그 믿음은 옳지만, 그렇지 않다면 그르다. 이 말은 과학적 진리는 객관적이어야 한다는 뜻이다. 왜냐하면 그것은 인간의 이

---

1) 내가 '과학적 지식'이라는 용어를 사용할 때는 과학자가 추구하는 지식을 다른 종류의 지식과 구분하기 위함이다. 나는 과학적 지식 외에도 법적 지식, 도덕적 지식, 양심적 지식 등과 같은 다른 종류의 지식이 있다는 것을 인정한다. J. Pollock, *Contemporary Theories of Knowledge*(Totowa, NJ: Rowman and Littlefield, 1986)을 참고.

해관계나 가치, 이데올로기 및 편견과 무관하게 세계에 관한 사실에 기초하기 때문이다(Kitcher, 1993). 또한 과학적 지식은 정당화되고 옳은 믿음으로 이루어져 있기 때문에 객관적이다. 그것은 사회적으로 구성된 믿음이 아니다. 2)

과학이 세계에 관한 옳은 믿음(표명, 가설, 이론)을 추구함에도 불구하고, 어떤 진리는 다른 것보다 좀더 가치가 있거나 발견할 만한 것일 수도 있다(Kitcher, 1993). 많은 과학자들은 인체면역결핍바이러스(HIV)의 원인이나 다른 행성에 존재하는 생명체에 관하여 옳은 믿음을 얻고 싶어 할 것이다. 그러나 싱가포르에는 얼마나 많은 볼펜이 있는가를 알아보기 위해 자신의 시간을 할애할 과학자는 많지 않다. 분명히 심리적, 사회적, 정치적 요인들이 옳은 믿음의 가치를 결정하는 데 일익을 담당할 수 있다. 때때로 과학자는 다양한 사회적 혹은 개인적 목표를 달성하기 위해 진리를 추구하기도 한다. 즉, 어떤 과학자는 인체면역결핍바이러스의 치료제를 찾기 위해 그 원인 경로를 알고 싶어 할 수도 있다. 그런가

2) 과학이 객관적인 지식추구라는 주장에 동의하지 않는 작가들의 수가 점차 증가하고 있다. 이들에 따르면, 지식은 특정한 세계관과 특정한 전제, 혹은 특정한 사회정치적 이해관계와 관련된다. 이 일반적인 생각에는 '상대주의', '포스트모더니즘', '사회구성주의' 등 여러 가지 이름이 따라붙는다. 이 책에서 나는 이러한 입장을 반박하지 않을 것이다. 그러나 독자들에게 도움이 될 만한 참고문헌을 소개하고자 한다. 사회구성주의적 접근을 옹호하는 책으로는 다음을 참고. B. Barnes, *Scientific Knowledge and Sociological Theory*(London: Routledge and Kegan Paul, 1974); B. Latour and S. Woolgar, *Laboratory Life*(Beverly Hills, CA: Sage Publications, 1979); D. Bloor, *Knowledge and Social Imagery*, 2nd ed. (Chicago: University of Chicago Press, 1991) 반대로 이러한 입장을 비판하는 책으로는 다음을 참고. L. Laudan, *Science and Relativism*(Chicago: University of Chicago Press, 1990); P. Kitcher, *Abusing Science*(Cambridge, MA: MIT Press, 1983); P. Gross and N. Levitt, *Higher Superstition*(Baltimore, MD: Johns Hopkins University Press, 1994).

하면 과학자는 세계에 대한 좀더 완벽한 이해를 발전시키기 위해 진리를 추구하기도 한다. 예컨대, 다른 별에도 생명체가 존재하는가를 아는 데 흥미를 느끼는 과학자들이 있는데, 이러한 지식은 생명 및 생명의 기원에 대한 우리의 이해에 심오한 암시를 던져 주기 때문이다. 하지만 과학적 지식의 가치를 성찰한다고 해서 그러한 과학적 지식이 객관적이지 않다는 뜻은 아니다. 왜냐하면 과학적 지식은 가치가 있든 쓸모없든 간에 여전히 우리에게 세계에 대한 정확한 믿음을 제공해야 하기 때문이다.

끝으로 나는 또한 '정당화'(*justification*)라는 개념이 과학적 지식을 규정하는 데 중요한 역할을 한다는 점을 언급해야겠다. 과학에서 정당화는 믿음 또는 가설이나 이론을 참으로 간주하게 하는 근거 내지 증거를 제공하는 것으로써 이루어진다. 비록 우리는 현실적인 이유에서 비과학적 믿음을 수용하거나 거부할지도 모르지만, 과학적 믿음을 참으로 간주할 만한 근거가 있으면 그것을 반드시 수용해야만 하고, 과학적 믿음을 거짓으로 간주할 만한 근거가 있으면 그것을 반드시 거부해야만 한다(Goldman, 1986). 과학자는 소위 과학적 방법이라고 알려진, 믿음을 정당화하는 절차를 발전시켜 왔다. 과학적 방법은 과학자에게 믿음이나 가설, 또는 이론을 수용하거나 거부할 근거를 제공한다(Newton-Smith, 1981).

과학의 목표에 대한 논의를 마무리하기에 앞서, 과학의 목표와 과학자의 목표를 구분하는 것이 중요하다는 점을 지적하고자 한다. 왜냐하면 이러한 구분에 실패할 때, 과학의 목표를 혼동하는 일이 벌어질 수 있기 때문이다(Kitcher, 1993). 과학의 목표는 과학이라는 직업의 목표이고, 과학자의 목표는 과학자 개인의 목표이다. 개인의 목표가 종종 과학직업의 목표와 일치되기도 하지만, 다시 말해 지식을 얻고 실제적인 문제를 해결하기 위해 과학을 수행하는 과학자도 있지만, 과학의 목표와 다른 목표를 추구하는 과학자도 있을 수 있다. 가령, 돈을 번다거나 일자리를 얻기 위해, 권력이나 명성을 누리기 위해 과학을 수행하는 사람도 있을 것이다. 물론 이런 목표는 과학의 목표라고 말할 수 없다. 따라서 과학자 개인의 다양한 목표를 과학직업의 목표로 간주하지 말아야 한다. 왜냐하면 과학자 개인이 속으로 품고 있는 은밀한 목표는 과학을 다른 직업과 구분 짓지 않을 뿐만 아니라, 과학의 행위기준을 정당화하는 데서 중요한 역할을 담당하지도 못하기 때문이다. 서로 다른 직업을 구분할 때, 우리는 부분적으로 그 직업의 목표에 호소한다. 즉, 직업의 목표가 직업 자체를 규정하는 데 도움이 된다. 만일 과학자 개인이 내세우는 목표에 초점을 맞춘다면, 과학과 기업, 혹은 법률이나 의학, 그 밖에 다른 직업을 구분하기가 불가능할 것이다. 어떤 직업을 갖고 있든지 간에 거의 모든 사람들은 돈과 권력, 일자리와 사회적 지위, 그리고 명성을 추구한다. 다시 말해 모든 직업이 객관적인 지식을 추구하지는 않는다. 더 나아가 개인이 추구하는 목표는 과학적 행위기준을 정당화할 때 어떤 의미 있는 역할도 수행하지 못한다. 과학에서의 정직은 그것이 과학자에게 돈과 명예와 권력을 가져다준다는 이유로 정당화되는 것이 아니다. 정직은 다만 지식의 진보에 기여하기 때문에 정당화될 뿐이다. 정말로 돈과 명예와 권력이 과학의 궁극적 목표가 된다면, 과학자의 정직은 기대할 수조차 없을 것이다.

이렇게 해서 우리는 앞서 제기한 핵심 질문, 곧 "과학이란 무엇인가?"에 대한 대답의 밑그림을 갖게 되었다. 과학은 인간이 인류의 지식을 향상시키고 무지를 제거하며 실제적인 문제를 해결하기 위해 서로 협력하는 직업 분야이다.

3. 현대의 연구 환경

과학 업무의 밑그림을 채우기 위해서는 현대의 연구 환경에 대해 잘 알아볼 필요가 있다. 연구 환경이란 후원자가 과학적 연구를 가능하게 하거나 촉진하는 사회제도를 말한다. 미국과 그 밖에 서구 나라에서는 과학이 매우 다양한 환경 속에서 수행된다. 연구를 촉진하는 사회제도에는 그 나름의 목표와 가치 및 기준이 있는데, 이는 과학적 가치 및 기준에 들어맞기도 하고 들어맞지 않기도 한다. 연구를 후원하는 주요 사회제도의 유형에는 대학 또는 기타 교육기관과 오크리지국립연구소(Oak Ridge National Laboratory)[3] 같은 국립 연구기관, 글락소(Glaxo)[4] 같은 기업과 군대 등이 있다. 이렇게 다양한 사회제도는 연구 절차에 저마다 다양한 조건을 두고 있는데, 그것이 윤리적 딜레마와 부정행위를 낳을 소지가 있다(PSRCR, 1992).

독자들에게 낯익은 사회제도는 대학 또는 학문기관일 것이다. 대부분의 대학은 세 가지 독특한 사명을 지닌다. 첫째는 학생을 교육하는 것이고, 둘째는 지식의 진보에 기여하는 것이며, 셋째는 대중에게 봉사하는 것이다. 대학은 이러한 목표를 수행하기 위해 나름의 규칙과 지침 및 관리기구를 만든다. 대학에서 일하는 사람들은 대학의 제도적 행위기준의 지배를 받는다. 그러나 대학에 규칙과 지침과 관리기구가 있다고는 해

---

3) 〔옮긴이 주〕 오크리지(Oak Ridge)는 미국 테네시 주 동부에 위치한 도시로서, 원자력·환경관리 분야 연구 및 생산의 중심지이다. 방사성 약품·전자장비·과학기구 등의 제조업이 발달했다. 1942년 '맨해튼 계획'으로 알려진 전시(戰時) 원자폭탄 제조계획의 본부로 선정되어 미국원자력위원회의 관리를 받기도 했다.

4) 〔옮긴이 주〕 미국 기업 글락소(Glaxo)는 1857년 일반 무역회사로 시작했으나, 제약회사로 탈바꿈하여 성공한 대표적인 사례로 꼽힌다. 웰컴(Wellcome)과 합병하면서 세계적인 제약회사가 되었다.

도, 대부분의 대학은 여전히 계몽주의적 이상에 따라 독립적인 학자 공동체를 구현하고 있다(Markie, 1994). 교수는 교과과정을 설계하고 연구주제를 선정하며 학생을 지도하는 등 다양한 책임을 수행할 때 대학의 고위 당국으로부터 그다지 많은 통제를 받지 않는다. 대부분의 대학은 여전히 지적 자유와 개방성, 그리고 지식 그 자체의 추구를 위한 보루가 되고 있다.

그러므로 대학에 기반을 둔 과학자는 두 가지 의무, 곧 대학에 대한 의무와 과학직업에 대한 의무를 갖는 셈이다. 다시 말하면 '교수'요, '과학자'로서 역할을 담당하게 된다. 이 두 가지 다른 의무는 종종 일치하기도 한다. 예컨대 대학의 피고용인으로서 그는 가르치고 연구할 의무가 있는데, 이것은 과학자로서 그가 수행하는 의무와 다르지 않다. 그러나 이 서로 다른 의무 사이에 충돌이 일어날 때도 있다. 대학이 과학자에게 어떤 위원회를 맡아 봉사하고 한 학기에 두 강좌를 가르치라고 요구한다면, 이 의무는 그에게서 소중한 연구시간을 빼앗아 갈 것이다. 이렇게 되면 그는 더 이상 연구를 수행하기가 어렵다고 느낄 것이고, 제도적 의무와 직업적 의무 사이에서, 또는 서로 다른 제도적 의무와 서로 다른 직업적 의무 사이에서 선택하지 않으면 안 될 기로에 놓이게 될 것이다(Markie, 1994).

모든 과학적 연구에서 가장 기초적인 단위는 연구집단이다. 대부분의 과학직업은 수십 명에서 수백 명에 이르는 다양한 연구집단으로 구성된다(Grinnell, 1992). 연구집단은 전형적인 위계구조로 되어 있다. 선임연구자가 연구집단을 감독한다. 그는 종종 연구가 수행되는 연구실의 지휘자 역할을 담당한다. 대학에서는 이러한 연구집단의 총책임자가 '교수' 직함을 갖고 있을 것이다. 하급자 또는 후임연구자는 연구보조자나 준연구자에 해당한다. 대학에서는 '부교수'나 '조교수' 직함을 갖고 있을 것이다. 박사후연구원과 대학원생, 학부생이나 기술조교는 사다리의 더 낮은 단계를 차지한다. 박사후연구원은 교수의 연구를 도우면서, 자기 연구도 수행한다. 기술조교는 대개 가설을 발전시키거나 논문을 쓰지는 않더라도, 연구에서 기술적인 측면의 많은 부분을 돕는다. 그들은 고등학위를 갖고 있지 않은 경우가 많으며, 대체로 독립 연구자가 되고 싶다는 포부도 없다. 대학원생은 강의를 하거나 연구를 수행함으로써 교수를 도울 수 있다. 때로는 학부생이 이 역할을 담당하기도 한다. 이들은 대개 연구집단에서 시시한 업무를 맡지만, 이들 역시 자기 나름의 연구를 수행하거나 종종 교수와 가깝게 작업하기도 한다(Grinnell, 1992).

거의 모든 과학자가 대학이라는 환경에서 교육과 훈련을 받기 때문에, 대학 내 연구집단이야말로 과학의 중추를 형성한다. 과학자는 기업이나 군대 등에서 일하기 위해 대학 내 연구집단을 떠날 수도 있지만, 보통 대학이나 기타 교육기관에서 초기 경력을 쌓게 된다. 이와 같이 대부분의 과학자는 대학 내 연구집단에서 자신이 수행하는 업무의 다양한 전통과 방법, 그리고 가치를 배운다(Hull, 1988; Grinnell, 1992).

연구집단은 12명 이내로 작게 구성될 수도 있고, 수백 명에 달할 만큼 클 수도 있다. 연구자들은 동시에 몇 가지 다른 문제에 매달릴 수도 있고, 오직 한 문제에만 초점을 맞출 수도 있다. 연구집단은 최근 들어 정부 기금을 받는 대형 프로젝트, 곧 '거대과학'(big science)의 도래와 함께 점차 커지는 추세이다. 소립자물리학처럼 비싸고 정교한 기구를 요하는 분야나, 분자유전학처럼 수많은 사람들의 밀접한 협력을 요하는 분야는 보다 큰 연구집단을 형성하는 경향이 있다. 반면에 생태학과 인지심리학 같은 분야는 작은 연구집단으로 구성되는 경우가 많다. 연구집단의 규모가 커진다는 것은 과학에서 윤리적 부당행위를 야기할 소지가 늘어난다는 뜻이기도 하다. 왜냐하면 작은 집단에 비해 큰 집단의 연구는 감시와 조정과 통제가 더 어렵기 때문이다(Weinberg, 1967).

연구집단은 또한 연구 절차상의 다른 측면들, 곧 신입 과학자의 모집과 채용, 훈련과 교육 및 동료 전문가의 검토 등을 수행하기도 한다. 과학자는 연구집단 안에서 일함으로써 과학적 연구가 어떻게 수행되는가를 배우고 좋은 과학자가 되는 데 필요한 적당한 훈련과 교육을 받게 된다. 박사학위는 통상 과학자가 과학이라는 직업에 들어가기 위해 통과해야 하는 마지막 자격증과 같은 것이다. 과학자가 완전히 직업화되면, 새로운 연구집단에 합류할 수도 있고 자기가 연구집단을 형성할 수도 있다.

멘토5)는 미래 과학자의 교육과 훈련에서 중요한 역할을 차지한다 (PSRCR, 1992). 여기서 멘토란 학생이 강의나 교과서에서 배울 수 있는 것 너머의 경험과 전문지식(know-how)을 제공하는 과학자를 말한다. 멘토는 학생들에게 좋은 연구는 어떻게 하는 것이며, 어떻게 가르치고 어떻게 연구논문을 쓰는지, 연구비는 어떻게 따며, 학계에서 살아남으려면 어떻게 해야 하는지 등을 보여 준다. 멘토링은 과학자와 학생 간의 친밀한 일대일 교육과 지도로 이루어진다. 멘토와 멘티의 관계는 신입 과학자가 과학적 기준과 전통에 입문하여 그 길을 잘 걸어갈 수 있는 방법을 제공한다. 멘토는 추천장을 써 주거나 멘티가 인터뷰를 준비할 때, 혹은 이력서를 작성할 때 도움을 줌으로써 과학에서 일자리를 얻도록 돕기도 한다. 한 학생은 1명 이상의 과학자를 멘토로 삼을 수 있다. 비록 어떤 학생의 박사과정 지도교수나 논문 지도교수가 통상적으로 멘토링에서 핵심적인 역할을 맡고 있다고 해도, 반드시 지도교수와 멘토가 일치할 필요는 없다. 보통은 교수가 멘토 역할을 하지만, 대학원생이나 박사후연

---

5)〔옮긴이 주〕'멘토'(mentor)라는 단어는 호메로스의 《오디세이》(Odyssey)에 나오는 오디세이의 충실한 조언자의 이름에서 유래한다. 오디세이는 트로이 전쟁에 출정하면서, 아들 텔레마코스의 교육은 물론이요, 집안일까지 그의 친구인 멘토에게 맡긴다. 그 후로 오디세이가 전쟁에서 돌아오기까지 무려 10여 년 동안 멘토는 텔레마코스 왕자의 친구이자 선생이며 상담자로서, 또 때로는 아버지로서 그를 잘 돌보아 주었다. 이후로 멘토라는 이름은 현명하고 신뢰할 만한 상담 상대 혹은 지도자나 스승의 의미로 널리 쓰이고 있다. 한편, 멘토의 상대자는 멘티(mentee)라고 한다.

구원이 학부생의 멘토가 되어 줄 수도 있다.

연구집단은 연구실로 알려진 작업부서에서 활동한다. 연구실은 연구의 성격에 따라 규모, 위치, 작업도구, 비용, 기타 특징이 천차만별이다. 예를 들어 샌프란시스코 근교의 스탠퍼드선형가속기센터(Stanford Linear Accelerator, SLAC)는 캠퍼스 바깥 사방 수십 마일에 걸쳐 있으며, 수백 명을 고용하고 있고, 수천만 불의 기금으로 운영된다(Traweek, 1988). 그런가 하면 와이오밍대학교의 화학연구소들은 캠퍼스 안의 한 건물에 위치하고, 수십 명만 고용되어 일하고 있으며, 매년 수천만 불의 기금이 들어가지도 않는다. 실험이 필요 없는 과학은 정교한 장비나 건물 등이 없어도 되지만, 여전히 그들이 작업하는 장소는 연구실이라고 불릴 수 있다. 가령 통계학자의 연구실은 사무실과 보관실, 세미나실과 컴퓨터실만으로 구성될 것이다. 한편, 인류학자의 연구실은 그가 연구하는 특정한 문화 유적지가 될 것이다. 설령 이러한 작업 부지가 대중영화에 나오는 연구실과 비슷하지 않더라도, 여전히 우리는 그것을 연구실이라 지칭할 수 있다(Latour and Woolgar, 1979).

어떤 연구집단은 한 장소에 자리를 잡고 독립적인 지식 생산자의 역할을 할 수도 있지만, 대부분의 연구집단은 다른 집단의 협력을 필요로 하며, 다른 장소에 자리를 잡기도 한다(Fuchs, 1992). 그런가 하면 다른 분야의 과학자들과 협력하면서 간학문적 연구를 수행하는 연구집단들도 있다. 예를 들면 알츠하이머병에 대한 유전학 연구에는 유전학자, 생화학자, 신경생물학자, 인지심리학자, 의사 등이 모두 필요하다. 따라서 연구집단 내에서뿐만 아니라 연구집단 사이에서도 과학의 공동연구가 매우 중요하다(Committee on the Conduct of Science, 1994).

대학에 고용된 과학자는 자신의 업무에 대해 보수를 받기는 하지만, 대개는 국립과학재단(NSF)이나 국립학술원(NRC), 미국에너지국(DOE), 국립보건원(NIH) 등 연방기금 조직으로부터 연구를 위한 재정지원을 따내야만 한다. 연구비는 주로 자료 및 장비 구입, 연구조교나 박사후연구원의 보수, 연구결과물 출판, 건물 및 차량 임대료, 출장비 등으로 사용된다.

대학에서 일하는 거의 모든 과학자는 연구비를 따내고 논문을 출판해야 하는 압박감에 시달린다(PSRCR, 1992). 이 압박감은 과학자가 얼마나 많은 연구를 생산했느냐에 근거해서 대학이 고용과 승진 및 정년보장 계약을 체결하기 때문에, 그리고 대부분의 대학은 연구 프로젝트를 지원하기에 충분한 기금을 확보할 수 없기 때문에 생긴다. 연구비를 따내려는 경쟁은 최근에 더욱 치열해졌는데, 연방정부의 연구기금은 상당히 삭감된 데 반해, 과학이라는 직업 분야의 규모는 더 커졌기 때문이다(Martino, 1992). 대학이 교수의 정년보장과 승진을 결정하는 데서 교육의 중요성을 강조하는데도, "논문을 써라, 그렇지 않으면 퇴출당할 것이다"라는 문구는 대학 내 과학자들에게 하나의 현실이 되었다. 물론 이 현실은 대학 내 철학자들에게도 마찬가지이지만 말이다. 예를 들어, 대학의 정년보장위원회는 1차적으로 교수가 내놓은 출판물의 수와 연구비 수혜 업적에 초점을 맞추어 연구성과를 평가하곤 한다. 대부분의 학생들은, 분명히 훌륭한 교수이지만 충분한 양의 출판물을 내놓지 못해서, 혹은 연구비를 따내지 못해서 정년을 보장받지 못한 과학자의 이야기를 들어 본 적이 있다. 대학의 심각한 업적주의 증후군을 치유하려면, 지금이야말로 대학이 학자를 평가하는 데 활용하는 출판물의 수를 제한하고, 연구와 관련이 없는 활동을 더욱 강조하도록 노력해야 할 때이다(PSRCR, 1992).

4. 의사소통과 과학의 동료심사제도

서구과학이 발흥하던 초기단계에는 과학자들 간의 의사소통이 극히 제한되어 있었다. 과학자들은 입수할 수 있는 책만 읽었고, 대학에서 자기들끼리만 이야기했으며, 정보를 주고받는 토론을 위해서만 만났다. 그러다가 1400년대 인쇄기술이 발달하자, 과학자들은 자신의 연구결과를 출판하여 대중에게 폭넓게 배포할 수 있게 되었고, 이로써 과학적 의사소통이 놀랍도록 촉진되었다. 1400년부터 1700년 사이에는 대학이 증가했는데, 과학자들이 의견을 나누기 위해 한곳에 모이고, 또한 과학교육이 활성화됨에 따라 의사소통은 더욱 활발해졌다. 1600년대에는 우편업무가 보다 신속해졌기 때문에, 과학자들이 서신교환을 통해 자신의 의견을 전달할 수 있었다(Ziman, 1984).

영국 철학자 프랜시스 베이컨(Francis Bacon)은 과학이 발달하기 위해서는 의사소통이 중요하다는 것을 깨달았다. 《신 기관》(*The New Instrument*)에서 그는 과학적 방법이란 소위 관찰과 실험, 논리, 대중비평 및 토론, 회의주의, 그릇된 우상과 도그마의 배척에 기반을 두어야 한다고 주장했다(Bacon, 1985). 베이컨은 또한 과학은 강력한 수단이기 때문에 인간의 조건을 이롭게 하는 데 사용해야 한다고 보았다. 《새 아틀란티스》(*New Atlantis*)에서 그는 과학자는 자료와 가설과 이론을 토론하기 위한 그들만의 회합을 조직해야 한다는 견해를 피력했다(Bacon, 1985). 이러한 베이컨의 꿈은 1662년에 마침내 세계 최초의 과학협회인 런던 왕립학회(Royal Society of London)가 세워짐으로써 현실화되기 시작했다. 왕립학회는 사상과 이론을 토론하기 위해 정기모임을 가졌으며, 세계 최초의 과학잡지 〈철학회보〉(*Philosophical Transactions*)를 출판했다. 이 잡지는 오늘날에도 여전히 출판되고 있다. 왕립학회가 설립되고 4년이 지난 뒤, 프랑스 왕 루이 14세는 파리에 왕립 과학아카데미(French Royal

Academy of Sciences)를 세웠다. 이후 200년 사이에 유럽과 미국 각지에는 수많은 과학학회가 존재하게 되었다. 제일 처음에 등장한 학회는 과학의 다양한 분야를 총망라했지만, 1800년대에 등장한 학회들은 훨씬 전문화되어서, 런던 지질학회(1807), 런던 왕립 천문학회(1820), 런던 동물학회(1826) 등으로 세분화된 명칭을 달았다. 오늘날에는 실제로 모든 과학 분야에 저마다 하나 혹은 그 이상의 과학협회가 설립되어 있는 실정이다(Ziman, 1984).

왕립학회는 과학적 의사소통과 비평, 그리고 사상의 교환을 증진하기 위해 〈철학회보〉를 출판했다. 이 잡지에는 실험을 묘사한 논문들이 실려 있었는데, 그중에서 어떤 논문은 이론을 제시하기도 하고, 또 어떤 논문은 과학의 철학적·개념적 측면을 논의하기도 했다. 초창기 과학잡지는 과학학회에서 발행되는 경우가 많았다. 그러나 더러는 사기업에서 발행하기도 했다. 이러한 현상은 지금도 마찬가지이다. 초창기 과학잡지들은 이른바 품질관리를 거의 하지 않았다는 점에서 근대 과학잡지들과 달랐다(LaFollette, 1992). 그 당시에는 고도로 사변적이고 확인되지 않은 사상도 종종 출판되었다. 초창기 잡지 중 어떤 것은 아예 소설작품을 출판하거나 아마추어 과학자의 두서없는 글을 싣기도 했다.

과학잡지의 편집자들은 모종의 품질관리의 필요성을 절감하기 시작했다. 그리고 마침내 그들의 노력은 근대적 동료심사제도(*peer review system*)를 낳았다. 이 제도는 1800년대에 등장했지만, 20세기 중반에 와서야 비로소 널리 확산되었다. 동료심사제도는 고품질의 논문과 저품질의 논문을 구분함으로써 품질을 관리하는 기제로 기능한다. 편집자는 고품질의 논문만 출판함으로써 잡지의 질을 높일 수 있다. 품질 평가는 논거와 증명, 방법론과 글의 형식 등 다양한 척도에 입각해서 이루어진다. 이렇게 해서 일단 출판된 논문은 어떤 방법론적 척도에 들어맞는다고 간주되기 때문에, 동료심사제도는 과학적 지식을 합법화하는 방법을 제공한다(Armstrong, 1997). 이 제도는 과학연구를 편견에 치우침 없이 공정하고 신중하며 정직하게 평가하는 방법을 제공하려고 노력한다. 그러나 이렇게 좋은 제도가 효과적으로 운영되려면, 무엇보다도 논문의 저자들이 자신의 논문이 책임 있고 객관적이며 공정한 방식으로 다루어질 것이라고 믿고 신뢰해야만 할 것이다.

동료심사제도에 의해 출판되는 잡지는 전형적으로 다음의 절차를 거치게 된다. 편집자가 저자에게서 원고를 넘겨받는다. 편집자는 그 논문이 후속 검토를 받기에 충분할 만큼 훌륭한지 아닌지를 우선적으로 검토한다. 만약 괜찮은 논문으로 판단되면, 그 논문을 동일 분야의 전문가 몇 사람에게 보낸다. 검열자 혹은 심사위원으로 활동하는 전문가는 잡지의 편집위원회에 속할 수도 있고 아닐 수도 있다. 편집위원회에 속하지 않은 심사위원은 외부 심사위원으로 위촉된다. 심사위원은 일반적으로 자기가 수행하는 활동에 대해 보수를 받지 않는다. 지식의 향상에 기여하는 것만으로도 자신의 수고에 대한 충분한 보상이 된다고 생각하기 때문이다. 논문을 평가하는 보편적인 기준은 없더라도, 심사위원은 통상 다음과 같은 질문에 대답해야 한다. ① 논문의 주제가 잡지의 성격 및 범위 안에 들어가는가? ② 논문의 결론과 해석이 자료와 증명으로써 지지되는가? ③ 논문이 새롭고도 독창적인 기여를 하고 있는가? 과학에서는 대부분의 잡지가 단순맹검(盲檢)[6] 제도를 사용한다. 설령 심사위원과 편집자는 논문의 저자가 누군지 알고 있고, 기관에서 친분관계에 있다고 하더라도, 저자는 심사위원의 정체와 친분관계를 알지 못한다. 어떤 잡지는 심지어 이중맹검제도를 쓰고 있어서, 심사위원조차 저자의 정체와 친분관계를 전혀 알지 못하기도 한다(LaFollette, 1992).

---

6) 〔옮긴이 주〕 단순맹검법은 주로 의학 분야에서 약이나 치료법의 내용을 피험자가 알지 못하는 상태에서 이루어지는 실험법을 말한다.

심사위원은 논문을 읽고 난 뒤에, 네 종류의 평가 중 하나를 선택하여 제시하게 된다. ① 수정 없이 출판 가능, ② 부분 수정 후 출판 가능, ③ 대폭 수정 후 출판 가능, ④ 출판 불가. 심사위원은 통상 논문에 관한 논평과 수정을 위한 제안을 덧붙이기도 한다. 심사위원의 보고서를 받으면, 편집자는 그 심사위원의 추천대로 따를 것인지 아니면 또 다른 심사위원에게 논문을 의뢰할 것인지 결정한다. 만약 편집자가 심사위원의 평가에 동의하지 않으면 논문을 다시 보낼 것이다. 어떤 논문은 1명의 편집자와 1명의 심사위원이 심사하기도 하지만, 또 다른 논문은 여러 명이 심사할 수도 있다. 얼마간의 시간이 지나고 나서, 편집자는 저자에게 논문이 심사에서 거절당했는지, 아니면 통과되었는지, 부분 수정 후 통과될 것인지, 아니면 대폭 수정이 필요한지를 통보할 것이다. 논문 제출에서 출판까지 걸리는 시간은 대개 2~3개월에서 2년까지 다양하다(LaFollette, 1992).

과학잡지의 수는 20세기에 폭발적으로 증가했다. 그 범위가 매우 제한된 하위 분야만 해도 무려 수백여 종의 잡지가 포진해 있다. 하지만 과학자들은 자신의 전문 분야에 속하는 중요한 논문을 단편적으로나마 읽는 것도 거의 불가능하기 때문에, 전산화된 논문요약 시스템에 의존한다. 이 시스템은 컴퓨터를 활용하여 과학저술에 포함된 화제를 검색하는 데 유용하다. 따라서 엄청난 수의 논문과 잡지가 널려 있는데도, 막상 읽히는 논문은 거의 없다고 추정할 수 있다(LaFollette, 1992).

현대의 과학자들은 회합이나 정기적인 서신왕래, 전자우편, 저서 출간 등을 포함하여 다양한 방식으로 서로 교제한다. 그러나 과학잡지의 출판이 과학적 의사소통에서는 가장 중요한 방법의 하나이다. 지난 10년 동안 전자출판이 과학적 의사소통의 또 다른 중요한 형태로 등장했다. 전자출판에서는 종이를 사용해서 잡지를 출판할 필요 없이, 원하는 사람에게 잡지가 전송되고 컴퓨터에 보관된다. 인터넷에 존재하는 정보 공간, 곧 월드 와이드 웹(WWW) 상의 페이지들도 전자출판의 형태로 이루어진다. 전자출판은 과학적 의사소통을 보다 빠르고 저렴하며 광범위하게 만듦으로써 의미심장한 변화를 가져올 수 있었다. 이러한 변화는 출판윤리 및 출판된 논문의 품질에도 중대한 영향을 미쳤다(LaFollette, 1992).

동료심사제도는 연구자금을 조달하거나 연구를 승인하는 것에도 결정적인 역할을 담당하기 때문에, 많은 과학자들이 이 제도가 과학의 자정(自淨) 작용을 도울 것으로 여긴다(Committee on the Conduct of Science, 1994; Kiang, 1995). 그들에 따르면, 이 제도는 과학자의 정직성과 객관성 및 신뢰성을 고무하고, 오류와 편견을 제거하며, 특정한 품질기준에 맞지 않는 연구의 출판을 막는 역할을 한다. 만약 저자가 실수나 부정확성, 논리적 오류, 받아들일 수 없는 가정, 자료 해석에서의 결함, 미심쩍은 방법 등이 내포된 논문을 제출하면, 심사위원과 편집자는 이러한 문제점을 발견할 것이고, 그 논문은 출판되지 않을 것이다. 만약 빈약한 논문이 출판된다면, 다른 과학자들이 실험을 반복하거나 자료를 재분석함으로써 문제점을 발견할 수 있을 것이며, 저자에게 연락을 취하거나 인쇄물을 통해 이의를 제기할 수도 있을 것이다. 그렇게 되면 저자는 이미 출판된 논문을 철회하거나 그 논문에 있는 문제점을 해명하기 위해 수정본을 내놓을 수도 있다. 그리하여 동료심사제도는 결국 진리가 승리하고 오류가 제거된다는 확신을 제공하게 된다.

그러나 불행히도 동료심사제도가 항상 이런 식으로 기능한 것만은 아니다. 사실은 연구집단의 규모가 커지면서 동료심사제도에도 많은 결함이 생기게 되었다. 여러 가지 실수와 문제점들이 있는데도 심사위원과 편집자와 다른 과학자들이 그것을 놓치는 일이 발생하게 된 것이다. 과학자들은 대개 실험을 반복하고 자료를 재분석하는 데 투자할 시간도 열정도 돈도 없기 때문에 잘못되고, 치우치고, 부정확하고, 심지어 사기에 가까운 연구가 종종 아무런 도전도 받지 않고 그냥 넘어가기도 한다

(Chubin and Hackett, 1990; Kiang, 1995; Armstrong 1997). 물론 과학 연구에서 품질관리 장치가 아예 없는 것보다는 동료심사제도가 있는 편이 훨씬 나을 테지만, 그것이 홍보 문구대로 작동하지 않는 경우가 자주 있다는 것 또한 엄연한 진실이다. 이 점은 과학의 연구윤리에 중대한 암시를 준다. 이 부분에 대해서는 적당한 때에 다시 논의하게 될 것이다.

과학적 의사소통에 관한 말을 끝맺기 전에, 과학자와 대중 사이의 의사소통에 관해서도 약간 언급하고자 한다. 이 유형의 의사소통 역시 세월을 따라 중대한 변화를 겪었다. 르네상스 이전에는 대중이 직접적으로 과학적 업적에 대해 알기가 매우 어려웠다. 의사소통은 주로 입에서 입으로 대단히 느리게 이루어졌다. 그러다가 인쇄기술의 도래와 더불어 대중이 과학서적을 손쉽게 입수할 수 있게 되었고, 신문이 발행되었다. 신문은 대중에게 새로운 발명과 발견에 대한 정보를 제공했고, 오늘날에도 계속해서 그 업무를 맡고 있다. 계몽주의 시대에는 볼테르(Voltaire)와 디드로(Diderot) 같은 작가들이 일반 대중을 위해 과학서적을 쓰기도 했다. 과학의 대중화에 힘쓴 이 책들은 과학자와 대중 사이의 의사소통에서 중요한 통로가 되었다. 과학이 사회에서 점차 힘을 갖게 되자, 괴테(Goethe)와 메리 셸리(Mary Shelly) 같은 극작가 내지 소설가들이 자신의 작품에서 과학자를 묘사하기 시작했고, 과학적 사상을 논하기 시작했다. 이와 같이 과학에 매료되는 현상은 1800년대 후반에 새로운 문학 장르로서 과학 소설의 등장으로 이어졌다. 20세기의 대중은 공공교육과 신문, 잡지, 서적, 라디오, 텔레비전 등을 통해 과학을 배웠다. 우리 시대에는 또한 과학에 관해 대중적인 기사를 제공하는 잡지들, 가령 〈과학적 미국인〉(Scientific American)이나 〈발견〉(Discover) 같은 잡지들이 등장했다. 과학 보도는 오늘날 신문잡지계에서 없어서는 안 될 부분이 되었고, 인쇄물과 방송매체가 과학기술 분야를 담당하는 전문 리포터를 따로 두고 있을 정도이다(Nelkin, 1995).

5. 과학적 방법

앞서 언급했듯이, 방법론적 기준은 과학행위를 감독하고 과학의 목표를 규정하는 데서 중요한 역할을 한다. 사실상 많은 저자들이 과학의 방법이야말로 과학을 철학이나 문학, 종교 혹은 사이비 과학 같은 다른 탐구 및 논의 영역과 구분 짓는 것이라고 주장한다(Popper, 1959; Kitcher, 1990). 과학은 객관적 지식을 추구하는 직업 혹은 객관성을 촉진하는 방법에 따라 지식을 발전시키는 직업 중의 하나로 특징지을 수 있다. 그러므로 객관성은 우리가 과학을 이해할 때, 과학의 산물(객관적 지식)이나 과학의 과정(객관적 방법)으로 들어오는 것이다. 앞서 나는 지식을 객관적으로 만드는 것이 인간의 이해관계나 사건 혹은 편견과 독립해 있는 사실과 그 지식의 관계라고 주장했다. 객관성을 이런 식으로 생각한다면, 객관적 방법이란 객관적 지식의 습득을 조장하는 방법이라고 하겠다. 다시 말해, 객관적 방법은 진리를 얻고 오류를 피하는 수단이다(Goldman, 1992).

대부분의 학생들은 고등학교 과학시간에 과학적 방법에 관해서 무언가를 배운다. 그렇지만 방법론적 기준은 대단히 전문적이고 복잡하며 분야별 특이성을 지닐 수 있다. 따라서 일반적인 방법론적 기준, 곧 과학적 기준과 분야별 특수 규범을 구분하는 것이 중요하다(Kantorovich, 1993). 일반적인 방법론적 기준은 모든 과학 분야의 연구를 조절하는 원칙이다. 한편, 분야별 특수 기준은 그 나름의 목표와 이론, 전통과 전문성을 가진 특정한 직업의 연구에 적용되는 원칙이다. 예컨대, "실험을 반복해야 한다"는 일반적인 원칙은 실험을 수행해야 하는 어떤 과학에든지 적용되지만, "바이러스 변종의 오염을 막아야 한다"는 원칙은 오직 바이러스에 관한 연구를 수행하는 분야에만 적용된다. 어떤 경우든 모든 방법론적 기준은 연구에서 유사한 역할을 담당한다. 즉, 과학적 방법은 연구에 임하는 과학자들에게 지식을 습득하고 무지를 피하는 조직적이고 객관적인 방법을 제공함으로써 안내자 역할을 한다.

오늘날 우리가 '과학적 방법'이라고 알고 있는 것은 하룻밤 사이에 또는 우연히 생겨난 것이 아니다(Cromer, 1993). 서구에서 지식을 얻는 방법에 관한 논쟁의 기원은 고대 그리스까지 거슬러 올라간다. 당시 플라톤과 아리스토텔레스는 지식의 습득에서 관조와 관찰, 연역과 귀납의 역할을 논의했다. 플라톤은 인간이 오직 영원하며 불변하고 비물질적인 형상을 관조함으로써만 옳은 지식을 얻을 수 있다고 주장했다. 자연은 부단히 변화하기 때문에 인간이 감각으로부터 얻는 정보는 무지를 양산할 뿐, 순수한 지식을 낳지 못한다는 것이다. 이에 반해서 아리스토텔레스는 형상이 자연에 내재해 있기 때문에 자연세계를 관찰함으로써 지식을 얻을 수 있다고 보았다. 그는 연역과 귀납이 과학에서 중요한 역할을 담당한다고 주장했다. 인간은 자연에 대한 관찰로부터 정성적(定性的) 일반화를 발전시키기 위해 귀납법을 사용할 수 있으며, 이러한 일반화에서 부가적 결론을 도출하기 위해 연역법을 사용할 수 있다. 말하자면 설명과 예측이 그것이다. 플라톤이 철학과 정치학에 지대한 공헌을 한 반면, 대부분의 과학사가들은 과학적 방법의 초석을 발전시킨 공로를 아리스토텔레스에게 돌린다(Dijksterhuis, 1986; Cromer, 1993). 과학적 지식과 방법에 대한 아리스토텔레스적 사유는 BC 300년부터 AD 200년까지 헬레니즘 과학의 황금시대를 여는 데 기여했다. 이 시기 동안에 아르키메데스, 아리스타르코스, 유클리드, 테오프라투스, 히포크라테스, 헤론, 프톨레마이오스 등이 등장하여 역학, 공학, 수학, 동물학, 천문학, 광학, 지리학에서 커다란 진보를 이루어 냈다.

중세의 서구세계에서는 이븐 알하이삼[7]과 알콰리즈미[8] 같은 이슬람

---

7) 〔옮긴이 주〕이븐 알하이삼(Ibn al-Haitham, 965~1039?)은 광학 분야에서

과학자들이 아리스토텔레스학파의 전통을 계승하고 확장했지만, 과학적 사유의 발달에는 별다른 진보가 없었다. 1200년경 중세 후반에 이르러서야 서구세계는 암흑시대로부터 벗어나기 시작했는데, 이러한 변화를 이끈 인물이 바로 로버트 그로스테스트, 로저 베이컨, 알베르투스 마그누스, 윌리엄 오브 오캄 등이다. 그들은 사람들에게 자연을 관찰하라고, 문제에 관해 생각할 때는 논리와 이성을 사용하라고, 권위와 대중적 속견에 의문을 제기하라고 촉구했다. 그 무렵 니콜라스 코페르니쿠스(Nicholas Copernicus)는 1542년에 출간된 《천체의 회전에 관하여》(*The Revolutions of the Heavenly Bodies*)에서 태양 중심의 천문학 이론을 제시했다. 과학적 방법의 씨앗이 이미 싹튼 것이다. 그리고 과학혁명이 시작되

지대한 공헌을 한 이슬람 과학자로, 라틴어로는 알하젠이라고도 불린다. 오늘날의 이라크인 바스라에서 출생한 그는 아랍어로 번역된 고대 자연과학자들의 저서를 탐독하면서 '이성적인 방법'으로 진리를 발견하는 것에 관심을 가졌다. 그는 방대한 과학지식 덕분에 유명세를 타서, 996년부터 1021년까지 이슬람 제국을 통치했던 칼리프 알 하킴의 신임과 후원을 독차지하기도 했다. 90권 이상의 저작을 남긴 다재다능한 저자이자 과학자로서 아리스토텔레스와 유클리드, 프톨레마이오스 같은 유명한 고대 과학자들의 글에 주석을 달았으며, 광학뿐만 아니라 의학, 수학, 물리학, 천문학, 심지어 신학에까지 조예가 깊었던 것으로 알려진다. 대표적인 저서로 《광학의 보고》(*Kitab-al-Manazir*)가 있는데, 이 책에서 그는 눈의 해부도를 소개했다.

8) 〔옮긴이 주〕알콰리즈미의 본명은 무하마드 이븐 무사 알콰리즈미 바타니(Muhammad Ibn Musa al-Khwarizmi batanni, 780~850)이다. 페르시아계 수학자, 지리학자, 천문학자로서 당대 최고 과학자였다. 아랍식 기수법(記數法)을 뜻하는 알고리즘(*algorism*)이 그의 이름에서 유래했을 정도이다. 그리스와 인도의 지식을 종합한 것으로 유명하며, 특히 아랍인과 유럽인에게 인도의 기수법을 소개했다. 그가 쓴 대수학 저서 《복원과 대비의 계산》에는 1차방정식과 2차방정식의 해법이 들어 있다. 대수학을 뜻하는 영어(*algebra*)는 아랍어로 '복원'을 뜻하는 'al-jabr'에서 유래했다고 한다. 그의 천문표와 삼각법 표에는 사인함수와 탄젠트함수도 포함되어 있다. 그는 심지어 지구의 경도와 위도 측정에도 종사하여 프톨레마이오스의 지리학을 개정한 책 《지구의 표면》을 내놓기도 했다.

었다.

과학혁명기에 과학자와 철학자들은 물리학, 천문학, 화학, 생리학, 해부학 등을 발전시키기 위해 사용하는 방법에 주목했다. 과학은 명백하게 규정되고 조직적이고 신뢰할 만한 방법에 의거하여 지식을 습득함으로써 사람들이 무지와 권위 혹은 미신에 입각한 믿음을 형성하지 않도록 해야 한다는 것이 분명해졌다. 프랜시스 베이컨(Francis Bacon), 데카르트(René Descartes), 갈릴레오(Galileo), 뉴턴(Isaac Newton), 파라셀수스(Paracelsus), 베살리우스(Vesalius), 로버트 훅(Robert Hooke), 로버트 보일(Robert Boyle), 윌리엄 하비(William Harvey) 등 당시 과학자들 모두가 과학적 방법을 발전시키는 데 지대한 공헌을 했다. 이 새로운 사유 방식은 아리스토텔레스적 과학과 달랐다. 왜냐하면 여기서는 정량적(定量的) 혹은 수학적 일반화와 가설, 그리고 반복된 관찰과 통제된 실험을 통해 그 일반화와 가설을 엄밀히 검증하는 것이 강조되었기 때문이다. 그 시기의 과학자와 철학자들은 또한 탐구에서의 회의(懷疑)와 논리, 그리고 정확성의 중요성을 강조했다. 정확한 관찰을 위해 현미경과 망원경 같은 특별한 도구가 발명된 것도 그 무렵이다. 이렇게 해서 18세기 후반의 서구 사상가들은 과학행위의 틀을 발전시켰다. 1800년대의 수학자와 과학자, 그리고 철학자들은 과학적 방법에서 하나의 매우 중요한 기둥을 개발했는데, 그것이 바로 통계학이다. 통계기술은 오늘날 자료의 묘사와 분석, 해석에서 핵심적인 역할을 담당한다. 물론 코페르니쿠스와 갈릴레오 등 과학의 위대한 인물들 가운데 일부는 통계학을 사용하지 않았지만 말이다(Porter, 1986). 우리가 지금 알고 있는 과학적 방법은 다음과 같은 일련의 단계로 묘사할 수 있다.

- 1단계 : 질문을 던진다. 최초의 자료와 배경지식에 입각하여 연구할 문제를 제기한다.

- 2단계 : 작업가설을 발전시킨다.
- 3단계 : 가설과 배경지식으로부터 예상되는 결과를 도출해 낸다.
- 4단계 : 가설을 검증하고, 보충자료를 수집한다.
- 5단계 : 자료를 분석한다.
- 6단계 : 자료를 해석한다.
- 7단계 : 가설을 입증하거나 또는 입증하지 않는다.
- 8단계 : 연구결과를 배포한다.

이 단계들은 다만 연구과정을 단순화시켜 도식적으로 설명하기 위해 제안된 것이다. 어떤 경우에는 몇 단계가 동시에 진행될 때도 있고 약간 다른 순서로 전개될 때도 있으며, 종종 다양한 단계를 거치면서 되돌아 가기도 한다(Kantorovich, 1993). 과학적 방법은 일련의 순차적 단계라고 묘사할 수 있지만, 통상 일직선으로 전개되지는 않는다.

독자들은 아마도 과학적 방법론의 수많은 비공식적 규칙들에 친숙할 것이다. 여기서는 그 가운데 몇 가지만 언급해 보고자 한다.

- 가설을 수립하고 실험을 기술할 때는 명쾌함과 정확성을 추구하라.
- 가설은 단순하고, 검증 가능하고, 개연성이 있으며, 자료와 일치해야 한다.
- 가능하면 어디서나 현상을 연구하기 위해 통제되고 반복적인 실험을 해야 한다. 자료를 수집할 때는 가장 신뢰할 만한 도구를 사용해야 한다. 또한 그 도구로 인한 오류를 평가하고 이해해야 한다.
- 기록은 주의 깊게 하고 모든 자료를 저장하라.
- 비판적이고 엄격하며 회의적으로 연구에 임해야 한다. 타당한 근거가 없으면 어떤 이론이나 사상도 받아들이지 말아야 한다. 자신의 독자적인 사상과 이론을 신중하게 검토해야 한다.

- 연구의 모든 측면에서 자기기만과 편견, 부주의한 실수를 피하라.
- 자료를 서술하고 분석할 때는 적절한 통계방법을 사용해야 한다.

과학적 방법론에 관해 쓴 책들이 많이 있으므로, 여기서 이 주제를 깊이 탐색할 필요는 없다고 본다.[9] 그런데도 이 책에서 짧게나마 과학적 방법을 논의하는 것이 중요하다고 생각하는 이유는 과학에서 윤리적 기준과 방법론적 기준이 서로 밀접히 연관되기 때문이다. 예를 들어, 자료를 조작하는 과학자는 과학에서의 윤리적·방법론적 기준을 위반한 것이다(Resnik, 1996b). 앞으로 이어지는 장들에서는 이번 장에서 지지된 과학에 관한 서술이 어떻게 과학적 연구에 적용되는 윤리적 기준의 원리가 되는지 살펴볼 것이다. 사실상 상대주의적 관점으로 과학에 접근할 때 우려되는 한 가지 결점은 그러한 접근이 과학의 윤리적 기준에 대한 적절한 설명을 제시하지 못한다는 것이다. 즉, 과학이 단지 사회적 구성물이라면, 왜 우리가 자료 조작을 염려해야 한단 말인가? 그냥 이야기를 늘어놓는 것과 가설을 지지하는 것 사이에 아무런 차이가 없다면, 왜 사기와 편견과 자기기만과 실수가 과학에서 그렇게나 문제시된단 말인가? 그러므로 과학이 객관적인 지식을 추구한다는 사고야말로 과학의 윤리성을 생각하는 데 길잡이가 되어야 한다.[10]

---

9) 과학적 방법론에 관한 논의를 더 보려면 다음을 참고. F. Grinnell, *The Scientific Attitude*, 2nd ed. (New York: Guilford Publications, 1992).

10) 물론 상대주의자는 과학의 윤리적 기준을 과학의 사회적·역사적 맥락을 규정하는 것의 일부로 본다면 여전히 그것에 의미를 둘 수 있다고 대답할 것이다. 예를 들어, 골프와 같은 어떤 사회적 맥락에서는 정직성이 필요하다. 점수에 대해 거짓말하는 것이 골프에서 부당하게 간주되듯이, 과학에서도 역시 그렇다. 두 경우 모두 속임수는 그것이 객관성의 추구를 손상시켜서가 아니라, 어떤 규칙을 위반하기 때문에 비윤리적인 것이다.

제4장

윤리적 과학행위의 기준

앞 장에서 나는 과학의 윤리적 기준이 과학이라는 직업의 목표에 근거한다고 말했다. 그 목표에는 지식의 추구와 무지의 제거, 실천적 문제해결 등이 포함된다. 과학행위의 수많은 기준들은 또한 도덕적 토대를 갖고 있기도 하다. 예를 들어, 데이터 위조는 과학에서 비윤리적인데, 이는 거짓말의 한 형태로서 거짓말은 도덕적으로 그른 것이기 때문이다. 뿐만 아니라 데이터 조작은 오류를 퍼뜨리고, 과학에서 핵심적인 역할을 하는 신뢰 분위기를 망치기 때문에 비윤리적이다. 과학자는 도덕적 의무를 충족시키기 위해, 그리고 과학에 대한 대중의 지지를 굳건히 하기 위해 사회적 책임을 실천해야 한다. 그러므로 과학에서의 윤리적 기준은 두 가지 개념적 토대를 갖게 된다. 하나는 도덕이요, 다른 하나는 과학이다. 과학에서의 윤리적 행위는 상식적으로 받아들여진 도덕적 기준을 위반해서는 안 되는 동시에, 과학적 목표 향상을 촉진해야 한다. 이 장에서는 과학윤리의 12원칙을 제시하고자 한다. 연구과정의 다양한 측면에 적용할 수 있는 원칙들이다. 이러한 원칙들을 논의한 후, 나는 과학윤리에

접근하는 나의 논점을 분명히 밝히기 위해 몇 가지 보충설명을 덧붙일 것
이다. 과학윤리의 원칙은 다음과 같다.

1. 정직성(Honesty)

과학자는 데이터나 연구결과를 위조하거나 변조하거나 잘못 전달해서
는 안 된다. 과학자는 연구과정의 모든 측면에서 객관적이며 편견에
치우치지 않고 진실해야 한다.

이 원칙은 과학의 가장 중요한 규칙이다. 왜냐하면 이 원칙을 지키지
않을 때, 과학의 목표를 달성하는 것 자체가 불가능해지기 때문이다. 부
정직이 난무하는 곳에서는 지식의 추구나 실천적 문제해결도 이루어질
수가 없다. 정직은 과학연구에 필수적인 협력과 신뢰를 촉진한다. 과학
자는 서로에게 정직할 수 있어야 한다. 과학자가 정직하지 않을 때 이 신
뢰가 붕괴되고 말 것이다(Committee on the Conduct of Science, 1994;
Whitbeck, 1995b). 결국 정직은 도덕적 근거에서 정당화된다. 과학자를
포함하여 모든 사람은 진실해야 한다는 도덕적 의무가 있다.
　과학에서 발생하는 부정직을 이해하기 위해서는 부정직(*dishonesty*)과
실수(*error*)를 구분해야 한다(PSRCR, 1992). 부정직과 실수는 비슷한
결과를 낳지만, 그 동기가 분명히 다르다. 부정직한 행동에는 언제나 진
실을 들을 것을 기대하는 청중을 속이려는 의도가 내포되어 있다.[1] 그러
한 속임수는 거짓말을 하거나 정보를 은폐할 때 혹은 와전시킬 때 발생한

---

1) 부정직의 다른 유형에 대해 더 살펴보려면, S. Bok, *Lying*(New York:
　Pantheon Books, 1978)을 참고.

다. 부정직은 청중이 진실을 들을 것을 기대하지 않는 상황에는 해당되지 않는다. 가령, 소설가가 터무니없는 허구를 이야기한다고 해서 거짓말을 한다고 말하지는 않는다. 부정직을 동기라는 측면에서 규정하는 것이 중요한 까닭은 동기야말로 인간의 행위를 판단하는 데 핵심적인 역할을 하기 때문이다. 만약에 과학자가 도구나 기계장치라면, 우리는 그가 단지 확실하기만을 기대할 것이다. 즉 자동 온도조절 장치는 정확하거나 부정확할 수는 있지만, 진실을 말하거나 거짓을 말할 수는 없다. 과학자는 다름 아닌 사람이기 때문에, 우리는 과학자의 정직한 실수에 대해서는 용서를 하고, 거짓이나 고의적 사기에 대해서는 엄중한 평가를 내려야만 한다.

과학에서 부정직은 데이터의 산출과 분석에서 많이 발생한다. 과학자가 데이터를 짜 맞출 때 위조가 발생하고, 데이터나 결과를 변경할 때 변조가 생겨난다(PSRCR, 1992). 볼티모어 사건에서 이마니쉬-카리는 자신의 연구팀이 행한 생쥐 실험에서 데이터를 위조 또는 변조했다고 고발당했다.[2] 과학자가 데이터나 결과를 진실하게 혹은 객관적으로 보고하지 않는 경우, 허위진술(misrepresentation)이 발생한다. 허위진술의 가장 공공연한 형태는 다듬기와 조작하기, 그리고 '요리'하기이다(Babbage, 1970). 다듬기(trimming)는 과학자가 자신이 세운 가설에 들어맞지 않는 결과를 보고하지 않을 때 생겨난다. 조작하기(fudging)는 과학자가 실제 실험을 통해 나온 결과보다 더 나아 보이는 결과를 만들어 내고자 할 때 이루어진다. 과학자는 또한 긍정적 결과가 나올 만한 충분한 이유가 있다는 전제하에서 실험계획을 세울 때, 혹은 부정적인 결과를 산출할 것

---

2) 과학에서의 사기에 대해 보고된 사례는 W. Broad and B, Wade, *Betrayers of the Truth*, new ed. (New York: Simon and Schuster, 1993)을 참고.
〔옮긴이 주〕이 책은 《과학사에 오점을 남긴 배신의 과학자들》이라는 제목으로 박익수가 번역하였고, 2004년 문학동네에서 출판되었다.

같은 실험을 피하려고 할 때 데이터를 '요리'(*cooking*) 하기도 한다.

　대부분의 과학자들은 위조와 변조를 과학윤리의 심각한 위반으로 간주한다. 그러나 허위진술의 심각성에 대해서는 약간의 견해 차이가 있다. 왜냐하면 때로는 데이터에 대한 허위진술과 건전한 방법론 사이에 선을 긋기가 모호하기 때문이다(Sergestrale, 1990). 과학자에게는 반대 데이터를 삭제하거나 무시할 충분한 이유가 있을 때도 있고, 또한 얼마간의 다듬기는 건전한 과학적 관행의 일부가 될 수도 있다. 예컨대, 일부 학자들은 밀리컨[3]이 유적(油滴) 실험 보고서를 쓰면서 '좋은' 결과와 '나쁜' 결과를 미리 분류하여 오직 '좋은' 결과만을 보고했을 때, 데이터를 다듬었다고 비난했다. 그러나 다른 학자들은 밀리컨이 '좋은' 결과와 '나쁜'

---

[3] 〔옮긴이 주〕 밀리컨(Robert Andrews Millikan, 1868~1953)은 미국의 물리학자로, 1910년 '기름방울 실험법'을 통해 전자 1개가 갖는 전기의 양을 측정한 논문으로 유명해졌다. 그는 투명한 통에 기름을 떨어뜨리고, 통의 위와 아래에 양전기와 음전기를 각각 걸어 전기장의 세기를 바꾸며 실험한 결과, 기름방울이 가진 전하의 양에 따라 떨어지는 속도도 변화한다는 것을 밝혀냈다. 하지만 당시 오스트리아의 물리학자 에렌하프트(Felix Ehrenhaft, 1879~1952)는 밀리컨의 실험에 반박하면서 전자의 최소 전하량을 부정하는 실험값을 발표했다. 그는 밀리컨이 주장하는 전자의 전하량과는 다른 값을 갖는, 전자보다 미소한 전하로 된 소립자(素粒子, *fractional electron*)가 존재한다는 가설을 주장했다. 이에 대해 밀리컨은 1913년 논문에서 새로운 실험 결과들을 제시하며, 전자가 단일한 전하값을 가진다는 자신의 주장을 확고하게 밀어붙였다. 이 두 사람의 불꽃 튀는 전쟁은 1923년 노벨 물리학상이 밀리컨에게 돌아감으로써 끝이 났다. 그 후 밀리컨은 1953년 사망 때까지 16개의 과학상과 30개의 명예 박사학위를 받고, 대통령의 과학 자문위원으로 활동하는 등, 온갖 영화를 누렸다. 반면에 에렌하프트는 밀리컨보다 더욱 정밀도가 뛰어난 실험을 하고도 자신의 이론이 인정받지 못한 것에 환멸을 느껴 정신병에 시달리다 죽고 말았다. 그런데 밀리컨 사후에 발견된 실험노트에서 그의 논문에 실린 58회의 측정값은 사실상 140회의 실험 결과 중 자신의 주장을 뒷받침할 수 있는 '멋진 결과'만을 골라 발표한 것이라는 사실이 드러난 것이다! 이로써 에렌하프트의 연구들은 뒤늦게 주목받기 시작하여, 쿼크(*quark*) 등으로 불리는 소립자들을 발견하는 데 기초가 된다.

결과 사이에 구분을 짓고, '나쁜' 결과를 삭제한 데는 그럴 만한 이유가 있었다고 주장한다. 밀리컨은 자신의 실험 내용과 장비를 이해하고 있었으며, 데이터를 판단할 때 자신의 과학적 판단력을 행사했다는 것이다 (Committee on the Conduct of Science, 1994). 4)

데이터를 조작하거나 요리하는 것에도 똑같은 논점이 적용된다. 오늘날 과학자들은 종종 무의미하고 체계적이지 못한 데이터 덩어리를 의미 있고 체계적인 수치 내지 도표로 전환하기 위해 통계적 방법을 사용할 필요를 느낀다. 만약 과학자가 데이터를 분석하고 조직하고 제시할 때 다양한 통계기술을 사용하는 것이 정당하다면, 과학자들은 그러한 기술을 선택할 때 판단과 분별을 행사할 필요가 있다. 통계학을 잘못 사용하면 날조로 비난받을 수 있지만, 잘 사용하면 좋은 과학을 수행하는 것이 되기 때문이다. 5) 부정적인 결과를 산출할지도 모를 테스트를 피하지 않는다면, 긍정적인 결과를 얻기 위해 테스트를 설계하는 것은 허용될 만하다. 데이터 세트를 다듬거나 통계적 방법을 선택하는 것, 혹은 테스트나 실험을 설계하는 것에 분명한 규칙이 없기 때문에, 과학자들은 데이터를 수집하고 분석하는 방법을 결정할 때 자신의 판단력을 행사해야만 한다. 데이터의 적절한 처리에 관해 판단을 내리는 능력은 실험실에서 경험을 통해 획득할 수도 있고, 좋은 과학의 모범을 따름으로써 얻어지기도 한다.

정확한 진술과 허위진술 사이의 선 긋기가 종종 분명하지 않다면, 우리는 언제 어떤 과학자가 데이터나 연구결과를 비윤리적으로 진술한다는

---

4) 밀리컨의 유적 실험에 관한 논의로는 U. Sergestrale, "The murky border-land between scientific intuition and fraud", *International Journal of Applied Ethics* 5(1990), 11~20쪽을 참고.

5) 사람들이 통계학을 어떻게 오용하는지에 관한 고전적이면서도 흥미 있는 기사는 D. Huff, *How to Lie with Statistics*(New York: W. W. Norton, 1954)를 참고.

것을 어떻게 말할 수 있을까? 데이터에 대한 올바른 진술에는 과학적 판단력 행사가 포함된다. 우리는 어떤 행동을 허위진술로 간주할지 말지를 결정하기 위해 경험이 풍부한 과학자의 판단에 의지할 수도 있을 것이다. 그러나 전문가들 사이에서도 의견의 불일치가 있을 수 있기 때문에, 과학자들이 부적절하게 행동하고 있는지 아닌지를 판단하려면 그들의 동기나 의도에 호소할 필요가 있다(PSRCR, 1992). 만일 과학자가 다른 사람들을 속이려는 의도로 데이터를 다듬는다면, 그는 명백히 부정직하다. 그러나 과학자가 연구결과를 분명한 방식으로 보고하려는 의도로 데이터를 다듬는다면, 부정직한 것이 아니다. 또 만일 과학자가 분명하고도 객관적인 데이터 묘사를 위해 통계기술을 사용한다면, 그는 윤리적으로 행위하는 것이다. 하지만 단지 청중을 속이기 위한 수사학적 장치로 통계학을 사용한다면, 그는 비윤리적으로 행위하는 것이다. 물론, 인간의 의도를 판단하기란 언제나 쉽지 않지만 말이다.

정직은 데이터와 연구결과를 산출하고 분석하고 보고하는 데서 가장 중요하기는 하지만, 또한 연구과정의 다른 많은 측면에도 적용된다. 예를 들면, 연구계획서를 작성할 때 과학자는 때때로 연구비 수혜의 기회를 더 유리하게 잡기 위해 진실을 부풀리곤 한다(Grinnell, 1992). 과학자와 공학자, 그리고 홍보관은 의회 앞에서 고비용 프로젝트를 옹호하면서 초대형 입자가속기를 초대형으로 운영하는 프로젝트의 과학적·경제적 중요성을 침소봉대했던 것이다(Slakey, 1993).

부정직하게 행동하는 과학자들에게는 이런 식의 행동에 나름의 이유가 있을지도 모른다. 나의 정의에 따르면, 패러디(*parody*)는 비윤리적이지는 않을 수 있으나 일종의 부정직이다. 물리학자 알란 소칼(Alan Sokal, 1996a/ 1996b/ 1996c)의 과학문화 연구에 대한 패러디를 생각해 보자.6)

---

6)〔옮긴이 주〕〈소셜 텍스트〉의 1996년 봄/여름 호(217~252쪽)에는 뉴욕대학

사회구성주의자들의 비판으로부터 과학을 수호하기 위해 소칼은 그들이 사용하는 전문용어와 수사와 추론을 패러디한 논문을 구성했다. 그 논문은 셀 수 없이 많은 '위험 신호', 이를테면 추론상의 오류와 이해할 수 없는 문장들로 가득했다. 그러나 〈소셜 텍스트〉(Social Text)의 편집자들은 그 논문을 그대로 출판했다. 나중에 소칼은 〈링구아 프랑카〉(Lingua Franca)에서 자신의 "실험"에 대해 밝혔다. 그의 속임수는 〈소셜 텍스트〉의 편집자는 물론이고, 과학문화 연구의 전체 영역에 걸친 느슨한 지적 기준에 도전한 것이었다. 많은 사람들이 〈소셜 텍스트〉의 편집자들을 비웃었지만, 소칼이 시비를 건 쪽은 편집자나 그 잡지가 아니었다. 소칼은 자신의 패러디가 이성과 증거와 논리를 위한 호소라고 피력했다(과학문화 연구로 알려진 분야 내부에서 활동하는 많은 사람들은 이성과 증거와 논리가 오직 과학적 발견에서만 미미한 역할을 한다고 주장하며, 지식과 진리와 실재의 주관성을 주장한다). 그렇다면 소칼의 행동은 비윤리적인가? 부정직은 통상 비윤리적이기는 하지만, 패러디가 정치계와 학계에서 타락과 스캔들을 폭로하는 데 이용되었을 때는 비윤리적이지 않다고 주장할 수 있을 것이다. 풍자는 종종 진리를 드러내는 가장 좋은 방법이기 때문이다 (Rosen, 1996). 그러나 어떠한 거짓말이든지 연구과정의 진실성에 해를 입힐 수 있기 때문에, 정직이야말로 최상의 방책인 것을 고수해야만 한

의 물리학과 교수인 알란 소칼의 "경계의 침범: 양자중력의 변형해석학을 위하여"라는 제목의 논문이 실려 있다. 소칼은 과연 이 포스트모더니즘 계열의 선구적인 학술지에서 논문이 그럴듯하게 보이고 편집자의 이데올로기적 취향에 아부하는 내용이기만 하면 실어 줄 것인가를 알아보기 위해 '지적 사기'를 쳤다는 것이다. 그는 만약 편집자들이 조금만 주의 깊게 들여다보고 지적으로 뛰어났다면, 자신의 에세이가 첫 구절부터 패러다임을 알아냈을 것이라고 주장했다. 물리학자 소칼은 미국의 인문과학 내부에서 지적 엄격함의 기준이 퇴조하는 것에 당혹감을 느껴 이런 사기극을 벌였다고 주장하여, 단숨에 과학전쟁 (science wars)의 영웅으로 떠올랐다.

다. 이 기준에서 이탈할 때는 특별한 정당성이 요구된다.

2. 신중성(Carefulness)

과학자는 연구상의 오류를 피해야 한다. 특히 결과를 제출할 때는 더더욱 조심해야 한다. 과학자는 실험적 · 방법론적 오류는 물론이고 인간적인 실수까지 최소화해야 하며, 자기기만과 편견, 이해갈등을 피해야 한다.

노골적인 거짓말만큼이나 오류도 지식의 진보를 가로막기 때문에, 정직성과 마찬가지로 신중성은 과학의 목표를 고무시킨다. 앞서 언급했다시피, 부주의에 속일 의도가 내포될 필요는 없기 때문에, 신중성의 결여가 부정직과 동일한 의미는 아니다. 신중성은 과학자 사이에서 협력과 신뢰를 증진시키고, 과학적 자료를 효율적으로 사용하도록 촉진하는 데 중요하다(Whitbeck, 1995b). 어떤 과학자가 다른 과학자의 작업에 의지해야 할 경우, 그는 보통 다른 사람의 연구가 타당하다고 전제하게 된다. 이것은 중요한 전제인데, 왜냐하면 자기가 이용하려는 연구에 오류가 있는지를 일일이 검토하려면 엄청난 시간이 소요될 것이기 때문이다. 오류가 연구과정을 성가시게 한다면, 과학자들은 이렇게 중요한 전제를 만들 수도 없고, 서로를 신뢰할 수도 없으며, 오류를 검토하느라 시간과 에너지를 낭비하게 된다.

오류가 사기보다 훨씬 더 만연한데도, 많은 과학자들은 오류를 과학에 대한 심각한 범죄로 보지 않는다. 수많은 오류가 포함된 논문을 출판한 과학자는 무능해 보일지언정, 비윤리적으로 간주되지는 않는다. 하지만 부주의가 부정직만큼 심각한 위법행위는 아니라고 해도, 여전히 부주의를 피하는 것은 매우 중요하다. 왜냐하면 오류는 자원을 낭비하고, 신뢰를 손상시키며, 마침내 비참한 사회적 결과로 이어지기 때문이다. 응용 연구와 의학 및 공학에서의 오류는 엄청난 해를 야기할 수 있다. 의약품의 정확한 복용량을 잘못 계산한 것이 상당히 많은 수의 사람들을 죽음으로 몰아넣을 수도 있고, 교량 설계의 하자가 수백 명의 목숨을 앗아갈 수도 있다. 그러므로 어떤 오류는 정직한 실수 내지 무능으로 간주될 수 있겠지만, 심각하고도 반복적인 오류는 일종의 태만으로 보아야 할 것이다(Resnik, 1996b). 어떤 과학자가 출판한 논문 혹은 심사위원에게 제출한 논문에서 오류가 발견된 경우, 그에 대한 적절한 반응은 스스로 실수를 인정하고 정정 내지 교정본을 재출판하거나 철회하는 것이다(Committee on the Conduct of Science, 1994).

신중성을 논의할 때는 연구과정에 있을 수 있는 다양한 오류의 유형을 구분하는 것이 중요하다. 실험상의 오류는 데이터를 수집하기 위해 과학적 수단을 사용하는 것과 관련된 오류이다. 물론 어떤 수단은 다른 수단보다 더 정확하고 믿을 만하겠지만, 일단 모든 수단이 잡음과 왜곡과 잘못 읽힐 가능성을 내포한다고 봐야 한다(Kyburg, 1984). 데이터와 연구 결과를 보고할 때는 이러한 오류를 염두에 두는 것이 모든 과학적 훈련의 표준관행이 되어야 한다. 방법상의 오류는 통계적 방법으로 데이터를 해석하고 분석하는 것, 또는 추론에서 이론적 전제와 편견을 사용하는 것과 관련된 오류이다. 대부분의 과학자는 통계적 방법이 사람을 매우 현혹하는 결과를 낳을 수 있다는 것과 연구 분야에 알맞은 통계기술을 사용하는 것이 항상 중요하다는 것을 배운다. 이론상의 전제와 편견을 사용(오용)하는 것 또한 오류로 이어질 수 있다. 예를 들면, 코페르니쿠스의 태양중심설을 받아들인 천문학자들은 그 이론을 자신들의 행성 관찰에 맞추느라 수년 동안 씨름해야 했다. 왜냐하면 그들은 모든 천체가 완벽한 원을 그리며 돌아야 한다고 전제했기 때문이다(Meadows, 1992).[7]

인간적인 오류란 기구를 사용하고, 계산을 시행하고, 데이터를 기록하고, 추론을 이끌어 내고, 논문을 작성하는 등의 작업에서 사람이 만들어 내는 오류를 말한다. 제3장에서 나는 많은 과학자들이 적시에 결과를 산출해야 한다는 압박감에 시달린다고 언급했다. 연구를 서두르게 되면, 부주의하거나 적당히 얼버무림, 무분별함, 그 밖에 여러 오류를 낳을 수 있다. 제1장에서 논의한 사례 가운데 이마니쉬-카리의 경우는 사기까지는 아니더라도 부주의했다고 인정된다.

과학에서 자기기만(*self-deception*)이라고 할 만한 현상은 대개 인간적 오류와 방법상의 오류, 그리고 실험상의 오류가 결합되어 나타난다(Broad and Wade, 1993). 자기기만에 빠질 때, 과학자는 자신의 연구결과의 타당성 내지 중요성에 스스로 속는다. 과학자는 비판적이고 회의적이고 엄밀해야 한다고 배우지만, 다른 인간들처럼 그들도 종종 자기가 보고 싶은 것을 보는 경향이 있다. 자기 자신을 속이는 과학자는 진정으로 자신의 실험이 처음의 가설을 확증한다고 믿는다. 그래서 과학자가 만들어 내는 오류는 종종 포착하기가 어렵게 미묘한 것이다. 그는 끝내 자신의 연구에 놓여 있는 전제와 편견에 실수가 있다는 것을 깨닫지 못할지도 모른다. 그리하여 자신의 작업을 비판적이고 객관적으로 평가하는 데 실패할 수도 있다. 제1장에서 논의한 저온핵융합 실험은 과학에서의 자기기만의 사례로 볼 수 있을 것이다(Huizenga, 1992).

과학에서는 언제나 오류와 편견이 발생할 수 있지만, 동료심사제도와

---

7) 과학적 책임과 연구행위에 관한 위원회(The Panel on Scientific Responsibil-ity and the Conduct of Research, PSRCR)는 '과학에서의 위법행위' 및 '의심스러운 연구관행'과 '다른 종류의 위법행위'를 구분함으로써 과학적 의무들을 암묵적으로 등급화한다. PSRCR, *Responsible Science*, vol. 1(Washington, DC: National Academy Press, 1992). 그러나 나는 과학행위의 다양한 원칙을 등급화하는 데 주저하는 이유와 정확히 같은 이유에서 이러한 구분의 정당성에 의문을 제기한다.

과학적 아이디어 및 연구결과에 대한 공개토론이 마련되어 있어서 오류와 편견으로 인한 영향을 최소화할 수 있고, 과학 공동체가 진리에 좀더 다가가도록 이끌 수도 있다. 그러므로 과학자들은 오류를 만들지만, 과학은 스스로 교정을 한다. 하지만 동료심사제도의 기제가 잘 돌아가기 위해서는 과학자들이 이 과정을 교묘하게 회피하지 않는 것이 중요하다. 연구는 응용되거나 대중화되기 전에 다른 과학전문가에게 평가받아야 한다. 저온핵융합 연구의 사례와 관련된 윤리적 문제는 연구자가 기자회견을 소집하기 전에 동료들로부터 자신의 작업을 평가받도록 허용하지 않았다는 점이다. 과학에서 동료심사의 중요성은 아래 원칙과도 밀접히 연관된다.

3. 개방성(Openness)

과학자는 데이터, 결과, 방법, 사상, 기술, 도구 등을 공유해야 한다. 과학자는 다른 과학자가 자신의 작업을 검토하도록 허용해야 하고, 비판과 새로운 견해에 개방적이어야 한다.

개방성의 원칙은 과학자들이 서로 간의 작업을 검토하고 비판하도록 허용함으로써 지식의 진보를 촉진한다. 예컨대, 동료심사제도는 이 원칙에 의지한다(Munthe and Welin, 1996). 개방성은 과학이 독단적이거나 무비판적이거나 편견에 사로잡히지 않도록 예방한다. 이는 또한 과학에서 협력과 신뢰의 분위기를 조성하게 하고, 과학자들이 자원을 효율적으로 사용하게 함으로써 과학의 진보에 기여한다(Bird and Houseman, 1995). 지식은 과학자들이 고립되어 홀로 일하는 대신에 함께 일할 때, 데이터와 웹사이트와 자료를 공유할 때, 그리고 선행연구에 입각해서 작업할 때 더욱 효율적으로 획득될 수 있다. 과학에서 개방성을 선호하는 또 다른 이유는 비밀주의가 과학에 대한 대중의 신뢰를 훼손하기 때문이다(Bok, 1982). 과학 활동이 공개적으로 이루어지지 않고 그것에 접근할 수도 없을 때, 사람들은 과학자들이 부정직하거나 신뢰할 수 없다고 의심하기 시작할 것이다. 과학에 대한 대중적 지지가 무너지면, 과학이라는 전문직업은 여러 가지 불리한 결과를 당할 수 있다. 결국 모든 사람이 서로서로 도울 도덕적 의무를 지니는 한, 그리고 데이터와 자료의 공유가 도움의 일종이 되는 한, 과학자들은 개방적이어야 할 과학적 의무에 더해, 비밀주의를 피해야 한다는 일반적·도덕적 의무를 갖게 된다.

개방성이 과학행위의 매우 중요한 원칙이라고 해도, 어떤 상황에서는 이것에 대한 예외가 정당화될 수 있다. 예를 들어, 많은 과학자들은 진행 중인 연구를 보호하기 위해 공개를 피한다(Grinnell, 1992). 과학자는 자신의 평판을 좋게 유지하기 위해서, 실험이 완료되기도 전에 또는 자신의 작업에 대해 세부적으로 생각할 시간을 갖기도 전에 데이터나 결과를 공유하기를 원치 않을 것이다. 과학자는 또한 자신의 작업에 상응하는 적절한 명예와 인정, 그리고 보상이 주어지는 것을 보장받기 위해 데이터나 아이디어, 또는 연구결과를 공유하고 싶어 하지 않을지도 모른다(Marshall, 1997). 하지만 연구가 일단 완성되면, 진행 중인 연구를 보호할 필요성 역시 사라지게 되고, 결과를 대중에게 보고하는 문제만 남는다. 특히 연구가 민간자본의 지원을 받은 경우에는 더더욱 그렇다.

제한적 비밀주의를 선호하는 이러한 주장들은 모두 과학자가 명예나 인정, 또는 보상을 바라는 것이 정당하다고 전제한다. 심지어 혹자는 과학에서 이런 식의 사리사욕이 지식의 증진에 핵심적인 역할을 한다고 주장하기도 한다(Merton, 1973; Hull, 1988) 그러므로 과학은 사리사욕과 협동, 또는 이기심과 이타심 사이의 거래와 결부된다. 실제로 과학자들은 독창적인 공헌을 한 것에 대한 보상을 받기 때문에, 그리고 이러한 공헌은 과학의 목표를 증진하기 때문에, 과학의 보상 시스템은 마치 과학의 혜택에 "보이지 않는 손"처럼 작동하는 것 같다. 개별 과학자는 단지 자신의 개인적 목표, 예를 들면 명예나 존경 같은 것을 성취하고자 애씀으로써, 자기도 의식하지 못하는 사이에 과학의 총체적인 선에 기여할 수도 있다(Merton, 1973).

나는 대부분의 과학자는 비밀주의가 연구의 규칙이라기보다는 오히려 예외여야 한다는 데 동의할 것으로 생각한다. 그러나 과학자에게는 때로 과학에 대한 의무에 우선하여 다른 의무가 있을 수도 있다. 예컨대, 사기업을 위해 일하는 과학자는 업무상의 비밀을 지킬 의무가 있다(Bok, 1982; Nelkin, 1984). 그런가 하면 군사연구를 수행하는 과학자는 군사기밀로 분류된 정보를 보호할 의무가 있다(Nelkin, 1972; Bok, 1982). 여기서 과학적 가치로서의 개방성은 상업적·군사적 가치와 갈등을 일으킨다. 이 문제는 수많은 다른 문제들을 야기하는데, 차후에 다시 논의하기로 한다.

4. 자유(Freedom)

과학자는 어떠한 문제나 가설에 대해서도 연구를 수행할 자유를 보장받아야 한다. 과학자는 새로운 사상을 추구하고, 낡은 사상을 비판하도록 허용받아야 한다.

과학사에서 일어난 대전투는 이 원칙을 둘러싸고 발생했다. 갈릴레오, 브루노, 베살리우스, 그 밖에 구소련 과학자들 모두 과학에서 자유가 얼마나 중요한지를 입증한다. 자유의 원칙은 다음과 같은 몇 가지 측면에서 과학적 목표의 달성을 촉진한다.

첫째, 자유는 과학자들이 새로운 견해를 추구하고 새로운 문제를 풀 수 있도록 허용함으로써 지식의 확장에 중요한 역할을 한다. 둘째, 지적 자유는 과학적 창조성을 기르는 데 중요한 역할을 한다(Kantorovich, 1993; Shadish and Fuller, 1993). 과학적 창조성은 억압적이고 전체주의적이며 지나치게 조직화된 환경에서는 침체될 수밖에 없다. 사회가 과학적 연구를 제한하거나 특정 분야의 연구를 지휘하려고 할 때, 그 사회는 과학 자체에 손상을 입힐 위험이 있다(Merton, 1973). 셋째, 자유는 과학자로 하여금 낡은 사상과 전제를 비판하고 또 그것에 도전하게 함으로써 과학적 지식을 유효하게 하는 데 중요한 역할을 한다. 개방성과 마찬가지로 자유는 과학이 정체되거나 독단적이 되거나 편견에 사로잡히지 않도록 해준다(Feyerabend, 1975). 예를 들어, 20세기 동안 구소련의 유전학이 정체된 까닭은 구소련 유전학자들이 유전에 관한 리센코(Lysenko)[8]의 사상에 도전하도록 허용되지 않았기 때문이다(Joravsky, 1970). 끝으로 우리는 도덕성이 연구의 자유의 근본적인 이유를 제공한다는 사실을 인식해야 한다. 사상·표현·행동의 자유는 연구의 자유를 함축한다.

---

8) 〔옮긴이 주〕 리센코(Trofim Denisovich Lysenko, 1898~1976)는 우크라이나 태생의 러시아 농업생물학자로 알려져 있다. 1925년 농업학교 졸업 후 취직한 농업시험장에서 콩의 파종기(播種期)를 연구하여, 식물의 생장시기에는 온도와 빛이 필요한 단계가 있음을 발견하고, 이를 근거로 1929년 "가을에 심는 밀을 인위적으로 저온에 저장하여 봄에 심는다"라는 춘화처리법(春化處理法)을 실시했다. 이 공로로 유전육종학연구소 소장이 된 그는 1934년 우크라이나 과학아카데미 회원, 1935년 러시아의 레닌 농업과학아카데미 학사원 회원, 1939년 러시아 농업과학아카데미 회원 및 총재로 활동했다. 1930년대 후반부터 유전에 관한 자신의 독특한 견해를 발표하기 시작한 그는 멘델 법칙에 입각한 유전학설을 비판하고 '리센코학설'을 주장했으며, 1948년의 논쟁에서는 반대파를 숙청하는 데 성공했다. 그러나 농업생산 분야에서의 부진과 과도한 정치적 행동 때문에, 1955년 농업과학아카데미 총재직을 사임했다. 그 후 모스크바 유전학연구소장직을 지냈으나, 1965년에 물러났다. 저서로는 《유전성과 변이성》(1944)이 있다.

자유의 원칙이 과학에서 결정적이기는 해도, 특정한 상황하에서는 자유에 약간의 제한을 두는 것이 정당화될 수 있다고 주장하는 사람도 있을 것이다. 과학적 자유에 가해지는 제약을 이해하려면, 우리는 행동상의 제한, 연구비 조달상의 제한, 출판의 제한 및 사상과 토론상의 제한을 구분해서 살펴보아야 한다. 이러한 구분을 이해하는 것이 중요한 까닭은 각각이 서로 다른 도덕적·윤리적 결과를 야기하기 때문이다.

　첫째로, 대부분의 연구형태는 과학자의 행동을 포함하는데, 이 행동은 과학자가 인간에게 해를 끼치거나 인간의 권리를 침해하지 않도록 예방하기 위해 제한될 수 있다. 심지어 자율성의 가장 강력한 옹호자들도 내가 원하는 대로 할 권리가 상대방의 코앞에서 저지당할 수밖에 없다는 것을 인정한다. 이처럼, 과학자가 인간에게 해를 입히거나 인간의 자율권을 침해하는 연구를 수행하지 못하도록 하는 데는 견고한 도덕적 이유가 있다. 대부분의 과학자는 과학적 자유에 상당한 또는 귀찮은 제한이 가해지지리라 예상되는 연구에 인간을 실험대상으로 이용하는 계획안에는 관심을 갖지 않을 것이다.

　둘째로, 대부분의 과학적 연구에는 과학자가 정부기관이나 기업체, 혹은 사립재단이나 대학, 또는 군대로부터 지원받은 막대한 자금이 들어간다(Dickson, 1984). 정부기관은 자금을 유권자의 요구에 따라 할당한다. 그런가 하면 기업체는 이윤을 낳기 위해 연구를 지원할 것이다. 또한 정부기관은 의회와 대중 앞에 보고해야 하는 책임이 있다. 이러한 정치경제적 현실을 감안할 때, 연구비 지원 결정이 연구를 제한하는 경우가 빈번하리라는 것을 예상할 수 있다. 지원을 받지 못한 연구는 행해질 수조차 없는 것이다. 예를 들면, 초대형 입자가속기 추진계획(Super Conducting Super Collider)을 종결하라는 의회의 결정으로 인해 고에너지 물리학 분야의 많은 실험들이 중단되었다(Horgan, 1994). 이 실험들이 나중에 언젠가는 수행될지도 모르지만, 의회는 수많은 연구를 효과적으로

'보류'시켰다. 그렇다면 우리는 연구비 지원을 받지 못하는 것이 과학적 자유에 상당한 제한이 될 것이라고 생각해야 하는가? 아마 그렇지는 않을 것이다. 연구비 지원 결정이 연구에 족쇄가 된다고 해서, 과학자가 자신의 특별한 프로젝트에 '백지 수표'를 지원하라고 합법적으로 주장할 수는 없다. 연구비는 특혜이지, 권리가 아니다. 연구비 수혜에 실패한 과학자라도 여전히 자신의 사상에 대해 토론하고, 차후에 다시 연구비를 신청할 자유가 있다. 사회가 과학적 창조성을 북돋우는 환경을 조성하기 위하여 과학연구에 지원하는 것은 중요하지만, 특정한 연구 프로젝트에 지원을 하지 않았다고 해서 연구 환경에 중대한 손상을 야기하리라고는 보지 않는다.

다른 한편, 연구에 가해지는 어떤 제한은 매우 심각하게 취급될 필요가 있고, 과학 자체에 상당한 해를 야기하기도 한다. 구소련에서 리센코이즘(Lysenkoism)이 극에 달했던 시절에 과학자들은 리센코의 관점에 도전하는 연구를 아예 할 수 없었고, 리센코에 도전하는 논문을 출판할 수도 없었으며, 멘델 유전학처럼 리센코이즘을 반박하는 관점을 가르치거나 토론할 수조차 없었다. 검열과 연구 정지, 그 밖에 과학사상을 논의하는 데 심각한 제한을 가하는 장치들은 과학에 해로운 영향을 미치고 기본권과 자유를 침해할 수 있기 때문에, 우리는 연구에 가해지는 이런 식의 제한을 피해야 할 충분한 이유가 있다. 하지만 이보다 더 심각한 제한들도 긴박한 상황 아래서는 정당화된다. 가령, 혹자는 국가안보를 수호하기 위해서는 연구를 검열해야 한다고 주장할 수도 있고, 인간배아복제 연구와 같은 특정한 종류의 연구는 불운한 사회적 결과를 막기 위하여 금지해야 한다고 주장할 수도 있다. 그러므로 연구의 자유라는 문제는 종종 과학자와 사회가 다른 사회적 목표들과 균형을 맞추어 지식의 향상을 꾀하도록 요구한다(Cohen, 1979).

5. 공로(Credit)

과학자에게 마땅히 공로를 인정해야 할 때는 인정하되, 공로가 없을 때는 인정하지 말아야 한다.

공로의 원칙은 과학에서의 기밀유지와 개방성에 대해 논의할 때 이미 암시된 부분이다. 이 원칙은 지식의 향상이나 과학의 실천적 목표를 직접적으로 촉진하지는 않더라도, 과학자가 연구를 수행하는 동기가 되며, 협력과 신뢰를 증진시키고, 과학의 보상에 대한 경쟁이 공정하게 이루어지도록 보장한다는 점에서 정당화된다(Hull, 1988). 과학연구에 대한 보상에는 인정, 존경, 명예, 돈, 상 등이 있다. 과학에서 공로의 원칙이 작동하지 않을 때, 과학자들은 연구를 할 엄두를 내지 않게 되며, 자신의 사상을 누군가가 훔쳐갈 수 있다는 두려움에 정보를 공유하는 것에 주저하게 될 것이다. 공로는 또한 과학자를 처벌하거나 비난을 가하는 데에도 중요한 역할을 담당한다. 만약 하나의 연구에서 결함이 발견된다면, 누가 그것에 책임이 있는지를 알아내서 오류를 수정하고, 오류를 범한 과학자를 처벌할 수 있어야 한다. 그러므로 책임과 공로는 동전의 양면이라고 볼 수 있다. 하나의 연구에 책임을 질 수 있을 때라야 비로소 공로도 인정될 수 있는 법이다(Kennedy, 1985). 공로는 또한 도덕적 근거에서도 정당화될 수 있다. 공정성의 기준은 과학자를 포함한 모든 사람이 자신의 업적과 노력에 대해 정당한 보상을 받아야 함을 함축한다.

표절(*plagiarism*)과 명예저자(*honorary authorship*)는 공로 할당에서 비윤리적인 행위의 두 가지 상반된 유형을 대표한다. 표절은 무책임한 인용이나 도용, 또는 번역을 통하여 다른 사람의 착상을 마치 자신의 것인 양 거짓으로 표현할 때 일어난다. 일단 표절이 확인되면, 논문의 기여도가 아무리 뛰어나도 그 공로를 인정받을 수 없다. 표절은 또한 부정직의 형태로도 볼 수 있는데, 왜냐하면 표절자는 저자와 관련해서 거짓된 혹은 오도된 진술을 지어내기 때문이다(PSRCR, 1992). 또 다른 극단에는 명예저자의 관행이 있다. 과학자들은 가끔씩 논문에 의미 있는 기여를 하지 않은 사람의 이름을 명예저자로 올려 준다(LaFollette, 1992). 명예저자의 관행은 실험실의 지도교수나 선배 연구자에게 보상을 제공할 목적으로, 또는 친구나 동료를 돕는다든지, 논문에 일종의 명예를 덧씌우기 위해 수행될 것이다. 하지만 명예저자는 적절한 공로가 없는 사람에게 공로를 돌리는 것이기 때문에 비윤리적이다. 대부분의 과학자들은 표절과 명예저자가 비윤리적이라는 데 동의하면서도, 일단 이 두 극단에서 물러나면 동의가 약화되는 특징이 있다. 학자가 공로를 인정받기 위해서는 하나의 연구에 얼마나 많은 기여를 해야 할까? 논문을 쓸 때 여러 사람이 분담하여 각 부분을 저술했다면, 혹은 연구과정에서 서로 다른 부분에 참여했다면, 이들 각자에게도 공로를 돌려야 할까? 공로의 배분과 관련된 여러 가지 문제들은 제6장에서 재검토하기로 하자.

6. 교육(Education)

과학자는 전도유망한 과학자를 교육시켜야 하며, 그들이 좋은 과학을 수행하는 방법을 배울 수 있도록 보장해야 한다. 과학자는 대중에게 과학을 교육하고 정보를 제공할 의무가 있다.

교육에는 인재양성과 공공교육, 훈련이나 멘토링 등이 포함된다. 과학에서 교육의 원칙은 중요한데, 왜냐하면 새로운 구성원을 모집하고 훈련하고 교육하지 못하면, 과학 분야 자체가 서서히 멈출 것이기 때문이다. 모집은 새로운 사람들을 과학적 직업으로 유인한다는 점에서 중요하다. 중·고등학교에서 공식적인 과학교육이 이루어진다고 해도, 과학자들은 통상 여기에 능동적으로 참여하지 않는다. 그러나 과학자는 자신의 의견을 제시할 의무가 있으며, 이렇게 낮은 단계의 과학교육에 투입되어야 하고, 유치원에서 고등학교까지의 아이들에게 과학을 가르치고자 하는 사람들을 교육시킬 의무가 있다. 훈련은 모방, 실습, 도제 등을 포함하는 일종의 비공식적 교육이다. 여기에는 과학적 실천에서의 다양한 기술 습득과 직관적 이해가 포함된다. 잘 훈련받은 과학자는 교과서나 강의에서 배울 수 있는 것을 훨씬 능가하여 암묵적으로 자신의 연구주제에 대해 확장된 지식을 갖게 된다(Kuhn, 1970/1977; Kitcher, 1993). 과학자는 또한 대중서적이나 잡지 기고, 텔레비전 출현 등을 통해 일반 대중을 교육하려는 노력을 지속할 의무가 있다. 이것 역시 과학교육에서 중요한 부분인데, 왜냐하면 일반 대중도 과학을 이해할 필요가 있기 때문이다. 과학은 대중의 지지에 의존하므로, 대중이 과학을 건전하게 이해하고 있을 때 과학도 혜택을 입으며, 대중이 과학에 대한 무지로 가득할 때 과학도 고난을 당하게 된다.

과학에서 교육이 중요하다고는 해도, 과학자마다 과학교육에 참여하는 방식은 서로 다를 것이다. 어떤 과학자는 대학원교육에 중점을 두지만, 다른 과학자는 학부교육에 중점을 둔다. 어떤 과학자는 많은 학생들에게 멘토가 되지만, 다른 과학자는 멘토링을 하지 않는다. 어떤 과학자는 과학도 모집에 적극적으로 참여하지만, 다른 과학자는 하지 않는다. 이떤 과학지는 대중적인 작품을 쓰거나 대중매체에 자주 얼굴을 비치지만, 다른 과학자는 하지 않는다. 어떤 과학자는 학문적 연구나 군사적 연구 또는 기업 위탁연구를 수행하기 위해 과학교육에서 완전히 손을 떼기로 결정할 수도 있다. 그러나 분명한 사실은 충분한 수의 과학자들이 교육에 참여하는 한에서만, 과학 공동체가 순수한 연구자를 보유하는 호사를 누릴 수 있다는 점이다.

7. 사회적 책임(Social Responsibility)

과학자는 사회에 해를 끼치지 않도록 해야 하며, 사회적 유익을 생산하고자 노력해야 한다. 과학자는 자신의 연구결과에 책임을 져야 하고, 그 결과를 대중에게 알릴 의무가 있다.

이 원칙의 배후에는 과학자에게는 사회에 대한 책임이 있다는 일반적인 생각이 놓여 있다(Lakoff, 1980; Shrader-Frechette, 1994). 과학자가 누군가는 연구의 결과나 과학의 사회적 영향을 걱정할 수 있음을 의식하면서 연구를 수행해야 한다는 뜻이 아니다. 사회적 책임이란 과학자 스스로 사회적으로 정당화될 수 있는 연구를 수행하고, 공개토론에 참여하며, 필요하다면 전문가의 검증을 받고, 과학정책을 만드는 데 협조하며, 허접한 쓰레기 과학을 폭로할 의무가 있다는 뜻이다. 어떤 과학자는 과학자란 모름지기 지식 그 자체만을 추구해야 하고, 연구의 사회적 결과는 정치가와 대중이 다루도록 해야 한다는 생각에 근거해서 과학자의 사회적 책임이라는 개념을 거부할지도 모른다. 과학의 사회적 영향에 대한 책임은 언론과 정치가와 대중에게나 해당되지, 과학자의 몫은 아니라는 것이다. 최근에는 이러한 태도가 그다지 공공연하지는 않지만, 여전히 상당한 영향력을 지니고 있기에 반박할 가치가 충분하다.

과학자가 연구의 사회적 영향에 책임을 져야 하는 몇 가지 이유가 있다. 첫째, 과학자가 연구의 예상치 못한 결과까지 책임을 질 수는 없더라도, 미리 예상이 가능한 결과에 대해서는 책임을 질 수 있기 때문이다. 둘째, 과학자 역시 사회의 일원으로서, 선행, 악행금지, 또는 공리추구와 같은 다른 사람들에 대한 도덕적 의무를 갖기 때문이다. 셋째, 과학자에게는 이익을 증진하고 해악을 피할 직업적 의무가 있기 때문이다. 직업인으로서 과학자는 사회적으로 가치 있는 재화와 서비스를 생산할 것이라는 기대를 받으며, 커다란 권위와 책임과 신뢰를 부여받는다. 사회적 책임은 이러한 공적 신뢰를 인식하고 존중하는 표현이다(Shrader-Frechette, 1994). 끝으로, 사회적 책임은 과학에 대한 공적 지지를 높임으로써 과학을 이롭게 하기 때문이다. 사회적으로 책임 있는 과학은 과학에 대한 대중의 지지를 조장하지만, 무책임한 과학은 이를 손상시킨다(Slakey, 1993). 과학자는 사회에 봉사함으로써 멩겔레9)나 프랑켄슈타인 같은 사회적으로 무책임한 과학자들의 부정적 이미지와 싸울 수 있고, 그런 이미지를 긍정적으로 바꿀 수 있다(Nelkin, 1995).

그러나 과학자가 사회적으로 책임을 져야 할 의무가 있다고 해도, 이 의무는 주의 깊게 수행되어야 한다. 앞서 살펴보았듯이, 과학자는 정보를 조급하게 발표해서는 안 된다. 정보는 공개적으로 발표되기 전에 동료심사 과정을 거쳐 다른 과학자의 확인을 받아야만 한다. 연구가 조급하게 발표될 때, 두 가지 유형의 나쁜 결과가 일어날 수 있다. 첫째는 사람들이 해를 입을 수 있다는 점이다. 예를 들어, 과학자가 신종 치료법을 개발했는데 효력이 있다고 말하면, 사람들은 그 치료법을 써보고 싶어할 것이다. 설령 그것이 철저하게 테스트되지 않아서 유해한 부작용으로 고통 받을 수 있다고 해도 말이다. 둘째로, 과학의 이미지가 손상될 수 있다는 점이다. 어떤 중대한 발견이나 치료제가 면밀한 조사 결과 속임수로 판명 났다는 것을 대중이 알게 되면, 과학자를 무능하거나 무책임하다고 보기 쉬울 것이다(저온핵융합 논쟁은 이러한 효과의 불미스런 사례가 된다). 셋째로, 과학적 정보를 조급하게 발표하는 것은 과학에서 신용할당(*credit allocation*)의 과정을 교란시킬 수 있지만, 일반 대중은 대체로

---

9) 〔옮긴이 주〕 멩겔레(Josef Megele, 1911~1979)는 독일 나치정부의 우생학자로, '히틀러의 의사들' 가운데 가장 악질로 알려져 있다. 1943년, 군의관으로 아우슈비츠 수용소에 부임한 그는 21개월 동안 유대인을 상대로 가공할 만한 인체실험을 자행하여 '죽음의 천사'라는 별명을 얻었다.

우선권 논쟁을 평가하기에 적임자가 아니다(Longino, 1990). (저온핵융합 연구를 조급하게 발표한 동기 역시 아마도 우선권에 대한 관심 때문이었을 것이다.) 자신의 연구결과를 대중에게 발표한 연구자는 만약에 좀더 양심적인 다른 연구자가 똑같은 결과를 얻어 과학잡지에 제출했다는 것이 알려지면, 인정과 신용을 받기가 어려울 것이다.

끝으로, 우리는 어떤 과학자는 다른 목적을 추구하기 위해서 때때로 사회적 책임을 제쳐두기로 결정할 수 있다는 점에서 사회적 책임의 원칙이 교육의 원칙과 유사하다는 것을 깨달아야 한다. 어떤 과학자는 다른 과학자보다 덜 솔직하고 싶어 할지도 모른다. 어떤 사람은 사회적 의미가 있는 결과를 거의 산출하지 않는 직업을 선택할지도 모른다. 사회적 책임은 다양한 과학자가 다양한 시기에 만날 수 있는 공유된 의무이다.

8. 합법성(Legality)

연구과정에서 과학자는 자신의 연구에 적용되는 법을 지켜야 한다.

제2장에서 논의했듯이, 과학자를 포함하여 모든 사람은 법을 지켜야 할 도덕적 의무를 지닌다. 더욱이 과학자가 법을 위반했을 때 과학은 커다란 해를 입을 수 있다. 과학자는 체포되고, 장비는 몰수되며, 연구비는 거부되고, 과학에 대한 대중의 지지는 무너질 것이다. 법은 연구의 수많은 측면과 관련된다. 가령, 유해 물질 및 관리 물질의 사용, 인체실험 및 동물실험, 폐기물 처리, 고용계약, 연구비 집행, 저작권과 특허 등이다(PSRCR, 1992).

과학자가 법에 복종해야 한다는 강한 도덕적·윤리적 의무가 있다고 해도, 다른 행위기준들과 마찬가지로 이 기준에도 예외가 있을 수 있다.

혹자는 과학자는 때때로 중요한 지식을 얻거나 사회에 이익을 주기 위하여 법을 어길 수 있다고 주장할지도 모른다. 과학사를 훑어보면 법적 제한이 지식의 증진을 손상시킨 적이 많았다. 예컨대, 중세 유럽에는 인체 해부에 수많은 법적 제한이 있어서, 인체에 관해 좀더 배우고자 하는 사람들은 지하에서 연구를 수행해야 했다. 갈릴레오 시절에는 코페르니쿠스의 태양 중심 천문학을 가르치려면 가톨릭교회의 재가를 받아야 했다.

이런 사례들을 염두에 둘 때, 과학적 시민불복종이 어떤 경우에는 정당화될 수 있을 것이다. 그러나 나로서는 법을 어기는 사람들에게는 그럴 만한 사유를 증명해야 한다는 부담이 있다는 사실을 되풀이해 말할 수밖에 없다(Fox and DeMarco, 1990).

9. 기회균등(Opportunity)

과학자는 과학적 자원을 사용하거나 과학 분야의 진보를 이룰 기회를 부당하게 거부당해서는 안 된다.

기회균등의 원칙은 도덕적 혹은 정치적 근거에서 정당화될 수 있다. 만일 사회 내의 모든 구성원에게 부당하게 기회를 거부당하지 않을 권리가 있다면, 사회구성원의 한 사람으로서 과학자에게도 동일한 권리가 있다는 것이다(Rawls, 1971). 이 원칙은 또한 그것이 과학적 목표를 촉진한다는 이유에서도 정당화될 수 있다. 기회균등이란 과학 공동체를 새로운 사람과 사상에 개방한다는 의미이기 때문에, 많은 부분에서 개방성의 원칙과 유사하다. 과학은 편견과 독단을 극복하고, 객관적인 지식을 성취하기 위해서 가설과 사상, 접근과 방법의 다양성을 검토하고 고려할 필요가 있다(Kuhn, 1977; Logino, 1990; Solomon, 1994). 배경이 비슷한 사람들도 이러한 인식론적 다양성을 만들 수 있을 테지만, 아무래도 서로 배경이 다른 사람들이 좀더 지식의 증진에 필요한 견해의 다양성을 낳을 수 있을 것이다. 객관성은 같은 생각을 가진 사람들의 일치보다는 문화도 다르고 개성도 다르고 생각하는 스타일도 다른 사람들의 충돌에서 발생하기가 더 쉬울 것이다. 10)

기회균등의 원칙은 몇 가지 중요한 과학정책을 떠받친다. 첫째는 연구비 관련 정책이다. 오늘날 정부자금의 상당 부분은 대형 과학프로젝트와 명망 높은 연구실로 흘러들어 간다(Martino, 1992). 그렇기 때문에 소형 과제에 임하는 과학자나 이름 없는 연구실에서 일하는 과학자들은 연구기회를 거부당할 수 있다. 물론 소형 과제를 희생시키고 대형 과제를 지원하는 것과 유명 연구소에 연구비를 대주는 것에는 정당한 이유가 있을 것이다. 그러나 과학지원 정책은 그렇게 대규모적이거나 엘리트적이어서는 안 된다. 왜냐하면 마땅히 지원을 받을 만한 자격이 있는 수많은 과학자들에게 연구기회가 골고루 돌아가지 않기 때문이다. 따라서 기회균등의 원칙은 과학적 연구를 지원할 때, 부를 고르게 분배하라는 뜻을 함축한다.

둘째로, 여성과 소수민족이 과학의 직업 분야에 상당수 진출해 있음에도, 여전히 노벨상 수상자나 미국과학학회(NAS) 회원 또는 대학의 정교수 등 과학적 엘리트 중에서는 그들을 찾아보기가 어렵다는 사실이다. 승진이나 수상 문제로 들어가면, 과학에도 일종의 학벌제도 또는 '유리벽'

---

10) 이러한 주장을 깊이 탐구하는 것은 너무 멀리 나가는 일일 것이다. 다양성이 어떻게 객관성을 촉진할 수 있는가의 사례로서 롱기노는 성차별주의적 편견이 영장류 동물학과 내분비학 연구에 어떻게 영향을 미쳤는가를 보여 준다. 그는 여성이 이러한 과학 분야에 여성 특유의 통찰로써 공헌한 이후에야 이 분야를 더욱 잘 이해할 수 있게 될 것이라고 주장한다. H. Longino, *Science as Social Knowledge* (Princeton, NJ: Princeton University Press, 1990).

이 존재한다는 것을 확연히 알 수 있다(Holloway, 1993; Etzkowita *et al.*, 1994). 출세하기 위해 사적인 관계에 의지하는 것이 본래부터 잘못은 아니겠지만, 이런 관계가 마땅히 직업의 상층부로 올라갈 자격이 충분한 사람들을 고위직에서 배제하는 역할을 할 때는 문제가 된다. 이러한 맥락에서 기회균등의 원칙은 과학 공동체가 여성과 소수자 등 하위집단의 사람들을 공정하게 모집하고, 고용하고, 보상해야 한다고 천명한다.

셋째로, 이 원칙은 또한 과학에서의 차별을 일반적으로 금지한다는 뜻을 내포한다. 왜냐하면 차별은 개인의 기회를 부당하게 침해할 수 있기 때문이다. 과학자는 인종, 민족, 국적, 연령, 기타 과학적 능력과 직접적으로 관련이 없는 특질에 근거해서 현재의 동료나 장차 동료가 될 사람을 차별해서는 안 된다(Merton, 1973). 이러한 금지는 고용과 승진, 입회자격 심사, 모집, 자원 할당, 교육 등을 포함하여 과학자가 직업적 맥락에서 내리게 되는 광범위한 결정에 모두 해당된다. 다양한 형태의 차별은 비윤리적인 데다 비합법적이기까지 하다.

과학에서의 차별은 피해야 하지만, 혹자는 과학에서 다양성을 촉진하고 과거의 불의를 수정하기 위해 선택적 고용과 같은 특정 유형의 차별은 정당화된다고 주장할 것이다. 이 점에 대해서는 제 7장에서 긍정적 행동과 관련하여 대답하고자 한다.

10. 상호존중(Mutual Respect)

과학자는 동료를 존경으로써 대우해야 한다.

이 원칙은 도덕적 근거에서 정당화할 수 있지만, 과학적 객관성을 성취하는 데 중요하다는 점에서도 정당화가 가능하다. 과학 공동체는 협력과 신뢰를 바탕으로 세워지는데, 과학자가 서로 존중하지 않으면 그 공동체는 붕괴할 것이기 때문이다(Whitbeck, 1995b). 상호존중 없이는 과학의 사회적 조직도 풀어져 버리고, 과학적 목표 추구도 둔화된다.

이 원칙은 과학자가 서로에게 물리적으로나 심리적으로 해를 끼쳐서는 안 되며, 개인의 사생활권을 존중해야 하고, 서로의 실험이나 연구결과에 손을 대서는 안 된다고 말한다. 역대 최고 과학자들 중에 일부는 동료를 존중하지 않았다고 주장하는 사람도 있지만(Hull, 1988), 아무리 성공한 과학자라도 공격적이고 비열한 성격의 사람은 과학에서 대체로 환영받지 못할 것이다. 몇몇 사람이 이런 식으로 행동할 때 과학이 효과적으로 작동할 수 있는지는 모르겠지만, 모든 과학자가 이런 식으로 행동한다면 과학이 과연 제대로 돌아갈지가 의문이다.

11. 효율성(Effeciency)

과학자는 자원을 효율적으로 사용해야 한다.

과학자의 경제적, 인적, 기술적 자원은 한정되어 있기 때문에, 목표를 달성하려면 그 자원을 지혜롭게 사용해야만 한다. 이 원칙은 다소 진부하면서도 명백해 보이지만, 여전히 중요하다. 왜냐하면 수많은 관행들이 자원을 낭비한다는 점에서 윤리적으로 문제시된다고 볼 수 있기 때문이다.

출판과 관련된 몇 가지 관행들은 비효율적이므로 비윤리적이라고 볼 수 있다. '최소 출판단위'(least publishable unit)라는 말은 출판될 수 있는 저술의 가장 작은 단위를 가리키는 것으로, 윌리엄 브로드(W. Broad, 1981)가 고안한 것이다. 한 논문에서 보고되는 연구 내용은 때때로 셋이나 넷 또는 다섯 개의 논문으로 나눌 수 있다. 게다가 과학자는 또한 저술이나 학회 발표에서 단지 약간의 변화만 주는 방식으로 똑같은 연구결과를 여러 편의 논문에 우려먹기도 한다. 이 관행들은 모두 과학 공동체의 자원을 낭비하기 때문에 비윤리적이라고 간주할 수 있다(Huth, 1986). 과학자들이 왜 이렇게 소모적인 행위에 연루되는지를 이해하기란 어렵지 않다. 정년보장 및 승진 위원회는 출판 경력을 평가할 때 질보다 양을 강조하는 경향이 있기 때문이다.

12. 실험대상에 대한 존중

과학자는 인체를 대상으로 실험할 때 인권이나 인간존엄성을 침해하지 말아야 한다. 과학자는 인간이 아닌 동물을 대상으로 실험할 때도 적절한 존중과 돌봄의 정신으로 대우해야 한다.

이 원칙은 도덕적 근거에서 정당화될 수 있다. 만일 우리가 인간에게는 고유한 도덕적 존엄성과 기본권이 있다고 여긴다면, 과학자는 인간을 이용하는 실험에서 이러한 권리와 존엄성을 위반하지 말아야 한다(Jonas, 1969). 또한 우리가 인간이 아닌 동물에게도 역시 어떤 도덕적 지위가 있다고 생각한다면, 과학자는 동물을 다룰 때도 그에 합당한 존경심과 돌보는 자세로 임해야 한다(LaFollette and Shanks, 1996). 더 나아가, 이 원칙은 실험대상을 윤리적으로 취급하는 것에 대한 대중의 관심을 반영하기 때문에, 과학에 대한 대중의 확고한 지지를 돕는다는 측면에서도 정당화될 수 있다. 인간이든 동물이든 실험대상에 적절한 존중을 드러내는 데 실패하는 과학자는 대중의 분노를 사게 될 것이다. 여러 사회에서 인간과 동물을 보호하는 법이 제정되어 있기 때문에, 과학자 또한 인간과 동물에 대한 연구를 수행할 때는 관련된 법적 의무를 준수해야만 한다.

이 원칙은 물론 우리가 "존경심과 돌보는 자세로 다루라"거나 '인권'과 '존엄성' 등의 개념을 어떻게 이해하느냐에 따라 다양한 방식으로 해석될 수 있으므로, 좀더 구체적으로 해명될 필요가 있다. 이 부분에 대해서는 제7장에서 인간과 동물에 관한 실험을 논의할 때 좀더 깊이 있게 다루고자 한다.

13. 맺음말

이 장을 끝내기 전에, 위에 서술한 행위기준에 관해 몇 가지 덧붙이고자 한다.

1. 앞에서도 강조했다시피, 이 기준들은 일종의 행동처방 내지 규범적 이상이라는 말을 되풀이해야겠다. 말하자면, 과학자의 행동을 기술하려는 것이 아니다. 또한 이 기준들은 규범적이기는 해도, 어떤 경험적 전제에 입각해 있다. 대부분의 원칙들이 도덕적 근거에서 정당화될 수 있지만, 주요 근거는 과학을 이롭게 한다는 점이다. 이 원칙들은 과학적 목표를 성취하는 효과적인 수단이 된다(Resnik, 1996b). 그러므로 나는 과학은 이러한 이상들에 순응할 때 가장 잘 기능한다고 주장한다. 하지만 이 전제를 입증하기 위해서는 앞으로 심리학적 · 사회학적 · 역사학적 연구가 더 진척될 필요가 있다. 나는 이 장에서 논의한 기준들이 어림없는 소리가 아니라는 확신을 느끼지만, 그 가운데 어떤 것은 과학적 목표를 달성하는 데 효과적인 수단이 아닌 것으로 판명될지도 모른다.

2. 경험적 연구는 과학의 행위기준의 정당성에 입각해서 수행되어야 하기 때문에, 우리는 다른 사회적 상황에서는 다른 기준들이 정당화될

가능성을 고려해야만 한다. 최근까지도 차별금지의 원칙은 많은 과학자들에게 터무니없는 것처럼 보였다. 사실상 많은 과학자들이 과학적 직업으로부터 여성과 소수자를 몰아내기 위해 차별을 주장했다. 스탈린 치하 소련 과학에서는 자유의 원칙이 별로 중요하지 않았다. 이처럼 연구는 다른 사회적·경제적·정치적 조건하에서도 이루어질 수 있기 때문에, 내가 여기서 옹호한 윤리적 기준들이 모든 시대, 모든 과학에 적용되지는 않을 것이다. 이는 오로지 근대 서구 자본주의적 민주주의 국가에서 수행되는 특정한 과학의 형태에만 적용될 것이다.

그러나 나는 여기에 논의한 원칙들 중 일부는 현저하게 다른 사회적·경제적·정치적 조건하에서도 여전히 고수될 수 있다고 주장한다. 예를 들면, 정직의 원칙은 과학적 연구가 어디서 이루어지든지 간에 연구를 통제해야 한다고 본다. 혹자는 정말이지 이 원칙이야말로 과학을 규정짓는 특징이라고 볼지도 모른다. 정직과 객관성, 그리고 신뢰에 가치를 두지 않는 직업 또는 사회제도는 과학적이라고 볼 수조차 없기 때문이다.

과학행위와 관련된 윤리적 상대주의의 망령을 슬며시 걷어치우기는 불가능하다고 해도, 우리는 과학이 맥락에서 이해되어야 한다는 점을 깨달음으로써 이러한 염려를 완화시킬 수 있을 것이다. 위에 열거한 기준들은 과학의 사회적·정치적·경제적 조건, 과학이라는 제도와 전통 및 목표와 관련된 어떤 전제에 기반을 둔다. 즉, 이것은 현대 서구과학의 꽤 합리적인 초상화라고 생각한다. 만일 우리가 이러한 맥락을 출발점으로 삼는다면, 여기에 제시된 기준들은 커다란 의미가 있으며, 대안적인 규범의 가능성이 이 원칙들의 적합성에 중대한 위협을 가하지는 않을 것이다.

3. 과학자도 사회의 모든 사람들을 지배하는 의무와 유사한 윤리적 의무를 지닌다는 것이 분명하긴 하지만, 과학자에게는 다른 의무들과 구분되는 특별한 의무가 있다. 예컨대, 과학적 연구에서 정직해야 한다는 의

무는 일반적으로 정직해야 한다는 도덕적 의무보다 훨씬 더 강력하다. 대부분의 사람들은 누군가에게 해를 입히지 않기 위해서 혹은 이롭게 하기 위해서 약간의 거짓말을 하는 것은 허용될 수 있다는 데 동의할 것이다. 그러나 과학에서는 약간의 거짓말조차 엄청난 손상을 야기할 수 있다.

4. 위에서 논의한 원칙 가운데 어떤 것은 1차적으로 사람에게 적용이 되는 반면에, 다른 것들은 사회제도에 적용된다. 가령, 상호존중의 원칙은 1차적으로 개인에게 해당하지만, 자유의 원칙은 정부나 연구비 지원 기관, 또는 대학과 같은 사회제도에 적용되는 것이다. 그런가 하면, 합법성과 개방성 같은 원칙들은 개인과 제도 모두에 해당한다.

5. 원칙 중에는 서로 보완적이며, 덜 일반적인 규칙 내지 준칙을 수반하는 것들도 많다. 예를 들면 정직의 원칙과 효율성의 원칙은 과학자가 연구비를 부당하게 관리하지 말아야 한다는 뜻을 내포한다. 또한 상호존중의 원칙은 과학영역 안에서 성희롱이 비윤리적임을 함축한다는 점에서 차별금지의 원칙에 상응한다. 그리고 이 모든 원칙들은 과학 안에서 윤리적 기준을 가르치고 집행할 의무가 있음을 암시한다. 교육과 집행에는 과학자가 과학에서 발생하는 비윤리적인 혹은 비합법적인 행위를 고발하는 내부인을 보호해야 한다는 것, 과학학회와 연구실 및 대학은 과학의 위법행위의 사례를 검토할 감독 기구를 두어야 한다는 것, 어떤 경우에는 위법행위에 대한 승인이 이루어질 수도 있다는 것, 과학자는 과학에서의 윤리문제에 관한 워크숍이나 세미나를 지원해야 한다는 것이 포함된다(Garte, 1995).

6. 행위원칙들은 때때로 갈등을 야기할 수도 있다. 예컨대, 과학자가 다른 사람들이 자신의 작업을 알 수 있도록 허용할 것인지, 아니면 자신의 연구가 도둑질 당하지 않기를 바라서 또는 연구에 대한 적절한 신용을 얻고자 하는 마음으로 자신의 이익을 보호하기 위해 감추어 둘 것인지를 결정해야 할 때 개방성의 원칙은 신용의 원칙과 갈등을 일으킬 수 있다.

이러한 갈등이 발생하면, 과학자는 원칙들 사이에서 판단하기 위해 2장에서 서술한 도덕적 추론의 방법을 사용할 수 있다.

7. 이 원칙들은 언뜻 보기엔 확실한 행위규칙이기 때문에, 혹자는 원칙들이 도대체 쓸모가 있는지 없는지 궁금할지도 모른다. 나는 이미 2장에서 그 부분을 가볍게 다뤘다. 하지만 여기서 반복할 필요가 있다고 본다. 윤리규칙이 모든 상황 아래서 지켜지지는 않는다고 해도, 그것은 우리에게 유용한 안내자가 될 수 있다(Beauchamp and Childress, 1994). 갈등은 규칙이라기보다는 예외이기 때문에, 과학행위의 원칙들은 대부분의 상황 아래서 행위를 안내하는 데 상당한 역할을 할 수 있다. 규칙은 또한 학생들에게 좋은 과학자가 되는 법을 가르칠 때도 유용하다.

8. 규칙 가운데 어떤 것은 명백히 다른 것보다 더 중요하다. 나는 대부분의 과학자가 정직의 원칙이 과학에서 가장 중요한 이상이라는 데 동의할 것이라 생각한다. 이 원칙은 거의 언제나 다른 원칙들보다 우위에 있어야 하며, 거의 언제나 지켜져야 한다. 어떤 원칙은 덜 중요하다고 간주될 수도 있다. 가령, 대부분의 과학자는 과학자가 때때로 연구를 수행하기 위해 교육적 책임을 잠시 놓는 것을 정당하다고 볼 것이다.

어떤 원칙은 일반적으로 다른 원칙보다 더 중요하게 여겨져야 한다고 보기는 하지만, 그렇다고 해서 나는 독자들에게 원칙들을 우선순위에 따라 등급을 매겨 제공하지는 않을 것이다. 왜냐하면 그렇게 서열을 매기는 것이 가능하다고 보지 않기 때문이다. 특정한 원칙이 다른 원칙보다 우위에 있어야 하느냐 마느냐의 문제는 대부분 갈등이 일어나는 구체적인 상황에 의지한다. 어떤 상황에서는 하나의 원칙이 상위의 우선권을 가질 수 있지만, 다른 상황에서는 낮은 단계로 밀려날 것이다. 갈등이 일어나는 실제 상황 또는 갈등이 발생할지 모를 개연적 상황은 너무나 다양하고도 많기 때문에, 우리는 단순하게 원칙들의 등급을 매길 수 없다. 사실상 그렇게 등급을 매기는 것은 오히려 잘못된 길잡이가 될 수 있는데, 왜냐하면 등급을 매긴다는 것은 다양한 사례들의 중대한 세부사항을 얼버무리는 것이 될 수 있기 때문이다.

9. 내가 매우 일반적인 용어로 원칙들을 설명했기 때문에, 과학마다 서로 다르게 해석하고 적용할 수도 있겠다. 해석과 적용상의 이러한 차이는 대체로 연구주제와 방법론적 기준, 연구관행 및 사회적 조건이 다른 데서 기인한다(Jardin, 1986; Fuchs, 1992). 예를 들어, 서로 다른 과학은 나름의 연구주제와 방법론적 기준에 의지해서 정직의 원칙을 서로 다른 방식으로 해석하고 적용할 것이다. 진화생물학 같은 과학은 사변을 엄청나게 많이 허용하지만(Resnik, 1991), 생화학 같은 과학은 그렇지 않다. 사변적 연구를 발표하는 것은 생화학에서는 부정직한 행위로 간주되겠지만, 진화생물학에서는 전혀 아니다. 과학 간의 중대한 차이는 위에 논의한 원칙들을 다르게 해석하고 적용하는 것으로 이어진다.

다양한 과학 사이의 차이를 성찰하는 것은 위에 논의한 연구원칙에 어느 정도 회의가 들게 한다. 과학적 직업 간에도 윤리적 행위에 중대한 연관을 미치는 차이가 그렇게 많이 존재한다면, 모든 과학을 위한 일반적 행위기준을 논의한다는 것이 과연 의미가 있을까? 이러한 염려에 대한 나의 대답은 모든 과학이 나름의 차이가 있긴 하지만, 공통된 무언가를 갖는다는 것이다. 이 공통된 특징이 바로 모든 과학을 위한 일반적 행위기준의 토대가 된다. 일반적인 관점에서 과학을 연구하는 것이 가치가 있는 이유와 동일한 근거에서, 이러한 기준들을 논의하고 발전시키는 것도 가치가 있다. 다양한 과학 사이의 방법론적 차이가 과학적 방법의 일반적 원칙에 대한 탐구를 손상시키지 말아야 하는 것처럼, 다양한 과학 사이의 관습적 차이 역시 과학적 행위의 일반적 원칙 추구를 손상시켜서는 안 된다.

과학의 일반적 행위규범을 추구하는 또 다른 이유로는 서로 다른 직업 분야의 과학자들이 연구과정에서 빈번하게 상호작용한다는 사실, 곧 오늘날 수많은 연구가 간(間) 학문적이며 다(多) 학문적이라는 점을 들 수 있다(Fuchs, 1992). 게다가 이따금씩 새로운 과학적 직업이 생겨나며, 이 새로운 직업의 구성원들은 직업적 행위를 인도할 만한 어떤 지침을 필요로 한다는 사실이다. 새로운 직업의 행위규범은 아직까지 확립되지 않았지만, 과학적 행위의 일반적 규범이 몇 가지 안내를 제공할 수 있다.

10. 로버트 머튼(Robert Merton, 1973)의 작업에 친숙한 독자라면, 내가 제시한 규범이 많은 점에서 그의 규범과 유사하다는 것을 알아챘을 것이다. 머튼에 따르면, 과학자는 다음의 규범들을 받아들여야 한다. ① 공유주의(*communism*): 과학자는 데이터와 연구결과를 공유해야 한다. ② 보편주의(*universalism*): 정치적·사회적 요인이 과학사상이나 개별 과학자를 평가하는 데 어떤 역할을 해서도 안 된다. ③ 사리사욕의 초월(*disinterestedness*): 과학자는 오로지 진리에만 관심을 두어야지, 사적이거나 정치적인 의제에 마음을 쏟아서는 안 된다. ④ 조직화된 회의주의(*organized skepticism*): 과학자에게는 고도의 엄격성과 증명의 기준이 있어야 하며, 건전한 증거가 없는 믿음을 받아들여서는 안 된다.

머튼의 규범과 나의 규범이 닮은 것은 결코 우연이 아니다. 나는 과학에 대한 머튼의 통찰로부터 도움을 받았으며, 그가 제시한 과학규범에 따라 나의 규범을 설계했다. 심지어 나는 머튼이 자신의 규범을 정당화한 것과 똑같은 방식으로 나의 규범을 정당화한다. 우리 두 사람은 과학적 규범이 과학적 목표를 성취하는 데 효과적인 수단이 되는 한, 그것을 정당한 것으로 간주한다.

그러나 나의 규범은 머튼의 것과 약간 다르다. 첫째, 머튼의 규범은 내가 제시한 원칙들보다 더 일반적이며 포괄적이다. 머튼이 공유주의의 규범을 논의하는 지점에서 나는 몇 가지 다른 원칙들, 가령 개방성과 상호존중, 교육의 원칙을 논의한다. 둘째, 머튼의 규범 가운데 어떤 것들, 예를 들어 조직화된 회의주의는 과학행위의 원칙으로서뿐 아니라 과학적 방법론의 원칙으로서도 역할을 하지만, 나의 규범은 전적으로 과학행위에만 초점을 두기 위해 의도된 것이다. 나는 또한 이 지점에서 다른 많은 저자들이 유사한 과학행위의 기준들을 수호해 왔음을 언급하지 않을 수 없다. 즉 나의 아이디어가 전적으로 새롭거나 독창적이지는 않다는 뜻이다. 물론 내가 제시한 아이디어는 어떤 점에서는 독창적일 수 있지만, 판단은 전적으로 비평가의 몫이다.[11]

11. 마지막으로 언급하고자 하는 것은 내가 제시한 행위기준은 또한 물리학, 화학, 심리학, 인류학과 같은 많은 학문들에서 발견되는 윤리강령과 대단히 유사하다는 점이다.[12] 많은 학문들에 이미 직업강령이 있기 때문에, 혹자는 여기서 내가 옹호하는 행위기준이 도대체 어떤 중대한 논점이 있는지 궁금할 것이다. 그러나 직업 조직이나 협회에서 윤리강령을 이미 채택하고 있을 때조차도 여전히 윤리원칙을 논의하는 것이 유용

---

11) 과학에서의 행위기준에 관한 다른 설명으로는 다음을 참고. B. Glass, "The ethical basis of science", *Science 150* (1965), 1254~1261; C. Reagan, *Ethics for Researchers*, 2nd ed. (Springfield, MA: Charles Thomas, 1971); American Association for the Advancement of Science (AAAS), *Principles of Scientific Freedom and Responsibility*, revised draft (Washington: AAAS, 1980); PSRCR, *Responsible Science*, vol. 1 (Washington, DC: National Academy Press, 1992); K. Shrader-Frechette, *Ethics of Scientific Research* (Boston: Rowman and Littlefield, 1994); E. Schlossberger, *The Ethical Engineer* (Philadelphia: Temple University Press, 1993).

12) 학문의 직업적 윤리강령의 몇 가지 사례로는 다음을 참고. American Anthropological Association, "Statement on ethics and professional responsibility" (1990); American Psychological Association, "Ethical principles of psychologists" (1990); American Physical Society, "Guidelines for professional conduct" (1991); American Chemical Society, "The chemist's code of conduct" (1994); American Medical Association, "Code of medical ethics" (1994); Association of Compute Machinery, "Code of ethics" (1996); Institute of Electrical and Electronics Engineers, "Code of ethics" (1996).

하다고 보는 데는 몇 가지 이유가 있다. 첫째, 많은 직업강령이 여기서 내가 논의한 원칙들보다 훨씬 짧고도 덜 구체적이기 때문에, 이 원칙들은 학생들에게 과학에서의 윤리적 행위에 대한 깊고도 풍부한 이해를 제공할 수 있다. 둘째, 어떤 직업강령은 모호하고 불분명하므로, 이 원칙들은 학생들이 과학윤리의 중요한 개념과 사상을 명쾌하게 이해하는 데 도움이 된다. 셋째, 어떤 직업강령도 과학자가 모든 상황에서 어떻게 행동해야 하는가를 말해 줄 수 없기 때문에, 과학윤리의 원칙들은 과학행위를 안내하는 데 중요한 역할을 담당할 수 있다. 넷째, 모든 과학자나 과학전공 학생이 자신의 직업강령을 알거나 이해하지는 못하기 때문에, 이 원칙들은 그들에게 유용한 지식과 정보를 제공할 수 있다. 끝으로, 많은 과학이 직업상의 행동강령을 지니고 있지 않기 때문에, 이 원칙들은 규범의 공백을 메울 수 있다.

그러므로 윤리원칙은 행위를 안내하고, 전문가가 윤리적 딜레마에 관해 생각하는 데 도움을 준다는 점에서 유익한 역할을 담당할 수 있다고 본다. 여기에 제시된 원칙들은 직업윤리강령을 보완하려는 것이지, 대신하려는 것이 아니다(Beauchamp and Childress, 1994).

제5장

연구의 객관성

앞 장에서 나는 과학 분야의 일을 수행할 때 지켜야 할 몇 가지 윤리원칙을 서술했다. 이 책의 나머지 장에서는 이 원칙들을 해석하고 적용할 때 발생할 수 있는 윤리적 딜레마와 문제 및 의문점을 검토함으로써, 윤리기준에 대한 일반적 논의를 확장할 것이다. 이번 장은 그 첫 번째로 과학윤리의 세 가지 원칙, 곧 정직성·신중성·개방성에 초점을 맞춘다. 이 기준들을 여기서 함께 언급하는 것은 이 기준들 전부가 연구의 객관성과 관련해 중요한 것을 함축하기 때문이다. 연구결과를 발표하고 심사하는 일뿐만 아니라, 자료를 모으고, 기록하고, 분석하고, 해석하고, 나누고, 저장하는 일에서도 객관성이 요구된다.

1. 정직성

앞 장에서 나는 과학자가 자료나 결과를 위조 및 변조 또는 허위발표해
서는 안 된다고 주장했다. 대부분의 과학도는 위조나 변조가 무슨 뜻인
지, 그리고 왜 자료를 위조하거나 변조하면 안 되는지 이해하는 데 큰 어
려움이 없을 것이다. 그렇지만 발생할 수 있는 다양한 종류의 위조와 변
조에 관해 몇 마디 해두는 것이 좋을 것이다. 사람들이 과학에서 중범죄
를 저지르는 여러 방법이 있기 때문이다.[1] 논의를 위해 우리는 자료수집
에서의 부정직과 자료기록에서의 부정직을 구분해야 할 것이다. 자료수
집에서의 부정직은 과학자가 인공물이나 위조물을 구성함으로써 위조된
결과를 산출할 때 발생한다. 이런 유의 부정직이 발생하면, 그 실험이나
테스트는 전체가 엉터리가 된다. 자료기록과 관련된 부정직이란 과학자
가 합당한 테스트나 실험을 했지만, 그 후에 결과를 기록하면서 부정직
을 저지른 것을 말한다. 즉 결과를 꾸며내거나(위조), 바꿈으로써(변조)
말이다. 그러므로 위조는 자료기록에서만 발생하는 반면에, 변조는 자
료수집과 자료기록 둘 다에서 발생한다고 볼 수 있다.

여기서 우리에게 잘 알려지지 않았던 과학적 부정행위 하나를 소개함
으로써, 자료수집에서의 위조가 어떤 식으로 발생하는지 알아보기로 한
다. 1970년대 초반, 윌리엄 서멀린(William Summerlin)은 쥐의 피부 이
식 실험을 주도하여, 마침내 뉴욕에서 명망 높은 슬론케터링연구소
(Sloan Kettering Institute)에 합류하게 되었다. 포유동물의 기관과 조직
을 이식하는 것은 공여자(*donor*)와 수여자(*recipient*)가 유전적으로 일치

---

[1] 과학에서의 정직 원리를 위반하는 것이 어떤 경우에는 '사기'로 간주될 수 있
다. '사기'는 '부정직'이나 '속임수'와 같은 의미지만, 그것은 법적인 함의가 강
하기 때문에 과학윤리 논의에는 적합하지 않다고 본다.

하지 않으면 대개 실패한다. 포유류의 면역체계가 세포와 조직에서 '자기'와 '자기 아닌 것'을 아주 잘 구별하기 때문이다. 포유동물의 모든 세포는 조직적합성 항원(이하 HLA)을 세포 표면에 가지고 있다. 항원으로 알려진 이 단백질은 복잡하며 유전적으로 암호화된 구조로 이루어져 있다. 면역체계는 HLA 구조가 자신과 동일하지 않은 세포를 공격할 것이다. 다시 말해 공여자와 수여자가 유전적으로 일치하지 않으면, 각종 약물, 예컨대 면역 억제제로 면역체계를 억제하지 않는 한, 이식된 기관이나 조직은 수여자의 면역체계로부터 공격을 받게 된다. 그러나 면역 억제제는 수여자의 면역체계를 약화시킴으로써 해로운 부작용을 야기하는 단점이 있다. 이런 약물이 잠깐은 효과적일 수 있겠지만, 면역 억제에 의존하는 많은 기관 이식이 끝내 실패로 돌아가고 만다. 서멀린은 이러한 어려움을 일부 극복한 새로운 기관 및 조직 이식 방법을 제시하고자 했다. 공여자의 조직을 추출하여 그것을 양분 용액 속에서 일정 기간 배양하면, 조직은 HLA 일부를 잃을 것이고, 그러면 수여자의 면역체계가 그것을 자기 아닌 것으로 인식할 가능성이 적어진다. 서멀린의 방식은 이런 생각에 기초해 있었다. 서멀린은 자기가 유전적으로 서로 다른 생쥐들의 이식 피부에 이 방식을 성공적으로 사용했다고 주장했다. 그의 실험은 검은 생쥐의 피부 조각을 흰 생쥐에게 이식하는 것이었다.

하지만 서멀린이 흰 생쥐를 검은 매직펜으로 칠해서 결과가 성공적인 것으로 위조했다는 사실이 1974년 3월에 밝혀졌다. 실험실 조교였던 제임스 마틴(James Martin)이 쥐의 검은색 털이 알코올에 씻겨 나간다는 점을 알아챈 것이다. 마틴은 이 사실을 어느 특별연구원에게 보고했고, 그는 이것을 슬론케터링의 부소장에게 가져갔다. 서멀린은 곧 자백했고, 심사위원회가 사건을 조사할 때까지 그는 일시 정직되었다. 위원회는 그에게 비리의 혐의가 있으며, 그가 앞서 한 연구에는 불법성이 있다고 결론지었다. 위원회는 서멀린에게 휴직을 주어 연구의 불법성을 바로잡도록 권고했다. 또한 실험실 감독관에게도 일부 책임이 있다고 결론 내렸다. 그 감독관은 서멀린의 연구를 감독했을 뿐만 아니라, 논문을 함께 쓰기도 했기 때문이다. 서멀린은 자신을 변호하며, 연구결과를 위조한 것은 엄청난 개인적・직업적 스트레스로 정신이 기진맥진해 버렸기 때문이라고 주장했다(Hixson, 1976).

이 경우에는 인위적으로 만든 쥐가 비윤리적인 연구수행의 증거물이 되기 때문에 부정직이 쉽게 드러날 수 있었다. 대단히 흉악한 비리 중에는 허위 실험과 거짓말로 얼룩진 것들도 있다(Kohn, 1986; Broad and Wade, 1993). 하지만 과학자가 실험 결과를 부정직하게 보고했는지 여부를 판가름하는 것은 종종 더 어렵다. 예를 들어, 이마니쉬-카리가 받은 혐의를 생각해 보자. 그녀는 실험 자체를 위조한 혐의가 아니라 실험 결과를 꾸며내거나 변조한 혐의를 받은 것이다. 그녀가 결과를 허위보고 했는지 여부를 판단할 때, 조사관들은 실험 결과가 적절한 방식으로 기록되었는지를 보기 위해 그녀의 실험일지를 살펴보았다. 비밀첩보부는 일지가 변조되었다고 결론 내렸지만, 추가조사 결과 그들이 내놓은 과학수사의 증거는 확정적이지 않은 것으로 밝혀졌다. 말하자면 이마니쉬-카리는 무죄판정을 받은 것이다. 그러나 세상은 이 사건의 진실 전부를 끝내 알 수 없을 것이다. 이 사건은 자료수집에서 신뢰가 얼마나 중요한지를 보여 준다. 과학을 전공하는 학생들을 포함하여 모든 과학자들은 종종 실험 결과를 개인적으로 기록하기 때문에, 자료의 허위보고에 대한 증인이 없을 수도 있다. 학생이 실험일지나 보고서를 허위로 작성했는지 여부를 교수가 모르는 것과 마찬가지로, 과학자들도 동료가 결과를 허위로 보고했는지 여부를 알기 어렵다. 그러므로 과학자는 자료를 정확히 보고했다는 신뢰를 주어야만 한다(Whitbeck, 1995b; Bird and Houseman, 1995).

허위발표(*misrepresentation*)는 과학자가 자료를 수집하고 기록할 때는 정직했지만 그 자료를 부정직하게 발표할 때 발생한다. 이런 일은 대체

로 자료 위조나 변조보다는 훨씬 덜 분명하게 드러나며, 과학윤리에서
뜨거운 논란거리로 남아 있다. 앞 장에서 언급한 것처럼, 허위발표는 과
학에서 통계를 오용할 때 발생한다. 과학자가 통계를 오용하는 데는 여
러 방식이 있지만, 그중 가장 흔한 경우는 과학자가 자료의 중요성을 지
나치게 부풀리는 것이다(Bailar, 1986). 여기서는 발생할 수 있는 자료
남용의 예를 전부 논의하지는 않으려 한다. 이런 논의를 하려면 통계학
적 추론에 관한 기초강의부터 필요하기 때문이다.[2] 하지만 자료의 분석
과 해석에 통계학적 방법이 중요한 역할을 하기 때문에, 우리가 통계의
사용에서 남용으로 넘어가는 것을 알아채기란 매우 어렵다는 점은 지적
해야 하겠다. 통계를 올바로 사용하려면 과학자는 자기가 선택한 분야에
서 엄청난 지식과 경험과 판단력을 습득해야 하고, 통계기술(techniques)
에 대한 건실한 이해가 있어야 한다.

통계에 관한 이러한 논의는 또한 바로 앞 장에서 강조된 또 다른 요점
으로 우리를 이끈다. 즉 '허위발표'와 '훌륭한 과학적 판단 혹은 수용할 만
한 관행(acceptable practice)' 사이의 구별이 불분명하다는 사실이다. 밀리
컨의 유적 실험은 과학에서 허위발표와 훌륭한 판단 사이의 경계가 얼마
나 애매한지를 보여 주는 좋은 예이다. 앞 장에서는 이 사건을 간략하게
언급하고 지나갔지만,[3] 여기서는 더 자세히 논해 보려고 한다. 밀리컨

---

2) 과학에서 통계의 사용과 오용에 관한 논의로는 J. Ellenberg, "Ethical
guidelines for statistical practice: an historical perspective", *The American
Statistician 37*(February), 1~4와 American Statistical Association, "Ethical
guidelines for statistical practice"(1989)를 참조.
3) 〔옮긴이 주〕밀리컨이 전자의 전하량을 측정하기 이전에도 이미 몇몇 물리학
자들은 다양한 방법으로 전자의 전하량을 측정했다. 1903년 J. J. 톰슨의 학
생이었던 H. A. 윌슨은 과거 톰슨이 사용했던 수증기를 이용한 안개상자 방
법을 개량해서 전자의 하전량을 측정하는 데 성공했다. 이때 윌슨이 사용했던
방법은 갑작스런 팽창에 의해 이온화된 안개상자에 생성되는 구름이 중력의 영

향으로 하강하는 비율을 측정한 뒤, 이와 유사한 구름에 방향이 반대인 전장을 가해서 구름방울의 하강속도 비율을 비교해 전자의 하전량을 측정하는 것이었다. 당시 윌슨은 전자의 하전량으로 $2.0×10-10$(esu)에서 $4.4×10-10$에 걸치는 11개의 값을 측정해서 평균 $3.1×10-10$의 값을 얻었는데, 같은 해 J. J. 톰슨도 유사한 방법을 사용해서 $3.4×10-10$의 값을 얻었다. 1903년 당시 윌슨이 측정한 전하량 값은 상당히 편차가 심했고, 밀리컨은 이것이 X-선 관에 의한 이온화 때문이라고 생각했다. 1907년부터 밀리컨은 그의 학생 베거먼(Louis Begeman)과 함께 X-선 대신 라듐을 이온화 장치로 사용해서 윌슨의 방법을 개량했다. 이 방법을 이용해서 1908년 밀리컨은 전자의 기본하전량으로 3.66에서 4.37에 걸친 값을 얻었는데, 그 평균은 $4.06×10-10$이었다. 1909년에 들어와서도 밀리컨은 전자의 기본하전량을 측정하기 위한 자신의 실험방법을 계속 개량해 나갔다. 우선 윌슨의 실험장치와 그동안 그와 베거먼이 사용한 실험장치에서는 물방울을 관찰하는 동안 물방울이 기화한다는 문제점이 있었기 때문에 이런 한계점을 극복할 수 있는 다양한 방법을 추구했다. 또한 그동안의 실험장치에서는 중력장에서 떨어지는 물방울과 전기장을 함께 가했을 때 떨어지는 물방울의 질량이 동일한 것으로 가정하고 있었는데, 이 점을 보완하는 것도 정확한 측정을 위해서는 극복해야만 할 과제였다. 그러다가 1909년 가을, 물방울과 알코올방울로 실험을 한 밀리컨은 기본하전량의 2배에서 6배에 해당하는 전하량을 측정했다. 이때 그가 얻은 전자의 기본하전량 값은 $4.65×10-10$이었다. 밀리컨은 자신이 얻은 값을 그 동안 다른 방법으로 얻은 전자의 기본하전량 측정값과 비교해 보았다. 1906년 막스 플랑크가 흑체복사 이론에서 실험치로부터 이론적으로 얻어 낸 값은 $4.69×10-10$이었으며, 1908년 러더퍼드가 전기적 방법으로 알파 입자의 하전량을 측정해서 얻은 값은 $4.65×10-10$이었다. 또한 1908년 섬광계수기 방법으로 레게너가 얻은 값은 $4.79×10-10$이었으며, 베거먼이 윌슨의 방법으로 밀리컨과 같은 연구소에서 얻은 값은 $4.67×10-10$이었다. 이런 일련의 값을 종합하여 밀리컨이 얻은 평균값은 $4.69×10-10$이었다. 밀리컨은 자신이 얻은 값이 다른 사람들이 얻은 값과 오차의 한계 내에서 일치하는 것에 고무되어 물질의 원자론적 견해에 보다 분명한 확신을 갖게 되었으며, 기본적인 하전량이 존재한다는 신념을 더욱 강화할 수 있었다. 밀리컨은 1909년 가을부터 1910년 봄 사이에 물이나 알코올 이외에 기름방울에 의한 하전량 측정실험을 생각했다. 자동차 엔진오일로 사용되는 기름은 상대적으로 휘발성이 낮기 때문에 기름방울이 오르내리는 것을 30분에서 4시간에 이르기까지 오랜 시간 동안 측정할 수 있었다. 물 이외에 기름방울을 선택한 것은 밀리컨이 기본 전하량을 측정하기 위한 실험에서 커다란은 전자의 전하량을 알아낸 1910년의 실험으로 1923년에 노벨상을 수상했다. 이 실험은 레게너(Regener)의 실험을 발전시킨 것이었다. [4] 레게너의 실험에서 물방울은 대전된 두 판금 사이로 떨어졌다. 전하의 영향을 알아보기 위해서는 대전체가 있을 때와 없을 때의 물방울 낙하율을 비교해 볼 수 있을 것이다. 이때의 차이는 물방울에 의해 얻어진 전하량을 반영하는 것이고, 그 양은 가능한 최소치의 전하량, 즉 전자의 전하를 계산하는 데 쓰일 수 있다. 그런데 이 실험에는 주된 어려움이 하나 있었다. 물방울이 너무 빨리 증발해 버리는 것이었다. 그 무렵 밀리컨의 제자였던 대학원생 하비 플레처(Harvey Fletcher)가 기름으로 실험을 해보자고 제안했고, 밀리컨은 실험 재료를 물방울에서 기름방울로 바꿨다. 그는 실험 결과에 '최고'(best)에서 '중간'(fair)까지 등급을 매기고, 실험일지의 여백에 그렇게 평가하는 근거를 적어 놓았다. 하지만 1913년에 발표한 논문에는 이런 언급이 없었으며, 140차례의 관찰 중 '중간' 평가를 받은 49개의 자료도 빠져 있었다(Holton, 1978; Franklin, 1981). 똑같은 실험에 관한 다른 논문들에서는 단편적인 값들이 보고된 반면에, 밀리컨

전환점을 이룬다. 한편 밀리컨은 기름방울의 지름이 기체 분자의 평균 행정거리의 크기에 가까워질 경우에는 기존에 물리학자들이 사용하던 스톡스 법칙을 그대로 적용할 수 없다는 것을 느꼈다. 이런 문제를 극복하기 위해 밀리컨은 기존의 스톡스의 법칙에 커닝엄의 이론을 이용해서 교정한 소위 스톡스-커닝엄(Stokes-Cunningham) 법칙을 채용했다. 이 새로운 법칙에서는 기체분자의 행정거리를 방울의 반경으로 나눈 항이 1차 교정항으로 추가되었다. 이외에도 전하의 하전량을 정확히 계산하기 위해서는 공기의 점성도(coefficient of viscosity)를 아주 정확하게 평가할 필요가 있었다. 밀리컨은 이런 많은 오차요소를 제거한 끝에 마침내 1913년 6월 2일, 4년에 걸친 실험의 결과를 〈피지컬 리뷰〉에 발표했다. 당시에 그가 발표했던 기본하전량은 $4.774 \pm .009 \times 10^{-10}$ (esu)이었다(http://tist. korea. ac. kr 참고).

4) 〔옮긴이 주〕 레게너(Erich Regener)는 1908년 베를린대학 물리연구소에서 섬광계수기 방법으로 전자의 기본 전하량(4.79×10^{-10})을 측정한 과학자다.

의 논문은 정확한 값들이 중복되어 나타날 뿐, 기름방울에 대한 단편적인 전하 값은 보고되지 않았다. 이렇게 49개의 낙하 자료를 뺀 결과 밀리컨의 논문은 이 주제에 관한 어떤 논문보다 훨씬 더 깔끔하고 분명하며 설득력이 있어 보이게 되었다. 만약에 그가 처치 곤란한 자료들을 논문에 포함시켰다면, 그는 아마 노벨상을 받지 못했을 것이다(그런데 밀리컨은 플레처가 그 논문에 기여한 점을 명시하지 않았다. 이 점에 대해서는 나중에 논의하도록 하겠다).

밀리컨이 한 일에 대해 우리가 고민해 보아야 할 어려운 질문이 몇 개 있다. 첫째는 "밀리컨이 과학과 관련된 부정직을 범한 것인가?"이다. 어떤 사람은 그가 49개의 실험 결과를 빼놓을 것이 아니라 모든 결과를 보고했어야 옳다고 말할 것이다. 이 결과들을 배제함으로써 그는 수용할 만한 관행에서 부정직으로 가는 선을 넘고 말았다(Holton, 1978). 밀리컨은 논문에서 일단 자기가 얻은 실험 결과를 모두 보고한 뒤, 어째서 91개의 '좋은' 결과에만 의존하여 계산했는지 설명을 덧붙였어야 했다. 실제로 오늘날 과학전공 학생들은 난처한 자료도 분석해야 하고, 또한 '나쁜' 자료를 배제할 때는 근거를 제시해야 한다고 배운다. 반면, 밀리컨은 논증과 증명의 기준이 오늘날처럼 엄격하지 않던 시절에 과학을 했다. 그의 행동은 오늘날의 기준에서 볼 때는 '비윤리적인' 것으로 판정받겠지만, 그 시대의 기준으로는 '있을 법한' 것일 수도 있다. 밀리컨은 실험 기구에 숙달한, 정평이 있는 과학자였다. 그는 과학적 판단력이 뛰어났고, 표준적인 연구방법을 따랐다(Franklin, 1981).

밀리컨의 경우와 같은 상황을 이해하기 위해서는 부정직이 청중을 속일 의도가 있을 때 발생한다는 점을 되새기는 것이 유익하다. 밀리컨이 허위발표를 했는지 여부를 알려면, 그의 동기와 의도를 이해해야 한다. 우리는 또한 부정직(dishonesty)과 불일치(disagreement)의 차이도 인식할 필요가 있다(PSRCR, 1992). 과학자들은 종종 연구의 방법과 실행에서 불일치를 보인다. 그러므로 어떤 과학자가 다른 과학자의 연구 방법과 실행에 대한 의견을 달리한다고 하여 그에게 부정직의 혐의를 두는 것은 말도 안 된다. 요컨대 부정직은 한 과학자가 대중을 속일 의도에서, 널리 인정받는 연구수행 방법을 고의적으로 무시할 때 발생하는 것이다. 한편 불일치는 과학자들이 연구수행에 관해 전체적으로 동의하지 않을 때 발생한다.

이 부분을 결론짓기 전에, 과학 분야에서 발생하는 다른 유의 부정직을 약간 언급하고 넘어가야 할 것 같다. 첫째, 때때로 과학자들은 과학잡지에 기고하는 논문에 허위정보를 싣기도 한다(Grinnell, 1992). 예를 들어, 초고(manuscript)에는 실험 설계의 세세한 내용을 정확하게 쓰지 않는다. 따라서 그 실험의 비밀을 모르는 사람은 그것을 그대로 재현할 도리가 없다. 연구자들이 이렇게 하는 이유는 자기가 내놓은 주장의 우선성과 지식소유권을 보호하려는 것이다. 심사위원들이 자기 아이디어를 도둑질하지 않을지 염려해서 그렇다. 연구자들은 또한 자기 논문이 통과된 후에, 즉 작업에 합당한 보상을 이미 받은 후에 수정판을 내놓기도 한다(하지만 연구자들이 항상 수정판을 발행하는 것은 아니다).

둘째, 과학자들은 국가 연구비를 얻어 내기 위해 때때로 진실을 또는 거짓을 과장하는 경우도 있다. 초대형 입자가속기 추진계획 같이 대형 과학 프로젝트를 따낼 때는 상당한 부풀리기와 과장법이 구사된다(Slakey, 1993). 연구비 신청 과정에서 과학자들은 종종 자기 연구의 중요성과 실현가능성을 과대평가한다. 그들은 자기 연구에 미덥지 못한 인상을 줄 수 있는 것이라면 중요한 세부사항을 생략할 것이다. 또한 이미 끝내기는 했지만 아직 출판하지는 않은 작업이라도 업적에 포함시켜 기술할 것이다. 어떤 과학자들은 심지어 연구비 지원기관에 연구결과를 보고할 때, 예비 결과를 위조하거나 변조 혹은 허위발표를 할 수도 있다. 마지막으로 과학자들은 종종 연구비 지원기관이 명시적으로 승인한 연구 이외의 연구를 수행하는 데 연구비를 유용하기도 한다.

이러한 종류의 부정직은 비윤리적인가? 연구비를 얻으려고 지원할 때 과학자가 논문에 허위정보를 싣거나 거짓말을 하는 이유는 쉽게 이해가 간다. 그와 같은 행동은 경쟁적인 연구 환경에 대한 반응으로 간주할 수 있기 때문이다. 그러나 연구 환경이 지닌 문제로 인해 그런 행동이 나온 것은 설명될 수는 있지만, 정당화되지는 않는다. 어떤 형태의 부정직이든 객관적인 연구에는 해가 되는 것이 분명하다. 논문에 허위정보를 포함시킨 과학자는 동료심사의 절차를 방해하고 오류를 퍼뜨리는 것이다. 심사위원들에게 자기 아이디어를 도둑질당할까 봐 두려운 사람이 취할 수 있는 적절한 행동은 윤리적인 심사를 촉진하는 단계를 밟는 것밖에 없다(다음 장에서 이 주제를 논할 것이다).

연구비 신청서를 거짓으로 작성하는 과학자들은 수혜자 선정에서 객관적인 평가를 방해한다. 지원기관이 연구계획서를 검토하려면 정확하고 사실적인 정보가 필수적이기 때문이다. 더욱이 과학 분야에서 벌어지는 이런 유의 부정직은 불공정하고 낭비적인 자원분배로 이어질 수 있다. 지원기관이 거짓말을 일삼고 영악하게 진실을 과장하는 자들에게는 보상을 내리고, 이런 일에 몸담지 않는 사람들에게는 '벌'을 내린다면, 그러한 자원분배는 불공정한 것이다. 또한 사실상 빈약하지만, 과학자가 거짓말을 하거나 진실을 왜곡했기 때문에 전도유망해 보이는 계획서에 연구비를 지원한다면, 그러한 자원분배는 낭비적인 것이다. 과학을 '파는'(selling) 일은 어느 정도는 수용할 만하겠지만, 연구계획서의 평가절차를 심각하게 훼손하는 것까지 수용해서는 안 된다.

연구지원 정책이 부정직을 부채질하는 면이 있기 때문에, 아마도 연구계획서를 평가하는 과정에서 몇 가지가 개선되면 과학 전반의 발전에 유익하리라 본다. 이를테면, 계획서와 무관한 연구를 수행하는 데 연구비를 유용해서는 안 된다고 명문화되어 있지만, 과학자들은 종종 계획서와 직접적으로 관련되지 않은 연구를 수행하는 데도 어쨌든 연구비가 필요하기 때문에 연구비를 유용한다. 그렇다면 지원기관이 책임소재를 분명히 하기 위해 연구비의 사용을 제한하는 것도 필요하기는 하겠지만, 과학자들이 계획서와 직접적으로 연관이 없는 연구를 수행하기 위해 자신의 활동을 거짓으로 보고하지 않아도 될 만큼의 여유를 허락할 필요가 있다. 한편, 지원기관 쪽에서도 자신이 지원한 연구를 평가하는 데 덜 엄격해야 한다. 지원기관이 연구계획서 심사에 더 유연해지면, 다시 말해 전망이 별로 좋지 않거나 빈약한 실험자료에 기반을 둔 연구에도 기꺼이 더 많은 연구비를 지원해 준다면, 과학자들은 지원기관의 기준을 만족시키기 위해 거짓말을 해야 하는 강박적인 느낌에서 자유로워질 것이다.

마지막으로, 과학자들이 자기 연구를 출판할 때 저지를 수 있는 다양한 부정직, 곧 표절이나 허위발표와 같은 것들이 일어날 수 있음을 언급하고 싶다(LaFollette, 1992). 많은 과학자들은 표절을 위조나 변조만큼 심각한 과학윤리 위반으로 본다. 다음 장에서 표절과 그 밖의 출판 관련 쟁점을 좀더 심도 있게 논의할 것이다.

2. 부정행위

국립과학아카데미(NAS), 국립기술아카데미(NAE), 의약품연구소(IM), 국립보건원(NIH) 등 과학기관 및 연구소는 정직의 원칙에서 심각하게 일탈한 과학적 사례에 '과학에서의 부정행위'(*misconduct in science*)라는 꼬리표를 붙였다. 이러한 기관들은 연구윤리를 위반한 사례를 보고하고 조사하고 판정하려는 목적에서 '과학에서의 부정행위'라는 개념을 발전시켜 왔다. 한 영향력 있는 보고서에서 국립과학아카데미와 국립기술아카데미, 그리고 의약품연구소는 연구에서 발생하는 위조, 변조, 표절을 부정행위로 정의했다. 이러한 정의는 과학에서 벌어질 수 있는 비윤리적인 행동 가운데 가장 악명 높은 종류에 초점을 맞추고 있기는 하지만, 자료의 허위발표나 연구의 절차와 무관한 부정행위 등 다른 잘못들을 포함하지는 않는다(PSRCR, 1992). 그 보고서는 과학에서 발생할 수 있는 윤리적으로 의문시되는 많은 관행들, 예컨대 통계의 오용, 노동력 착취, 주요 기록의 보존 실패 등이 있다는 점을 인정하지만, 그런 관행을 부정행위로 취급하지는 않는다. 보고서는 또한 세 번째 범주로서 '그 밖의 부정행위'를 논의한다. 여기에는 과학에만 국한되지 않고 포괄적으로 용납될 수 없는 행동들, 이를테면 개인적 괴롭힘, 연구비 오용, 정부의 규정 위반, 야만 행위 등이 포함된다(PSRCR, 1992).

이러한 정의는 부정직과 표절처럼 복잡한 문제를 지나치게 단순화하기 때문에, 과학연구의 윤리적 쟁점을 생각하고 토의하는 데 특별히 유용하다고 볼 수는 없다. 이러한 접근은 과학에서의 부정행위와 의문의 여지가 있는 연구관행 사이에 명확한 경계가 있다고 가정한다. 그러나 우리가 이미 살펴보았듯이(그리고 앞으로도 계속 살펴보겠지만) 과학에서 윤리적 행위와 비윤리적 행위 사이의 경계는 종종 모호하다. 어떤 윤리적인 물음에는 분명하고도 모호하지 않은 대답이 있을 수 있겠지만, 대부분의 흥미롭고도 중요한 물음들은 간단하거나 쉬운 대답이 없다. 과학에서의 윤리적인 질문이 흑백논리로 이해될 수 있다면, 과학윤리에 대해 책을 쓸 필요도, 과학전공 학생에게 윤리학을 가르칠 필요도 없을 것이다. 과학자들은 골치 아프게 성찰할 필요 없이, 다만 몇 가지 윤리원칙을 암기하여 그대로 따르면 될 것이다. 물론 이 책에서 주장하는 관점에 따르면, 과학에서도 윤리적 행위를 하기 위한 일반적 지침들이 있기는 하다. 다른 지침들과 똑같이 과학자들은 이 지침을 따라야 한다. 이와 같은 일반적 지침들은 배우기는 쉽지만, 적용하기는 어렵다. 그것을 적용하기 위해서는 과학자들도 윤리적 문제와 물음을 추론해야 하고, 자신의 과학적 · 실천적 · 도덕적 판단을 훈련해야 한다.

위의 보고서에 반대하는 또 한 가지 이유는 그것이 개인적 괴롭힘이나 야만행위 등을 과학영역에만 있는 독특한 문제가 아니기 때문에 과학에서의 부정행위의 범위에 속하지 않는다고 주장함으로써, 사실상 과학윤리에서 중요한 윤리적 문제와 쟁점을 흐리게 하기 때문이다. 나는 일상생활에서 제기되는 수많은 윤리적 물음과 문제들이 과학에서도 똑같이 제기된다는 데 동의한다. 과학자도 인간 사회 안에서 살아가는 사람들이다. 모든 인간관계에서 고유하게 발생하는 윤리적인 문제는 과학연구와 관련된 상호작용에도 영향을 미친다. 앞 장에서 나는 과학자들이 사회의 일원으로서 윤리적인 의무뿐만 아니라 도덕적인 의무도 함께 지닌다고 말했다. 그러므로 과학적인 업무수행의 기준에는 전문적인 원칙과 가치뿐만 아니라 도덕적인 원칙과 가치도 포함되며 또한 구현되어야 한다. 만약 우리가 이 보고서의 권고대로 따른다면, 상호존중의 원칙은 '그 밖의 부정행위'에 속할 것이다. 이러한 분류가 함축하는 바는, 동료의 작업을 고의로 훼손시킨 과학자는 윤리적인 (그리고 아마도 법적인) 기준을 위반했을지언정, 과학적인 기준을 위반한 것은 아니다. 나는 과학윤리에 대한 이러한 사고방식에 동의하지 않는다. 그러한 사고는 과학에서 전문적이고 도덕적이며 법적인 책무가 복잡하게 얽힌 그물망을 진부하게 단순화하기 때문이다.

3. 오류와 자기기만

앞에 언급한 바와 같이, 부정직은 오류 또는 불일치와 동일한 것이 아니다. 부정직과 오류는 둘 다 일종의 방법론적 일치를 전제한다. 즉 타당하고 정직한 연구가 어떤 것인가에 관해 우리가 합의할 때라야 오류와 속임수가 발생할 수 있다. 부정직과 오류가 비록 비슷한 결과, 가령 객관적인 지식추구를 훼손하는 결과를 야기할 수 있다고 해도, 그것들은 서로 다른 동기에서 발생한다. 그렇기 때문에 우리는 어떤 사람이 고의적으로 부정직하게 행동했는지 아닌지를 그의 행동만으로는 판단할 수 없고, 행동의 동기 내지 의도를 살펴보아야 한다. 물론 한 사람의 동기나 의도를 판단하기가 어렵다는 것은 주지의 사실이지만, 그럼에도 어떤 행동이 단순히 잘못된 게 아니라 부정직하다고 규정할 만한 몇 가지 증거는 있다. 첫째, 혐의가 있는 과학자의 성품을 그의 학생 및 동료와의 대화를 통해 알아볼 수 있다. 둘째, 그 과학자가 과거에 해놓은 작업을 살펴보아 속임수의 패턴이 있는지를 알아볼 수 있다. 서멀린의 경우, 출판된 그의 논문 중 상당수가 위조된 자료에 근거한 것으로 드러났다(Kohn, 1986). 셋째, 사기 혐의에 대한 당사자의 반응에도 세심한 주의를 기울여야 한다. 잘못을 기꺼이 인정하며 스스로 고치려고 애쓰는 사람과, 강력한 유죄 증거 앞에서도 자기가 내놓은 연구결과의 타당성을 지켜 내려 발버둥 치며 모든 혐의를 부인하고 잘못을 인정하지 않는 사람은 다르다.

앞 장에서 나는 과학자들이 다양한 유형의 오류뿐만 아니라 아예 오류 자체를 피하는 것이 중요한 이유를 논의했다. 앞에서 말한 요점을 다시 한 번 강조하자면, 오류를 가르는 기준에는 학문적 특수성이 있어야 한다. 왜냐하면 각 학문은 신빙성, 객관성, 정확성에서 서로 기준이 다르기 때문이다. 사회과학의 방법론적 기준을 화학에 적용할 수 없듯이, 사회과학에서 오류를 판별하는 원칙 또한 화학에 적용할 수 없다(그 역도 마찬가지다). 오류는 부정직보다 더 흔하고 지식의 진보에도 더 큰 해를 끼치기 때문에, 과학자들은 학생들에게 오류를 피하는 법을 가르치는 데 많은 시간을 들여야 한다. 과학전공 학생들은 그야말로 다양한 유형의 오류를 식별하는 법, 오류의 원천, 오류를 피하는 것의 중요성, 오류에 적절하게 대처하는 법을 배울 필요가 있다(Committee on the Conduct of

Science, 1994). 논문이 이미 출판되었다면, 오류 수정이나 오자 교정 공고를 게재하거나, 논문 철회 및 사과문 발표를 하는 것 등이 오류에 대처하는 적절한 반응이다. 대부분의 과학전문지는 이미 출판된 논문의 오류 수정공고 게재가 관례화되어 있다. 대부분의 과학자가 작업 도중에 실수를 하기 때문에, 과학자들은 동료 과학자의 우발적이고 정직한 실수에 대하여, 만약 그것이 수정될 수만 있다면 기꺼이 참아 주고 용서한다. 그러나 계속해서 오류를 연발하는 과학자, 또는 자기 오류를 인정할 줄도, 고칠 줄도 모르는 과학자를 향해서는 연구 공동체가 너그러운 태도를 취하면 안 된다. 이런 연구자들은 부주의하거나 무책임한 것으로 간주되어야 마땅하다. 만약 아직 출판되지 않은 연구에서 오류가 발생하면, 출판을 위해 제출한 원고에 이 연구를 활용하는 동료 과학자는 누구라도 그 오류에 관해 알고 시정할 수 있도록 명시하는 것이 적절한 대응이다.

과학에서 발생하는 많은 오류가 직접적이고 단순하기는 하지만, 어떤 오류는 미묘하고 복잡해서 대단히 고약한 것도 있다. 이런 오류는 잘못된 가정, 부적절한 추론, 통계의 오용, 빈약한 실험 설계, 기타 정교한 어리석음에 기인한다. 때때로 이런 오류를 알아채는 데는 오랜 시간이 소요되어서, 과학자는 같은 실수를 계속 반복할 수도 있다. 이렇게 미묘한 오류를 제거하기 어려운 이유 중 하나는 과학자도 다른 사람들처럼 잘 속기 때문이다(Broad and Wade, 1993). 아무리 과학자들이 회의적이고, 철저하고, 정직하고, 비판적이고, 객관적인 태도를 가지려고 노력해도 자기기만에서 오는 자신의 오류는 보지 못할 수 있다. 몇 가지 사례가 이런 종류의 오류를 보여 준다.

많은 저자들에 따르면, 저온핵융합 논쟁은 과학에서 벌어지는 자기기만의 고전적인 사례이다(Huizenga, 1992). 자기기만은 대체로 부주의함과 특정 결과를 바라는 기대감의 혼합물이다. 자기들이 세운 가설이 참이기를 바라는 마음이 너무 크기 때문에, 연구자들은 그 가설에 대한 엄밀한 검증과 주의 깊은 조사를 벌이지 않는다. 폰스와 플라이슈만[5]은 저온핵융합을 믿고 싶은 명백한 이유가 있었다. 실험 절차가 완벽히 성공적으로 수행된다면, 엄청난 돈과 지위와 명예를 얻을 수 있다. 하지만 그들은 자신들의 실험이 엄밀한 검증과 주의 깊은 조사의 절차를 밟도록 하는 데 실패했다. 예를 들어, 그들의 실험에서 핵심적인 '결과' 중 하나는 그들이 설계한 시스템 밖에서 예상외의 열이 발생한 것이다. 이 열은 저온핵융합이 발생한다고 가정된 전극 주변에서 측정되었다. 하지만 다른 과학자들은 저온핵융합의 열역학을 분석한 후에, 용액이 적절히 섞이지 않으면 일반적인 화학 반응이 전극 주변의 열 상승을 일으킨다고 주장했다(Huizenga, 1992). 그리하여 폰스와 플라이슈만은 자신들의 실험 설계를 이해하지 못했다고 판정받았다.

방금 논의된 사례들을 보면 개인 과학자나 연구팀만이 자기기만에 넘어가는 것 같은 인상을 받는다. 하지만 잘 알려지지 않은 N선(N-ray) 사건은 모든 과학자 집단이 스스로 속아 넘어간 경우였다. 1800년대 후반에서 1900년대 초에 과학자들은 X선, 전파, 음극선 같은 새로운 방사 형태를 발견했다. 이러한 발견의 결과로 많은 과학자가 새로운 방사 형태에 관심을 갖게 되었고, 과학의 최신 유행으로 인기를 끌기 시작했다. N선은 1903년에 프랑스 물리학자 르네 블론로(Rene Blondlot)가 '발견'했다. 이 광선은 전기 스파크에 의해 육안으로 볼 수 있을 만큼 밝기가 증가할 때 검출된다는 것이다. 곧이어 다른 프랑스 물리학자들이 비슷한 관찰 결과를 보고하면서, N선은 가스에서도, 자기장에서도, 화학물질에서도, 인간두뇌에서도 '발견'되기에 이르렀다. 1903년에서 1906년 사이, 무려 100명이 넘는 과학자가 N선에 관하여 300편이 넘는 논문을 썼다. 장 베커렐(Jean Bacquerel), 길버트 발렛(Gilbert Ballet), 안드레 브로카

---

5) 제1장 참고.

(Andre Broca) 등 N선을 연구한 과학자들은 과학에 크게 기여한, 대단히 존경받는 사람들이었다. 블론로는 N선에 관한 연구로 프랑스 과학아카데미가 수여하는 르콩트(Leconte) 상까지 받았다. 하지만 블론로의 실험실을 다녀간 후 미국의 물리학자 로버트 우드(Robert W. Wood)는 N선이 환상에 지나지 않음을 증명했다. 자신의 '실험'에서 블론로는 N선이 프리즘을 통과할 때 서로 다른 파장으로 쪼개지는 것을 '관찰'했다고 말했다. 어두운 방에서 그는 이 효과를 관찰했다고 주장했다. 심지어 우드가 프리즘을 제거한 후인데도 말이다.[6] 이로써 N선은 '관찰자 효과' (*observer effect*) 이상의 그 무엇이 아니라고 밝혀졌다.[7] 프랑스의 물리학자들은 이후로도 몇 년간 계속해서 블론로의 연구를 지지했지만, 우드의 폭로 직후 과학계는 N선에 대한 관심을 잃어버렸다. 어떤 역사가들은 N선 사건을 병리학적 과학의 사례로 간주하지만, 다른 역사가들은 일부 과학자들이 순순히 인정하는 것보다 훨씬 더 가깝게 일상적인 과학을 재현할 뿐이라고 주장한다(Broad and Wade, 1993). 모든 과학자는, 심지어 가장 존경받는 과학자라 할지라도, 연구를 하다 보면 갖가지 유형의

---

6) 〔옮긴이 주〕 뢴트겐에 의해 X선이 발견되고 7년이 지난 1903년, 프랑스의 저명한 물리학자 블론로 교수는 새로운 방사선인 N선을 발견했다고 발표했다. 이 '엔 레이'는 불빛의 세기를 증가시키는 신비의 광선으로 일약 주목을 받았다. 이듬해 미국의 물리학자이자 마술사인 로버트 우드가 검증을 위해 블론로의 실험실을 찾아가, 방사선을 발한다는 알루미늄 프리즘을 몰래 치우고서 문제외 '방사선' 수정을 인광막(燐光膜)에 접근시키는 척했다. 그런데도 블론로는 광선 효과가 분명히 나타난다고 말했다. 그의 사기극은 우드의 폭로로 허무하게 끝났고, 이 일로 블론로는 우울증에 걸려 정신착란으로 고생하다가 죽음을 맞이했다.

7) 관찰자 효과는 무엇인가를 관찰하고자 하는 소망이 하도 커서, 관찰자가 실제로 그곳에 없는 그 무엇을 '관찰'하게 될 때 발생한다. National Academy of Science, *On Being a Scientist* (Washington, DC: National Academy Press, 1994).

자기기만에 넘어갈 수 있다. 자기기만을 방지하려면, 과학자들이 신중함과 회의주의, 그리고 철저함에 대해 강한 결단을 할 필요가 있다.

이 부분을 결론짓기 전에 자기기만을 역사적 관점에서 살펴볼 필요가 있다. 연구방법은 시간에 따라 바뀌기 마련이고, 과학자들은 추론과정에서 미처 몰랐던 오류를 찾아낼 수도 있기 때문이다. 현대적 관점에서 볼 때, 행성이 완전한 원 궤도로 돈다고 믿었던 그리스의 천문학자나, 두상(頭狀)이 그 사람의 지성과 인격을 결정한다고 믿었던 골상학자는 자신에게 속은 것이다. 코페르니쿠스나 뉴턴 같이 위대한 과학자도 자기에게 속았다고 볼 수 있다. 코페르니쿠스는 행성이 완전한 원을 그리며 돈다고 믿었고, 뉴턴은 우주의 기하학체계가 유클리드적이라고 믿었기 때문이다. 하지만 이렇게 결론을 내리는 것은 불공평하고 무자비하다. 과학자는 그 시대에 인정받는 연구관행(practice)에 따라 판정받아야 한다. 이러한 관행이 오류를 촉발한다는 것을 알게 되면, 그 관행은 고쳐질 수 있고 또 고쳐져야 한다. 그리고 과학자에게는 이러한 발전에 비추어서 연구를 수행할 의무가 있다. 어떤 과학자가 인정받는 관행에 충실하지 못해서 그 결과로 오류를 빚었을 때만 그를 자기기만에 넘어간 것으로 여겨야 한다. 실수하는 것과 자기에게 속는 것은 동일한 것이 아니다. 올바른 이론을 믿고 있는 과학자라 할지라도, 그가 내린 올바른 결론이 받아들여질 수 없는 연구관행에 기초한 것이라면, 그는 자기에게 속은 것이다. 물론 연구에서의 자기기만과 지적 진실성의 차이가 그릇된 결과와 올바른 결과를 낳는 차이로 곧장 이어지는 것은 아니다. 하지만 지식을 얻고 무지를 피하려는 가운데, 증명과 추론에 대한 최고 수준의 기준을 따르려 애쓰는 한 그 과학자는 지적 진실성이 있다고 할 것이다.

4. 편견(Bias)

지난 이십여 년에 걸쳐 많은 학자들이 과학적 탐구를 오염시켰고 또 계속 오염시키고 있다고 주장한 여러 유형의 편견들이 있다. 편견은 종종 오류로 연결되지만, 편견과 오류를 구분하는 것이 유익한 몇 가지 이유가 있다. 첫째, 편견은 연구에서 조직적인 결함을 낳기 때문이다. 편견은 썩은 사과처럼 연구 전체를 망쳐 놓는다. 오류가 지엽적인 영향을 미치는 것과는 다르다. 예를 들어, 닛산(Nissan) 자동차의 속도계가 속도를 항상 10%나 낮추어 표시한다면, 그것은 편견이 있는 것이다(*biased*). 반면에 단순히 오류가 있는 속도계는 이를테면 차가 급가속을 할 때처럼 특정 상황에서만 부정확한 수치를 표시한다. 편견에 사로잡힌 충격적인 사례를 들자면, 1800년대에 있었던 두개골 측정의 '과학'이 있다(Gould, 1981). 두개골 측정학자들은 사람 머리의 크기와 모양이 인성과 지성을 결정한다고 믿었다. 머리가 원숭이같이 생긴 사람이나 두개골이 작은 사람은 지적으로 열등할 것이라고 생각했다. 이런 그릇된 가정이 두개골 측정학계 전체를 거짓으로 몰고 갔다.

둘째, 편견은 뜨거운 논쟁을 불러일으킨다. 과학자들은 통상적으로 연구에 오류가 포함될 가능성에는 동의할 수 있지만, 편견과 연관해서 동의에 도달하기란 훨씬 어렵다. 한 사람에게 편견인 것이 다른 사람에게는 타당한 전제 혹은 방법론이 될 수도 있다. 연구에서 발생한 편견을 인식하기가 어려운 까닭은, 편견을 편견이라고 알기 위해서는 증명과 비판의 독립적인 원천이 있어야 하기 때문이다. 예를 들어, 만약 당신의 닛산 속도계가 고장인지 알고 싶다면, 다른 닛산 속도계와 맞추어 볼 게 아니다. 당신이 가진 특정 속도계나 그 유형의 속도계와는 독립적인 측정기가 필요하다. 과학에서 이런 독립성에 도달하는 것이 늘 쉬운 것은 아니다. 제도적, 정치적, 사회적 요인들이 방해하기 때문이다. 두개골 측정학과 같은 특정 분야의 과학자들 전체가 같은 편견을 수용하는 일이 벌어질 수 있다.

셋째, 연구가 편견에 빠졌는지 여부 혹은 빠진 시기에 대해 합의에 도달하기가 지극히 어렵기 때문에, 편견에 빠진 연구를 비윤리적이라 간주하는 것은 적절치 않다. 모든 연구자가 편견을 피하기 위해 노력해야 하지만, 어떤 개인이나 단체의 연구가 편견으로 판정받았다고 해서 그들에게 도덕적, 윤리적 비난을 가하는 것은 유익하지 않다. 편견이 있는 연구를 수행한 사람은 오류를 저지르거나 대중을 속이려고 시도한 사람이라기보다는, 후일에 틀렸다고 입증될 어떤 가정을 옹호한 사람에 가깝다. 그 두개골 측정학자들은 오류를 저지른 만큼 신중하고도 정직한 연구를 수행했을 것이다. 따라서 두개골 측정학자들은 좋은 과학을 수행했다고 볼 수 있다.

넷째, 편견은 종종 과학의 정치적, 사회적, 경제적 측면에 기인한다. 예를 들어 페미니스트 학자들은 인간 진화에 관한 연구는 가부장적 전제를 반영한다면 편견에 물든 것이라 주장해 왔다(Longino, 1990). 두개골 측정학자들이 두개골 연구를 근거로 특정 인종이 지적으로 열등하다고 주장했기 때문에, 많은 저자가 두개골 측정학의 편견은 인종차별주의적 전제에 기인한다고 보았다(Gould, 1981). 그러나 과학의 사회적, 정치적, 경제적 측면에 대한 보다 심도 있는 논의는 이 책의 의도를 벗어나는 것이기에 생략한다.

하지만 이 시점에서 다음과 같은 사실을 말해 두고 싶다. 연구에서의 자유로움과 열린 태도는 과학자가 편견을 피하는 데 도움이 된다. 과학자들이 다양한 착상을 추구하고 비판에 열려 있을 때, 과학은 객관적이고 편견 없는 지식을 얻는 데 더욱 성공할 수 있다(Longino, 1990). 개방성에 관해서는 간략하게나마 좀더 심도 있게 논의할 것이다.

5. 이해갈등

때로는 오류, 편견, 자기기만, 부정직 때문이 아니라 이해갈등(con-
flicts of interest) 때문에 과학적 객관성이 위협받는다. 이해갈등에 대해 논
의하기 전에, 그 개념부터 간단히 설명해야겠다. 한 사람의 개인적 혹은
경제적 이득이 그의 직업적 혹은 제도적 의무와 충돌할 때 이해갈등이 생
긴다. 이 갈등은 그가 적절하고 공정하고 객관적인 판단을 내리는 데 방해
가 된다(Davis, 1982). 손상된(impaired) 판단은 편견에 빠진(biased) 판
단과 같은 것이 아니다. 이해갈등에 처한 사람은 다양한 오류를 빚어내는
데, 그 오류들은 편향적 사고에서 생기는 것이 아니다. 손상된 판단력을
가진 사람은 믿지 못할 속도계와 같다. 어떤 때는 실제 속도보다 빠르게
표시하기도 하고, 또 어떤 때는 느리게 표시하기도 한다.

예컨대 딸이 농구시합에 나갔는데, 하필이면 그 시합에서 심판을 보아
야 하는 입장에 처한 아버지는 이해갈등에 놓이게 된다. 딸과의 관계라
는 사적인 이해가 공정한 심판이라는 제도적 의무와 충돌한다. 우리는
그 아버지가 딸의 팀에 유리한 호루라기를 많이 불 것이라고 예상할 수
있다. 하지만 오히려 그는 자기 입장을 의식해서 딸의 팀에 불리한 호루
라기를 많이 불지도 모른다. 어쨌거나 그의 판단력은 손상되었기 때문
에, 그가 부는 호루라기는 믿음직하거나 신뢰할 만하지 않다고 간주된
다. 두 번째로, 어느 시의원이 자기 사유지의 땅값에 영향을 미치게 될
특별구역 지정에 대해 결정을 내려야 하는 처지에 놓인 경우를 생각해 보
자(새 법안이 통과되면 그는 5만 달러의 이익을 얻는다). 자신의 경제적 이
익과 객관적 결정을 내려야 하는 의무가 서로 충돌함으로써 그는 이해갈
등에 처한다. 마지막으로, 배심원으로 봉사하게 된 어떤 사람이 피고와
개인적으로 가까운 친구관계에 있다면, 그는 이해갈등에 처한 것이다.
피고와 그의 관계가 공정한 판단을 방해할 것이다. 여기서 이해갈등이

반드시 판단이나 결정을 무용지물로 만들지는 않는다는 사실을 인식하는 것이 중요하다. 갈등에 처한 사람도 옳은 판단이나 옳은 결정을 할 수 있기 때문이다. 자기 딸의 경기에서 심판 보는 아버지도 공정한 판단을 내리려고 최선을 다할 수 있고, 대회 전체를 위해 적합한 판정을 내릴 수도 있다. 다만 그의 판정이 신뢰할 만하지 않다는 게 문제다.

이해갈등과 전념갈등, 그리고 외관상의 이해갈등, 이 세 가지가 서로 다르다는 것을 또한 알아야 한다(Davis, 1982). 전념갈등(conflict of com-mitment)은 어떤 사람이 서로 충돌할 수 있는 직업적 혹은 제도적 의무를 둘 이상 질 때 발생한다. 예를 들어, 어떤 사람이 대학 내 약학과 교수이면서 동시에 주 정부의 의약품 관리국 대표라면, 그는 서로 충돌할 법한 두 책임, 즉 대학에 대한 의무와 의약품 관리국에 대한 의무를 진 것이다. 의약품 관리국의 업무는 그 교수의 시간과 에너지를 많이 빼앗아서 그가 좋은 교수가 되지 못하게 할 수도 있다. 외관상의 이해갈등(apparent conflict of interest)은 어떤 사람이 사실상 이해갈등이 없는데, 외부 관찰자의 눈에는 이해갈등에 처한 것처럼 보일 때 발생한다. 예를 들어, 어떤 주 의회 의원이 받을 퇴직연금의 1%가 그가 사는 주의 석탄회사에 투자될 예정이라고 하자. 이런 경우, 외부 관찰자가 보기에는 그 의원의 경제적 이득이 달려 있기 때문에, 그가 석탄회사에 영향을 미칠 만한 결정을 못 내릴 것처럼 보일 것이다. 그러나 자세히 검토해 보면, 그는 자기가 내리는 결정으로부터 아주 미세하고 간접적인 이득만 본다는 사실이 드러난다. 그의 결정은 퇴직연금에 그리 큰 영향을 주지 않기 때문이다. 하지만 개인의 이해관계가 변하면, 외관상의 이해갈등은 현실이 될 수도 있다. 이를테면 퇴직연금의 투자비율이 바뀌어, 퇴직금의 40%가 석탄회사에 투자된다면, 그 의원의 외관상 이해갈등은 실제 이해갈등이 된다.

이러한 논의는 어려운 질문을 제기한다. 즉 외관상 이해갈등과 실제 이해갈등을 어떻게 구분할 것인가 하는 점이다. 한 사람이 이해갈등에 처했다고 할 수 있으려면 얼마나 많은 돈이 걸려 있어야 하는가? 어떤 유의 관계와 개인적 이득이 우리의 판단에 영향을 주는가? 여기서 대답하지는 않겠지만, 이런 물음들은 중요하고도 실제적이다. 이에 대답하지 않더라도, 이런 질문들이 우리가 외관상의 갈등을 진지하게 받아들일 이유를 제공한다는 점은 주지해야 한다. 외관상 갈등과 실제 갈등 사이의 구별은 생각만큼 그렇게 딱 부러지지 않기 때문이다. 외관상 갈등과 실제 갈등 사이의 구분이 절대적이지 않기 때문에, 그 차이를 정도의 문제로 보는 것이 가장 좋을 것 같다. 다음과 같이 단계를 매길 수 있겠다. ① 지독한(egregious) 실제 이해갈등, ② 온건한(moderate) 실제 이해갈등, ③ 미심쩍은(suspicious) 외관상의 이해갈등, ④ 무해한(innocuous) 외관상의 이해갈등. 이 분류에서 지독한 실제 이해갈등이란 개인의 판단력이 결정적으로 마비된 상황이다. 반면에 미심쩍은 외관상의 이해갈등이란 진짜 갈등이 생길 법하다고 믿을 만한 근거가 있는 상황이다.

전문직에 종사하는 사람들은 고객이나 직장이나 사회를 위해 객관적 결정을 내리도록 요구받기 때문에, 특히나 이해갈등을 피해야 한다 (Davis, 1982; Steiner, 1996). 외관상 혹은 실제 이해갈등에 대처하는 좋은 방법은 먼저 그 갈등을 알 필요가 있는 사람들에게 모두 알리는 것이다. 만약 그 갈등이 외관상의 갈등이 아니고 실제 갈등이라면, 다음 단계는 이 갈등과 얽혀 있는 결정을 내리지 않고, 그 결정에 영향을 주지도 않는 것이다. 예를 들면, 앞서 언급한 시의회 의원은 이해갈등을 사람들에게 알리고, 그 특구지정 안건에 투표를 하지도 말며, 투표에 영향을 미치지도 말아야 한다. 그 안건과 관련한 토론에서 그는 빠져야 한다. 만약 그 갈등이 순전히 외관상의 갈등이면, 그 갈등에 영향을 받는 사람들이 이 갈등을 감시해야 한다. 그것이 실제 갈등이 될지도 모르기 때문이다. 예컨대 앞의 주 의회 의원과 선거인들과 정부의 다른 사람들은 그의 퇴직연금 투자를 계속 주시해야 한다. 어떤 사람들은 자기의 공적인 이미지

혹은 윤리적 문제 등을 이유로 외관상의 이해갈등마저 피하기로 결정할 수 있다. 그러기 위해서는 자기가 처한 갈등을 사람들에게 알리고, 갈등이 발생하는 결정에서 빠져야 한다. 많은 돈을 여러 회사와 기관에 투자한 사람들은 때로 외관상의 이해갈등을 피하려고, 자기의 투자금을 백지 위임(blind trust) 할 수도 있다(백지 위임이란 자금이 어디에 어떻게 투자되는지도 모르는 채 외부기관에 투자금 관리를 위임하는 것이다).

대부분의 사람들이 자신의 직업적, 제도적 의무와 갈등할 만한 개인적 혹은 경제적 이해관계에 얽혀 있기 때문에, 외관상의 이해갈등을 피하는 것은 사실상 불가능하다. 세상과 인연을 끊고 혼자 사는 사람이나 외관상의 갈등을 피할 수 있을 것이다. 때로는 실제 이해갈등을 피하기도 어렵다. 예를 들어, 어느 시의회에서 의원 9명 중 6명이 자기가 이해갈등에 처해 있다고 밝혔다고 치자. 이 사람들이 전부 결정에서 빠져야 되는가? 아닐 것이다. 나머지 3명에게 모든 결정을 내리게 하는 것이 주민의 뜻은 아니라고 본다. 이 경우 최선책은 갈등은 밝히되 최대한 객관적으로 처리하려고 노력하는 길밖에 없다.

책임갈등이 직업적 책임에 나쁘게 작용할 수는 있지만, 이 갈등이 본성상 직업적 판단에 영향을 주는 것은 아니다. 따라서 전문직 종사자들은 책임갈등을 피할 필요까지는 없다고 해도, 그것을 다룰 줄은 알아야 한다. 적절한 행동절차는 관련 있는 사람들에게 자신의 책임갈등을 알린 후, 그 갈등이 전문가로서의 기본적인 책임과 지조를 해치는 일이 없을 것이라고 안심시키는 것이다. 예를 들어 앞서 언급한 약학 교수는 동료 교수들에게 자기가 의약품 관리국에서 어떤 위치에 있는지를 알려야 한다. 그리고 만약 그 자리가 대학에서 자신의 의무를 수행하는 데 방해가 된다면 그 지위에서 물러나야 한다.

과학에서 이해갈등이 발생하면, 객관적인 판단과 결정이 희생당할 수 있다. 이를테면, 자료 분석 및 해석, 논문과 연구계획 평가, 채용 및 승진 결정 등에서 말이다. 한 과학자의 판단력이 이해갈등 때문에 손상되면, 그는 자료의 중요성을 과장하고, 자기에게 불리한 자료를 배제하며, 자기 연구를 비판적 검증에 노출하지 않으려고 할 것이다. 물론 이해갈등에 처한 과학자도 객관성을 유지하려 애쓸 수 있고, 올바른 결정과 판단을 내릴 수도 있다. 그러나 어느 과학자가 이해갈등에 처해 있다면 그의 판단과 결정은 믿을 만하지 못하다고 할 만한 빌미를 제공하는 것이다. 그러므로 한 과학자가 실제 이해갈등이나 외관상의 이해갈등에 영향을 받아 어떤 판단을 내리면, 이 갈등을 아는 다른 과학자들은 그 과학자가 내린 판단을 주의 깊게 조사해 보아야 한다.

이해갈등은 연구자가 연구결과 덕에 경제적 이득을 얻을 때 흔히 발생한다. 이득이라 함은 봉급 인상, 저작권 및 특허권 로열티, 추가 연구지원금, 주식, 배당금 등을 말하는 것이다. 이런 경제적 보상들이 외관상의 이해갈등이나 실제 이해갈등을 일으킨다. 이 갈등은 실험을 설계하고, 테스트하고, 객관적으로 자료를 해석하는 과학자의 능력을 해친다. 최근의 사례로는 아연성 목캔디(*zinc throat lozenges*)를 만드는 회사에 투자했던 클리블랜드(Cleveland)의 과학자 마이클 맥닌(Michael Macknin)을 들 수 있다. 그는 아연이 감기 증세를 완화시킬 수 있음을 보여 주는 자료를 얻은 직후에 퀴글리 회사(Quigley Corporation)의 주식을 샀다. 맥닌이 이 실험 결과를 출판하자 그 회사의 주식은 폭등했고, 맥닌은 14만 5천 달러의 이익을 얻었다(Hilts, 1997). 이 경우에는 맥닌이 단순히 온건한 이해갈등을 겪은 것으로 보인다. 그가 긍정적인 결과를 얻은 것에 대한 경제적 보상이 있을 수 있었고, 어쩌면 그 회사의 주식을 살 계획을 갖고 있었을 것이기 때문이다. 만약 연구를 하기 전에 그 회사의 주식을 샀더라면, 그는 지독한 이해갈등을 겪었을 것이다. 이런 갈등에 대한 좋은 대처 방법은 이를 주변 사람들에게 알리고 그 갈등을 주시하는 것이다.

이해갈등에 대해 앞에서 분석한 바를 과학에 적용하면 이런 결론이 도출된다. 과학자는 모든 이해갈등(외관상의 이해갈등을 포함하여)을 다른 사람들에게 밝힐 의무가 있다. 이해갈등이 논문의 질을 떨어뜨리거나 연구결과에 해를 입히지는 않는다 해도, 다른 과학자들은(그리고 대중은) 그런 갈등이 있다는 것을 알아야 한다. 맥넌이 내놓은 결과가 아무리 타당해도, 다른 과학자들이 그의 실험을 따라해 보거나 그의 작업을 좀더 검증하고 싶어 할 수 있다. 왜냐하면 다른 과학자들에게는 맥넌이 내린 판단의 신빙성을 의심할 만한 이유가 있을 수 있기 때문이다. 연구자금을 회사에서 받는 과학자는 자기에게 이득이 되는 연구결과를 얻고자 하는 재정적 동기가 생길 수 있으므로, 연구비의 출처를 밝혀야 한다. 여러 과학잡지에서도 이제 이해갈등을 처리하기 위하여 과학자들이 연구비의 출처를 밝힐 것을 요구한다(International Committee of Medical Journal Editors, 1991).

이상적으로 말하면, 다른 전문가와 마찬가지로 과학자는 모든 이해갈등을 피하고, 외관상의 갈등을 감시해야 한다. 하지만 실제 현실은 과학자들이 이런 이상적인 기준을 충족시키도록 허락하지 않는다. 연구는 종종 재정적인 보상을 산출할 때도 있고, 기업으로부터 연구비를 지원받을 때도 있다. 이러한 재정적, 경제적 현실을 알기 때문에, 우리는 과학영역에서 이해갈등이 자주 발생할 것이라 짐작한다. 특히 과학자들이 생산업에 종사하거나 특허 발명품을 만들고자 하는 등의 경우에는 이해갈등이 불가피할 것이다. 만일 과학자들이 모든 이해갈등을 피한다면, 많은 수의 연구가 완성될 수 없을 것이고, 과학자들은 다른 일자리를 찾아야 할지도 모른다. 이런 결과는 사회에나 기업에나 직업 과학자들에게나 득이 안 된다. 과학자는 (실제 혹은 외관상) 모든 이해갈등을 외부에 알려야 하고, 가장 지독한 이해갈등은 피해야 한다. 하지만 온건한 이해갈등은 과학 안에서 용인될 수 있으며, 외관상의 갈등은 감시를 받으면 된다. 이해갈등에 처해 있는 과학자의 연구를 과학계가 점검하고 검토하기 때문에, 과학에서는 특정한 이해갈등이 용인된다. 이해갈등 때문에 생긴 편견과 오류가 수정될 수 있다는 것을 확인하는 데는 동료 과학자의 검토가 유용하다.

여기서 논의된 종류 외에, 과학영역에서 발생할 수 있는 다른 유의 이해갈등도 있다. 이해갈등이 생길 법한 상황에는 동료심사, 국가 연구비, 채용과 승진, 전문가 진술 등이 있다. 이런 상황에 대해서는 이 책의 다른 장에서 논의할 것이다.

6. 개방성

우리는 이미 과학적 탐구의 객관성을 위협하는 문제가 얼마나 많은지를 살펴보았다. 이는 부정직과 사기에서 오류, 편견, 자기기만, 이해갈등에 이르기까지 다양하다. 동료 과학자의 검토가 이 모든 문제에 보편적인 해결책을 제시한다. 동료심사를 통해서 과학계는 다양한 속임수를 뿌리 뽑고, 인간적 오류와 실험적 오류를 파악해 내며, 자기기만과 편견을 발견하고, 이해갈등을 통제할 수 있다(Munthe and Welin, 1996). 흔히들 "과학은 자기 수정이다"라고 말한다. 이 말의 뜻은 과학에서 발생하는 사기와 오류와 편견은 동료심사를 비롯한 주요 과학적 검증법을 통해 장기적으로 제거될 수 있다는 것이다. 과학적 방법은 비록 완벽하지는 않지만, 객관적 지식을 얻고자 할 때 우리가 가진 최선의 도구이다. 하지만 이 방법은 과학자가 자료, 아이디어, 이론, 결과물을 공유함으로써 개방성을 실천할 때에만 유효한 것이다. 과학에서의 개방성은 또한 과학자가 연구비 및 경제적 이득의 출처를 밝힐 것, 그리고 새로운 아이디어와 새로운 방법, 새로운 사람들에게 열려 있을 것을 함축하는 말이다. 과학연구에서 개방성은 널리 확보되어야 한다. 개방성은 객관적 탐구를 촉진하고 협동과 신뢰를 만드는 데 유익하기 때문이다.

개방성이 과학에서 언제나 편재한 것은 아니었다는 사실이 어떤 학생들한테는 놀라울지도 모르겠다. 중세 말기와 르네상스기에 과학자들은 아이디어를 도둑맞거나 종교에 박해당할 것을 염려하여 비밀을 굳게 지켰다. 레오나르도 다 빈치는 자기 생각을 보호하려고 거울 문자(*mirror-writing*)를 써서 노트 필기를 했다(Meadows, 1992). 이 시기에 수학자는 증명공식을 암호로 적었고, 연금술사는 자기들의 비법과 기술을 철저히 보호했다(Goldstein, 1980). 코페르니쿠스 천문학 논쟁이 있을 때 많은 과학자가 박해가 무서워서 자기의 태양중심설을 발표하지 않았다. 금세기에 소련의 과학자들은 정치적 박해를 피하고자 멘델 유전학에 관한 논의를 비밀에 부쳤다. 과학자들이 자기 생각을 공개적으로 나눌 수 있게 된 데는 지난 500년 동안 일어난 몇 가지 중요한 변화가 주효했다. 이를테면 과학협회의 설립과 과학잡지의 창간, 표현의 자유를 중시하는 정부의 출현, 지식소유권에 관한 법률의 제정 등이다. 그러나 500년 전에 비밀스런 분위기를 조장했던 환경과 압력은 오늘날에도 여전히 만연해 있기 때문에, 과학자는 작금의 개방적 풍토를 당연시해서는 안 될 일이다. 과학자가 개방성을 지켜내지 않으면 과학은 또다시 매우 비밀스러운 무언가가 되기 쉽다.

오늘날의 과학자는 정치적 혹은 종교적 박해 때문에 비밀을 지켜야 되는 일은 거의 겪지 않는다. 하지만 개방성을 위협하는 막강한 위협들이 있는데, 이는 바로 만연한 출세욕과 돈에 대한 욕심이다. 개방성과 관련하여 제일 어려운 질문은 군사 및 산업 분야의 연구에서도 제기된다. 그 계통에서 일하는 과학자들은 비밀을 지키라는 요구를 종종 받기 때문이다(Bok, 1982). 이 질문에 대해서는 나중에 좀더 깊이 다루기로 하고, 일단은 이론과학에서 비밀유지가 정당화되는가 하는 점을 묻는 것이 좋을 것 같다.

앞 장에서 나는 과학자들이 연구를 계속하기 위해서 비밀을 지키는 것이 때로는 정당화된다고 주장한 바 있다. 이는 과학에서 특정 형태의 비밀유지를 옹호하는 훌륭한 근거인 것 같다. 찰스 다윈이 자연선택에 의한 진화이론을 출판하기를 꺼려한 것을 생각해 볼 수 있다. 다윈의 착상은 그가 5년 동안 영국 군함(HMS) 비글(Beagle) 호를 타고 항해할 때에 싹텄다. 1836년에서 1859년 사이, 그는 자신의 진화이론을 뒷받침하는 증거를 더 모으고 기본적인 개념과 원리를 발전시켰다. 1842년, 그는 자연선택에 관한 소론(essay)을 써서, 그것을 조셉 후커(Joseph Hooker)에게만 보여 주었다. 그리고 1856년, 찰스 라일(Charles Lyell)이 다윈에게 그 주제로 책을 쓰라고 권한다. 하지만 다윈이 그 연구를 끝마치게 한 것은 당시 독자적으로 자연선택론을 주장하던 알프레드 월리스(Alfred Wallace)의 편지였다. 두 사람은 린넨 학회(Linnean Society)의 한 모임에서 함께 자신들의 착상을 발표하기로 동의했다. 비록 다윈만 《종의 기원》(Origin of Species)의 저자로 기록되었지만 말이다. 다윈이 자신의 연구를 출간하는 데 왜 그렇게 오랜 시간이 걸렸는지, 그가 왜 그 이론을 비밀에 부치고 싶어 했는지 이해하기는 어렵지 않다. 그는 충실하고 확실한 진화의 증거를 제시하고 싶었던 것이다. 물론 그는 자기 이론이 과학적으로, 그리고 종교적으로 엄청난 비판을 받을 것을 알고 있었고, 자기 이론이 좋은 성공 기회를 얻기를 바랐다(Meadows, 1992). 또한 다윈이 자신의 평판과 착상을 보호하려고 그렇게 오랫동안 연구를 공개하지 않았다는 설명도 그럴듯하다.

다윈은 자기 연구를 조심스럽게 보호할 충분한 이유가 있는 사람이었지만, 오늘날 다윈의 사례에 해당하는 과학자는 거의 없다. 요즘의 연구 환경에서는 하나의 착상을 출판하려고 이십 년 이상 기다리기는커녕, 단순한 가설도 몇 년씩 묵혔다가 발표하는 사람은 보기 힘들 정도다. 다윈이

머뭇거린 사람 쪽에 든다면, 오늘날의 과학자들은 급한 사람들 쪽에 속한다. 오류와 편견과 속임수를 유포하며, 정직하고 질 높은 연구를 해치는 데 큰 몫을 하는 것이 바로 '졸속 출판'(*rush to publish*)이다(LaFollette, 1992). 저온핵융합 사건이 바로 이런 현상의 불운한 사례가 된다. 우선권, 명예, 돈을 향한 욕심에 사로잡힌 과학자들이 자기가 연구한 것을 동료에게 검증받기도 전에 대중화해 버렸다.

진행 중인 연구를 보호할 필요성 외에, 과학에서 비밀유지가 필요한 이유로는 다음과 같은 것들이 있다. 첫째, 동료심사가 공평하고 객관적으로 이루어지게끔 하기 위해 동료심사자의 이름과 소속을 밝히지 않는 것은 정당화된다. 이러한 관행을 가리켜 맹검(*blind review*)이라고 한다. 이 점에 대해서는 차후에 더 이야기할 것이다. 둘째, 개인 사생활 보호를 위해 피실험자의 이름이나 주소 같은 개인정보를 유출하지 않는 것은 정당화된다(사람을 대상으로 하는 실험에 대해서는 7장에서 논의할 것이다). 셋째, 과학자가 특정 분야의 전문가 집단처럼 제한된 사람들하고만 아이디어를 공유하는 것은 정당화된다. 모든 과학이론이 개방성의 요구를 만족시키기 위해 시중에 출판되어야 하는 것은 아니다. 과학과 대중매체가 갖는 관계의 여러 측면에 대해서도 나중에 논의할 것이다.

이 부분에서는 비밀유지가 필요한 마지막 이유만 논의할 것인데, 그것은 국가 간 과학정보의 공유라는 쟁점과 관련된다. 과학의 관점에서 보면 국제적인 공동연구와 협력은 허용되는 정도가 아니라 장려되어야 마땅한 것처럼 보인다(Wallerstein, 1984). 과학에서 공동연구와 협력이 지식의 진보에 도움이 된다면, 국제적인 공동연구와 협력도 마찬가지로 목표달성에 유익할 것이다. 어느 한 나라가 감당할 수 없을 만큼 규모가 크고 비용이 많이 드는 대형 프로젝트를 실행할 때에는 더욱 그렇다. 이를테면 스위스 제네바에 위치한 고(高)에너지 물리 연구실인 유럽 입자물리연구소(Conseil European pour la Recherche Nucleaire)가 그 경우에 해당한다.[8] 세계 각국에서 온 과학자들이 이 실험실에서 실험하고, 여러 나라에서 그에 대한 연구비를 지원한다(Horgan, 1994). 국제적인 공동 연구와 협력은 '거대과학'에서 특히 중요하기는 하지만 '소형과학'(little science)에서도 역시 장려되어야 한다.

개방성이 국내는 물론이고 국가 간의 정보공유를 모두 포함하는 한편, 혹자는 도덕적 혹은 정치적 목표 때문에 과학에서 국제적인 협력을 제한 하는 것이 정당하다고 주장할지도 모른다. 이때의 제한은 군사기밀로 분류된 정보에 대한 금지조치를 넘어서까지 개방성이 확대되지 않도록 제한하는 것을 의미한다. 예를 들어 냉전체제가 절정에 달했을 무렵에는 미국과 소련 간에 과학적인 공동연구나 협력이 사실상 부재했다. 컴퓨터 기술, 수학, 물리학, 공학, 의학, 화학 같이 핵무기와 별로 상관없는 분야에도 이러한 제한이 가해졌다. 양 국가는 과학 협력을 법적으로 금지하기까지 했는데, 이는 냉전에서 과학적·기술적 우위를 점유하기 위함이었다. 비록 냉전은 끝났지만, 국제적 협력에 대한 비슷한 제약이 정치적 이유로 정당화될 수 있다는 주장도 가능하다. 미국은 국제적인 공동연구와 과학 협력에 제한을 두는데, 이는 적대국가나 테러리스트들이 더이상의 과학 지식과 기술을 습득하지 못하도록 막으려는 것이다. 지식이

---

8) 〔옮긴이 주〕 유럽 입자물리연구소(CERN)의 팀 버너스 리(Tim Berners-Lee)가 고에너지 물리학자들 간의 의사소통을 원활히 할 목적으로, 1989년에 하이퍼미디어 개념을 이용해서 다양한 형식의 정보(각종 연구자료 등 산재한 각종 정보)를 서로 연결하여 효율적으로 이용하기 위해 고안한 것이 WWW (World Wide Web) 프로젝트다. 이 프로젝트는 1991년 하이퍼텍스트 학술대회에서 최초로 시연되어 이듬해 WWW란 이름으로 널리 소개되었으며, 1993년부터 인터넷 서비스에 들어가게 되었다. 우리나라의 경우에는 이 세계 최대의 입자물리연구소와 과학기술부가 2006년 10월 25일에 협력 협정 및 검출기별 양해각서를 체결하여, 국내 입자물리연구자들이 CERN의 실험과 연구활동에 참여할 수 있도록 기본 협정을 맺었으며, 2007년 기준, 11억 2천만 원의 예산을 지원한 바 있다.

힘(*power*)이라면, 어떤 나라들은 정치적 목표달성을 위해 지식을 통제하려고 시도할지도 모른다(Dickson, 1984). 이렇게 폭넓은 정치적 쟁점은 이 책의 범위를 벗어나는 것이기에 이쯤에서 접는다. 과거와 현재 미국의 대외정책을 비평하는 자리는 아니지만, 그래도 이러한 정책이 과학기술의 정보 흐름에 큰 영향력을 행사한다는 사실만큼은 지적해야겠다(Nelkin, 1984).

7. 자료 관리

과학에서의 자료 관리에 대한 질문은 곧장 개방성에 대한 질문으로 이어진다. 정보를 공유하려면 정보를 비축하고 다른 이들에게 공개해야 되기 때문이다(PSRCR, 1992). 자료는 종이, 컴퓨터 디스켓, 오디오테이프, 마이크로필름, 슬라이드, 비디오테이프 등의 다양한 형태로 보관된다. 또한 자료를 쉽게 열람하고 전송하려면 자료가 잘 정돈되어야 한다. 아무도 책을 찾고 읽을 수 없는 도서관은 무용지물이다. 자료를 보관하는 것은 몇 가지 이유로 중요하다. 첫째, 과학자는 자기가 작업해 놓은 것을 점검하기 위해 자료를 보관할 필요가 있다. 과학자는 때때로 이미 확립된 경성 자료(*hard data*)라도 다른 각도에서 보거나 재분석하기 원할 때가 있기 마련이다. 둘째, 심사자나 평가자가 과학자의 연구를 조사하고 검증하려면 자료가 보관되어 있어야 한다. 자료는 어떤 연구가 기술된 대로 실제로 행해졌음을 보여 주는 증거가 된다. 누군가 연구의 타당성에 의문을 제기한다거나 혹은 연구에 속임수가 없는지 판단하고자 하면, 연구자료를 열람해 봐야 한다. 셋째, 자료는 다른 과학자가 연구를 수행할 때 원 자료를 사용할 수 있도록 보관되어야 한다. 종종 원 자료가 출판된 자료보다 많은 정보를 주기 때문에, 이전의 연구에서 도움을 얻으려고 하는 사람은 원 자료에 접근하고 싶어 할 것이다. 마지막으로, 자료는 과학자가 잘못 다루거나 낭비해서는 안 되는 과학적 자원이다. 자료를 보관하고 개방하는 것에 관한 이상의 모든 이유가 연구의 객관성과 과학자 사이의 협력과 신뢰를 증진시킴은 물론이다.

자료가 보관되어야 한다는 것은 상당히 분명함에도 불구하고, 어떻게 보관해야 하는지, 얼마나 오래 보관해야 하는지, 누가 열람할 수 있게 해야 하는지는 전혀 분명하지 않다. 실험 공간은 한정되어 있기 때문에, 과학자는 자료 보관에 할당되는 공간을 최소화하고 싶어 한다. 미항공우주국(NASA)은 지난 이십 년간 우주탐사를 하면서 비축한 자료가 하도 많아서, 아직 분석하고 해석해 보지도 못한 자료가 거대한 저장고를 이루고 있다. 우주과학자들이 토성, 목성, 해왕성 탐사에서 얻은 자료 전부를 분류하려면 몇 년이 걸릴 것이다. 과학자가 자료를 어떻게 보관하기로 결정하든지 상관없지만, 그는 자료를 잘 관리하고, 오염, 부패 등으로 자료가 손실되지 않도록 보호할 책임이 있다. 하지만 자료 관리에는 상당한 비용이 들기 때문에, 자료의 보관에 영향을 미치는 경제적인 고려 또한 필요하다. 실험실에는 컴퓨터 테이프 같은, 자료를 저장하는 구식 장치도 읽을 수 있도록 고안된 진부한 기계도 보관할 필요가 있다. 자료를 새로운 저장 형태로 변환하는 것이 가능할 때도 있지만, 이렇게 변환하는 것에도 비용이 든다. 우리가 이상적인 세상에 산다면, 과학자가 자료를 영원히 보관할 수 있도록 돈과 공간이 충분히 있을 것이다. 하지만 자금과 기타 자원에는 한계가 있기 때문에, 과학자는 자료 보관이라는 목표와 효율적인 자원 사용이라는 목표 사이에서 균형을 맞추는 길밖에 없다. 통상 과학자는 가능한 한 자료를 보관하려고 애쓰지만, 시간과 돈을 절약하기 위해 몇 년이 지나면 곧장 없애기도 한다(PSRCR, 1992). 자료 보관에 관한 결정에는 여러 요인이 개입한다. 그러나 자료를 없애든지 보존하든지 하는 각각의 결정은 그 자료의 가치에 따라 결정되어야 한다. 여기서는 기본적인 쟁점만 언급하고 넘어가겠다. 실제적인 질문은 전문적인 과학자에게 남겨 두는 편이 좋을 것이다.

이론과학자가 자료를 보관할 의무가 있다면, 사람을 대상으로 실험하는 과학자는 일정 기간이 지나면 자료를 없앨 의무가 있다(American Psychological Association, 1990). 피험자에 관한 자료를 파괴하는 이유는 연구자들에게 기밀유지의 의무가 있으며, 정보를 비밀로 지키는 최선의 방법은 그것을 없애는 것이기 때문이다.

마지막으로, 과학자가 자료 열람을 누구에게 허락할 것인지 결정할 때 윤리적 질문이 제기된다는 것을 언급해야겠다. 정당하게 자료 열람을 요구할 만한 사람으로는 연구팀 동료, 연구자와 같은 혹은 다른 분야에서 일하는 과학자, 연구비 지원 당국에서 파견된 사람 등이 있다. 자료 접근을 요구할 수 있는 다른 사람으로는 정부관료, 출판업자, 과학 이외의 다른 분야에서 일하는 학자, 기타 일반인이 있다. 자료 열람에 제한을 두지 않는 것이 개방성이긴 하지만, 개방성을 해치지 않으면서 자료 열람을 제한하는 이유가 있다(Marshall, 1997). 예를 들어 과학자는 비전문가가 실수로 자료를 훼손하지는 않을지, 경쟁자가 자료를 훔쳐 가지는 않을지, 적이 일부러 자료를 파괴하거나, 다른 과학자나 일반인이 자료를 잘못 해석하지 않을지 염려한다. 때로는 정치적인 이유로 자료 열람이 불허되기도 한다. 이런 이유로 불허되는 것은 자료를 일종의 지식재산으로 보는 것이다. 이 재산은 공유되어야 마땅하지만, 과학자는 자료의 사용을 통제할 권리를 정당하게 주장할 수 있다. 과학자는 자기 실험실 출입을 통제할 권리가 있는 것과 마찬가지로, 자료에 접근하는 것을 통제할 권리가 있는 것이다. 자료 열람에 관한 결정을 할 때 과학자는 개방성의 윤리와 다른 가치들, 예컨대 조심성, 신중함, 공정함, 정치적 사안에 대한 존중, 책임감 사이의 균형을 잡아야 한다.

제6장

과학출판의 윤리문제

이번 장에서는 과학자가 실험 작업의 결과물을 출판할 때 일어날 수 있는 문제를 검토해 보기로 한다. '출판'(*publish*)의 의미에는 대중에게 알린다는 뜻이 내포되어 있기 때문에, 여기서는 과학자가 연구결과물을 대중적으로 알리는 다양한 방법에 대해 이야기하고자 한다. 이를테면 인터넷과 언론, 대중잡지를 통한 출판뿐만 아니라, 과학잡지나 학회지 출판 등이 있다. 서술방식은 앞 장에서 언급한 패턴을 따를 것이다. 즉, 4장에서 제시된 윤리적 표준의 일부를 과학에서의 실제적인 문제에 적용할 것이다.

1. 출판의 객관성

앞 장에서 나는 과학자가 자료나 결과물을 위조·변조·허위발표하지 말아야 하며, 자료의 수집과 기록, 분석과 번역에서 실수와 편견을 피해야 한다고 주장했다. 이러한 요구는 과학출판에서 특정한 역할을 담당하는 모든 사람들, 말하자면 저자와 편집자, 그리고 심사자 모두에게 적용된다. 출판을 위해 제출된 논문이나 책, 그 밖의 연구물은 정직하고 객관적이며 신중하게 작성되고, 심사되고, 편집되고, 출판되어야 한다.

객관적인 동료심사를 촉진하기 위하여 저자들은 분명하고 신중하게, 그리고 객관적으로 문서를 작성할 의무가 있다. 이 책은 과학저술을 논하는 책이 아니기 때문에, 여기서 심층적으로 저술의 객관성을 논의하지는 않을 것이다.[1] 그러나 저자가 여러 과학서적에 주어진 모든 지침을 따랐다고 하더라도, 그 논문이 정확한지, 그리고 적절한 정보를 담고 있는지를 확인할 필요가 있다는 주장에는 일리가 있다. 왜냐하면 심사자들과 편집자들은 적절한 정보가 부족하거나 그들이 받는 정보 중의 일부가 정확하지 않다면 정확한 판단을 할 수가 없기 때문이다. 정확하게 보고되어야 하는 정보에는 자료, 재료, 방법, 이름, 저자의 소속기관, 인용, 승인, 허가, 논문의 출판 상태 등이 포함된다. 이러한 정보에 덧붙여서 저자는 이해갈등이 발생할 수 있는 재정적인 이해관계뿐만 아니라 자금의 출처를 밝혀야 한다. 하지만 저자의 의무는 책 출판이 승인된 이후에도 끝나지 않으며, 인쇄 중이라도 지속된다. 만약에 저자가 자기 원고에서 실수나 부정확함 또는 누락 부분을 발견하면, 편집자에게 이러한 문제를 알릴 의무가 있다. 그러면 실수의 성질에 따라 수정본 또는 추가본을 출판하거나 논문을 철회하도록 처리할 것이다.

만약에 동료심사가 적절히 기능하기만 한다면, 이는 틀림없이 신중하고, 비판적이며, 객관적으로 이루어질 것이다. 편집자와 심사자는 과학의 품질관리 기제로 작용하기 때문에, 논문을 비판적으로 철저하게 숙독

---

1) C. Hawkins and S. Sargi(eds), *Research*: *How to Plan, Speak, and Write About It*(New York: Springer-Verlag, 1985).

해야 할 의무가 있다. 그들은 오류, 생략, 부정확함, 실험 설계의 결함, 오역 그리고 논리적·방법론적·통계적 실수를 찾아내어 보고해야 한다. 만약 심사자와 편집자가 어떤 논문이 과학적 기준에 도달하지 못한 것을 발견한다면, 편집자는 그 논문의 오류, 부정확함, 결함, 기타 실수를 저자에게 알려야 한다. 또 만약 어떤 논문이 부정취득의 혐의가 있다면, 적당한 행정기관에 보고해야 한다(LaFollette, 1992). 비록 심사자와 편집자가 과학적 품질과 충실성의 유일한 감시자가 될 수는 없더라도, 부정과 실수를 방지하기 위해 조력하는 일에서 자신의 몫을 감당해야만 한다. 과학잡지는 속임수와 오류를 범한 과학자로부터 논문을 철회하거나 수정본을 발행함으로써 또는 사과문을 실음으로써, 또는 논문에 실제적으로 기여한 사람들의 정보를 기록할 때 과학적 충실성의 기준을 분명히 천명함으로써 속임수와 오류에 대항하는 싸움을 지원해야 한다(Armstrong, 1997).

편집자와 심사자는 동료심사 그 자체가 편견에 치우치지 않았음을 보증할 의무가 있다. 왜냐하면 동료심사에서의 편견은 객관적인 지식추구를 손상시킬 수 있기 때문이다(Chubin and Hackett, 1990). 물론 편집자와 심사자도 인간으로서, 그들의 편견과 이해관계가 심사과정에 영향을 미치고 오염시킬 수 있기 때문에, 그 목표를 성취하기란 항상 쉽지가 않다. 예를 들어 심사자는 때때로 사적인 혹은 직업적인 이해관계에 얽혀, 편견 없는 심사자로서 섬겨야 할 자신의 능력을 손상시킬 수 있다. 그런가 하면 자신이 좋아하지 않는 이론을 무의식적으로(또는 의식적으로) 배제하려는 시도를 할 수도 있고, 경쟁관계의 연구자나 실험자가 출판을 하지 못하도록 저지하는 시도를 할 수도 있다. 때때로 심사자는 특정한 과학자나 학파에 개인적인 원한을 갖는 경우도 있다(Hull, 1988). 이렇게 이해관계의 대리인인 양 활동하는 검사자는 타당한 이유 없이 초고를 거절할지도 모르고, 가능한 한 길게 출판을 지연시킬지도 모른다. 편집자 또한 이러한 형태의 편파적 심사에 개입할 여지가 있다. 사실상 편집자는 편집과정에서 더 많은 통제력을 가지기 때문에, 심사자보다 더 큰 권력을 휘두를 수 있다. 만약 한 편집자가 어떤 초고를 좋아하지 않거나, 그 저자를 좋아하지 않는다면, 그는 자기가 생각하기에 부정적인 평가를 내릴 거라고 확신하는 심사자에게 초고를 보낼 수도 있고, 아니면 단순히 심사자의 긍정적인 평가를 무시할 수도 있다.

편파적인 동료심사가 얼마나 빈번한지를 측정하는 것은 어렵다 해도, 몇 가지 증거를 통해 그것의 존재유무를 확인할 수는 있다.[2] 동료심사가 편파적일 때, 비평과 확증과 논쟁을 주축으로 하는 과학의 방법은 적절한 기능을 발휘할 수가 없다. 역기능적인 심사는 과학자 사이에 불신을 일으키고, 과학자가 낡은 착상에 도전하여 새로운 것을 창출하지 못하도록 가로막는다. 과학의 건강성은 신중하고도 편견 없는 동료심사에서 비롯되기 때문에, 많은 전문잡지가 공정하고 객관적인 동료심사를 촉진하는 세부단계를 밟는다. 많은 잡지는 심사가 편파적이지 않도록 하기 위해 기밀유지제도를 활용하는데, 특히 과학에서는 단일맹검심사를 실시한다. 말하자면 저자는 심사자의 이름과 소속을 알지 못하지만, 심사자는 저자의 이름과 소속을 알 수 있다(LaFollette, 1992). 일부 견해에 따르면 단일맹검이 심사자로 하여금 저자의 반발 위협으로부터 벗어나 자유롭게 초고를 평가할 수 있어서 객관성과 공정성을 확보할 수 있다고 한다. 한편, 어떤 잡지는 이중맹검 동료심사를 실시한다. 예컨대 저자와

---

2) 생물학에서 편견과 사적 원한에 관한 흥미로우면서도 상세한 자료는 D. Hull, *Science as a Process*(Chicago: University of Chicago Press, 1988)를 참고. 동료심사에서의 편견에 관한 몇몇 관찰 연구에 관해서는 D. Chubin and E. Hakett, *Peerless Science*(Albany, NY.: State University of New York Press, 1990)와 R. Fletcher and S. Fletcher, "Evidence for the effectiveness of peer review", *Science and Engineering Ethics 3*: 35~50, 1997을 참고.

심사자 모두 서로의 이름과 소속을 알지 못하는 것이다. 혹자는 이러한 이중맹검이 심사자가 저자의 이름과 소속에 관한 정보를 이용하여 우호적 또는 비우호적 심사를 하는 것을 막아 주기 때문에 더 효과적이라고 한다. 이상적이기는 심사자가 저자의 배경이 아니라 논문의 내용을 토대로 평가하는 것이다. (단일이든 이중이든) 맹검심사는 이러한 이상적인 심사를 촉진해야 한다.

그런데 어떤 저자는 검사자가 거의 언제나 논문의 인용과 착상, 기타 내용상의 다른 측면에 기반을 두고 다양한 논문의 저자를 평가할 수 있다는 이유로 이중맹검심사마저 반대한다. 이것은 사실상 모든 정상급 연구자가 자신의 동료가 무엇을 하고 있는지를 알고 있을 만큼 규모가 매우 작고 긴밀하게 조직된 영역에서는 특히 옳은 말이다. 이중맹검심사는 저자가 자신의 정체가 비밀에 부쳐진다는 것을 믿도록 기만하는 일종의 사기이다. 어떤 저자는 단일맹검심사가 단순히 부정직하고 불공정한 심사자의 보호막으로 작용하며, 비윤리적인 행동에 대한 책임으로부터 그를 비호하는 역할만을 한다는 점에서 그것을 반대한다(LaFollette, 1992).

어떤 저자는 공정하고 정직하고 효과적인 심사를 촉진하기 위해 가장 좋은 방법은 전 과정을 완전히 개방하는 것이라고 주장한다(LaFollette, 1992). 완전히 개방된 동료심사란 학회 발표와 비슷할 것이다. 누군가 발표를 할 때 청중은 발표자의 정체를 알 수 있고, 발표자 또한 자신의 연구를 비판하는 사람들의 정체를 알 수 있다. 〈행동과학과 뇌과학〉(*Behavioral and Brain Sciences*: *BBS*) 같은 일부 잡지는 개방형 동료심사를 허용한다(Armstrong, 1997). 이 잡지의 여러 호에 보면, 6개의 종설이 딸린, 혹은 논평자의 서명까지 붙은 선도 논문이 실려 있다. 전자출판계 또한 논문을 웹페이지에 게시할 수 있게 하며, 비평가들이 웹상에서 자신의 의견을 제시하거나 토론을 할 수 있도록 하여 개방형 동료심사가 이루어질 수 있는 기회를 제공한다.

나는 이 쟁점에 대해서는 더 많은 연구가 필요하다고 생각하지만, 완전한 개방형 동료심사를 선호하는지 여부는 확실히 말할 수가 없다. 내 생각에, 심사자가 업무를 수행하기 위해서는 일종의 보호가 필요한 것 같다. 심사자가 받는 사회적 압력은 부정직하고 불공정한 심사를 초래할 수 있다. 만약 심사자가 자신의 신분을 밝히기 원한다면, 그때는 그렇게 해도 될 것이다. 그러나 이러한 경우를 제외하고는 심사자의 익명성을 보장해 주어야 한다. 반면에 심사자가 자신의 행동에 책임질 수 있도록 하는 장치 또한 필요하다. 아마도 심사자가 책임 있게 행동하도록 짐을 지우는 부분은 편집자의 몫이 될 것이다. 편집자는 각각의 논문을 누가 심사했는지 말할 필요 없이 연말에 심사자들의 이름 목록을 제시함으로써, 혹은 예외적인 경우에는 저자에게 심사자들의 이름을 알려 줌으로써 편견 없는 심사를 촉진할 수 있을 것이다. 어떤 경우든지 편집자는 공정한 심사가 이루어지도록 심사자와 긴밀하게 연계해서 작업해야 하며, 객관성을 확보하도록 적절한 조치를 취해야 한다.

편파적인 심사의 문제에 대한 또 다른 해결책은 출판을 위해 논문을 제출한 저자를 초대함으로써 정상적인 동료심사 과정을 회피하는 것이다. 이 방법은 아마도 연구 분야가 너무나 논쟁적이고 혁신적이어서 공평한 심사를 기대하기 어려운 경우에 유용할 것이다(Armstrong, 1997). 많은 과학사가들에 따르면 과학자는 종종 논쟁의 소지가 많거나 새로운 연구에 강한 거부감을 보인다고 한다(Barber, 1961). 나는 혁신적이고 논쟁적인 연구를 출판하기 위해서는 때때로 정상적인 동료심사를 우회해야 한다는 데 동의한다. 그러나 이 정책은 규칙이라기보다는 예외적인 경우로 한정해야 한다. 왜냐하면 동료심사를 함정에 빠뜨리는 것은 전체적으로 출판된 연구의 품질과 충실성을 훼손할 수 있기 때문이다.

독자들은 앞서 언급한 몇 가지 사항을 읽으면서 내가 동료심사에 많은 문제가 있는 것처럼 여긴다는 인상을 받을 수도 있겠지만, 사실은 그렇지 않다. 내가 알기로는 과학논문을 심사하는 대부분의 사람들, 또는 이러한 제안에 응하는 사람들은 자신의 일을 매우 진지하게 받아들인다. 그들은 논문심사를 명예로, 혹은 동료들에 대한 중요한 봉사로 생각한다. 그러나 진지한 사람들도 실수를 할 수 있고 편견에 사로잡힐 수 있기 때문에, 동료심사의 충실성을 보장할 수 있는 조치를 취하는 것은 매우 중요하다. 어떤 경우에나 학자들은 동료심사 과정에 대해 더욱 깊이 있는 연구를 해야만 한다.

이 부분을 끝마치기 전에 편집자와 심사자가 지녀야 할 여러 가지 기타 책임의식에 대해 논해 보고자 한다. 첫째, 편집자와 심사자는 동료심사에서 이해갈등을 피해야 한다. 이러한 갈등은 성격상 대개 금전적인 것이기보다는 개인적인 것이다. 예를 들면, 박사과정 학생의 지도교수는 자기 학생의 동료심사자가 되어서도 안 되고, 그러한 제안을 받아들이지도 말아야 한다. 지도교수 입장에서 이해갈등을 겪을 수 있기 때문이다. 주어진 분야에서 서로의 연구에 대해 잘 아는 전문가가 매우 적을 때도 있고, 또 전문가끼리는 종종 경쟁관계에 있기 때문에, 동료심사에서 이해갈등을 피하기가 언제나 수월한 것은 아니다. 그렇지만 어느 분야에서든지 가능한 한 이해갈등은 피해야만 한다.

둘째, 편집자와 심사자는 저자가 연구작업을 개선하도록 도와야 할 의무가 있다. 저자는 편집자와 심사자의 논평으로부터 많은 것을 배운다. 비록 동료심사의 목적이 과학출판의 품질을 개선하는 것이기는 하지만, 동시에 교육적인 기능도 있는 것이다. 신중하고 건설적인 비평은 저자의 연구를 개선하는 역할을 하지만, 부주의하고 사소하며 파괴적인 비평(또는 아예 비평을 하지 않는 것)은 도움을 줄 수가 없다.

셋째, 심사자와 편집자는 예의와 존경심을 가지고 저자를 대할 의무가 있다. 하지만 이 의무가 언제나 지켜지는 것은 아니다. 어떤 심사자의 논평은 욕설과 개인적인 공격, 기타 비난의 언사로 얼룩져 있다(LaFollette,

1992). 개인적인 공격은 과학의 상호존중 원칙에 역행하는 것으로, 동료 심사에서 마땅히 배제되어야 한다. 그것은 비윤리적이며 직업윤리에 어긋나고, 저자와 편집자 및 심사자 사이에 신뢰의 토대를 허물어 버린다. 비평은 저자의 착상이나 방법, 혹은 주장에 초점을 맞추어야지, 저자 개인을 향해서는 안 된다. 만약 심사자의 논평이 개인적인 공격을 담고 있다면, 편집자는 저자에게 해가 미치지 않도록 이 부분을 검열하여 삭제할 의무가 있다. 편집자는 또한 해당 심사자에게 다시는 논문심사를 맡기지 않는 것도 고려해 볼 만하다.

그 밖에 적당한 시점에 초고를 저자에게 돌려보내는 것도 예의와 존경심을 가지고 저자를 대하라는 의무에 해당할 것이다(LaFollette, 1992). 심사자와 편집자가 이러한 의무를 충족시키지 못한다면, 연구의 우선권을 보호한다거나 출판 경력을 쌓는 부분에서 저자에게 해를 입힐 수 있다. 어쩌면 편집 결정을 기다리는 동안에 한 사람의 경력이 글자 그대로 몹시 불안한 상태에 놓일지도 모를 일이다. 저자들은 동료심사가 적절한 시간 안에 효과적으로 이루어지기를 바라기 때문에, 심사절차가 늘어지는 것도 저자와 편집자 및 심사자 사이의 신뢰를 무너뜨릴 수 있다.

넷째, 편집자와 심사자는 심사 중인 논문에 대해 기밀을 유지해야 하고, 저자의 착상이나 이론, 가설을 훔치지 말아야 한다. 편집자와 심사자는 심사과정에서 새로운 착상과 방법을 배울 수 있는 소중한 기회를 얻게 되는데, 파렴치한 편집자와 심사자는 동료의 독창성과 수고를 이용하여 이익을 챙길 요량으로 쉽사리 자신의 특권을 이용한다. 심사자가 저자의 착상을 훔친 사실을 입증하거나, 또는 얼마나 자주 이와 같은 절도가 발생하는지를 추정하는 것이 불가능한 경우가 종종 있지만, 그런 일이 발생한 증거는 몇 가지가 있다(Chubin and Hackett, 1990). 이런 식으로 편집권을 남용하는 과학자는 과학의 신용을 떨어뜨릴 뿐만 아니라, 출판계의 신뢰 풍토를 위협한다. 저자들이 출판을 위해 초고를 제출할 때는 자신의 착상이 도난당하리라고 생각조차 하지 않을 것이다. 만약 저자에게 이런 신뢰가 없다면, 아예 논문을 제출하지 않거나, 자신의 아이디어가 도난당하지 않도록 보호할 목적으로 잘못된 정보가 담긴 논문을 제출할 것이다(Grinnell, 1992). 말할 필요도 없이 심사자와 편집자의 지식 절도는 동료심사의 객관성과 신뢰와 충실성을 위협한다.

마지막으로, 편집자는 논문의 출판 여부에 대한 최종 결정권을 가지고 있기 때문에, 공정하고 객관적이며 합리적인 정보에 근거한 결정을 내릴 책임이 있다. 여기서 책임이란 통상 편집자가 동료심사절차 자체를 평가해야 한다는 뜻을 함축한다. 즉, 편집자는 동료심사절차에 내재한 다양한 문제와 편견을 이해하고, 이를 개선하기 위해 노력해야 한다. 또한 편집자는 심사자들이 논문에 관해 서로 일치된 결론에 도달하지 못할 때, 갈등하는 견해 사이에서 냉정한 판단을 내려야 하며, 저자가 초고를 향상시키고 심사자들의 논평을 이해하도록 도와야 한다. 그리고 기꺼이 동료심사에 대한 다양한 실험을 시도해야 한다(Armstrong, 1997).

2. 출판상의 문제들

우리가 주목해야 할 여러 가지 중요한 출판상의 문제가 있다. 이 대목에서는 출판물의 내용과 형식, 그리고 분량과 관련된 이야기를 해보자. 내용과 관련해서는 출판물을 세 가지 형태로 구분할 수 있다. ① 동료심사가 종료된 새로운 연구, ② 동료심사가 종료된 낡은 실험을 반복하기 위해 설계된 연구, ③ 종설(*review article*). 과학잡지에서 출판되는 대부분의 원고는 새로운 연구를 요약한 것이다(LaFollette, 1992). 새로운 연구 한 편이 풀리지 않던 과학적 문제에 대한 해결책이 될 수도 있고, 새롭게 발생하는 문제를 풀 수도 있으며, 미지의 영역을 탐구하거나, 새 모델

또는 방법 내지 기술을 발전시킬 수도 있다. 분명히 새로운 연구는 여러 면에서 과학이라는 전문직 분야를 이롭게 하고 지식의 발전을 위해 필요하다. 따라서 과학의 보상체계는 독창성에 방점을 찍는다. 정년보장교수직 심사위원회도 새로운 연구를 강조하고, 박사과정 학생들도 어떤 형태로든 독창적인 연구를 수행하려고 하며, 과학잡지들도 새로운 연구의 출판을 선호한다(Gaston, 1973).

그러나 다른 형태의 연구 또한 과학에서 중요한 역할을 한다. 과학은 자기 수정이 필요하기 때문에, 낡은 실험을 다시금 반복하는 일은 중요하다. 불행하게도 과학자들은 재(再)실험을 거의 하지 않고, 과학잡지에서도 지난 연구를 재시도하는 논문은 거의 없다(Kiang, 1995). 과학잡지가 낡은 연구의 재실험에 대한 논문을 출판하는 것은 그 연구가 논쟁거리를 제공할 때뿐이다. 만약 과학잡지가 낡은 실험을 재시도하는 작업을 출판하지 않고, 새로운 연구만 출판함으로써 이 분야의 과학자들에게만 보상을 준다면, 재실험을 시도하는 과학자들의 사기는 현저히 떨어질 것이다. 이러한 문제와 씨름하기 위해서라도, 과학잡지는 낡은 실험을 재시도하는 작업을 자발적으로 더 많이 출판해야 한다.

과학자가 자기 분야의 연구를 따라가기가 날로 어려워지고 있기 때문에, 종설을 써서 출판하는 것 또한 중요하다. 종설은 일정한 분야에서 현재 이루어지는 연구를 개괄적으로 소개하는 글로, 대개 그 분야의 최고 학자가 집필한다. 종설은 연구 분야에 대한 종합적인 관점을 발전시키고, 해당 분야의 걸출한 미결 문제를 논의할 수도 있다. 일정한 분야에서 집적된 방대한 과학적 연구에 대하여, 종설은 과학자로 하여금 이 모든 정보의 흐름을 따라잡는 데 중요한 역할을 한다(LaFollette, 1992). 하지만 불행히도 정년보장교수직 심사위원회는 종설에 대해 관심을 별로 기울이지 않으며, 대부분의 잡지도 종설을 거의 출판하지 않는다. 이 문제를 해결하려면, 과학자가 쓰는 종설에 적절한 보상이 이루어져야 하고,

출판사는 종설을 출판하는 데 더 많은 노력을 기울여야 한다(Armstrong, 1997).

정보화 시대에 떠오르는 중요한 관심사는 얼마만큼 출판할 것인가이다. 이것은 저자와 과학출판 공동체에 던져진 과제이기도 하다. 저자의 관점에서 보자면, 정년보장교수직을 얻고 연구비를 따고 그 밖에 다른 과학적 보상을 얻기 위해서는 가능한 한 많은 양을 출판하라는 압박에 시달린다(LaFollette, 1992). 이러한 압박감 때문에 과학자는 출판 경력을 쌓기 위해 많은 양의 질 낮은 논문을 양산할 수도 있다(Huth, 1986). 비록 질 낮은 논문이 과학 전반에 큰 해를 끼치지는 않는다 하더라도, 과학자는 최상의 논문만을 출판하고자 노력해야 한다. 과학 공동체는 과학자가 보다 많은 논문을 활자화하려고 애쓰는 것보다 논문을 세련되게 가다듬기 위해 공을 들이는 것을 더 인정해 주어야 한다.

출판에 대한 압박 때문에 저자가 논문을 '출판 가능한 최소한의 단위'로 분할하는 일이 벌어지기도 한다(Broad, 1981). 이렇게 하면 과학자 개인은 출판 경력을 부풀림으로써 분명히 이익을 보지만, 과학계 전체로는 엄연히 손해인 것이다. 그러한 행위는 첫째, 정보를 교류하기 위해 필요한 것보다 더 많이 편집되고 심사되고 출판되는 논문의 수를 늘림으로써 과학 자원을 낭비하게 된다. 둘째, 과학자에게 순수하게 출판될 만한 가치가 있는 것보다 더 많은 출판 기회를 허락함으로써 과학의 보상체계를 왜곡시킨다. 출판 경력이란 한 과학자의 연구 노고를 반영하는 것이지, 출판이라는 게임에서 우세를 가늠하는 잣대가 아니다(Huth, 1986).

편집자는 출판의 양과 관련하여 두 가지 접근을 할 수 있는데, 민주적 접근과 엘리트적 접근이다. 민주적 접근을 선호하는 편집자는 아이디어의 상호교환을 위해 자유롭고 열린 토론을 제공하고, 위대한 발견과 결과물이 자칫 간과되지 않도록 가능한 한 많은 양의 출판을 해야 한다고 생각한다. 좋은 논문은 궁극적으로 정상에 오를 것이지만, 품질이 떨어지는 논문은 세상에 알려지지 않고 조용히 침몰할 것이다. 그런데 논문 게재가 거부되는 경우에는 항상 새롭고 중요한 착상을 놓칠 위험이 있다. 특히 혁신적이고 논쟁적인 논문은 종종 새로운 착상에 대해 이론상의 편견을 가진 심사자로부터 부정적인 평가를 받을 수 있기 때문에, 정말이지 그런 위험이 존재한다. 다른 한편, 엘리트적 접근을 선호하는 편집자는 많은 양의 출판이 가져올 수 있는 부정적인 효과가 적어도 두 가지 정도 있을 것으로 보고 이를 염려한다. ① 타당성이 결여되고 깊이가 없는 연구가 출판될 것이다. ② 과학자가 방대한 양의 논문을 일일이 뒤져서 가치 있는 논문을 선별하기는 불가능하다. 그리하여 어떤 편집자와 출판사는 매우 높은 기준을 세우고, 이런 기준에 부합하는 논문만을 출판한다. 오늘날에는 민주적 잡지와 엘리트적 잡지가 공존하기 때문에, 나는 이 현상을 굳이 수정해야 할 이유가 없다고 본다. 엘리트적 잡지는 방대한 양의 논문을 전부 검토할 시간이 없는 과학자가 자기 분야에서 최고의 논문만을 접할 수 있도록 해준다. 그런가 하면 민주적 출판사는 다양한 착상에 자유롭고 열려 있는 대화의 장을 제공함으로써 중요한 역할을 한다.

전자출판은 비교적 저렴한 비용으로 방대한 양의 정보를 온라인상에서 출판하는 것이기 때문에, 이를 이용하면 과학 공동체가 앞서 언급한 두 가지 문제를 성공적으로 풀 수 있을지도 모른다. 그러나 웹 출판은 출판의 품질과 관련하여 심각한 문제를 야기한다. 사실상 아무나 웹페이지상에서 출판을 할 수 있기 때문에, 웹 검색을 통해 과학정보를 얻고자 하는 사람은 자신이 얻은 정보가 믿을 만하고 근거 있는 것인지를 보장받을 수 없다. 따라서 웹 출판을 고려하는 사람은 동료심사와 웹의 등급화 장치를 마련할 필요가 있을 것이다. 또한 다양한 과학 기구들은 독자들이 웹페이지상에서 검색을 통해 접근한 연구가 타당하고 정확한 것인지를 확인할 수 있도록 '인증장치'를 둘 수도 있다.

3. 공로가 있을 때만 공로를 인정하기

4장에서 나는 과학에서 공로의 원칙에 대해 이야기했다. 이 원칙은 과학자는 마땅히 공로를 인정해야 할 때는 인정하되, 공로가 없을 때는 인정하지 말아야 한다고 가르친다. 과학출판에서도 사람들에게 공로를 인정해 주는 많은 방법이 있다. 가령, 공동저자의 이름을 등재한다거나, 논문에서 특정인을 인용하는 것, 또는 특정인의 작업을 논의하는 것, 감사의 말을 적는 난에 특정인을 언급하는 것 등이다. 공로를 인정하지 않는 최악의 방법은 표절이다. 지난 장에서 나는 표절을 부정직의 다른 형태로 묘사했지만, 이는 또한 일종의 지식 절도라고도 표현할 수 있다. 3) 표절의 방법은 다른 사람의 논문 전체를 베끼는 것에서부터 착상이나 문장을 허가 없이 사용하는 것까지 여러 가지가 있다. 앞에서 나는 심사자가 자기가 심사한 미출판 논문으로부터 참신한 착상을 훔치고 싶은 유혹을 받을 수 있다고 말했다. 과학자가 동료들과 자신의 미출판 논문에 대해 의견을 교환하거나 비공식적으로 토론할 때도 이와 같은 일이 일어날 수 있다.

과학에서 표절 빈도를 추산하기란 어렵지만, 과학기관들은 해마다 표절로 인정되는 사례를 상당수 조사해 낸다. 문서화된 많은 사례가 있지

---

3) 자기 자신의 논문을 표절한 것은 부정직에 해당하지만 지식 절도라고 말할 수는 없다. 자기표절을 저지른 사람은 자신의 작업에서 신용을 얻지 못한다. 자기표절의 가장 극단적인 사례는 그 논문이 본래 어디에 게재되었던 것인지 밝히지도 않고, 또한 그 논문을 게재했던 잡지로부터의 어떠한 허가나 승인 없이, 정확히 동일한 논문을 1회 이상 출판하는 경우다. M. LaFollette, *Stealing into Print* (Berkeley: University of California Press, 1992). 그러나 때때로 똑같은 논문을 다른 독자들에게 소개하기 위해 다른 잡지에서 출판하는 것이 적절할 때도 있는데, 이 경우에도 저자는 그 논문의 이전 출판기록을 표기해야 한다.

만, 대다수의 표절은 부지불식간에 일어난다. 4) 많은 사람들, 특히 학부
생들은 인용방법이나 적절하게 출처를 밝히는 법을 잘 모르기 때문에,
무심코 표절을 하게 된다. 어떤 이는 출처를 기억하지 못해서 실수를 하
고, 또 어떤 이는 논문이나 책이 연구되고 집필되고 편집된 날짜를 잘못
기록하기도 한다. 해당 논문주제에 대해 정확한 문헌조사를 해보지 않은
사람은 자기가 수행하는 바로 그 연구를 이미 다른 과학자가 시도했다는
사실을 모를 수도 있다. 이러한 종류의 실수를 방지하려면 과학자들은
연구에 착수하기 전에 철저한 문헌조사를 통해서 그런 사실을 확인할 필
요가 있다(Grinnell, 1992). 무지해서든 아니면 부주의 때문이든, 고의
없는 표절은 독자를 속이거나 남의 착상을 훔치려는 의도가 아니기 때문
에, 부정직이나 절도라기보다는 실수로 간주된다. 고의 없는 표절을 한
과학자는 자신의 실수를 수정하기 위해 적절한 조치를 취해야 하며, 과
학을 가르치는 교육자는 학생들에게 적절한 자료인용법을 가르칠 의무가
있다(Markie, 1994).

　때로는 둘 또는 그 이상의 과학자가 우연히 동시에 똑같은 착상을 하는
경우가 있다. 동시발견(co-discovery)으로 알려진 이런 현상은 과학에서
빈번히 일어난다. 동시발견자들은 서로를 지식 절도자로 비난하기도 하
지만, 동시발견은 표절이 아니다. 아주 유명한 사례로는, 다윈과 월리스
가 동시발견한 자연선택이론과 뉴턴과 라이프니츠가 동시발견한 미적분
법이 있다. 그러나 과학자들은 종종 자신의 우선권을 보호받기 위해 동
시발견을 놓고 권리 분쟁에 돌입하는데, 이러한 우선권 분쟁은 과학에서

---

4) PSRCR, *Responsible Science*, vol. 1(Washington, DC: National Academy
　Press, 1992) ; 과학에서 잘 알려지지 않은 표절의 에피소드를 보려면 R.
　Kohn, *False Prophets*(New York: Basil Blackwell, 1986) ; W. Broad and
　N. Wade, *Betrayers of the Truth*, new ed. (New York: Simon and
　Schuster, 1993)을 참고.

정기적으로 발생한다(Merton, 1973). 5) 동시발견이 일어나서 과학자들이 우선권 분쟁을 벌일 때, 공로의 원칙은 발견자 모두가 각자의 발견에 대해 공로를 인정받아야 한다고 말한다. 예를 들면 다윈이 월리스 또한 자연선택이론을 발견한 것을 알자마자, 두 과학자는 협력하여 함께 이론을 발표하는 데 동의했다.

비록 대부분의 과학자가 고의적인 표절은 비윤리적이며, 고의 없는 표절은 피해야 하고, 우선권 분쟁은 해결되어야만 한다는 데 동의하더라도, 과학에서 공로를 배분하는 문제에서는 좀처럼 합의점을 찾지 못하고 있다. 가장 크게는 저자를 정하는 문제 때문에 많은 논란과 분쟁이 일어난다. 과학에서 저자 등재와 관련하여 일반적인 관례는 출판에 중요한 공헌을 한 사람이 저자로 등재되는 것이다. 그러나 중요한 공헌의 의미가 과학의 분야마다 다르기 때문에, 현재는 저자임을 보증하는 단일한 기준이 없는 실정이다. 실험을 설계하고, 자료를 수집·분석하고, 개념과 가설을 발전시키고, 연구비 신청서를 작성하고, 학회에서 결과를 발표하고, 실험을 지도하고, 과학적·기술적 조언을 하고, 논문의 기초를 잡거나 편집하는 사람이 저자로 등재될 수 있을 것이다(Rose and Fisher, 1995). 저자를 등재하는 문제가 과학연구에서 다른 윤리적인 문제만큼 중대하지는 않지만, 그 문제를 제기하는 과학자에게는 매우 중요할 수 있다. 왜냐하면 저자 등재는 과학자에게 인정과 존경을 가져다주며, 경력을 향상하는 데서 핵심적인 역할을 하기 때문이다.

---

5) 최근에 많이 출판된 우선권 분쟁에 대해 관심이 있는 독자는 인체면역결핍바이러스(HIV)의 발견과 관련하여 갈로(Robert Gallo)와 몽태그니에르(Luc Montagnier) 사이에 일어난 논쟁을 참고하라. P. Hilts, "US and French researchers finally agree in long feud on AIDS virus", *New York Times*, 7 May: A1, C3, 1991a). 이 분쟁은 국제적인 사건으로 비화되어 미국과 프랑스 사이에서 고도의 협상으로 이어졌다.

"언제 저자로 등재될 수 있는가?", 이 질문에 답하기 위해서는 먼저 저자 등재가 연구와 출판에서 어떤 역할을 하는지를 이해하는 것이 중요하다. 저자 등재는 두 가지 뚜렷한 상보적 역할을 한다. 앞에서 이미 살펴본 바와 같이, 저자 등재는 과학자들이 자신의 논문 기여도에 대한 공로를 인정받는 방법이지만, 공로의 이면은 책임이다. 과학연구의 저자는 그 내용에 대해 책임을 져야 한다. 작업에 오류나 속임수가 있을 경우, 책임의 소재를 명확히 하는 일은 매우 중요하다. 과학 공동체는 오류를 수정하고 부정행위를 조사하기 위해 책임소재를 밝히는 제도적 장치를 마련할 필요가 있다. 그러나 오늘날 저자 등재의 관행을 생각해 볼 때, 저자로 이름을 버젓이 올린 사람들이 논문을 작성하는 방법이나 결과에 대해 책임을 질 수도 없고 지지도 않는다는 사실이 슬프다. 부정행위 사례에 관한 많은 자료를 보면, 몇몇 공동저자는 부정행위에 대해 아는 바가 없다고 부인했고, 공동집필한 논문에 오류나 속임수가 있음을 발견하고는 충격을 받았다고 했다(LaFollette, 1992). 자신의 공로를 인정받아 이득을 보는 사람들은 기꺼이 책임의 짐을 나누어 져야 한다. 공저자 등재를 가벼이 여기지 말아야 하는 마지막 이유는 무자격자에게 저자 자격을 부여하게 되면, 과학의 등재 관행이 저속하게 되기 때문이다. 누구나 별의별 명목으로 공저자로서 등재될 수 있다면, 누구를 공저자로 올리는가의 문제가 더 이상 아무 의미도 없게 된다.

이런 점들을 고려하여 저자 등재에 관해 대충 다음과 같은 경험원칙을 제시할 수 있겠다. 과학적 작업에서 저자라 함은 그 작업에 상당한 기여를 한 사람으로, 논문의 내용에 책임을 질 수 있어야 한다(Resnik, 근간). 책임은 다양한 방법으로 나누어 질 수 있으며, 저자로 등재되기 위해 모든 부분에 대한 책임을 질 필요는 없다. 이를테면, 한 권의 책을 저술할 때 여러 명의 저자가 각 장을 나누어 집필하는 것으로 각자 기여할 수 있을 것이다(이때 각 장에 대한 책임은 해당 저자가 진다). 또는 몇 사람이 한 논문의 각기 다른 절에 대한 책임을 나누어 짊으로써 공저자가 될 수도 있다.

그렇다면 과학적 작업에 기여하기는 했지만, 그 내용의 일부 또는 전부에 대한 책임을 맡지 않은 사람은 어떻게 해야 하는가? 다른 방식으로 논문에 기여한 사람들의 이름을 서문에 등재하는 것이 요즘 과학계의 관행이다. 그러나 이런 식으로 공로를 할당하는 것은 실제로 중대한 공헌을 한 사람들이 적절한 인정을 받지 못하게 되는 문제를 야기한다. 서문에 이름을 올리는 것은 고용·인사·승진에 도움을 주지 못할 뿐만 아니라 과학계 내에서 권위나 명성을 얻는 데도 큰 힘을 발휘하지 못한다. 저자로 등재하는 것과 서문에 등재하는 것 사이에는 커다란 차이가 있기 때문에, 자격 미달의 사람들을 저자로 둔갑시키고 싶은 유혹이 생긴다. 그리하여 동료나 제자, 또는 지도교수 등에게 보답하기 위해서 사람들은 이런 유혹에 굴복하고 만다.

예를 들면, '명예'저자 등재가 있다. 때로는 연구소장이나 선임연구자가 명예저자로 등재되기도 한다. 심지어 연구에 공헌한 바가 전혀 없는데도 말이다(LaFollette, 1992). 저명한 학자를 명예저자로 등재하여 그 분야에 미친 공헌을 치하하거나 논문에 어떤 권위를 부여하는 경우도 있는데, 그럼으로써 그 논문이 더 많이 읽히는 효과를 낳는다. 저자 등재를 선물로 제공하는, 소위 '선물형' 등재 관행도 있다. 가령, 정년보장교수직을 얻기 위해, 혹은 승진이나 기타 보상을 바라고서 누군가에게 여분의 출판 경력을 제공할 요량으로 저자로 등재해 주는 것이다(Lafollette, 1992). 어떤 과학자는 심지어 자신의 출판 경력을 늘리기 위해 저자 등재를 교환하기도 한다(Huth, 1986). 다양한 과학 분야에서 전반적으로 공저자의 비율이 늘어난 데는 이처럼 윤리적으로 문제가 있는 저자 등재 관행이 한 몫을 했을 것이다(Drenth, 1996). 공로 할당에 대한 나의 입장에 비추어 볼 때, 과학에서의 이러한 관행은 모두 비윤리적이다.

과학적 작업에 대한 기여도를 인정하는 문제는 많은 사람들이 그 연구에 중요한 기여를 했을 때 새로운 차원을 띠게 되는데, 특별히 대형 실험실과 연구팀을 거느린 과학 분야에서는 더욱 그렇다. 일례로, 물리학 논문 한 편에 200명 이상의 사람들이 저자로 등재된 경우도 있다(LaFollette, 1992). 공저자가 많은 논문은 과학출판에서 책임과 신용, 그리고 등재된 저자가 실제 저자인지의 여부가 완전히 모호하다.

저자로 등재되어야만 하는 사람들이 등재되지 못하거나 어떤 형태로든 인정받지 못하는 경우도 있다. 밀리컨은 전하량에 관한 자신의 논문에서 플레처의 공로에 대해 함구했다.[6] 플레처의 작업을 표절한 것은 아니었지만, 밀리컨은 플레처에게 마땅히 돌아갔어야 할 공로를 인정해 주지 않았다. 사람들은 플레처가 논문에서 인정받을 만한 공헌을 했고, 심지어는 공저자의 자격도 있다고 생각할지도 모른다. 이런 일이 얼마나 자주 일어나는지를 정확히 알 수는 없지만, 회자되는 소문에 의하면 흔하게 일어난다고 한다(Grinnell, 1992). 대부분의 희생자는 대학원생이나 박사후연구원들, 그리고 실험실 조교들이다(Gurley, 1993). 이와 같은 윤리적 문제가 발생하는 원인은 아마도 확실히 자리 잡은 전임 연구자와 대학원생, 기술조교, 그 밖에 실험실의 위계질서에서 힘과 권력이 없는 사람들 사이의 권력 불균형에 일부 기인할 것이다(PSRCR, 1992).

그러므로 과학연구에서 공과를 나눌 때는 다음과 같이 세 가지 심각한 문제가 대두된다고 정리할 수 있겠다. 첫째는 자격이 없는 사람에게 저자 인정을 해주는 것이고, 둘째는 저자들의 이름을 너무 많이 올리는 것이며, 셋째는 연구에서 중요한 기여를 한 사람에게 합당한 공로를 인정

---

6) 〔옮긴이 주〕 하비 플레처는 당시 대학원생으로 밀리컨의 제자였다. 그는 너무 빨리 증발해 버리는 물방울 대신에 기름방울로 실험을 해보자고 제안한 인물로, 소위 밀리컨의 '유적 실험'은 사실상 플레처의 아이디어 없이는 불가능했을 것이다. 상세한 내용은 제5장 141~144쪽을 참고.

해 주지 않는 것이다. 이 문제들을 해결하려면, 과학들이 기존에 사용하던 공로 인정의 방법에 덧붙여, '저자', '자료수집자', '기술자', '통계전문가' 같은 새로운 구분과 명칭을 만들 필요가 있다고 본다. 각기 다른 사람들이 연구에서 각기 다른 부분을 책임지고 있을 때, 과학 작업에서의 공로와 사례(謝禮)는 이러한 역할분담을 반영해야만 한다. 만약 과학자들이 추가범주를 채택하여 활용한다면, 공과를 할당하는 문제는 이전보다 더욱 투명하고 공정하며 정확해질 것이다. 추가명칭을 사용하는 것은 또한 오직 공로가 있을 때에만 공로를 인정하게 되어, 과학자들이 맡은 바임무를 더욱 잘 수행하게 함으로써 과학의 보상체계와 사회제도에도 긍정적 영향을 미칠 것이다(Resnik, 근간). 물론 새로운 체계를 채택하는 것은 쉬운 일이 아니다. 그리고 어떤 과학자는 기존의 전통적인 체계를 고수하려 할 것이다. 그러나 나는 여기서 얻을 수 있는 이익이 과학 전통을 혁신하려는 불굴의 노력을 기울일 만큼의 가치가 있다고 믿는다. 영화, 텔레비전, 신문, 그리고 음악 산업은 수년 동안 투명하고 정확하게 공로를 분배하는 방법을 사용해 왔다. 그런데도 투명성과 정확성의 전형이라 해야 할 과학에서 기존의 것보다 더 정확한 방법을 사용하기를 바라는 것이 과연 무리한 요구일까?

공로 할당에서 다뤄야 할 마지막 문제는 저자들이 등재되는 순서와 관련이 있다. 제일 앞에 등재되는 사람이 두 번째나 세 번째 사람보다 더 많은 인지도를 얻기 때문에, 이는 사소한 문제가 아니다. 특히 논문을 인용할 때는 공저자가 많은 경우, 가장 먼저 등재하는 저자의 이름만 써주고 나머지 저자는 '등'(et al.)으로 생략하여 표현하기 때문에, 제 1저자 이름이 연구를 대표하는 이름이 된다. 과학자는 다양한 방법으로 저자의 이름을 기재하는데, 분과마다 그 방식이 다르다. 어떤 분과에서는 알파벳 순서로 기재하고, 또 어떤 분과에서는 선임연구자를, 또 다른 분과에서는 후임연구자를 먼저 기재한다. 제 1저자 순서를 교대로 바꾸어 가며 기재하는 분과도 있다(LaFollette, 1992). 이런 등재방식에는 약간의 문제가 있을 수 있다. 저자를 알파벳 순서로 기재하면, 성이 알파벳에서 끝자리에 위치한 글자로 시작되는 사람들은 항상 뒤로 밀리는 바람에 마땅히 받아야 할 공로 인정을 제대로 받지 못할 것이다. 선임연구자의 이름이 항상 먼저 기재된다면, 그들은 이미 가지고 있던 인지도보다 더 많은 인지도를 저절로 얻게 된다. 어떤 후임연구자들은 단지 순서나 기다리자는 마음으로 서열 2위의 자리를 순순히 받아들일지 모르겠지만, 이것은 여전히 과학적 공로 할당의 체계를 왜곡하고 모호하게 한다. 왜냐하면 공로에는 책임이 반영되어야 하기 때문에, 제1저자로 등재되는 것은 일종의 보너스 공로로서 여분의 책임을 더 감당해야 한다는 뜻이기 때문이다. 연구에서 누가 책임을 가장 많이 져야 하는가를 결정하는 일이 가능하다면, 바로 그 사람이 제일 먼저 등재되는 것이 당연하다. 저자 등재는 책임의 순서를 반영해야만 한다. 책임의 순서를 결정하는 것이 가능하지 않다면, 등재 순서를 교대로 하는 방법이 합리적이다.

공로를 합리적으로 분배하려는 모든 시도를 무색하게 하는 한 가지 문제가 있는데, 머톤은 이를 '마태효과'(*Matthew effect*)라고 이름 붙였다(Merton, 1973). [7] 과학계에는 이름난 과학자가 자기가 받아야 할 적절한 분량보다 훨씬 더 많은 명성과 인지도를 얻고, 무명의 과학자는 훨씬 더 적은 명성과 인지도를 얻는 풍조가 있는데, 이것이 바로 마태효과다. 인정과 존경이 공정하게 주어지기는커녕, 이름이 이미 알려진 과학자에게는 후하게, 그렇지 않은 과학자에게는 박하게 주어지는 편파적 관행이 시간이 지날수록 증가하는 추세다. 무명의 동료들도 똑같은 수고를 했지만, 그들에 비해 유명한 과학자는 더 많은 상과 보상, 연구비를 받는 것

---

7) 마태효과는 《신약성서》, 〈마태복음〉, 25장 29절, "무릇 많이 가진 자는 더 받겠고, 적게 가진 자는 그 있는 것마저 빼앗길 것이다"에서 나온 말이다.

같다. 예를 들면, 앤더슨 프렌치(Anderson French)는 유전자 치료 분야에서 다른 연구자의 공헌보다 더 인상적인 공헌을 했다고 말할 수 없는데도, 유전자 치료의 창설자로 유명해졌다(Friedman, 1997).

　나는 마태효과가 공로 분배의 체계를 왜곡하기 때문에, 과학에 악영향을 끼친다고 생각한다. 마태효과는 어떤 이에게는 받아야 할 것보다 더 많은 공로를 주고, 또 어떤 이에게는 받아야 할 것보다 더 적은 공로를 준다. 또한 그것은 과학 엘리트를 양산하기 때문에, 다른 과학자의 동등한 기회를 박탈하는 악영향을 끼친다. 사실상 이러한 마태효과는 인간의 심리와 사회 안에 깊이 뿌리박고 있으므로, 완전히 극복하기란 어려울 것이다. 대스타는 심지어 아주 작은 역할만 하고도 최고의 자리에 오른다(Metron, 1973). 그러나 과학자는 적어도 마태효과에 편승하지 않음으로써, 그것에 반대하는 시도를 할 수 있고, 또 해야만 한다. 더 나아가 과학자는 과학적 성과에 따라 보상과 공로를 공정히 분배하려고 노력해야 하며, 편파주의와 엘리트주의 및 코드인사를 지양해야만 한다. 8)

4. 지식소유권

　공로 할당의 문제는 과학의 정보교환, 지식재산권, 연구소유권과 관련하여 또 다른 중요한 윤리적이고 정치적인 문제와 밀접히 연관된다. 비록 이 책은 과학연구에서 법률적인 문제가 아니라 윤리적이고 정치적인 문제에 초점을 맞추고 있지만, 지식재산권과 관련된 도덕적이고 정치

---

8) 〔옮긴이 주〕 코드인사란 정치나 이념 성향 및 사고체계 따위가 똑같은 사람을 관리나 직원으로 임명하는 일로서, 쉽게 말하면 '봐주기' 식의 편파적인 인사 방식을 말한다. 원문에 나온 'cronyism'을 이렇게 옮겼다.

적인 문제를 이해하기 위해서는 미국의 지식재산소유권의 법률적 형태를
간단히 검토하는 것이 유용할 것이다. 나라마다 각기 법률이 다르지만,
대부분의 서구 국가의 지식재산법은 미국과 유사하다.[9] 지식재산은 유
형재산과는 다르게 소유자의 사용능력을 소멸하지 않고도 다른 사람과
나눌 수 있다. 지식재산은 이와 같이 나눌 수 있는 것이지만, 많은 사회
에서는 지식재산 사용의 통제권을 소유자에게 주는 법을 제정하여 실행
한다. 여러 국가에서 인정되는 지식재산의 종류는 저작권, 특허권, 등록
상표, 기업비밀 등이다(Foster and Shook, 1993).

저작권이란 원작자가 원작의 복제를 통제하는 것으로서, 갱신 가능한
법률적 보호장치이다. 저작권은 저자에게 원작에 표현된 아이디어에 대
한 통제권을 보장하는 것이 아니다. 저작권은 다만 그 아이디어의 특수
한 표현에 대한 통제권을 저자에게 주는 것이다. 저작권을 가진 원작자
는 자신의 작품을 복제·모방·연출·전시할 권리나, 다른 사람들이 그
러한 활동을 할 수 있도록 위임할 권리를 가진다. 원작자는 작품의 복제
를 허락하는 대가로 저작권 사용료나 다른 형태의 보상을 요구할 수 있
다. 그러나 미국 법원은 교육적인 목적으로, 원작의 상업적 가치를 훼손
하지 않는 경우는 복제를 허용하는 정책을 펴고 있다. 복제가 가능한 매
체는 문학, 희곡, 시청각작품, 무용작품, 그림, 그래픽, 조각작품, 음
악, 영화, 음반 등이다(Foster and Shook, 1993).

특허권은 발명품의 생산과 이용, 그리고 상업화에 대한 통제권을 특허
보유자에게 20년 동안 주는 것이다. 특허권은 갱신될 수 없다. 특허권을
얻으려면, 발명가는 미국의 특허청(Patent and Trademark Office: PTO)

---

9) 이 장에서 언급하는 내용은 그 어떤 것도 법률적인 충고로 이해하지 말아야 한
   다. 나는 독자들이 지식재산권과 관련한 법률적인 의문점은 변호사와 상담하
   기를 제안한다.

에 서류를 제출해야 하며, 서류는 해당 분야 전문가가 이해할 수 있도록 상세하게 기술되어야 한다. 특허청은 발명품이 오직 독창적이고 유용하며 흔하지 않을 경우에만 특허권을 보장한다. 일단 발명품이 특허를 획득하면, 발명품을 관리할 권리는 사적인 것이지만, 특허의 적용은 공적인 영역에 속하게 된다. 미국 법원은 특허를 줄 수 없는 것의 유형을 법제화했는데, 이를테면 아이디어나 과학 원리 또는 이론, 하찮은 결과 등이 이에 속한다. 단순히 타인의 법률적 권리를 침해할 목적으로 고안된 발명품이나, 국가안보를 위협할 수 있는 발명품도 특허를 획득할 수 없다 (Foster and Shook, 1993).

기업비밀은 산업 또는 무역에서 타인에게 알려지지 않은 사업활동에 대한 정보를 말한다. 기업비밀의 소유권을 주장하기 위해서 소유권자는 그들이 의도적으로 그 정보를 비밀로 유지했고, 그 정보가 사업상 가치가 있음을 입증해야 한다. 기업비밀은 독창적이거나 새로울 필요가 없으며, 비밀을 유지해야 하는 기간은 법률적인 제한이 없다. 기업비밀에 관한 법률은 경쟁 회사가 공정하고 정직한 수단을 통해 서로의 기업비밀에 대해 알아내는 것을 허용한다. 예를 들면, 회사들은 같은 품목에 관한 지식을 동시에 발견할 수 있다. 즉 기업비밀이 동시에 발견될 수 있다. 그것이 어떻게 작동하는지 알아내기 위해 발명품을 연구하는 것, 곧 역설계10)는 저작권법이나 특허법을 어기지 않는 한, 기업비밀에 관한 법률하에서 합법적인 것이다(Foster and Shook, 1993).

상표권은 한 기업이 타 기업의 상품으로부터 자사 상품을 구별하려고 할 때 사용하는 이름·표어·디자인·상징의 소유권을 제공한다. 예를

---

10) 〔옮긴이 주〕 역설계(逆設計, *reverse engineering*)는 일명 분해공학이라고도 불리는데, 신제품을 분해하여 구조를 정밀하게 분석, 그 설계를 역으로 탐지하는 기술을 말한다.

들면, 맥도날드의 아치와 마이크로소프트(Microsoft)라는 이름은 상표이다(Foster and Shook, 1993). 과학지식이 상표에 의해 보호될 수 있다 하더라도 — 한 생명공학 회사는 유전자가 이식된 생쥐를 상표로 사용할 수도 있다 — 과학연구에 관심이 있는 대부분의 사람들은 다른 방법으로 지식재산을 소유하려 할 것이다.

이와 같이 지식재산에 관한 법률을 개략적으로 살펴봄으로써, 우리는 과학자가 발명품을 특허 낼 수도 있고, 과학 논문, 서적, 도안, 강의, 그리고 웹페이지 같은 원작물에 대해 저작권을 설정할 수도 있으며, 기업 비밀법을 통해 지식을 보호할 수 있음을 알 수 있다. 저작권법과 특허법이 정보공유를 촉진하기 위해 고안된 법률이라면, 기업비밀법은 정보의 유출을 막기 위해 고안된 법이다. 기업비밀이 과학에서 개방성과 충돌하는 반면, 저작권법과 특허법은 대중에게 알리는 방식으로 소유권을 보장함으로써 개방성을 촉진시킨다(Dreyfuss, 1989). 지식재산권 법률을 개괄적으로 살펴봄으로써 현재의 시스템하에서는 어떤 종류의 소유권이 가능한지도 알 수 있다. 그러나 이 책은 지식재산권 법률을 넘어서는 질문들을 다룬다. 과학에서는 재산권에 관해 많은 도덕적·정치적 질문들이 발생한다. 다음은 지식재산에 대한 논쟁에서 자주 제기되는 질문들이다. ① 누가 어떤 것의 소유를 주장할 권리를 갖는가? ② 어떤 종류의 것들이 재산으로 간주되는가? 이 질문들에 답하기 위해 우리는 지적 소유에 대한 도덕적·정치적 정당성에 대해 논할 필요가 있다.

지식재산에 대한 가장 유력한 두 가지 접근방법은 응보적 방법(desert approach)과 실용주의적 방법(utilitarian approach)이다. 응보적 접근방법에서는 생래적 획득이나 양도라는 두 가지 다른 방법으로 정당하게 재산을 획득할 수 있다. 만약 우리가 이 두 가지 방법 중 하나를 통해 재산을 소유하면, 우리는 재산에 대한 권리를 확보하게 된다. 생래적 획득보다는 양도를 통한 재산의 소유가 문제점이 적은 것으로 드러났다. 혹자는 양도란 단순히 절도, 부정직, 착취, 불공정 같은 도덕적 금기사항을 어기지 않는 것이어야 한다고 주장할지 모른다. 만약에 내가 선물로서 또는 거래나 합당한 동의를 통해 소유물을 획득했다면, 그 소유물은 정당하게 양도된 것이다. 이것은 충분히 분명해 보인다. 그렇다면 생래적 획득은 언제 발생하는 것인가?

자격부여이론(entitlement approach)을 발전시킨 철학자 존 로크에 따르면, 우리가 재산을 소유할 자격이 되면, 재산의 생래적 획득 자격을 부여받는다고 한다(Locke, 1980). 지식소유권을 포함하여 소유권은 사람들에게 헌신과 수고에 대한 정당한 보상을 주기 위해 보장되어야만 한다. 만약 우리가 기계를 발명하거나 작품을 창작한다면, 우리에게는 그 기계나 작품을 통제할 자격이 주어진다. 우리는 어떤 것을 직접 창작하거나 또는 그것에 "우리의 수고 또는 자원을 섞어 넣음으로써" 우리의 노력을 투입할 수 있다(Kuflik, 1989). 여기서 수고란 논문을 작성하고, 실험을 설계하고, 자료를 수집·분석하는 등 사람들이 연구에 공헌하는 여러 방법을 말한다. 자원이란 실험실, 컴퓨터, 서적, 기타 장비를 말한다. 만약 우리가 공로를 지식재산의 한 형태로 보고, 지식재산에 대한 응보적 접근을 받아들인다면, 공헌과 노력이 공로 분배에 포함되어야 한다.

지식재산에 대한 응보적 접근은, 앞에서 언급했듯이, 공로와 책임이 병행되어야 한다는 주장을 보완해 준다. 그것은 일반적으로 자연권이나 칸트철학 같은 개인의 도덕성에 기초한다. 위에서 제기한 두 가지 질문과 연결해서 본다면, 응보적 접근은 다음과 같이 주장한다. ① 사람이 노동력과 자원을 어떤 것에 투자했다면, 그는 그것에 대한 소유권을 주장할 수 있다. ② 어떤 것이 재산으로 취급될 수 있으려면, 그러한 취급방식이 개인의 권리를 침해하지 않아야 한다.

지식재산에 대한 실용주의적 접근에는 양도와 생래적 획득과 관련된 정책을 포함하여, 재산에 관한 모든 정책이 사회적으로 가치 있는 결과를 달성해야 한다는 내용이 담겨 있다(Kuflik, 1989). 지식재산은 다양한 사회적 목표의 향상을 주된 기능으로 하는 인간제도라고 볼 수 있다. 이러한 목표에는 행복, 건강, 정의, 과학의 진보, 상품의 질적 관리, 깨끗한 환경, 또는 경제적인 번영이 포함된다. 이렇게 짧게 나열된 목록에서도 볼 수 있듯이, 사회가 촉진해야 하는, 또는 촉진해선 안 되는 산물의 종류에 관해서는 상당한 불일치가 있다. 심지어 지식재산에 대해 실용적인 접근을 하는 사람들 사이에서도 그렇다. 하지만 사람들이 촉진하기를 원하는 다른 목표들은 대개 과학기술의 성장을 통해 달성할 수 있다. 이와 같이 지식재산권에 대한 실용주의적 접근에 따르면, 지식재산은 과학기술의 진보에 공헌할 때만 그 정당성이 담보된다. 지식재산이 이러한 진보에 공헌할 수 있는 세 가지 방법이 있다. 첫째, 발명과 발견에 금전적인 보상을 바라는 연구자들에게 동기를 부여할 수 있다. 비록 많은 과학자들의 동기가 순수하다고 하더라도, 경제적 이득은 연구에 동기를 불어넣는 역할을 한다(Dickon, 1984). 둘째, 지식재산은 연구를 후원하는 기업에 이익을 줌으로써 과학기술에 대한 산업투자를 증진시킬 수 있다(Bowie, 1994). 셋째, 지식재산은 개인과 기업의 이익을 보호해 줌으로써 과학에서의 개방성과 정보공개를 가능하게 한다. 이러한 보호가 없다면 정보의 노출을 꺼리는 풍토가 만연할 것이다(Bok, 1982).

위에서 언급한 두 가지 핵심 질문과 관련하여, 실용주의적 접근은 다음과 같이 주장한다. ① 지식소유권 정책은 과학기술의 진보에 기여해야 한다. ② 이 정책이 과학기술의 진보를 촉진한다면, 아니 촉진할 때에만 어떤 것이 소유로 취급될 수 있다. 그러므로 실용주의적 접근은 지식재산과 관련한 정책과 관행이 과학기술의 성장을 저해한다면, 허가되지 말아야 한다고 주장할지도 모른다.

이 두 이론을 비교해 볼 때, 광범위한 사례들에서는 두 이론이 서로 일치하고 있음에 주목해야 한다. 두 이론 모두 명백히 절도 행위를 금지하며 지식재산의 법률과 정책을 지지하고, 사람과 같은 특정한 대상에 대해서는 소유권을 금지한다. 그러나 몇몇 무거운 사안에서는 두 이론이 각각 다른 견해를 제시한다. 두 이론 모두 강점과 약점이 있다고 보기에, 이 책의 목적상 나는 어느 한쪽 이론을 옹호하지는 않을 것이다.

그러나 현재의 특허법은 공로나 노력이 아니라 결과에 대해서만 보상을 주기 때문에, 실용주의적 접근에 기초하고 있음을 지적하고 싶다 (Kuflik, 1989). 법률이 오직 결과만 인정하는 까닭은 부분적으로, 법률이란 것이 대중 공개는 약간만 허용하는 반면에, 연구에 대한 사적 투자를 촉진할 목적으로 고안되었기 때문이다(Bok, 1982). 만약 경쟁관계의 기업이 동일한 발명품과 발견물에 대해 소유권을 주장한다면, 기업들은 연구에 많은 돈을 투자하지 않을 것이다. 거의 모든 연구와 제품개발의 절반 이상을 기업이 후원하기 때문에, 과학의 미래는 연구에서의 공동투자에 달려 있다고 해도 과언이 아니다(Resnik, 1996a). 기업이나 발명가가 특허를 취득하는 과정에 있거나 발명을 완성하는 중일 때는 통상 비밀유지가 인정되지만, 현행 특허법은 기업이나 발명가가 업무상 비밀을 추구하기보다는 공개하기를 권장한다. 때로는 적극적으로 특허에만 매달리는 것이 협동과 개방을 억압함으로써 과학기술의 진보에 걸림돌이 될 때가 있을 수 있지만, 만약 우리 사회에 지식재산을 보호하는 법률마저 없다면, 과학에서는 협동과 개방보다도 기밀유지와 경쟁이 우세하게 될 것이다. 그러므로 우리의 현행 법률은 연구를 수행하고 후원하는 것에 보상을 주고, 연구자나 기업이 연구에 투자하여 이익을 보도록 허용함으로써 과학기술의 진보를 촉진시킨다고 할 수 있다(Bowie, 1994). 일반적으로 특허권이 저작권보다 투자 대비 더 큰 이익을 주기 때문에, 기업들은(그리고 개인들은) 종종 저작권보다는 특허권을 선호한다.

언급해야 할 마지막 사안은 재산이 될 수 있는 것들의 다양한 유형에 관해서이다. 만약 우리가 실용주의적 관점으로 이 문제를 생각한다면,

어떤 종류의 것에 대한 소유권이 과학기술의 진보와 기타 사회적 목표를 향상시킬 것인가 아닌가를 질문할 필요가 있다. 만약 어떤 것의 소유권이 이러한 목표를 촉진시킨다면 그것은 소유될 수 있겠지만, 이러한 목표를 실현하는 데 방해가 된다면 소유되지 않을 것이다. 최근의 지식재산에 대한 많은 논쟁은 이와 관련하여 일어났다. 예를 들면, 어떤 사람들은 과학과 기타 사회적 목표의 향상을 촉진할 것이라는 이유로 인간 유전자에 특허권을 부여하는 것을 옹호한다(Resnik, 1997a). 반면에 다른 사람들은 인간 유전자 특허가 기업들로 하여금 특허 출원 중에는 서로 정보를 공유하지 않게 하고, 자유시장보다는 독점을 선호하게 함으로써 역효과를 일으킬 수 있다고 염려한다. 이와 유사한 논쟁이 컴퓨터 프로그램, 생명체, 농업기술, 의약품, 기타 신기술에 대한 특허권 또는 저작권과 관련하여 일어나고 있다(Merges, 1996). 각각의 사안에서 실용주의자들은 어떤 것을 재산으로 간주할 때 드는 비용과 이익을 검토한다. 실용주의자들의 관점에서 볼 때, 만약 어떤 것을 개인 소유로 하는 것이 과학의 발전을 가로막는다면, 그것은 공공의 복리를 위한 소유로 간주해야 한다는 주장이 타당하다. 이러한 이유로 특허법은 개인이 어떤 이론이나 원리 또는 방식을 소유하는 것을 허용하지 않는다. 만약 뉴턴이 자기가 발견한 운동의 법칙에 대한 소유권을 주장했다면, 과학에서 운동역학은 사실상 멈추었을 것이다.

그러나 '소유될 수 있는 것'에 관한 여러 논쟁은 어떤 것의 소유권이 과학적 진보(또는 다른 사회적 목표)에 얼마나 기여하는가 혹은 도리어 방해하는가의 문제를 넘어선다. 많은 사람들은 비실용주의적 토대 위에서 어떤 것을 소유한다는 개념 자체에 반대한다. 예컨대, 혹자는 살아 있는 생명체는 신성하다는, 혹은 어떤 면에서 도덕적으로 신성불가침하며 재산으로 간주되지 말아야 한다는 근거에서 생명체에 대한 특허에 반대하는 주장을 펼친다. 그런가 하면 또 다른 사람들은 인간 유전자나 세포주를 재산으로 취급하는 것은 인간의 존엄성을 위협한다고, 혹은 토착민에 대한 착취를 초래할 수 있다고 주장한다(Resnik, 1997a). 이와 같이 지식재산 논쟁은 인간의 권리와 존엄성, 인간의 본성, 그리고 사회정의에 관련된 관심을 불러일으킬 수 있다. 이러한 문제들은 실용주의적 관점을 넘어서는 것이기 때문에, 지식재산에 대한 실용주의적 관점이 재산으로 취급될 수 있는 것은 무엇인가에 대한 모든 중대한 질문에 답을 줄 수는 없다(Merges, 1996).

논의를 요약하자면, 나는 지식재산에 대한 논의와 분석이 적절한 것이 되기 위해서는 비용과 이익에 대한 고려가 인간존엄성, 권리, 사회정의 등과 같은 다른 중요한 도덕적 관심과 균형을 맞추어야 한다고 생각한다. 분명코 지식재산과 관련하여 논의해야 할 것들은 더 많지만, 이 책에서는 여기까지만 이야기하기로 한다.[11]

5. 과학, 대중매체 그리고 대중

과학과 대중매체는 둘 다 정보를 모으고, 정확성과 객관성을 중시하며, 상당한 사회적 책임을 수반하기 때문에 서로 낯선 상대가 아니다. 대중매체는 과학과 일반 대중 사이, 그리고 과학의 다양한 분야들 사이에서 정보를 전달한다. 그러나 과학과 대중매체는 그 기준과 목표, 능력 및 자금 출처가 서로 다르기 때문에, 때때로 대중에게 의도하지 않은 반대의 결과를 양산하는 식으로 상호작용할 수 있다. 대중매체가 과학을 어

---

11) D. Nelkin, *Science as Intellectual Property*(New York: Macmillan, 1984);
  V. Weil and J. Snapper(eds), *Owing Scientific and Technical information* (New Brunswick: NJ Rutgers University Press, 1989).

떻게 취재하고 보도하느냐에 따라 대중은 잘못된 정보를 얻을 수도 있고, 기만당하거나 혼란을 겪기도 한다. 이것의 불행한 영향은 빈곤한 정책 결정, 대중 여론의 오도, 과학정보의 부적절한 이용을 초래할 수 있다는 점이다. 이러한 반대 결과를 막으려면 과학자들은 대중매체와의 상호작용에 특별한 관심을 기울일 필요가 있다.

이 책의 목적을 위해 나는 두 종류의 대중매체, 곧 뉴스 전문기자와 다른 기자들을 구분할 것이다. 뉴스 전문기자의 주된 목적은 뉴스를 객관적으로 보도하는 것이다(Klaidman and Beauchamp, 1987). 반면에 다른 기자들, 이를테면 칼럼작가, 연예기자, 대본작가, 홍보기자 등과 같은 언론인들은 객관성과 별 상관이 없는 글을 쓰는 게 목적이다. 이들 중 일부는 분명한 정치적, 상업적, 철학적, 혹은 종교적 임무를 지닌 기관을 위해 뉴스를 보도한다. 나의 논의는 뉴스 전문기자에 초점을 맞추고 있지만, 과학자들은 또한 다른 분야의 언론인들과도 상호교류한다. 과학과 전문기자들이 소통하는 방식에는 여러 가지가 있다. 과학과 전문매체가 접촉하는 지점은 기자회견, 뉴스 발표, 인터뷰, 과학학회 참관, 과학 잡지에 실린 논문 소개, 책, 전자출판 등이다.

과학자들이 자신의 발견을 대중매체에 보도하는 것은 전혀 드문 일이 아니다. 최근 몇 년 동안, 허블망원경12)으로 찍은 사진들, 슈메이커-레

---

12) 〔옮긴이 주〕소위 '허블의 법칙'을 발견하여 우주팽창설의 기초를 세운 미국의 천문학자 허블(Edwin Powell Hubble, 1889~1953)의 이름을 딴 망원경으로, 미국항공우주국(NASA)과 유럽우주국(ESA)이 주축이 되어 개발한 우주망원경이다. 대기권 밖에서 우주 관측을 정밀히 하기 위해 설계되었다. 무게 12.2톤, 주거울 지름 2.5미터, 경통 길이 약 13미터의 이 반사망원경은 지구에 설치된 고성능 망원경들과 비교해 해상도는 10~30배, 감도는 50~100배로, 지구상에 설치된 망원경보다 50배 이상 미세한 부분까지 관찰할 수 있다고 한다. 1990년 4월 우주왕복선 디스커버리호에 실려 지구 상공 610킬로미터 궤도에 진입하여 우주 관측을 시작했다.

비 혜성, 13) 복제 연구, 그리고 화성 생명체에 대한 연구들이 모든 텔레비전 방송과 신문에 보도된 주요 매체 사건들이다. 과학자들이 대중매체의 주목에 관심을 기울이는 몇 가지 이유가 있다. 첫째, 과학자들은 자신의 발견이나 발명이 너무나 중요하다고 생각하기 때문에, 가능한 한 빨리 대중에게 알리기를 원한다. 과학자에게는 중요한 정보를 제때에 대중에게 알려야 할 사회적 책임이 있다. 예를 들어, 의학 연구자들은 죽음과 질병을 막을 수 있고 인간의 건강을 증진하는 데 지극히 중요한 긴급 뉴스를 얻게 된다. 둘째, 과학자들은 자신의 일반 연구나 특별 연구에 대한 대중적 지지를 늘리기 위해 연구결과들로 대중에게 깊은 인상을 심어 주길 원한다. 허블망원경으로부터 온 최초의 사진은 긴급하거나 중요한 것이 아니었다. 14) 그것이 몇 주 지연됐다고 해서 죽는 사람은 아무도 없었을 것이다. 하지만 그 사진은 홍보수단으로서 매우 유용했다. 셋째, 어떤 과학자는 우선권을 선점하기 위해 기자들에게 연구결과물을 공개하기를 원한다. 이런 과학자는 만약 자신의 연구결과가 동료심사를 거쳐 발표되면 우선적 지위를 잃을까 봐 두려워한 나머지, 대중에게 직접 발표하는 길을 택하는 것이다. 예컨대, 1장에서 언급한 저온핵융합 연구자들

---

13) 〔옮긴이 주〕 슈메이커-레비(Shoemaker-Levy) 혜성은 1993년 3월 24일 C. S. 슈메이커와 E. M. 슈메이커, 그리고 D. H. 레비가 발견한 혜성이다. 이 혜성은 발견되기 전부터 목성 근처를 지나다가 조석력 때문에 여러 조각으로 나뉘어 목성의 인력권에 포획된 것으로 추측되는데, 1994년 7월 16일부터 22일까지 21개의 핵이 목성의 남반구에 충돌하여 거대한 충돌 흔적을 남겼다.

14) 〔옮긴이 주〕 허블망원경은 1990년 5월 20일, 최초의 별 사진을 지구상으로 보냈지만, 결과는 매우 실망스러웠다. 망원경의 주반사거울을 잘못 만들었기 때문이었다. 결국 광학계 보정장치를 추가하기로 결정하여, 1993년 2월 엔데버호를 통해 일부 부품교체가 이루어졌다. 이로써 선명한 사진을 얻게 된 인류는 본격적인 허블망원경 시대를 맞이하게 된다. 허블망원경이 천문학사에 남긴 대표적인 성과로는 1994년 슈메이커-레비 혜성과 목성의 충돌 관측, 은하 중심의 거대 블랙홀 발견, 은하 충돌의 흔적 관측 등이 있다.

은 우선권을 안전히 확보하기 위해 기자회견에서 연구결과물을 발표했을 것이다. 앞에서 살펴본 대로, 우선권은 특허권을 결정하는 데 막대한 역할을 한다.

우리가 예상할 수 있듯이, 기자회견과 뉴스 공개는 과학에서 매우 어려운 윤리적인 문제를 일으킨다. 기자회견과 뉴스 공개에 내포된 주요 문제는 과학자들이 자신의 연구결과를 다른 과학자에게 검증받기도 전에 대중매체에 발표한다는 점이다. 그래서 혹시라도 연구결과에 결함이 있는 것으로 판명이 나면, 과학과 대중이 해를 입게 된다. 조급하게 보도된 결과가 결함이 있는 것으로 판명되었을 때, 과학의 이미지는 손상을 입는다. 과학자들은 바보처럼 보이고, 대중은 과학에 대한 신뢰를 잃게 된다. 1장에서 언급한 저온핵융합 반응이 다시 이 문제에 대한 적절한 예가 될 것이다. 과학자들이 저온핵융합 반응으로부터 배운 교훈 중의 하나는, 연구결과를 대중매체에 보도하기 전에 동료들에게 먼저 검증받아야 할 의무가 있다는 점이다. 사실상 어떤 과학잡지는 대중매체에 이미 발표된 연구결과를 담은 논문을 거절할 것이다. 이러한 정책의 주요 의도는 과학자들이 사전 출판으로 동료심사 체계를 혼란시키지 않도록 하기 위함이다(Altman, 1995).

대부분의 과학학회는 대중에게 열려 있다. 과학자는 기자들도 학회에 참석할 수 있다는 점을 주지해야 한다. 1년마다 열리는 미국과학증진협회 총회와 같은 일부 학회는 전 세계 수백 명의 기자들을 불러 모은다. 전문기자의 경우 때로는 비교적 잘 알려지지 않은 과학학회를 방문하기도 한다. 예를 들면, 전문기자들은 미국생식학회(AFS)의 비교적 중요도가 낮은 모임에 참석했다가 인간배아복제에 관해 알게 되었다. 하지만 학회에 기자들이 참석하면, 과학자에게 윤리적인 수수께끼가 생겨날 수도 있다. 때때로 과학자들은 연구결과가 좀더 많은 청중에게 유용하도록 미처 준비되어 있지 않을 때, 학회에서 예비결과를 발표한다. 또한 특별히 연구작업이 잘못 이해되면 커다란 논쟁을 불러일으킬 수 있는 연구를 학회에서 논의하기도 한다(1장의 인간배아줄기복제 사례 참고). 혹자는 예비연구나 논쟁적인 연구를 보호하기 위해 일부 학회나 회합에 기자출입을 금지시켜야만 하다고 주장할지도 모른다. 하지만 그런 정책은 과학에 대한 대중의 '알 권리'와 언론의 자유를 제한할 것이다(Klaidman and Beauchamp, 1987).

학회에 기자가 참석함으로써 일어날 수 있는 두 번째 문제는 기자가 일단 보도한 연구결과를 과학잡지에 출판하지 말아야 하는지 여부다. 만약에 기자가 학회에서 배운 것에 기초하여 과학논문에 대한 기사를 쓴다면, 이것은 대중매체상의 사전 출판으로 간주되어야 하는가? 학회에서 연구결과를 발표하는 과학자의 의도는 동료심사 과정을 회피하려는 것이 아니기 때문에, 대중매체를 통한 사전 출판은 기자회견과 같지 않다고 본다. 그렇지만, 철저한 동료심사를 거치지 않은 연구에 언론이 접근할 때는 과학과 사회 모두에 불행한 결과가 초래될 수 있다.

기자와의 인터뷰 역시 과학자에게 윤리적인 문제를 일으킬 수 있다. 과학자를 포함한 대부분의 사람들은 자신의 말이 잘못 인용되거나 문맥을 무시한 채 인용되는 것을 원치 않는다(Nelkin, 1995). 많은 과학자들은 오직 한 번의 무책임한 인용에도 대중매체와의 대화를 거절한다. 그러나 과학에 대한 대중매체의 보도가 과학에 대한 대중의 지지를 이끌어낼 수 있고, 이것이 사회에 중요한 결과를 낳을 수도 있다. 따라서 '무응답'이 취재요청에 대한 적절한 대응은 아니다. 하지만 만약 기자에게 단 몇 마디 말만 했을 뿐인데도, 그것이 문맥을 떠나서 인용되거나 잘못 인용된다면, 아예 아무 말도 하지 않는 것만큼 나쁠 수 있다. 이러한 문제를 다루는 가장 좋은 방법은 대중매체와 협력하여 광범위하고도 심층적인 인터뷰를 하는 것이다. 언론과의 인터뷰는 과학자에게 추상적인 개념 및 이론과 기술적인 실험과정을 설명하는 기회가 된다. 과학자는 핵심 아이디어를 강조할 수 있고, 그것을 해석할 수 있으며, 더 넓은 맥락에 놓을 수 있다.

심지어 과학자가 대중매체와는 전혀 대화를 하지 않고 오직 과학잡지에만 논문을 출판한다 해도, 전문매체는 과학자의 책이나 논문, 기타 출판물을 살펴 볼 것이다. 컴퓨터와 정보혁명은 전문 출판물에 대한 비전문가의 접근을 훨씬 더 용이하게 만들었다. 검색엔진과 색인체계, 팩스, 그 밖에 다양한 기술이 과학정보를 찾고 그것에 접근하는 것을 쉽게 만들었기 때문이다. 무명 잡지에 실린 논문은 눈에 띄는 모임에서 발표된 논문보다 덜 대중적이지만, 그런 경우 과학자는 자신의 작품을 어떤 동료도 읽거나 연구하지 않을 수 있다는 사실을 인식할 필요가 있다. 물론, 이러한 사실을 인지하는 것이 과학의 창조성과 자유로운 표현을 질식시켜서는 안 되지만, 적어도 과학자가 자신의 생각을 구체적으로 해석하고 설명하기 위해 노력하게 하는 충분한 동기가 되어야 한다. 비전문적인 독자들은 연구논문의 개념, 방법, 함축성을 이해하지 못하기 때문이다.

과학과 대중매체의 상호작용에 내포된 윤리적인 문제와 딜레마 때문에 대중매체를 비난하는 것이 이 책의 목적은 아니지만, 그 문제들 중 일부는 대중매체가 대중으로 하여금 과학을 이해하도록 돕는 데 실패함으로써 발생한다는 점은 그냥 지나칠 수 없다. 과학은 그 속성상 이해하기 어려운 것이기 때문에, 이 문제를 해결하기란 쉬운 일이 아니다. 일반인들은 과학에 대해 잘 알지 못하며, 또한 알기 위해 노력하지도 않는다(Nelkin, 1995). 사실정보를 바탕으로 여러 중요한 결정이 이루어지기 때문에, 과학에 대한 대중의 오해는 미숙한 결정과 정책을 초래할 수 있다. 과학에 대한 정확한 이해는 공중보건, 환경, 제품안전, 그리고 다른 중요한 사회적 문제에 대한 논의에서 중요한 역할을 한다. 과학정보에 대한 무지는 결코 축복이 아니다. 과학자는 과학에 관해서 대중과 대중매체를 교육하고 올바른 정보를 제공함으로써 이러한 무지를 타파해야 할 의무가 있다. 물론 대중매체의 실수는 지금도 여전히 일어나지만, 과학자는 이러한 실수를 최소화해야 한다.

혹자는 과학자가 자신의 연구가 어떻게 잘못 해석되고 오해되는지 걱정할 필요가 없다고 주장할지도 모른다. 과학자에게는 그에 대한 책임이 없다. 그 문제에 대한 비난은 전문기자들과 대중을 향해야지, 과학자들에게 돌려서는 안 된다. 그러나 이러한 주장은 사회적 책임 회피 그 이상이 아니다. 과학자의 연구결과가 대중매체에 보도되고 언론과 상호교류할 때 사회적 책임의 원칙은 과학자가 사회적 손해를 최소화하고 이익은 최대화하도록 노력해야 한다고 말한다.

과학에 대한 대중의 오해는 다음과 같은 방식으로 일어난다(Nelkin, 1995; Resnik, 1997b).

- 과학에 대한 정보가 대중에게 부족한 경우.
- 대중이 복잡한 과학 개념과 이론을 이해하지 못하는 경우.
- 대중이 과학적 확증 또는 불확증의 임시적·점진적·단편적 속성을 이해하지 못하는 경우.
- 대중이 통계적인 주장과 정보를 이해하지 못하는 경우.
- 대중이 쓰레기 과학(junk science)을 받아들이는 경우.
- 대중이 진짜 과학(genuine science)을 거부하는 경우.
- 대중이 과학적 발견을 잘못 해석하는 경우.
- 대중매체가 잘못된 인용을 하거나 문맥을 무시한 채 인용하는 경우, 주된 개념을 너무 단순화하거나 통계적인 허위에 속는 경우, 신빙성 없는 자료를 사용하는 경우, 이야기를 개조하거나 선정적으로 묘사하거나 왜곡하는 경우, 사실에 오류를 범하거나 추측성 기사를 쓰는 경우, 중요한 내용을 보도하지 않거나 진행 중인 사안을 깊이 있게 따라가지 못하는 경우.

대중이 과학을 잘못 이해한 대표적 사례로는 알라 공포(*Alar scare*), 15)
담배의 효과, 온실효과, 식이요법과 체중조절, 발암성 물질, 위험평가
등이 있다. 대중과 대중매체가 과학을 잘못 이해한 사례는 너무나 많기
때문에, 독자 스스로 이러한 사례들을 살펴보도록 권하고 싶다. 16)

대중과 대중매체가 과학을 잘못 이해하는 문제와 맞서 싸우는 열쇠는
교육에 있을 것이다. 과학자는 과학의 이론과 방법 또는 발견에 대해 기
자와 대중에게 올바른 정보를 주고, 그들을 교육하고자 노력해야 한다.
대중이 중요한 결정을 하기 위해서는 정확한 과학정보가 필요하기 때문
에, 과학자는 대중을 교육시켜서 연구가 오해받지 않도록 보호할 필요가
있다. 과학자는 과학에 대한 오해를 최소화하고 올바른 이해를 촉진하도
록 힘써야 한다. 교육을 잘 받은 대중은 과학적으로 무지한 대중보다 더
나은 정책결정을 할 것이다.

---

15) 〔옮긴이 주〕 알라 농약은 사과의 성장을 조절하고 색깔을 선명하게 하기 위해,
   미국 유니로얄(Uniroyal)사가 개발한 일종의 식물 성장 억제제의 상표명이다.
   1989년 미국의 환경보호국은 이 농약에 장기간 노출될 경우 공중보건에 심각
   한 위험이 초래될 수 있다고 하여 사용을 금지하기로 결정했다. 이 사실은
   CBS 〈추적 60분〉에 소개되었으며, 국가자원보호위원회 보고서에서는 알라 농
   약이 위험한 발암성 물질이라고 주장되기도 했다. 그 후 워싱턴 주의 사과 재
   배자들이 CBS 등을 중상모략죄로 고소함으로써 이 사건은 새로운 전기를 맞
   게 된다. 그들은 CBS 등이 무고한 '공포'를 유포한 대가로 1억 달러의 배상금
   을 요구했는데, 이 소송은 1994년에 가서야 기각되었다. 그러는 사이에 엘리
   자벳 윌란(Elizabeth Whelan)과 그녀가 속한 미국과학보건협의회가 알라 농
   약을 둘러싼 에피소드를 정리하면서 '알라 공포'라는 용어를 사용하며 사람들을
   선동한 것이 발단이 되어, 오늘날에는 뉴스매체와 식품산업 전문가들 사이에
   사실보다는 선전에 근거해서 감정적 · 비합리적으로 대중적 공포를 유발하는
   행위에 대한 속어가 되었다.
16) D. Nelkin, *Selling Science*, revised ed. (New York: W. H. Freeman,
   1995); L. Wilkins and P. Paterson, *Risky Business* (New York: Greenwood
   Press, 1991); P. Cary, "The asbestos panic attack", *US News and World
   Report*, 20 February 1995: 61~63.

비록 많은 과학자가 대중을 위한 교육자로서 봉사하는 것을 편안하게 여기지 않지만, 일부 과학자들은 모범적인 대중의 봉사자 역할을 해왔다. 1800년대 마이클 패러데이17)는 과학을 대중에게 교육하는 것이 중요하다는 것을 알았다. 그는 공립학교에서 과학교육을 촉진하는 활동을 도왔고, 어린이들에게 인기 있는 강연을 했으며, 대중적인 책들을 썼다 (Meadows, 1992). 이번 세기 동안에는 고 칼 세이건, 18) 스티븐 호킹, 19) 스티븐 굴드, 20) 제인 구달, 21) 로버트 바커, 22) 그 밖에 다른 훌륭한 과학

---

17) 〔옮긴이 주〕 영국의 물리학자이자 화학자인 마이클 패러데이(Michael Faraday, 1791~1867)는 19세기 최고의 실험물리학자로 '전자기학의 아버지'라고 불린다. 그는 화학과 전기 분야에서 괄목할 만한 기여를 많이 했는데, 그중에서도 가장 큰 업적은 전자기 유도를 발견한 것이다. 이 발견으로부터 모든 현대식 발전소의 심장이라고 할 수 있는 발전기가 개발되었으며, 간접적으로 라디오의 발명이 가능케 되었다. 1834년에 만들어진 그의 전기분해법칙은 화학과 전기를 결합시켰다. 그는 또 양극(anode), 음극(cathode), 음이온(anion), 양이온(cation), 전극(electrode)이라는 말을 도입했다. 말년에 패러데이는 빛의 편광면이 강한 자기장에 의해 달라지는 것을 발견했는데, 이 발견으로 그는 맥스웰이 전기, 자기, 그리고 빛을 한데 묶는 전자기과학 이론을 탄생시키는 데 기여했다. 이러한 학문적 재능에 덧붙여, 그는 자신의 생각을 명쾌하고 단순한 언어로 기술, 표현하는 능력이 매우 탁월한 유능한 강연자였다고 한다.

18) 〔옮긴이 주〕 칼 세이건(Carl Sagan)은 《코스모스》(Cosmos)라는 책으로 유명해진 미국의 천문학자이자 물리학자로, 동명의 TV시리즈물에 직접 출연함으로써 더욱 유명세를 탔다.

19) 〔옮긴이 주〕 스티븐 호킹(Stephen William Hawking)은 영국의 우주물리학자로, '특이점(特異點) 정리', '블랙홀 증발', '양자우주론'(量子宇宙論) 등 현대 물리학에 3개의 혁명적 이론을 제시했다. 이 공헌에 힘입어 세계 물리학계는 물리학의 계보에 갈릴레이, 뉴턴, 아인슈타인 다음으로 그를 올리게 되었다. 1963년 루게릭병 진단을 받은 그는 휠체어에 의지한 채 전 세계를 다니며 감동적인 강연을 하는 것으로도 유명하다. 우리나라에서는 1990년 9월 서울대학교에서 '블랙홀과 아기우주'라는 강연을 한 적이 있다.

20) 〔옮긴이 주〕 스티븐 굴드(Stephen J. Gould)는 다윈 이후 가장 유명한 진화생물학자로 꼽힌다. 《다윈 이후》(Ever since Darwin Reflections in Natural History), 《판다의 엄지》(Panda's Thumb), 《인간에 대한 오해》(The Mismea-

자들이 인기 있는 책을 통해, 그리고 TV 출연이나 기타 글을 통해 과학의 이미지를 향상시키는 데 기여했다. 비전문적인 대중을 상대로 과학의 개념과 이론을 설명할 수 있는 과학자는 과학과 대중 사이의 괴리를 극복할 수 있도록 다리를 놓는 노력을 칭찬받을 자격이 있다. 불행히도 과학은 이러한 위대한 전달자를 충분히 확보하지 못한다. 그리고 과학의 대중적 이미지는 과학에 대한 대중의 이해부족으로 손상을 입는다.

과학 공동체에 뛰어난 전달자들이 부족한 여러 가지 이유가 있다. 첫째, 좋은 과학자가 되기 위해서는 많은 시간을 연구와 교수 및 기타 전문 활동에 바쳐야 하기 때문에, 대중을 교육하는 데 할애할 시간이 거의 없다. 둘째, 과학에서 성공하려면 과학자들은 전문 분야에 대한 많은 지식을 쌓아야만 한다. 그것 때문에 다른 인문학적인 훈련이나 의사소통 기술을 발전시키는 데 관심을 기울이지 못했을 것이다. 대중과 소통하기 위해서는 과학자가 인간을 이해해야 하고, 일반인을 대상으로 이야기하는 법을 알 필요가 있다(Snow, 1964). 셋째, 어떤 과학자들은 시기와 질

---

sure of Man) 등 그의 대표적인 저서들은 어려운 고생물학을 대중이 쉽게 이해할 수 있도록 풀어 쓴 교양서로도 유명하다.

21) 〔옮긴이 주〕제인 구달(Jane Goodall)은 영국의 동물행동학자, 침팬지연구가이자 환경운동가로 널리 알려진, '침팬지의 어머니'다. 탄자니아에서 40년이 넘도록 침팬지와 함께 생활한 그의 특이한 이력은 영화로도 소개된 바 있다. 1967년에 출간된 《내 친구 야생 침팬지》(My Friends the Wild Chimpanzees)를 시작으로 《침팬지와 함께한 나의 인생》(My Life with the Chimpanzees), 《희망의 이유》(Reason for Hope), 《생명사랑 십계명》(The Ten Trusts) 등 그의 저서들은 폭넓은 대중적 인기와 사랑을 받고 있다. 2007년 11월, 우리나라 환경재단이 추진하는 '지구온난화센터'의 고문으로 위촉되기도 했다.

22) 〔옮긴이 주〕로버트 바커(Robert T. Bakker)는 미국 콜로라도 주립대학 박물관의 공룡학자로, 공룡의 멸종 원인으로 외계물체와의 충돌론을 부정하고, 지구의 기후변화설을 주장했다. 그에 따르면, 지구의 온도와 해수면이 내려가자 공룡들이 다른 지역으로 이동하면서 병에 걸리고, 다른 복잡한 원인들이 겹쳐 천천히 멸종했다는 것이다.

투에서부터 엘리트 의식에 이르는 다양한 이유로 세이건 같은 과학자를 비난한다. 많은 사람들은 국립과학아카데미의 일부 회원들이 세이건의 과학 대중화 공로를 인정하지 않아서, 그의 입회가 거절당했다고 생각한다(Gould, 1997). 이러한 태도는 비단 과학만이 아니고 다른 학문 분야에도 만연해 있으며, 파괴적인 효과를 낳는다. 자신들의 작업이 너무나 심오하고 중요해서 절대로 대중 소비를 위해 질이 떨어지면 안 된다고 보는 학구파들은 시대에 뒤떨어진 상아탑의 속물이 될 위험이 있다. 그러므로 과학자들이 세이건의 모범을 비웃기보다는 본받도록 장려해야 할 이유는 충분하다. 23)

우리는 대중에게 과학교육을 시키는 것이 여러 가지 윤리적인 딜레마를 일으킬 수 있다는 점에 주목해야 한다. 만약에 의학연구자들이 하루에 한두 잔의 포도주를 마시는 것과 심장질환 감소 사이에 깊은 통계적 연관이 있음을 발견했다고 가정해 보자. 이러한 발견에 관하여 어떻게 대중과 대중매체를 교육시켜 사람들이 지나친 음주는 하지 않도록 하겠는가? 교육의 원칙은 과학자가 이 발견을 대중매체와 대중에게 알리도록 요구한다. 그러나 사회적 책임은 과학자가 이러한 발견으로부터 일어날 수 있는 위해, 예컨대 지나친 음주를 방지할 의무가 있다고 말한다. 이와 같은 상황하에서 드러나는 딜레마는 결코 특별한 것이 아니다. 과학자는 종종 다른 사회적 책임과 교육 및 정보공개의 의무 사이에서 균형을 유지해야만 한다.

과학과 대중매체 및 대중 사이의 관계를 의사와 환자 사이의 관계와 비교해 보면, 이러한 종류의 딜레마를 좀더 잘 이해하는 데 도움이 될 것이다. 비록 의사와 환자 사이에는 대중매체와 같은 중재자가 없지만, 의사

---

23) 세이건은 심지어 "세이건스럽다"는 신조어를 달고 다니기도 했는데, 이 말은 전문적인 작업을 대중화하는 누군가를 가리켜 조소하는 투로 하는 말이다.

가 정보를 수집하여 전달하고, 교육하고, 분명한 가치와 목표를 실현해야 한다는 점에서 이 두 관계는 매우 유사하다. 이러한 관계에서 우리는 통상 각 당사자들을 합리적인(소양 있는) 개인들이라고 간주하지만, 그렇지 않을 수도 있다. 소양이 부족한 개인과의 의사소통은 좀더 복잡한 양상을 띤다. 만약에 우리가 이런 관점으로 과학과 대중매체의 상호관계를 생각한다면, 사람들에게 정보를 알리는 몇 가지 다양한 방법에 대해 논의할 수 있을 것이다.

- 강한 온정주의 : 사람들에게 이익을 주고 해악을 예방하기 위해 정보를 조작(manipulation) 한다.
- 약한 온정주의 : 오직 해악을 예방하기 위해 정보를 조작한다.
- 자율주의 : 소양 있는 개인들이 스스로 결정할 수 있도록 모든 정보를 조작 없이 제공한다.

온정주의(paternalism) 배후에 깔린 주된 생각은 제3의 누군가가 그런 결정을 내리기에 더 적합한 자격을 갖추고 있으므로, 그가 대신 결정을 내리도록 허락해야 한다는 것이다. 정보는 의사결정에서 종종 중요한 변수가 되는바, 온정주의는 누군가가 다른 사람을 위해, 혹은 그가 입을 해를 예방하기 위해 정보를 조작하거나 해석하도록 허용한다. 대부분의 윤리학자들은 합리적인 인간이라면 스스로 결정을 내리고 그것에 따라 행동할 것이기 때문에, 강한 온정주의가 정당화된다고 해도 매우 논란의 여지가 많으며 거의 이행되지 않을 것으로 생각한다(Beauchamp and Childress, 1994). 전쟁이나 국가비상시에는 온정주의가 정당화될지도 모르겠다. 하지만 그 밖의 경우에는 단순히 우리가 사람들을 위하는 최선의 방법이 무엇인지 안다는 이유로 그들의 자율권을 제한해서는 안 된다. 반면에 약한 온정주의는 도덕적으로 건전할 것 같다. 예를 들면, 어린이를 보호하기 위해 그의 건강상태에 대해 거짓말을 하거나 조작된 정보를 주는 것은 용납될 수 있고, 아마도 바람직하다고도 볼 수 있을 것이다. 어린이는 아직 미성숙하기 때문에, 어린이를 위해 결정할 때는 어린이가 받아들일 수 있도록 정보를 통제할 필요가 있다. 또한 이해력이 충분히 있는 사람이지만 그에게 해를 입히지 않기 위해 정보공개를 보류하는 것 역시 정당화될 수 있을 것이다.

그러면 과학에는 이를 어떻게 적용할 것인가? 의사와 마찬가지로 과학자들은 좋은 결과를 촉진하고 나쁜 결과를 막기 위해 정보를 조작하는 결정을 할 수도 있다. 예를 들면, 대중에게 자신이 수행한 흡연연구의 결과를 알리고자 하는 과학자는 흡연의 이점에 대해 알리지 않기로 결정함으로써 사람들이 연구결과를 오용하는 것을 막을 수 있을 것이다. 또한 과학자는 대중의 이해와 수용을 용이하게 하기 위해서 연구결과를 단순화 혹은 연성화하기로 결정할 수 있다. 예컨대, 체중이 건강에 미치는 영향을 연구하는 과학자는 대중에게 연구결과를 발표할 때 근육량, 지방 위치, 체지방지수 같은 요소들을 대충 얼버무림으로써 연구결과를 단순화할 수 있다. 말하자면 그들은 복잡한 요소들을 언급하는 대신에, 균형 있는 식이요법을 하고 '이상적인 체중'을 유지하라고만 조언할 수 있다. 이렇게 조언하는 까닭은 그것이 사람들에게 자기 몸의 체지방을 몇 퍼센트 줄이고 근육량을 늘리라는 식으로 말하는 것보다 자신의 '이상적인 체중'을 유지하는 데 용이하기 때문이다. 그들은 또한 사람들이 건강과 연관된 다른 체중조절 요인들을 전부 다 이해하는 것보다 '이상적인 체중'과 같은 개념이나 체중도표를 이해하는 게 더 쉽다고 생각해서 그럴 수도 있다. 마지막으로 과학자는 국가안보나 다른 이유로 대중에게 거짓말을 할 수도 있다. 예를 들면, 과학자는 군사작전이 선전만큼 그다지 성공적이지 않았다는 것을 적이 알지 못하도록 거짓말을 할 수 있다. 작전이 효력을 발휘한다고 적들이 믿는 한, 그들의 기가 꺾일 것이기 때문이다.

어떤 형태의 온정주의도 과학에서는 정당화될 수 없을 것처럼 보이지만, 그래도 일단 우리가 과학자에게는 해로운 결과를 막고 이로운 결과를 증진시킬 윤리적 책임이 있다는 것을 이해한다면, 모종의 온정주의는 정당화될 수도 있겠다. 그렇다면 온정주의적 의사소통이 정당화될 때는 언제인가? 이 질문에 대한 답은 소통되는 정보의 종류, 정보가 보류 또는 왜곡되는 방식, 대중에게 미칠 영향 등과 같이 당면한 세부상황에 따라 달라진다. 그러나 과학에서 교육과 개방의 중요성을 고려할 때, 대중의 유익을 위하여 정보를 조작하는 사람들은 자신의 행위의 정당성을 증명해야 할 부담을 안게 된다. 그러므로 과학자는 명백한 정당성 없이 대중매체와 대중에게 온정주의적 행동을 하지 말아야 한다.

제7장

실험실의 윤리문제

이번 장에서는 실험실 환경에서 일어날 수 있는 다양한 윤리적인 문제를 독자들에게 소개하고자 한다. 앞의 장들에서처럼 나는 이 문제에 대해서도 과학에서의 윤리적 행동원칙을 적용할 것이다.

1. 멘토와 멘티 사이의 윤리

3장에서 우리는 멘토링(*mentoring*)의 중요성에 대해 논의했다. 이상적인 견지에서, 이러한 관계는 멘토와 멘티가 함께 일함으로써 둘 다 이익을 보는 일종의 협력관계로 간주되어야 한다. 만일에 이 관계가 두 당사자는 물론이고 과학이라는 전문 분야에 이익을 준다고 해도, 몇 가지 윤리적인 문제가 발생할 수 있다. 첫째 문제는 멘토가 멘티를 착취할 수 있다는 점이다. 착취는 다양한 방식으로 일어난다. 때때로 멘토는 멘티의 공로를 적절히 보상하지 않는다. 아마 밀리컨이 유적 실험을 제안한 플레처의 공로를 인정하지 않았던 것이 이 경우에 해당할 것이다. 멘토는 또한 연구에 오류가 발견될 때 멘티들을 혹독하게 비난하기도 한다. 대학원생의 연구에서 오류나 부정직이 발견되면 그는 완전히 '몰락'당할지도 모른다. 멘토는 멘티에게 개인적인 부탁이나 심지어 성관계를 요구하기 위해 자신의 지위를 이용할 수 있다. 멘토는 자기 연구를 하기에도 시간이 부족한 멘티에게 멘토의 연구를 돕는 데 많은 시간을 할애하도록 요구하기도 한다. 많은 대학원생들이 작업조건이나 멘토의 요구사항과 관련하여 혹사당한다고 호소하는 실정이다(PSRCR, 1992).

멘토가 멘티를 착취하는 근거는 관계가 대등하지 않기 때문이다. 멘토는 멘티보다 높은 지위, 지식, 전문성, 경험, 그리고 권력을 가지고 있다. 비록 멘토가 자기 자신의 필요와 목적을 채우기 위해 어떤 식으로 지위를 이용하는지 우리가 쉽게 목격할 수 있다고 해도, 멘티들을 착취하는 행위는 비윤리적이며, 가능한 한 어디에서든 일어나지 말아야 한다. 착취는 과학의 상호존중의 원리를 역행하고 멘토와 멘티 사이에 필수적인 신뢰를 무너뜨린다. 신뢰가 없다면, 멘토와 멘티의 관계는 악화되고 과학은 어려움을 겪을 것이다(Whitbeck, 1995b).

발생할 수 있는 두 번째 문제는 학생들이 적절한 멘토링을 받지 못하는 것이다. 어떤 학생들은 대학원 과정을 통해 의지하고 배울 수 있는 선배가 1명도 없어서 고통을 겪는다. 학생들이 적절한 멘토링을 받지 못하는 데는 여러 이유가 있다. 첫째, 연구집단으로서 대학원과 실험실이 점점 대형화되어 멘토 1명이 많은 학생들을 관리해야 하기 때문에 학생들 각자에게 충분한 관심을 기울이는 것이 더욱 어려워졌다. 학생 각자에게 개인적인 관심을 쏟지 못함으로써 대화의 단절과 관리 부족에서 오는 윤리적인 문제가 생겨날 수 있다. 예를 들면, 멘토는 멘티에게 논문을 어떻게 써야 하는지 가르쳐 줄 생각은 하지 않고, 멘티가 좋은 논문을 써 오기만 기대한다. 또한 멘토는 멘티에게 실험이 언제 종료되어야 하는지 말해 주지 않고, 멘티가 제 시간에 실험을 끝마치기를 기다린다. 그 밖에도 멘토는 멘티가 학회에서 발표를 하려면 자료를 어떻게 준비해야 하는지 가르쳐 주지 못할 때도 있다. 둘째, 많은 대학들이 사실상 중요한 업무인 멘토의 멘토링에 적절한 보상을 해주지 않는다. 멘토링은 인사와 승진결정에 거의 반영되지 않는다. 과학자들에게 멘토링에 대한 적절한 보상이 주어지지 않는다면, 그들은 보상이 따르는 활동, 예컨대 연구에만 치중하여 멘토링의 의무를 소홀히 할 수도 있다. 셋째, 여학생은 멘토를 찾기가 어렵다. 왜냐하면 여성 멘토를 선호하는 여학생들을 위해 봉사할 수 있는 충분한 여성 인력이 부족하기 때문이다. 또는 남성 멘토들은 여성 멘티들이 결혼이나 가족 등 개인적인 이유로 과학계를 떠남으로써 그들의 귀중한 시간을 낭비할 것이라고 믿기 때문에, 여성 멘티를 받아들이길 꺼린다.

이러한 문제들을 해결하기 위하여 대학과 기타 교육기관은 멘토로서 기꺼이 봉사하고자 하는 과학자가 충분히 있는지 확인해야 한다. 멘토링에 참여도를 높이려면 학생들을 위해 시간을 할애하는 과학자들에게 보상을 해줄 필요가 있다. 즉 멘토링을 교육과정상의 경력으로 포함시켜야 한다. 대학은 또한 멘토들이 멘토링 기법을 배우는 것을 돕기 위해 워크숍을 실시할 필요가 있고, 멘토링에 대한 일부 편견을 극복하기 위해 노력해야 한다. 여학생에 대한 멘토링은 여성과학회(Association of Women in Science) 같은 기관의 노력을 통해 개선될 수 있다. 이러한 활동은 과학 전공 여학생들이 교육기회를 최대한 활용하도록 도와준다. 여성을 포함한 모든 약자집단을 위한 멘토링은 과학계에서 그 집단으로부터 좀더 많은 사람들을 모집하고 고용하는 것으로 개선될 수 있다.

2. 추행

우리는 과학자들을 시민의식이 있고 존경할 만하며 예의 바른 사람들로 생각하지만, 막상 실험실 안에서는 온갖 추행이 일어난다. 보고된 추행의 형태로는 모욕, 언어적 또는 육체적 협박, 야만행위, 절도, 폭력, 성추행 등이 있다(PSRCR, 1992; Eisenberg, 1994). 이러한 모든 행위는 당연히 비윤리적이다. 추행은 과학의 상호존중의 원리와 기회를 파괴하고 협력과 신뢰, 개방과 자유의 토대를 무너뜨린다. 다양한 형태의 추행은 또한 부도덕하며 종종 불법적이다.

많은 여성들이 과학 분야에 발을 디딘 지난 20년 동안 성추행은 중요한 윤리문제로 대두되었다. 성추행을 느슨하게 정의하자면, 성을 이용해서 사람의 품위를 떨어뜨리고 착취하고 불쾌하게 만드는 모든 행동을 가리킨다고 할 수 있겠다. 이렇게 모호한 규정을 넘어서서 성추행으로 간주할 만한 행동에 대한 광범위한 합의가 지금까지 이루어지지 않고 있다. 성추행으로 간주되는 행동은 강간, 원치 않는 성적 구애, 데이트 신청, 성적 수치심을 유발하는 대상물의 진열, 더러운 농담, 성희롱, 외설적인 표정 등이다(Webb, 1995). 우리는 이 문제에 관해 합의가 결여되어 있다. 이는 부분적으로 남자와 여자가 성추행을 보는 관점이 다른 데에서 기인한다. 이 문제는 남녀관계에 대한 상반된 관점과 태도 때문에 치열한 논쟁이 되어 왔다.[1] 성추행은 과학의 상호존중의 원리를 거스르고, 교육과 협력을 방해하며, 그것의 피해자들이 과학에서 성공하는 것을 어렵게 만들기 때문에, 반드시 일어나지 말아야 한다. 고용과 교육에서의 성추행

---

1) 성추행의 90% 이상은 남성이 여성을 추행하여 고소를 당한 경우다. T. Aaron, *Sexual Harassment in the Workplace*(Jefferson, NC: McFarland and Co., 1993). 다른 형태의 추행 또한 가능하다.

은 미국뿐만 아니라 다른 나라에서도 법적 문제가 되고 있다(Aaron, 1993).

이러한 문제를 다룰 때는 과학자들이 서로 대화하고 과학의 상호존중 원리를 고수하는 것이 중요하다. 실험실은 추행에 대한 규정과 추행을 보고할 통로, 그리고 성추행 방지정책을 확립해야 한다(Swisher, 1995b). 허위로 하는 성추행 고소는 피고발자의 경력과 평판을 망가뜨리므로, 성추행 사건을 다룰 때는 적절한 처리와 공정성을 지켜야 하고, 사소하며 부당한 고소를 피해야만 한다(Guenin and Davis, 1996; Leatherman, 1997). 그런데, 성추행은 반드시 지양되어야 하는 반면에, 과학자들이 연구실 환경에서 편안함을 느끼는 것은 중요하다. 과학자들이 너무 불안해서 동료들과 대화나 사교, 또는 정상적인 경로를 통한 소통을 제대로 하지 못한다면, 연구와 강의에 중대한 지장이 초래될 수 있다. 과학자들은 개방적이고 스스럼없는 표현을 억제하지 않으면서도 공격적인 행동은 피해야 한다. 소통과 신뢰, 그리고 모종의 관용이 이러한 균형을 달성하는 데 쓸모가 있을 것이다(Foegen, 1995).

3. 부정행위 보고

4장에서 언급한 것과 같이 과학자들은 윤리적인 기준을 강화해야 할 의무가 있다. 윤리적인 기준을 강화할 의무에는 또한 과학자들이 있음직한 부정행위를 실험실 책임자나 학과장 또는 선배 연구자 등 적절한 권한이 있는 사람에게 고지해야 할 의무가 포함된다. 이때 부정행위에 대한 고발은 피고발자의 경력을 위태롭게 할 수 있기 때문에, 사소하거나 부당한 고발은 하지 말아야 하며, 그에 대한 조사도 적절한 절차 안에서 이루어져야 한다. 말하자면 조사가 '마녀사냥'이 되어서는 안 된다.

다른 사회기관에서도 그렇겠지만, 과학에서 비윤리적이거나 비합법적인 행동을 보고하는 사람을 가리켜 '내부고발자'(whistle blowers) 라 부른다. 내부고발은 심각한 반발을 불러일으킬 수 있기 때문에 위험한 행동이다. 내부에서 발생한 비윤리적·비합법적 행위를 고발한 사람들은 엄청난 개인적 대가를 치르는 경우가 많다(Edsall, 1995). 과학에서 내부고발자는 해고, 축출, 강등, 따돌림 등을 당했다. 첫 장에서 논의한 볼티모어 사건의 경우가 이 문제를 잘 조명해 준다.[2] 오툴은 골칫덩어리로 알려져, 터프츠대학교에서 박사후과정을 마친 이후에도 일자리를 찾는 데 어려움을 겪었다. 많은 주정부와 연방정부에는 현재 내부고발자를 보호하는 법률이 마련되어 있고, 다양한 직업 분야의 행동강령에서도 역시 내부고발자를 보호할 필요에 대해 언급한다(Edsall, 1995). 이러한 법률적·제도적 보호에도 불구하고 내부고발은 항상 위험을 수반하는 일이어서, 내부고발을 하고자 하는 사람들은 내부고발과 자신의 개인적 이익 보호 사이에서 선택을 해야만 하는 것 같다. 내부고발자는 자신의 경력에 흠집이 나는 것도 마다하지 않고 '옳은 일'을 선택한 점에 대해 칭찬받아야 마땅하다(Chalk and van Hippel, 1979).

그럼에도 불구하고 피고의 권리를 보호하고 적절한 절차를 준수하기

---

2) 〔옮긴이 주〕 볼티모어 사건은 노벨상 수상 과학자 데이빗 볼티모어(David Baltimore)가 공동집필한 논문이 조작되었다는 의혹을 받아 시끄러웠던 사건이다. 1986년 4월 25일에 발행된 〈셀〉지에 실린 그 논문에는 6명의 공저자 이름이 나란히 표기되었는데, 볼티모어는 직접 실험을 수행하지는 않았지만, 책임 연구자로 이름이 올라 있었다. 당시 실험은 매사추세츠 공과대학 및 터프츠대학교 제휴 연구소인 화이트헤드연구소에서 수행되었으며, 국립보건원의 연구비 지원을 받았다. 그때 화이트헤드연구소에서 박사후연구원으로 일하던 마고 오툴은 볼티모어 논문의 공저자 중 한 사람인 면역학자 테레자 이마니쉬-카리의 지도 아래 있었다. 오툴은 이마니쉬-카리의 연구일지에서 논문의 결과와 상반되는 내용을 찾아내자, 연구에 의혹을 품고 내부고발을 했다. 제1장 5~7쪽 참고.

위해 내부고발자는 다음 사항을 준수해야만 한다(Clutterbuck, 1983).

- 내부고발자는 도덕적으로 선한 동기를 가지고 있어야 한다. 내부고
  발자는 불법적이고 비윤리적이며 부도덕한 행위를 폭로하려는 목적
  으로 내부고발을 해야지, 자신의 경력을 쌓거나 정적을 제거하기
  위한 수단으로 해서는 안 된다.
- 내부고발자는 고발을 하기 전에 문서로 잘 정리된 증거가 있어야 한
  다. 증거는 소문이나 개인적인 관찰 그 이상이어야 한다.
- 내부고발자는 믿을 만한 기관에 고발을 해야 하고, 오직 그것이 최
  후 수단일 때에만 지역기관 밖으로 사건을 끌고 나가야 한다.
- 내부고발자는 행위에 대해 신중하게 숙고해야 하며, 성급한 판단을
  내려서는 안 된다.

4. 강의와 연구

앞에서 언급했듯이 대학에서 근무하는 과학자에게는 학생들을 가르치
는 한편, 자신의 연구를 지속해야 하는 두 가지 제도적 의무가 있다. 이
두 행위는 모두 과학의 목표를 달성하는 데 공헌하기 때문에, 가르치고
연구하는 것은 전문적인 의무이기도 하다. 강의와 연구, 이 둘 사이의 딜
레마는 전념갈등(conflict of commitment)으로 볼 수 있다(5장에서 논의된
사항을 참고). 왜냐하면 연구와 강의는 과학자가 자신의 시간과 에너지를
바쳐야 하는 두 가지 상이한 의무이기 때문이다.

4장에서 나는 과학자가 학생들을 가르칠 의무가 있다고 주장했다. 그
러나 나는 이러한 의무가 모든 과학자에게 언제나 해당되는 것은 아니라
는 것을 인정한다. 어떤 과학자는 강의보다 연구를 중시할 수 있고, 다른

과학자는 연구보다 강의를 중시할 수 있다. 어떤 이는 대학원생만을 가르치고, 또 어떤 이는 학부생만을 가르친다. 그런가 하면 어떤 이는 자신의 연구에 집중하기 위해 연구년을 가질 수도 있다. 심지어 강의하는 자리에서 떠나 기업이나 군대를 위해 일하는 과학자도 있다. 중요한 것은 과학이라는 분야가 교육을 촉진하지만, 개개인의 과학자들이 같은 방식과 정도로 교육에 참여하는 것은 아니라는 점이다.

대학에서 근무하는 과학자 개개인은 전념갈등의 문제를 풀고자 할 때, 강의와 연구 사이에서 적절한 균형을 유지하기가 어렵다는 사실을 깨닫게 된다. 과학의 미래는 오늘의 과학자들이 얼마나 교육에 참여하는가에 달려 있기 때문에 과학자들은 강의의 책임을 회피하지 말아야 한다. 그리고 연구는 대개 강의를 보완하는 것이기 때문에, 대학은 과학자들이 연구에 적절한 시간을 할애하도록 해야 한다(Saperstein, 1997).

5. 모집과 고용에서의 윤리적인 문제

금세기 이전에는 서구과학 분야에서 여성이나 소수자의 존재가 거의 드물었다. 오랜 시간 동안 여성과 소수자는 과학으로부터 배제당했다. 그들은 대학에서 연구하거나 전문적인 과학자로서 일하는 것을 금지당했다. 심지어 여성과 소수자가 과학 분야에 들어가는 것이 허용되었을 때조차도, 차별, 편견, 사회적 낙인, 문화적 기대, 고정관념 등이 팽배하여, 이렇게 과소평가된 집단의 구성원이 과학자가 되는 것을 어렵게 만들었다(Pearson and Bechtel, 1989; 과학기술여성위원회(Committee on Women in Science and Engineering), 1991; Tomoskovic-Devey, 1993). 지난 30년 동안 소수자 집단은 과학에서 중요한 족적을 남겼다. 그러나 서구과학에서 백인남성들은 여전히 소수자 집단보다 수적으로 우세하다. 일부 과학 분야에서는 여성과 소수자가 다른 분야에 비해 많다. 그러나 모든 과학 분야에서 여전히 인종차별과 성차별의 상처가 남아 있다.

여성과 소수자는 대부분의 과학 분야에서 저평가(underrepresented)되기 때문에, 과학자는 이러한 불평등을 해소하고 저평가된 그룹에 기회를 주기 위하여 법적·윤리적 의무에 관심을 기울여야 한다. 많은 국가에서 고용주나 교육가들이 고용기회, 모집, 교육 등을 통해 인종적·성적 차별을 시정토록 하는 법률을 마련하고 있다(Sadler, 1995). 과학자는 다른 과학자를 모집하고 고용하는 것과 관련을 맺고 있는 한, 이러한 법을 준수해야 할 의무가 있다(이 책은 과학에서 법률적인 문제가 아니라 윤리적인 문제에 초점을 맞추고 있기 때문에 고용과 교육 실무에 관련된 기존의 법에 대해 논하지 않을 것이다).

4장에서 나는 과학에서 기회균등의 원칙이 과학적 목표를 촉진시킬 수 있다는 근거하에 그 원칙을 지지했다. 객관성은 말하자면 마음의 일치에서 대두된다기보다는 서로 다른 문화와 성격, 사고방식의 충돌에서 대두되는 것 같다. 기회균등은 평등주의적 정의이론에 도덕적·정치적 토대를 둔다(Rawls, 1971). 이러한 주장은 과학자들이 저평가된 집단에 보다 많은 기회가 돌아가도록 적절한 조치를 취할 것을 강조한다. 하지만 과학자들이 어떻게 이러한 임무를 수행할 것인가? 이 질문에 답하기 위해 우리는 기회균등을 촉진하기 위한 소극적 전략과 적극적 전략을 구분할 필요가 있다. 소극적 전략이란 과학에서 저평가된 집단에 대한 장벽을 없애는 시도를 말한다. 반면에 적극적 전략은 과학에 그러한 집단을 끌어들이기 위해 단계를 밟는 것이다.

대부분의 과학자가 받아들이는 소극적 전략 중 하나는 과학에서 인종차별과 성차별, 그 밖에 다른 유형의 차별을 방지하는 것이다. 차별은 저평가된 집단에게 상당한 장벽이 되기 때문이다. 이 논의의 목적을 고려할 때, 차별은 어떤 사람을 부적절한 특징에 기반을 두고 평가하는 것으로 정의내릴 수 있다. 3) 예를 들면 어떤 사람이 여성이기 때문에 물리학 조교수로 고용하기를 거절한다면, 이것은 일종의 성차별이다. 하지만 어떤 사람이 박사학위가 없어서 그 자리를 거절당했다면, 이것은 성차별이 아니다. 왜냐하면 업무상 박사학위의 유무는 그 직무와 관련하여 적절하게 고려되어야 할 특성이기 때문이다. 논쟁의 여지가 없는 또 하나의 소극적 전략은 저평가 집단에 대한 추행을 막기 위해 적절한 조치를 밟는 것이다. 여성이나 소수자에 대한 추행은 그가 과학에서 경력을 추구하는데 걸림돌이 된다. 이러한 소극적 정책을 반대할 사람은 거의 없을 것이다. 그러나 우리가 과학에서 기회균등을 촉진하기 위해 차별철폐 조치와 같이 좀더 적극적인 전략을 논의하게 되면 당장에 논쟁이 벌어진다.

차별철폐 조치는 대개 과거에 차별을 경험했던 저평가 집단을 유인, 지원, 모집하려고 시도하는 정책으로 간주할 수 있다(De George, 1995). 차별철폐 조치는 과학자가 과학 자원이나 기회의 할당에 따른 결정을 내려야 하는 상황에서 언제든지 취해질 수 있다. 이러한 상황에는 대학원 프로그램의 승인, 특별연구원제도 마련, 장학금이나 연구비, 또는 상장 수여, 그 밖에 고용과 승진 등이 포함된다. 많은 학자들이 약한 차별철폐 조치와 강한 차별철폐 조치를 구분한다. 약한 차별철폐 조치는 단지 저평가 집단을 모집하고 끌어들이는 의도적인 수고 이상의 것을 포함하지 못한다. 과학자들은 소수자 집단에서 온 사람들을 확인하여, 그들에게 안내장을 보내고 캠퍼스에 초대하고 대학원 프로그램에 응시하도록 격려하고, 직업이나 연구비 등에 지원하도록 격려할 수 있을 것이다.

---

3) 더구나 '구별하다'(*discriminate*)라는 도덕적으로 중립적인 느낌의 단어가 있다. 이러한 느낌에 따라 '구별하는 것'(*to discriminate*)의 의미는 결정을 내리고 판단을 하는 것이다. 물론 이것은 대부분의 사람들이 인종차별과 성차별에 대해 논의할 때 마음속에 그리는 단어의 느낌은 아니다. R. De George, *Business Ethics*, 4th ed. (Englewood Cliffs, NJ: Prentice-Hall, 1995).

강한 차별철폐 조치는 일종의 우선적 대우를 해주는 형태를 말한다. 우선적 대우(또는 역차별)는 나이나 성별과 같이 부적절한 특징을 바탕으로 특정인에게 유리하도록 결정하고 판단하는 것을 말한다(De George, 1995). 여기에도 또한 약한 우선적 대우와 강한 우선적 대우가 있다. 약한 우선적 대우란 동등한 자격을 갖춘 개인들 사이에서 동점 상황을 깨기 위해 부적절한 특징을 이용하는 것이다. 예를 들면, 장학금을 신청한 2명의 지원자가 동등한 자격을 갖추고 있을 경우, 장학위원회는 백인남성보다 저평가 집단의 구성원에게 장학금을 주기로 결정할 수 있는데, 이것이 약한 우선적 대우이다. 반면에 강한 우선적 대우는 인종, 성, 기타 일반적으로 부적절한 특징을 다른 자격 조건보다 우위에 놓는 것을 말한다. 가령, 저평가 집단의 구성원을 고용하거나 승진시키기 위해 할당제를 두는 것은 매우 강한 우선적 대우라 할 것이다.

과학에서는 과연 어떠한 형태의 차별철폐 조치든지 정당화될 수 있을까? 만약 나의 주장을 과학에서 기회균등의 원칙으로 받아들인다면, 특정한 종류의 차별철폐 조치는 저평가 집단에게 기회를 주기 위해 정당화될 수 있을 것이다. 예를 들면, 저평가 집단을 적극적으로 모집하는 것은 과학에 소수자와 여성의 참여를 높일 수 있다는 근거하에 정당화될 수 있다. 하지만 우선적 대우는 어떤가? 과학과는 관계가 없는 인종, 성, 다른 특징에 기초하여 사람들에게 일자리나 장학금, 기타 기회를 주어야만 하는가? 강한 차별철폐 조치의 찬반을 논하는 것이 이 책의 목적은 아니지만, 나는 과학에서 어떤 우선적 대우가 필요하다는 데 실용주의적 논변을 제시하고자 한다. 다양성은 객관성을 촉진하기 때문에, 과학 공동체를 이루는 구성원이 다양해지는 것이 적법하고도 중요한 목표라는 가정하에 논의를 시작해 보자. 혹자는 과학자들이 우선적 대우를 제도화하지 않는 한, 이러한 목표는 실현될 수 없으며, 소극적 전략은 만족할 만한 수준의 다양성을 확보할 수 없을 것이라고 주장할지도 모른다. 소극적 전략이 제대로 효력을 발휘하지 못하는 이유는, 과학이 여성과 소수자에게 바람직한 직업으로 간주되려면, 그 전에 먼저 저평가 집단이 '임계질량'(critical mass) 4) 에 도달하도록 해주어야 하기 때문이다(Etzkowitz et al., 1994; Jackson, 1995). 사람들은 어떤 직장이나 직업에 자기가 동일시할 만한 사람들이 있을 때 그 직장이나 직업에 끌리는 법이다. 과학에서는 과학전공 학생들에게 역할모델이 되도록 하기 위해서라도 저평가 집단의 사람들이 필요하다. 역할모델로서 저평가 집단의 사람들은 여성과 소수자들이 과학에 더 많이 들어오도록 모집하고, 교육하고, 훈련하고, 조언하고, 멘토링하는 데 일익을 담당할 수 있다. 과학에서 일단 다양성의 수준이 만족스럽게 향상되면 우선적 대우정책은 폐지될 수 있겠지만, 적정 수준의 다양성을 확보할 때까지는 시한을 정하지 않고 시행될 필요가 있다. 5)

이 주장에 대한 몇 가지 반대의견은 언급할 가치가 있다. 먼저 강한 우선적 대우는 유익보다는 해악을 초래할 수 있다는 지적이다. 만약 과학자들이 저평가 집단에 속한 사람들에게 가산점을 주게 되면, 자격미달의 사람들이 선택될 수 있다. 과학 분야에 자격미달의 사람을 승인하는 것은 과학 전반에 나쁜 결과를 초래한다. 첫째, 자격미달의 사람들은 좋은 연

---

4) 〔옮긴이 주〕 임계질량이란 물리학에서 핵분열 물질이 연쇄반응을 할 수 있는 최소 질량을 말하며, 통상적으로 바람직한 결과를 효과적으로 얻기 위해 필요한 최소량을 가리킨다.

5) 물론 차별철폐 조치를 지지하거나 반대하는 도덕적이고 정치적인 주장들이 있다. 이번 장에서 나는 과학의 목표와 관심에 초점을 맞추어서 차별철폐 조치에 대한 논의할 것이다. 차별철폐 조치에 대해 더 많은 논의를 보려면 A. Sadler (ed.), *Affirmative Action* (San Diego: Greenhaven Press, 1995) 을 참고. 여성의 과학참여 증진을 위한 정책에 대해 더 많은 논의를 보려면 Committee on Women in Science and Engineering, *Women in Science and Engineering* (Washington: National Academy Press, 1991) 참고.

구를 수행할 수 없기 때문에 과학의 발전을 저해할 수 있다. 둘째, 자격미달의 사람이 저평가 집단의 구성원이면, 심지어 좋은 역할모델이 될 수도 없다. 역할모델은 우리가 존경하고 칭찬할 만한 사람이어야 한다. 그런데 우리는 대개 자격미달이라고 느끼는 사람을 존경하거나 칭찬하지 않는다. 그러므로 강한 우선적 대우는 자멸할 가능성이 높다(Puddington, 1995). 또한 강한 우선적 대우는 저평가 집단에서 선발된 장래성 있는 과학자가 업무를 성실히 수행하고 우수한 업적을 낳기 위해 노력하지 않도록 만들 수 있다. 왜냐하면, 그 제도는 이들에게 탁월한 업적이나 심지어 경쟁 없이도 과학에서 출세할 수 있다는 인식을 심어 줄 가능성이 있기 때문이다. 강한 우선적 대우는 저평가 집단의 과학자들이 공적에 기반을 두고 선택된 것이 아니라는 오명을 안고 살아가게 할 수 있기 때문에, 그들의 경력에 부정적인 영향을 미칠 수도 있다. 저평가 집단의 과학자들은 자신이 과학계에서 두각을 나타낸 이유가 우선적 대우의 혜택 때문인지 아니면 훌륭한 업적 때문인지 항상 의문이 들 것이다. 동료들 역시 그들을 '구색 맞추기 전시물', '잘난 흑인', '잘난 여자' 등으로 취급할 수 있다(Carter, 1995). 마지막으로, 어떤 사람들은 고용이나 교육과 관련하여 결정을 내리는 근거로서 인종과 성별, 기타 특징을 활용하게 되면, 저평가 집단에서 선택된 사람들이 지적으로 열등하다는 암시를 심어 주어, 해로운 고정관념이 지속될 것이라고 주장한다(Carter, 1995).

나는 과학에서 강한 우선적 대우를 반대하는 이상의 견해가 설득력이 있다고 본다. 반대자들은 심지어 과학에서 차별철폐 조치의 일환으로 약한 우선적 대우가 제도화되는 것에 대해서도 문제점을 지적하는데, 왜냐하면 어쨌거나 공적이 아니라 인종이나 성별, 그 밖의 다른 특징을 이용하는 것은 사회적 낙인을 유발하고, 인종차별과 성차별, 기타 고정관념을 유포시킬 수 있기 때문이다. 내가 보건대, 약한 우선적 대우, 즉 동등한 자격이 있는 후보들 사이의 균형을 깨기 위해 인종이나 성별 특징을 이용하는 것은 위의 문단에서 논의한 반대를 피할 수 있을 것이다. 하지만 과학자들이 저평가 집단으로부터 자격미달의 사람들을 고용하지 않도록 조치를 취하지 않으면, 약한 우선적 대우 정책은 강한 우선적 대우 정책으로 변질될 것이다.

그러나 약한 우선적 대우 정책이 과학적 산물을 분배하는 모든 결정에 적용되어서는 안 된다. 우선적 대우와 관련한 사회적·정치적·도덕적 문제는 차별철폐 조치가 과학 분야에 들어가는 입회권을 획득하는 경우처럼 오직 예외적인 조건하에서만 채택되어야 한다는 것을 함축한다. 상장이나 연구비 또는 정년보장교수직 수여와 같은 경력에 영향을 미치는 모든 결정은 철저히 업적에 입각해서 이루어져야 한다. 일단 저평가 집단에서 온 사람들이 과학 분야의 일원이 되면, 그는 그 분야의 다른 구성원과 다르게 취급되어서는 안 된다. 차별철폐 조치의 범위를 제한함으로써 과학 공동체는 학문적 우수성을 도외시하지 않고도 다양성을 증진할 수 있다.

6. 자원의 분배와 보전

앞에서 언급했듯이, 많은 과학연구가 실험실 내·실험실 간 협력은 물론이고, 학제 간·국제 간 협력을 통해 이루어진다. 공동연구를 하는 과학자는(물론 공동연구를 하지 않는 과학자도) 종종 과학적 자원, 자료, 장비, 장치, 연구장소, 그리고 인적 자원을 나누는 문제에 직면한다. 전체적으로 볼 때 과학은 자원공유에서 얻는 유익이 클 것이다. 그렇게 하는 것이 더 많은 과학자들로 하여금 자료 수집과 분석을 위해 필요한 자원에 접근할 수 있도록 하기 때문이다. 개방성과 기회균등의 원칙은 자원공유의 의무를 내포한다. 그러나 자원공유와 관련해서는 개인별, 집단별, 전문 분야별, 기관별 이해관계가 서로 다르기 때문에 문제가 야기될 수 있어서, 과학자들이 과학의 공동선을 위하여 함께 일하기란 쉽지 않을 때가 많다.

이 문제에 대한 사례연구로 허블망원경 이용에 대한 정책을 살펴보자. 허블망원경은 희귀하고 소중한 과학자원이다. 전 세계 많은 과학자들이 우주관찰을 위해서 이 망원경을 이용하고 싶어 할 것이다. 그러나 모두가 동시에 그것을 이용할 수는 없다. 이 망원경을 이용하고 싶어 하는 과학자들 중에는 망원경 개발을 도운 사람, 노벨상 수상자, 선배 연구자, 후배 연구자, 대학원생, 산업과 군사기관에 종사하는 과학자들, 기타 다양한 국적과 인종과 성별을 가진 과학자들이 포함될 것이다. 누구에게 이 망원경에 대한 접근권을 주어야 할까?

망원경 이용시간을 배분하는 문제는 희소자원의 분배에 대한 한 가지 예라 할 수 있다. 이 문제(또는 이와 유사한 다른 문제들)를 해결하는 데는 다음의 기준이 적용되는 것 같다.

- 과학적 가치. 망원경 사용을 원하는 다양한 사람들이 갖추어야 할 자격은 무엇인가?
- 과학적 유용성. 어떤 계획이 과학의 이익에 가장 부합하는가?
- 기회. 어떤 계획이 과학자들에게 중요한 기회를 줄 것인가?

처음의 두 기준은 공정해 보인다. 희소자원을 잘 사용할 수 없는 사람 편에서 볼 때 그것을 낭비하는 것은 무의미하기 때문이다. 그런데 혹자는 자원분배에서 기회균등에 중점을 두는 나에게 의문을 제기할지도 모른다. 나는 자원분배를 결정할 때, 공적과 무관한 인종 및 성별, 기타 특징을 활용하는 것을 선호하지는 않지만, 기회균등을 고려하여 후배 연구자들(대학원생, 박사후연구원, 또는 정년을 보장받지 못한 교수진)에게 교육과 전문연구를 향상시키도록 일정한 자원을 할당하는 것은 지지한다. 선배들에 비해 자격이 못 미치는 후배 연구자들에게 자원을 할당하는 것이 단기적으로 볼 때는 '낭비'처럼 보일지 몰라도, 장기적으로는 소기의 성과를 거둘 것이다. 그러므로 후배 연구자들을 위해 명목상의 자원을 따로 마련해 두는 것이 좋다. 선배 연구자들은 남아 있는 자원을 놓고 공적과 실용성을 바탕으로 경쟁하면 된다.

논의를 마치기 전에, 법적으로 유효한 소유권이 있으면 이러한 고려사항은 모두 무효가 될 수 있음을 지적해야겠다. 만약 어떤 개인이나 집단 또는 사회기관이 과학적 자원을 소유하고 있다면, 그들은 (법적으로) 그것의 이용을 통제할 수 있다. 예를 들면 와이오밍 주의 목장주가 와이오밍 주의 과학자에게는 자기 소유의 고고학 유적지에 대한 접근을 허락한 반면에, 콜로라도 주의 과학자에게는 허락하지 않았다고 가정해 보자. 콜로라도 과학자에게도 그 유적지에 대한 접근을 허락해야 한다고 주장하는 어떠한 도덕적·과학적 이유에 앞서서 그의 소유권이 우선할 것이다. 과학자는 법을 지켜야 하는 최우선적 의무가 있기 때문에, 그것을 어길 만한 긴급 사유가 없는 한, 이러한 법적 권리는 존중되어야 한다. 대학과 연구기관들도 과학적 자원을 통제하며, 따라서 자원할당을 결정할 때는 그 후원자들에게 우선권을 줄 수 있다.

과학에서는 많은 수의 국제적 공동작업과 협력이 일어난다. 5장에서 나는 국제적 공동작업과 협력이 장려되고 촉진되어야 한다고 주장했다. 그러나 동시에 국가들은 때때로 정치적인 이유로 과학정보가 국경을 넘어가는 것을 막으려고 할 것이라는 점도 논의했다. 정치적인 고려 때문에 실험실, 컴퓨터 기술, 망원경, 방사성 동위원소 등과 같은 과학자원의 공유가 방해될 수 있다. 국제적 공동작업의 정치학에 대한 보다 폭넓은 검토는 이 책의 범위를 넘어서는 것이므로 여기서는 생략하기로 한다.

이 논의를 마치면서, 나는 과학자가 자원을 오용하거나 파괴하지 말아야 한다는 것을 말하고 싶다. 자원의 오용과 관련한 두 가지 유형의 비윤리적 행위로는 연구비 관리 부실과 연구실 및 실험자료 또는 장비의 훼손이 있다. 연구비 관리 부실은 과학자가 연구비 계약에 허용되지 않은 항목에 연구비를 사용할 때, 과학자가 하찮은 항목에 연구비를 지출하거나 낭비할 때, 그리고 회계 내용에 거짓 보고서를 제출할 때 발생한다. 무책임한 회계 관습은 불법적일 뿐만 아니라, 부정직하고 태만하며 낭비적이기 때문에 또한 비윤리적이다.

조사를 진행하는 동안 연구실 및 실험자료 또는 장비를 훼손하는 과학자들은 귀중한 과학자원을 낭비하는 것이다. 예를 들면 고생물학자는 신중하게 이루어져야 할 화석 채취를 태만히 하여 연구실을 훼손할 수 있다. 문화인류학자는 연구기간 동안 원주민 부족을 학대하거나 소외시킴으로써 연구실을 망칠 수 있다. 세포학자는 전자현미경을 기준절차에 따라 작동시키지 않아서 현미경에 심각한 손상을 입힐 수 있다. 컴퓨터 과학자는 데이터베이스를 날려 버릴 수 있다. 따라서 과학자는 무엇보다도 과학자원을 나누고 사용할 때 책임감을 가지고 신중을 기해야 한다(참고로 일부 과학자들은 과학자원을 사용하는 사람들이 책임감을 가지고 신중하게 행동하지 않는 것을 염려해서 자원 나누기를 거절할 수도 있다).

7. 인간을 대상으로 한 연구

다음에 이어지는 절에서는 두 가지 주제, 즉 연구에서 인간과 (비인간) 동물의 이용에 대해 짧게 검토하고자 한다. 이 두 주제는 과학자뿐만 아니라 일반적으로 사회에도 중요한 윤리문제를 제기한다. 이 주제 각각에 대해서는 책 한 권을 써도 되겠지만, 나는 독자들에게 몇 가지 핵심적인 쟁점만을 소개하려고 한다.

인간을 대상으로 한 연구의 윤리적인 문제를 논의하기 전에, 독자들에게 필요한 약간의 배경지식을 소개해야겠다. 20세기 전까지만 해도 의학 연구자들은 악행금지(*non-maleficence*)와 선행(*beneficence*)을 강조하는 히포크라테스 선서에 충실했기 때문에 인간에 대한 실험을 거의 하지 않았다.[6] 의학실험은 해롭고도 별 도움이 되지 않을 수도 있기 때문에, 이런 전통은 인체실험을 더욱 피하게끔 했다. 과학혁명기 동안에 의학은 더 많은 실험이 수행되어야 한다는 쪽으로 방향을 설정했지만, 20세기 전까지 인체실험에 대한 태도는 크게 바뀌지 않았다. 연구자들이 설파제나 말라리아 백신 같은 신약을 인체에 직접 실험하기 시작한 것은 20세기가 되어서야 비로소 이루어진 일이다. 1940년대에는 심지어 인간 연구에 대해 일반적으로 받아들여질 만한 윤리적 지침이 부재한 상황이었음에도, 많은 사람들이 실험에 뛰어들었다.

사실상 이렇게 아무런 규정이 없던 인체실험의 시대는 '뉘른베르크 강령'(Nuremburg Code, 1949)으로 알려진 인간 연구에 대한 일련의 규약을 채택함으로써 제2차 세계대전 이후 끝이 난다. 이 강령은 전쟁범죄에 책임이 있는 나치 과학자들에 대한 재판의 토대를 마련하기 위해 뉘른베르크 공판이 진행 중이던 1946년에 제정되었다.[7] 이것은 인체실험을 통

---

6) 〔옮긴이 주〕 히포크라테스 선서에는 "환자에게 해악을 입히거나 환자의 상태를 악화시키는 데는 의술을 결코 사용하지 않겠다"는 내용이 담겨 있는데, 이를 악행금지의 원칙이라고 한다. 반면에 의사에게는 타인의 질병을 치료하고 건강을 증진하도록 노력해야 할 의무가 있는데, 이를 선행의 원칙이라고 한다. 전자가 소극적이라면, 후자는 적극적인 윤리적 요청이라고 할 수 있겠다.

7) 〔옮긴이 주〕 2차 세계대전 동안 나치독일의 의사들은 인간에 대한 여러 가지 실험을 자행했다. 포로수용소에 징집된 대상은 러시아 군인, 범죄자, 폴란드 반체제자, 그리고 집시들이었다. 의사들은 피실험자들로부터 '충분한 설명에 근거한 동의'(*informed consent*)를 받지 않았다. 많은 실험 중에 엄청난 고통과 상해, 심지어는 죽음이 발생했다. 비록 일부 실험에서는 과학적으로 타당한 결과를 얻어 냈지만, 많은 실험들이 건전한 실험과정을 결여했고, 단순히 외설적

제하는 데 여전히 매우 중요한 역할을 하는 국제 공인 선언문이다 (Capron, 1997). 이 강령의 핵심이 되는 신조는 다음과 같다.

- **충분한 설명에 근거한 동의** : 피험자들은 오직 충분한 설명에 근거한 자발적인 동의를 해야만 연구에 참가할 수 있다.
- **사회적 가치** : 실험은 사회를 위해 생산적인 결과를 낳을 것으로 기대되어야 한다.
- **과학적 타당성** : 실험은 과학적으로 타당해야 하고, 설계가 잘 되어 있어야 하며, 오직 충분한 자격을 갖춘 과학자가 수행해야 한다.
- **악행금지** : 피험자에게 사망이나 장애를 일으킬 수 있는 실험은 실행되지 말아야 한다. 실험자는 위험을 줄이고, 고통을 최소화하는 조치를 취해야 한다.
- **실험의 중단** : 실험이 진행되는 도중에 피험자는 어떤 이유로든지 참가를 중지할 수 있다. 실험자는 만약 실험을 계속 진행할 경우 상해

이고 가학적인 흥미를 만족시키기 위해 자행되었다. 나치 과학자들 중에서 가장 유명한 자는 아우슈비츠 수용소에 배치되어, 소위 '죽음의 천사'로 불렸던 조세프 멩겔레였다. 멩겔레는 다양한 형질의 발달에서 유전과 환경의 역할을 알아보기 위해 일란성 쌍둥이를 대상으로 많은 실험들을 수행했다. 그의 목표는 환경을 통제하여 완벽한 인간, 즉 금발머리, 푸른 눈, 건강한 몸, 그리고 유전적 질병이 없는 인간을 만들도록 하는 것이었다. 예컨대, 그는 눈을 푸른 색으로 만들기 위해 6명의 아이들의 눈을 푸른색으로 염색하는 실험을 했다. 아이들의 머리를 자르고, 아직 살아 있는 상태에서 장기를 제거한 채 벽에 매달기도 했다. 또한, 쌍둥이끼리 성관계를 하면 또 쌍둥이가 태어나는지 확인하기 위해 강제로 쌍둥이들에게 섹스를 시켰다. 그는 쌍둥이끼리 혈액을 교환하는 실험이나 샴쌍둥이를 만들기 위해 이란성 쌍둥이를 합체하는 실험도 자행했으며, 독일 의사들이 방문했을 때는 일곱 난쟁이를 전시하기도 했다. 그가 실시한 전기충격 실험 도중에 죽은 피실험자만 해도 25명이나 되었다. 더 자세한 내용은 G. Pence, *Classic Cases in Medical Ethics*, 2nd ed. (New York: McGraw-Hill, 1995)을 참고.

나 사망을 초래할 가능성이 있으면 실험을 중단할 수 있도록 준비하고 있어야 한다.

1946년 이후로 인체실험의 윤리문제에 대한 논의가 계속된 결과, 지난 40년 동안에 많은 규칙과 규정이 채택되었다. 지속적인 논의를 통해 폭넓게 수용된 추가원칙들은 다음과 같다(Capron, 1997).

- **사생활 보호** : 실험은 피험자의 사생활과 비밀을 보호해야 한다.
- **약자 보호** : 실험은 충분한 설명에 근거한 동의가 어려운 피험자들, 예를 들면, 병들고, 가난하고, 교육받지 못하고, 구금상태에 있거나 또는 정신적으로 장애가 있는 어린이 또는 성인을 보호하기 위해 특별한 예비조치를 취해야 한다.
- **공정성** : 실험의 모든 단계에 걸쳐 피험자의 선정은 공정해야 한다.
- **감시** : 연구자는 실험을 통해 얻을 유익이 실험에 내포된 위험보다 더 큰 가치가 있는지, 또한 실험이 중요한 지식을 도출할 수 있는지 지속적으로 감시해야 한다.

오늘날 거의 모든 연구기관과 많은 사기업은 인간을 대상으로 한 연구를 검토하는 기관심의위원회(IRBs)를 두고 있다. 기관심의위원회는 인간을 대상으로 한 연구에서 윤리적, 법률적 문지기 역할을 하며, 충분한 설명에 근거한 동의의 확보, 사생활 보호, 연구계획 등의 문제에 대해 연구원에게 조언하는 역할을 한다. 인간 피험자가 필요한 연구에는 생체의학은 물론이고, 심리학, 인류학, 사회학 같은 사회과학이 있다.

위에서 논의한 모든 원칙은 개인의 권리와 존엄의 보호를 중시하는 도덕이론에 의해 정당화될 수 있다. 칸트주의가 이 지침들에 가장 직접적인 정당성을 제공한다. 인간에 대한 실험은 그 대상의 존엄성, 자율성, 그리고 권리가 보호될 때에만 이루어질 수 있다. 인간은 고유한 가치를 지닌 존재로, 기니피그(*guinea pigs*)와 같은 취급을 받아서는 안 된다(Jonas, 1969). 반면에 이러한 지침들은 인간 피험자를 연구하는 방법에 제한을 두기 때문에 과학 발전을 저해하기도 한다. 있음직한 실험도 비윤리적으로 간주되면 시행될 수가 없다. 그리하여 사실상 많은 과학자가 과학지식을 얻기 위해 이러한 지침들을 어기거나 확대해석하는 실정이다(Pence, 1995). 실용주의적 관점에서 본다면 사회는 개인 몇 명의 권리와 존엄성을 침해한 실험으로부터 많은 이익을 얻을 수도 있다. 그러므로 모든 인체실험에는 사회를 위해 유익한 결과를 생산하는 것과 개인을 보호하는 것 사이의 충돌을 야기하는 긴장이 내재한다(Lasagna, 1971).

여기서 인체실험에 대해 깊이 있게 논의할 수는 없지만, 충분한 설명에 근거한 동의와 관련하여 독자들에게 몇 가지만 소개하기로 한다. 때때로 어린이나 의식불명 상태의 성인 또는 대응능력을 상실한 성인처럼 타당한 동의를 할 수 없는 피험자들에 대한 연구가 필요할 때도 있다. 질병과 치료가 아동과 성인에게 미치는 영향이 서로 다르기 때문에, 그리고 아동발달 및 아동심리에 대한 정보를 수집하는 것이 중요하기 때문에, 과학자들은 아동에 대한 실험이 따로 필요하다. 아동이 실험에 참가할 때에는 부모나 보호자가 대리동의를 할 수 있다. 그러나 사람들이 대리결정을 내릴 때는 피대리인의 이익이 최대가 되도록 해야 할 의무가 있는데, 실험에 참가하는 것이 어떤 피대리인에게는 최대의 이익이 아닐 수도 있다(Buchanan and Brock, 1989). 부모가 스스로 위험을 감수하는 것은 자유지만, 아이에게 부당한 위험을 강요하지는 말아야 한다. 무엇이 부당한 위험인가? 자전거 타기나 수영 같은 보통 어린이들의 일반적인 활동에도 위험요소가 있다. 어떤 사람들은 위험이 보통 어린이들의 활동에서도 일어날 수 있는 것이거나 실험의 이익이 해보다 많다면, 위험은 정당한 것이라고 주장한다. 예를 들면, 백혈병 치료를 위한 실험은 아이들에게 해보다는 유익이 더 많을 것이다. 그리고 어린이들의 기억력을 연구할 때 일어날 수 있는 위험은 어린이들의 일상적인 활동에서도 충분히 일어날 수 있는 위험 이상은 아닐 것이다.

성인 피험자를 실험에 참여시킬 때도 충분한 설명에 근거한 동의의 원리를 적용하는 데 어려움이 있을 수 있다. 피험자가 실험에 대한 설명을 완전히 숙지하고 나서 동의를 하기에는 지적 능력이나 판단력이 부족한 경우다. 심지어 지적 능력이 있는 피험자도 모든 정보에 대한 설명을 이해하지 못할 수가 있고, 연구원들 입장에서도 실험에 대해 완전히 알고 있지 못한 경우가 있다. 완벽히 설명하고 동의해야 한다는 요구는 너무나 엄격하기 때문에, 연구자들은 적절한 동의를 얻기 위한 현실적인 지침이 필요하다. 사람들은 책임 있고 건전한 결정을 내리기에 충분한 정보가 있을 때 설명에 근거한 적절한 동의를 할 수 있다. 대부분의 사람들은 무지와 불확실함 속에서 매일 책임 있는 선택을 한다. 예를 들면, 새로운 직업을 얻기 위해 결정을 하거나 집을 사거나 결혼을 할 때, 충분한 설명에 근거한 완전한 동의를 하기에는 정보가 부족하다(Veatch, 1987). 이러한 정책이 합리적으로 느껴지지만, 일단 우리가 충분한 설명에 의한 동의를 완벽하게 하는 것으로부터 벗어난다면, 적절한 동의에서부터 불충분한 정보에 의한 동의, 전혀 동의를 하지 않는 것까지 살펴볼 수 있다. 다음 두 가지 사례가 이 점을 설명해 준다.

1932년부터 1970년까지 터스키기연구소(Tuskegee Institute)의 의사들이 앨라배마 주 터스키기에 있는 보건소에서 말기 매독 증상을 겪고 있는 흑인남성에 대한 연구를 했다. 연구는 미 보건부의 후원을 받아 이루어졌고, 대개 전염성이 없는 잠복기 매독 증상을 보이는 399명의 피험자들이 연구에 참여했다. 연구의 목적은 1932년까지 자료가 잘 축적되어 있지 않았던 매독의 진행과정과 자연적 병력(病歷)을 추적하는 것이었다. 399명의 환자들은 실험군과 대조군의 하위집단으로 나누어지지 않은 채, 치료 없이 관찰될 뿐이었다. 대신에 매독을 앓는 피험자들과 유사한 나이의 매독이 없는 200명의 대조군이 연구에 포함되었다. 연구의 목적은 매독의 자연적 병력을 아는 것이지, 치료법을 개발하는 것이 아니었기 때문이다. 초기에 연구를 제안한 의사들 중 일부는 본래 1년 예정으로 시작된 연구가 거의 40년이나 지속되었다고 말했다. 그러니까 효과적인 매독 치료제인 페니실린이 1940년대 중반부터 상용화된 이후에도 오랫동안 터스키기 매독 실험이 진행되었다는 말이다. 연구에 참여한 피험자들은 자신이 아무런 치료도 받지 않고 있다는 것과 자기가 걸린 질병의 성격, 심지어 실험에 참여하고 있다는 사실조차 듣지 못했다. 고작해야 뜨거운 점심, 무료 검사, 무료 매장 등 무상의 의료 '돌봄'을 받았을 뿐이다. 연구는 문란하고 방종했다. 연구를 수행하는 의사들이 매년 바뀌었으며, 권위를 가지고 중심 역할을 하는 의사도 없었고, 성문화된 지침도 없었으며, 기록도 거의 보존되지 않았다. 미국 공중보건국의 성병 조사관이었던 피터 벅스턴(Peter Buxton)이 1972년에 언론에 그 사실을 보도하기 전까지 연구는 어떤 방해도 받지 않고 계속되었다. 이 보도는 미국 전역 신문의 머리기사를 장식했고, 마침내 의회조사가 착수되었다. 1973년에 희생자들은 연방정부에 집단소송을 제기했으며, 법정 밖에서 합의를 보는 데 동의했다. 합의를 통해 여전히 매독을 앓고 있는 생존 피험자들과 그 가족들은 보상을 받았다(Jones, 1980). [8]

또 다른 사례 하나를 들여다보자. 1994년 미국 에너지국(DOE)은 클린턴 행정부의 지시에 따라 냉전시대 자료의 비밀 리스트를 풀기 시작했다. 표면에 드러난 가장 심각한 비밀은 미국 정부가 방사선 실험에서 자

---

8) 잘 알려지지 않은 이 사건에 대해 사람들은 그 연구가 윤리적인 기준을 수없이 어겼다는 지적을 했다. 이 연구는 부주의하고, 인종주의적이며, 기만적이라는 비판을 받았다. B. Crigger, "Twenty years after: the legacy of the Tuskegee syphilis study", *Hastings Center Report* 22, 6, 1992: 29.

국민을 기니피그처럼 이용했다는 것이다(Schneider, 1993; Budiansky *et al.*, 1994; Pence, 1995). 넓은 분야의 다양한 실험이 수천 명의 시민 또는 비시민권자들에게 행해졌다. 많은 경우에 사람들은 실험에 이용되고 있다는 사실을 고지받지 못했거나 실험의 성격에 대해 기만당했다. 이러한 실험은 대부분 방사선이 인간에게 어떤 영향을 미치는가를 알기 위한 것이었다. 이 연구에 깔린 군사 정치적 근거는 실험 결과가 미국의 냉전 상황에서 지극히 중요하다는 것이었다. 만약 미국이 방사선의 효과를 완화하는 방법을 발견한다면, 미국 시민과 군인들의 생존율을 높임으로써, 아마도 핵전쟁에서 승리할 수 있는 방법이나 적들을 죽이고 해를 입히기 위해 방사선을 이용하는 방법을 찾게 될 것이다. 이 연구에 대해 기술하는 많은 자료에 의하면 과학자와 관료들은 군사력 강화를 위해 소수의 사람들을 희생시키는 것은 허락될 수 있다는 근거 아래 연구를 정당화했다. 국가의 이익이 소수 개인의 권리존중보다 더 중요하다는 것이다. 여기 실험의 사례가 있다.

- 벤더빌트대학에서 1940년대 후반 태아발달에 방사능이 미치는 영향을 연구하기 위해 임산부에게 방사능에 오염된 철분이 주어졌다. 추적 연구에서 이 아이들의 암 발생률이 일반적인 암 발생률보다 높다는 결론이 나왔다.
- 오레곤 주 감옥에서 1963년에서 1971년까지 정자의 활동에 방사능이 미치는 영향을 연구하기 위해 자신의 고환에 X선을 쪼인 죄수들은 그 대가로 200달러를 지불받았다. 이 67명의 죄수들은 대부분이 흑인으로, 후에 정관수술을 받았다. 그들은 일부 위험에 대해서는 고지를 받았지만 암에 걸릴 수 있다는 사실은 전혀 듣지 못했다.
- 1950년대 후반 컬럼비아대학과 몬테필로병원에서 방사능 물질이 인체에 흡수되는 정도를 측정하기 위해 12명의 말기 암 환자들에게

방사능에 오염된 칼슘과 스트론튬을 투여했다.

- 캘리포니아대학교 버클리 캠퍼스(UC Berkeley) 연구원인 조셉 해 밀턴(Joseph Hamilton)은 암에 걸린 것으로 명확히 판정된 18명의 환자들에게 플루토늄을 주사했다.

- 1950년에 연방 과학자들은 방사능 낙진을 관찰하기 위해 워싱턴 동 부에 방사능에 오염된 요오드 구름을 살포했다. 그 구름은 1979년 쓰리마일 섬의 핵 원자로 사건에서 방출된 것의 수백 배 이상 되는 것이었다.

- 1940년부터 1960년까지 1,500명의 비행사와 선원들은 몇 분 동안 코로 라듐을 흡입하도록 감금당했다. 그들은 실험의 목적이나 그들 이 선택된 이유를 듣지 못했고, 그들 중 다수가 라듐 노출 이후에 강 한 두통을 겪었다.

터스키기 매독 연구와 냉전시대의 방사능 실험은 인간을 대상으로 한 실험의 역사에서 가장 어두운 두 가지 일화다. 그것은 연구의 원칙뿐만 아니라 충분한 설명에 근거한 동의를 터무니없이 무시했다. 더 뼈아픈 역설과 위선은 이러한 실험들이 연구단체가 인간 피험자에 대한 윤리적 대우를 위해 규정을 수립한 이후에 발생했다는 것이다. 연구자들은 충분 한 설명에 근거한 동의와 뉘른베르크 원칙에 대해 알아야만 했다. 그러 나 그들은 충분한 설명에 근거한 선택을 하기 위해 알아야 할 정보를 피 험자들에게 주지 않기로 결정했다. 누군가는 이러한 사건들이 그저 비정 상적이고 병적인 연구일 뿐이고, 충분한 설명에 의한 동의는 대부분의 인체실험에서 무시되거나 남용되지 않는다고 주장할 것이다. 나는 서구 에서 이루어지는 인간 피험자들에 대한 연구가 대부분 건전하다는 데 동 의한다. 그런데도 이 사건들을 논의하는 것은 독자들로 하여금 과학이라 는 명분하에 충분한 설명에 근거한 동의가 쉽게 무시될 수 있고, 부분적인 동의에서 동의를 전혀 받지 않는 방향으로까지 흘러갈 수 있음을 이해시키려는 뜻이다. 그러므로 연구자들은 충분한 설명에 근거한 동의를 흔들림 없이 준수하도록 다짐해야 한다. 설령 이러한 이상으로부터의 일탈이 정당화되는 경우가 있더라도, 불완전하고 부분적인 동의에 근거한 실험구상은 경계해야만 한다. 그러나 부분적이고 부적절한 동의가 여전히 일어날 수 있기 때문에, 연구자와 피험자 사이에는 인간의 권리와 존엄을 보호하기 위하여 엄청난 신뢰와 대화, 그리고 상호이해가 있어야 한다(Veatch, 1995).

　인간을 대상으로 한 연구에서의 기만은 충분한 설명에 근거한 동의와 관련하여 몇 가지 물음을 낳는다. 실험에서 기만을 당한 피험자들은 충분한 정보를 제공받지 못했기 때문이다. 연구에서 기만행위를 옹호하는 기본적인 주장은 실험에 대해 아는 것이 피험자의 반응에 영향을 끼치기 때문에 타당한 결과를 얻으려면 속임수를 써야 한다는 것이다(Elms, 1994). 위약(僞藥, placebo) 효과는 의학에서 잘 증명된 현상으로, 치료를 받고 있다는 피험자의 신념이 건강상태에 영향을 미칠 때 발생한다. 이중맹검(double-blind) 실험은 피험집단에게 시험 중인 치료를 하고, 통제집단에게는 위약을 실시함으로써 이 효과를 보정한다. 피험자들이나 연구자들도 누가 위약치료를 받고 누가 실제치료를 받았는지 모른다. 다만 피험자는 위약을 받을 수도 있다는 정보만을 듣는다. 위약을 사용함으로써 일어나는 주된 윤리적인 문제 중 하나는 위약이 효과가 있다는 것이 분명하면 위약을 받은 피험자에게 새로운 치료를 할 것인지 아니면 실험을 중단할 것인지 결정하는 것이다(Capron, 1997). 비록 통제집단의 피험자들이 증상을 완화시키는 조치를 받았다고 하더라도 실제치료를 받은 것은 아니다. 그들은 종종 의학의 이익을 위해 치료를 보류한다. 의료윤리는 실험이 끝나기 전에 통제된 집단의 피험자들에게 치료를 해주는 것을 권장하지만, 이러한 선택이 전체 실험에 부정적인 영향을 미치는 것을 감수해야만 한다. 이와 같은 치료행위는 많은 수의 의학연구에서 전형적으로 제기되는 소위 개인의 이익 대(對) 의학의 발전이라는 윤리적 딜레마를 일으킬 수 있다. 혹자는 의료 공동체 안에서 서로 다른 종류의 치료의 장점에 대한 정직한 불일치가 있을 때 치료를 시작하거나 지속함으로써만 이러한 딜레마를 해결할 수 있다고 주장한다(Freedman, 1992).

사회과학에서도 종종 기만이 필요하다. 사회과학자는 현장 관찰, 면접, 그리고 역할극 등의 비(非)기만적인 방법을 사용할 수도 있지만, 많은 사회과학자들은 타당하고 유용한 결과를 얻기 위해 통제된 실험을 하는 것이 종종 필요하다고 말한다(Elms, 1994). 여기에 사회과학적 연구에서의 기만에 대해 잘 알려지지 않은 사례 한 가지가 있다. 하버드대학교의 심리학자 스탠리 밀그램(Stanley Milgram)은 권위에 대한 복종을 알아보는 실험을 설계했다(Milgram, 1974).[9] 실험은 두 주체, 곧 '교사

---

9) 〔옮긴이 주〕1961년, 27살의 예일대학 심리학과 조교수 스탠리 밀그램은 학생들에게 질문을 던졌다. "만약 어쩔 수 없는 상황에 처한다면 당신은 다른 사람에게 비인간적인 행위를 가할 수 있겠는가?"라는 질문이었다. 92%가 그럴 수 없다고 대답했고, 5.4%는 그럴 수 있다고 대답했다. 밀그램은 사람들이 파괴적인 복종을 하는 이유가 개인의 성격 때문이 아니라 상황 때문이라고 믿었다. 그는 자신의 가설을 입증하기 위해 심리학 역사상 가장 끔찍한 실험에 착수했다. 20대에서 50대까지 40명의 평범한 일반인들이 그 실험이 인간의 기억력에 대한 실험인 줄로만 알고 자원했다. 실제처럼 보이지만 사실은 작동하지 않는 가짜 '충격 기계'를 이용하여, 교사 역할을 맡은 사람은 학생 역할을 맡은 사람에게 전기충격을 가할 수 있었다. 전기충격 기계는 각각 15볼트에서 450볼트까지 단계별로 버튼을 누르도록 되어 있었으며, 피험자들이 버튼을 누를 때마다 학생 역할을 맡은 사람(사실상 돈을 받고 고용된 배우)은 가짜 고통을 연기했다. 교사 역할을 맡은 피험자들은 버튼을 한 번씩 누를 때마다 4.5달러씩을 받기로 약속되어 있었지만, 전기충격의 강도가 점점 세어질수록 항의하는 사람들이 나왔다. 그러나 과반수 이상은 권위 있는 연구자의 명령에 복종하는 모습을 보였다. 실험의 결과, 65%의 사람들이 상대방에게 치명적인 해를 입힐 정도(400볼트)로 명령에 복종했고, 나머지 35%는 300볼트에서 실험을 거부했다. 이 유명한 '복종' 실험으로 밀그램은 인신공격에 시달렸으며, 아이비리

역할'과 '학생 역할'로 이루어졌다. 교사 역할을 맡은 사람에게는 실험의 목적이 교육에서 처벌의 효과를 시험하는 것이라고 했다. 학생 역할을 맡은 사람에게는 일정한 정보를 배운 다음에 질문을 해서 오답을 말할 때마다 전기충격의 벌을 가했다. 교사가 스위치를 눌러 전기충격을 가할 때마다 학생은 고통이나 불쾌함을 표시했다. 잘못된 답을 말할 때마다 충격의 강도가 '위험' 수위에 이를 때까지 증가되었다. 연구자는 교사들에게 전기충격을 가하라고 명령했고, 그들 대부분은 어느 지점까지 이 명령을 따랐다. 교사들은 학생에게 전기충격을 주고 있다고 믿게끔 유도되었지만, 연구의 실제 목적은 교사들이 연구자, 즉 권위자에게 복종하는가를 알아보기 위한 것이었다. 실험이 끝난 후 이들은 실험의 진짜 목적에 대해 자세한 설명을 들었지만, 만약 실험이 진짜였다면 누군가를 다치게 할 수도 있었다는 것을 알았기 때문에, 대부분은 심리적인 상처와 고통을 겪었다. 많은 교사들은 자신의 도덕과 양심의 이러한 측면에 대해 알고 싶어 하지 않았다. 이렇게 교사들을 속이지 않았다면, 즉 그들이 처음부터 만들어진 각본대로 행동하는 것을 알고 있었다면, 그들은 자신의 행위에 대해 전혀 도덕적인 양심의 가책을 느끼지 않았을 것이다. 따라서 권위에 대한 자발적 복종을 시험한다는 것 자체가 불가능했을 것이므로, 이 특별한 실험은 분명 실패로 끝났을 것이다.

일부 저자들은 권위에 대한 복종을 알아보는 방법에는 덜 유해하며 덜 기만적인 다른 것도 있다는 이유로 이러한 실험을 반대한다. 그들은 잠정적으로 이러한 종류의 실험을 통해 얻는 지식의 가치가 아무리 크다고 해도, 연구 피험자들에게 충분한 설명에 근거한 동의를 구하지 않는 것과 잠재적 피해를 주는 것을 정당화할 수는 없다고 주장한다(Baumrind, 1964). 그런가 하면 다른 저자들은 타당한 결과를 얻기 위하여 기만이 필

그 대학의 정년보장교수라는 명예를 잃었다.

요하기 때문에, 충분한 설명에 근거한 동의의 범주 안에서 연구가 수행되고, 피험자들이 실험이 종료된 후에 자세한 설명을 들으며, 연구자들이 이기적인 목적을 가지고 있지 않다는 조건하에서 기만이 윤리적일 수 있다고 주장한다(Elms, 1994).

요약하자면, 아마도 충분한 설명에 근거한 동의는 우리가 추구해야 하는 이상이기는 하지만 절대적인 규칙은 아니라고 보는 것이 가장 좋은 견해일 것이다. 그 이상으로부터 절대로 물러서지 말아야 한다면, 인간에 대한 연구는 아주 심하게 제한을 받을 것이다. 과학의 진보는 느려질 것이고 많은 실제적인 문제들이 풀리지 않을 것이다. 그러나 우리가 연구의 속도를 늦추지 말고 실제적인 문제들을 풀어야 할 필요가 있다고 생각한다면, 우리는 어려운 문제에 직면한다. 이상보다는 차선책을 받아들여야 하는 때는 언제인가? 나는 이 질문의 답을 찾는 유일한 방법은 사례별로 인간 피험자 연구의 이익과 위험을 살펴보는 것이라고 생각한다.

인간 피험자에 대한 연구, 특히 기밀을 유지해야 하는 연구, 해로운 연구, 경솔한 연구, 특정 인종이나 소수집단을 대상으로 하는 연구, 태아와 배아 연구, 죄수 연구, 군인 연구, 그 밖에 의식이 없거나 혼수상태의 피험자에 대한 연구 등은 많은 윤리적인 문제를 일으킨다. 그러나 나는 이 책에서 이러한 쟁점들에 대해 일일이 논의하지는 않을 것이다. 10)

---

10) 이 주제에 대해 더 많은 것을 보려면 다음을 참고. "President's Commission for the Study of Ethical Problems in Medicine and Biomedical and Behavioral Research", *Implementing Human Research Regulations* (Washington, DC: President's Commission, 1983); R. Veatch, *The Patient as Partner* (Bloomington, IN: Indiana University Press, 1987); T. Beauchamp, "Informed consent", in R. Veatch, *The Patient as Partner* (Bloomington, IN: Indiana University Press, 1997); A. Capron, "Human experimentation", in R. Veatch(1997).

8. 동물실험

서로 다른 여러 분야에서 과학자들은 다양한 목적을 위해 기초연구 및 응용연구에 동물을 재료로 이용한다. 매년 얼마나 많은 동물이 연구에 이용되는지 정확하게 아는 것은 어렵지만, 조사에 따르면 연간 1천 700만 마리에서 7천만 마리에 달할 정도로 매우 많다. 11) 어떤 동물실험은 인간이 아닌 다른 동물을 위해 도움이 된다. 그러나 대부분의 동물실험은 인간의 이익을 위해 설계된다. 연구방법은 현장연구에서부터 고도의 통제 실험까지 다양하다. 동물실험에서는 종종 생체 해부나 절단도 이루어진다. 그리고 많은 동물이 죽는다. 예를 들면, 실험동물 한 무리의 50%를 사망시키는 독성물질의 양을 알아보기 위해 반수(半數) 치사량 테스트(Lethal Dose-50 test) 12)를 이용한다. 한때는 드레이즈 테스트(Draize test) 13)가 화장품 회사에서 다양한 성분의 독성을 확인할 목적으로 이용되었다. 이 테스트에서 연구원들은 눈에 손상을 입히는 잠재적 위험이 있는지 시험하기 위해 눈꺼풀을 제거한 토끼의 눈에 화학약품을 떨어뜨렸

---

11) 물론 인간 또한 동물이다. 인간이 아닌 동물을 언급하기 위해 여기서 '동물'이라는 단어를 사용한다.

12) [옮긴이 주] 예를 들어 '과산화수소 LD50 = 약 700mg/kg(쥐, 피하주사)'와 같은 표시는 쥐에게 과산화수소를 경피투여한 결과, 쥐 체중 1kg당 700mg이 반수치사량임을 설명하는 것이다. 같은 동물이라도 나이, 건강상태에 따라 차이가 있기는 하지만 일반적으로 한 무리 가운데 반수(50%)가 죽을 확률이 있다는 독물량을 가리켜 반수치사량이라 부르며, 실험동물로는 대개 생쥐나 개 등을 이용한다.

13) [옮긴이 주] 흔히 안구 자극 실험으로 불리는 드레이즈 테스트는 미국 식료품 및 의약품 관리국에서 근무하던 드레이즈(J. H. Draize)가 어떤 물질이 토끼의 눈에 들어갔을 때 어떻게 자극을 주는가를 평가할 척도를 개발함으로써 1940년대에 최초로 시행되었다. 표백제, 샴푸, 잉크 등 주로 생활용품과 화장품의 안전성 여부를 확인하기 위한 성분 테스트로, 주로 토끼의 눈에 마취 없이 행해진다.

다. 동물은 또한 과학과 의학 교육에 사용된다. 예를 들면 의대생들은 인간에게 외과수술을 시도하기 전에 동물을 이용해서 수술하는 법을 배운다. 그 과정에서 학생들에게 부상치료나 골절 맞추는 법 등을 가르친다는 명목으로 동물(종종 개들)에게 일부러 상해를 입힌다(LaFollette and Shanks, 1996).

지난 몇십 년 동안, 동물연구는 엄청난 논쟁을 불러일으키는 주제였다. 동물의 권리를 주장하는 운동가들은 피켓시위, 실험실 파괴, '연구의 해' 폐지를 통해 동물실험에 저항하는 운동을 펼쳤다. 동물에 대한 이러한 관심의 증가로 많은 국가와 주에서 연구 중 동물의 이용에 관한 법률을 제정했고, 대부분의 연구기관은 동물실험에 적용되는 규정을 채택했다. 이러한 다양한 규정이 나옴으로써 동물을 이용한 인간치료의 조건이 상세하게 기술되었으며, 동물연구의 심사와 승인과정이 세밀하게 정비되었다. 현재 대부분의 연구기관은 동물실험에 관한 규정을 강화하는 위원회를 두고 있어서 동물에 대한 연구를 계획하는 과학자는 누구라도 소정의 면밀한 승인과정을 거쳐야만 한다(LaFollette and Shanks, 1996).

동물실험을 지지하는 기본 논변은 동물실험이 여러 면에서 인간에게 유익하다는 것이다(Botting and Morrison, 1997). 동물들이 연구자들에게 약물 테스트나 치료법 테스트, 기타 인간 질병의 연구를 위한 모델을 제공하기 때문에 동물실험은 응용연구에서 핵심적인 역할을 한다. 임상실험 관리의 기준이 되는 프로토콜은 연구자들에게 인간을 상대로 치료법을 테스트하기 전에 방대한 동물실험을 할 것을 요구한다. 인간과 동물은 생리적, 해부학적, 생화학적, 유전적, 발달적으로 많은 유사성이 있기 때문에 동물은 기초연구에서 중요한 역할을 한다. 쥐의 뇌에 대한 지식이 인간의 뇌에 대한 이해를 도울 수 있다. 비록 동물실험을 대체할 방법들이 있기는 하지만, 그 적용은 제한적이다. 연구에 동물을 이용하지 않으면, 인간은 많은 의학 지식과 생물학 지식을 알 수 없을 뿐만 아니라 안전한 음식, 약품, 화장품들이 부족하게 될 것이다. 인간의 이익을 도모하는 이와 같은 주장은 염치없게도 실용주의적이다. 우리는 인간에게 유익한 결과를 최대화하기 위해 동물을 희생할 수 있다는 것이다. 동물실험에 활발하게 관여하는 대부분의 과학자가 이와 같은 유의 주장을 받아들이는 것은 놀라운 일이 아니다.

동물연구를 비판하는 사람들은 이상과 같은 주장에 대해 다음의 근거에서 반대한다(LaFollette and Shanks, 1996; Barnard and Kaufman, 1997).

- 동물실험의 이익이 과장되어 있다.
- 동물은 인간의 질병과 치료를 위한 연구를 위해 좋은 모델이 되지 못하는 경우가 많다.
- 동물실험을 대체할 수 있는 유용한 방법들이 있다.
- 실험에서 동물을 이용하지 말아야 할 도덕적인 이유가 있다.

비록 첫 번째 반대 주장은 받아들이기 어려울지 모르지만, 비판자들 중 일부는 연구에서 동물을 이용하는 것과 인간에게 유익을 주는 발견 사이에 강한 연관성이 없다고 주장한다. 그들은 인간연구가 동물연구보다 의학의 발전에 더 많은 공헌을 하는 사례를 인용함으로써 이런 연관성에 도전한다. 인용된 사례에는 간염, 장티푸스 발열, 맹장염, 갑상선 기능 항진증, 마취학, 면역학, 심리학 등이 포함된다(LaFollette and Shanks, 1996). 반면에 우리는 인간치료연구의 유용성을 상기하는 것이 중요하다. 동물연구 지지자들은 동물연구가 과학과 의학의 발전에 기여하는 수많은 사례를 인용할 수 있기 때문에, 동물연구 비판자들이 인용하는 사례가 생물학과 의학의 진보에 동물연구가 공헌한다는 주장에 대한 뚜렷한 반론이 되지 못한다고 말한다. 여기서 핵심은 동물연구가 인간을 이롭게 하고 또 계속 그러할 것이라는 점이다. 동물연구 지지자들이 이러한 유용성을 과대평가하는 면이 있더라도 그 주장은 여전히 유효할 것이다.

두 번째 반대 주장은 동물연구에 대해 좀더 심각한 반론을 제기한다. 오랫동안 연구자들은 실험적 타당성에 비추어 동물이 인간과 유사하기 때문에 동물실험을 통해 얻은 결과를 인간의 질병치료에 응용할 수 있다고 가정했다. 만약 다량의 어떤 물질이 실험용 생쥐에게 암을 유발한다면, 과학자들은 그것이 인간에게도 암을 유발한다고 추정한다. 왜냐하면 동물에게 암을 유발한 화학물질은 인간에게도 암을 유발시킬 수 있기 때문이다. 인간과 동물은 유사한 세포, 조직, 장기, 호르몬, 대사경로, 단백질, 유전인자 등을 가지고 있기 때문에, 동물 모델은 인간의 인과적 유사체(causal analog)다. 인간과 동물에는 또한 공통적인 유전적 유산이 있다. 인간은 동물로부터 진화했기 때문에 인간은 틀림없이 동물과 매우 닮아 있다(LaFollette and Shanks, 1996). 연구자들은 동물과 인간 사이의 인과적 유사성을 분명하고 논쟁의 여지가 없는 것으로 본다. 그러나 이러한 상사(相似)는 최근 공격을 받고 있다(Barnard and Kaufman, 1997). 많은 저자들이 중요한 여러 면에서 동물은 인간과 같지 않으며, 같은 합성물도 동물과 인간 사이에서 다른 효과를 나타낸다고 지적한다. 예를 들면, 한때 과학자들은 사카린이 실험쥐에게 방광암을 유발하기 때문에 이를 발암성 물질로 분류했다. 그러나 계속된 연구를 통해, 쥐들의 경우에는 방광 안에 독성 결정[toxic crystals(結晶)]을 일으키는 소변의 단백질 수치가 높기 때문에 사카린이 오직 쥐에게만 암을 유발시킨다는 것이 밝혀졌다. 인간은 이런 결정을 만들지 않기 때문에 아마도 사카린이 인간의 건강에 심각한 위험을 주지는 않을 것이다(Denver Post, 1992).

인간과 동물 사이의 상사를 공격하는 사람들은 많은 요소 때문에 동물실험을 인간에게 응용하는 것이 어렵다고 지적한다. 첫째, 실험실 안의 동물들은 감금, 통제, 격리 같은 자연스럽지 못한 조건과 스트레스에 노출되어 있다. 이러한 요소가 동물실험 결과를 인간에게 적용하는 것을 어렵게 만드는 실험적 장애들이다. 둘째, 다른 종들 사이의 기능적 유사성은 중요한 구조적(이를테면 심리적·유전적·생화학적) 차이를 잘못 전달할 수도 있다. 예를 들어, 포유류와 새는 둘 다 환경과 기체를 교환하기 위해 폐를 사용한다. 그러나 포유류와 새의 폐 구조는 매우 다르다. 셋째, 생명체를 복잡하면서도 위계적으로 조직된 역동적인 구조로 본다면, 더 복잡한 종들에게는 생명체의 일부나 다른 종 혹은 보다 덜 복잡한 종들이 소유하지 못한 '창발적'(emergent) 특징이 있다(LaFollette and Shanks, 1996). 예를 들면 다식증과 알코올 중독처럼 인간에게 나타나는 많은 의학적·심리학적 문제들은 덜 복잡한 종들에서는 나타나지 않는다. 인간이 아닌 종들에게도 식욕부진과 같은 문제가 일어날 수 있지만, 그것은 종마다 매우 다른 양상으로 나타난다. 가령, 쥐는 사회적 기대에 부응하지 못한다는 이유로 식욕부진을 겪지는 않는다.

나는 동물실험에 대한 두 번째 반대 주장이 좀더 많은 연구가 필요할 만큼 타당성이 있다고 본다. 그러한 반대가 비록 동물실험에 저항하는 탄탄한 논증이라고 보기는 어렵지만, 실험구성과 연구방법에 중요한 질문을 던져 준다. 동물과 인간 사이의 상사관계에 대한 이러한 의문점들 때문에 연구자들은 동물이 인간의 질병과 치료에 항상 좋은 임시 모델을 제시한다고 가정할 수 없다. 비록 많은 동물연구가 인간과 관련성이 있다고 하더라도 연구자들은 실험에서 동물을 사용하는 데 방법론적인 타당성을 제시하여야만 한다(LaFollette and Shanks, 1996).

세 번째 반대 주장도 언급할 필요가 있는 중요한 점을 지적하지만, 여전히 동물실험 반대에 대한 탄탄한 논지로는 불충분하다. 비록 연구 공동체가 최근 몇 년 동안 세포 및 조직 배양과 컴퓨터 시뮬레이션에서 상당한 발전을 이루었다고 해도, 이러한 대체방법들은 중요한 결점을 지니고 있다. 어떤 생명체의 일부가 전체 생명체와 같은 것일 수 없으며, 컴퓨터 시뮬레이션은 결코 '실물'(real thing)을 재생할 수 없을 것이다. 비록 과학자는 세포 및 조직 배양과 컴퓨터 시뮬레이션으로부터 중요한 정보를 얻을 수 있지만, 전체로서의 실제 생명체가 어떻게 합성물과 치료에 반응하는지 이해할 필요가 있다(Botting and Morrison, 1997).

마지막 반대 주장은 연구에 동물을 이용하는 문제에 관한 대부분의 논쟁에서 중심에 해당된다. 여기서 이 문제를 심도 있게 다룰 수는 없지만, 사람들이 동물실험을 반대하는 몇 가지 이유에 대해 도덕적 근거하에서 논의하고자 한다. 앞서 인간에 대한 연구에서 언급했듯이, 개인의 권리와 존엄성을 보호하기 위한 도덕적 관심은 우리가 인체실험에서 윤리적 지침을 따를 것을 요구한다. 대부분의 사람들은 인간이 사회적 이익이라는 명목 아래 침해되지 말아야 할 타고난 도덕적 가치를 지니고 있다는 견해를 받아들인다. 마찬가지로 나는 대부분의 사람들이 어떤 동물은 도덕적 가치가 있다는 관념을 받아들인다고 생각한다. 우리는 동물에게 고문이나 학대를 해서는 안 되며 불필요한 해를 입히지 말아야 한다. 동물실험 옹호자들도 이러한 상식을 인정하지만, 동물이 인간보다는 덜 중요하다고 주장한다. 가학적인 즐거움을 위해 쥐를 고문하는 것은 잘못이지만, 인간에게 유익을 줄 수 있는 실험에서 쥐를 이용하는 것은 잘못이 아니라는 것이다. 1명의 인간 어린이가 백혈병으로 죽는 것보다는 천 마리의 쥐가 죽는 것이 더 낫다. 동물은 인간의 목적을 위해 이용될 수 있다.

동물실험에 반대하는 사람들은 동물의 도덕적 가치가 동물실험 지지자들이 생각하는 것보다 훨씬 더 많다고 주장함으로써 이상의 견해를 반박한다. 피터 싱어(Peter Singer)에 따르면, 만약 우리가 인간을 대상으로 특정한 실험을 하지 말아야 한다면, 동물을 대상으로도 그 실험을 하지 말아야 한다(Singer, 1975). 그렇게 생각하지 않는 사람들은 종차별주의(speciesism)로 알려진 부당한 형태의 차별, 곧 인간 종이 다른 종보다 도덕적으로 더 우월하고 인간 또한 인종에 따라 다르게 취급되어야 한다는 견해를 받아들이는 것이다. 싱어는 종차별을 인종차별과 똑같게 본다. 왜냐하면 이 두 원리가 도덕적으로 부적절한 특징을 바탕으로 개체에 대한 차별적 대우를 용인하기 때문이다. 싱어에 따르면, 인간과 동물은 모두 주된 도덕적 특징인 고통을 느끼는 능력을 공유한다. 만약 실험에서 인간에게 고통을 주는 것이 잘못된 것이라면, 동물에게 고통을 주는 것 또한 잘못된 것이다.

좀더 급진적인 사람들은 고통을 주는 실험뿐만 아니라 모든 종류의 동물실험을 반대한다. 레건(T. Regan)에 따르면 동물은 그들의 권익을 바탕으로 도덕적 권리를 갖는다(Regan, 1983). 예를 들어, 동물에게는 죽임을 당하고 해를 입거나 감금당하지 않을 권익이 있다. 동물은 권리를 가지고 있기 때문에, 오직 그들이 동의할 수 있거나 우리가 그들을 위해 동의할 수 있는 경우에만 실험에 참여할 수 있다. 그들은 과학의 제단 위에 강제로 징집되거나 희생되지 말아야 한다. 동물이 연구에 참여하기를 선택하거나 우리가 그들을 대신해서 선택할 수 없기 때문에, 당연히 모든 동물실험은 중지되어야만 한다.

이러한 주장들을 심도 있게 논의하기 위해서는 더 많은 지면을 필요로 하지만, 이 문제를 인간과 동물 사이의 유사성과 차이점에 관한 질문으로 압축해 보자(Varner, 1994). 만약 어떤 생명체가 도덕적인 측면에서 인간과 매우 유사하다면 인간과 동등한 대우를 받을 만한 가치가 있다. 다른 인간종족에서 유래한 생명체와 달리 다른 종으로부터 온 생명체는 도덕적인 측면에서 다를 수 있기 때문에, 종차별주의는 인종차별주의와는 다르다. 종차별주의에 입각한 반대를 피하기 위해서는 도덕적으로 중요한 특징들이 '호모 사피엔스(homo sapiens)의 일원'에 국한되어서는 안된다. 우리가 검토할 필요가 있는 특징은 비록 그것이 우리 종(인간)에서 명백하다 하더라도 어떤 특정한 종을 초월해야 한다(LaFollette and

Shanks, 1996). 다음 목록의 내용이 전부는 아니겠지만, 도덕적으로 연관된 특징은 이를 포함할 것이다. 14)

- 고통을 느끼는 능력.
- 의식.
- 개념을 이해하고 신념을 형성하는 능력.
- 추상적인 개념, 자아상.
- 추론.
- 언어사용.
- 연민, 사랑, 죄책감 같은 도덕적인 감정을 경험하는 능력.
- 도덕규칙을 따르고 이해하는 능력.

이상이 우리 인간 종 대부분이 공유하며, 생명체에 도덕적 가치를 부여할 수 있는 특질들이다. 어떤 특정한 생명체나 종 또는 기계가 이러한 특징을 소유하고 있는가 아닌가의 여부는 열린 질문이다.

동물들이 이런 특징 중 일부를 가지고 있는가? 도덕적 측면에서 그들은 인간과 같은가? 오랫동안 행동주의의 영향 아래서 과학자들은 이런 질문을 제기하지 않으려고 했다. 행동주의에 따르면 ① 우리는 동물의 마음의 내부작용을 관찰할 수 없고, ② 동물의 정신과 인식에 관한 추론은 의인화의 오류, 즉 비인간적 특징을 인간적 특징으로 투사하는 오류를 범할 수 있다. 그러나 지난 20년간 과학자들은 이러한 추론에 도전했고, 동물연구에 대한 새로운 접근이 인지동물행동학이라는 이름으로 등장했다(Griffin, 1992). 인지동물행동학자는 동물의 의식, 지성, 추론,

---

14) 이 부분과 연관하여 더 많은 논의를 보려면 H. LaFollette and N. Shanks, *Brute Science*(New York: Routledge, 1996)을 참고.

감정, 규범, 기억, 개념, 신념 등에 대한 연구를 시도한다. 그들은 인간과 동물 사이의 신경생물학적, 행동적, 진화적 유사성을 바탕으로 동물의 인식과 감정을 추론한다. 이 새로운 분야는 아주 초기단계이고, 행동주의가 여전히 동물행동학에 큰 영향을 끼치고 있지만, 인지동물행동학의 등장으로 우리는 적어도 동물에 대한 중요한 질문에 해답을 구하기 위한 첫발을 디딘 셈이다.

비록 이 시점에서는 동물의 의식과 감정에 대한 완벽한 이론이 부재한 실정이기는 해도, 우리는 인간 이외에 다른 종들 역시 고통을 느끼며, 어떤 종은 의식과 다양한 감정 경험이 가능하고, 또 어떤 종은 심지어 추론과 언어사용과 도덕감정을 경험하고 개념을 이해하거나 도덕규칙을 따르는 능력을 가지고 있다고 잠정적인 결론을 내릴 수 있다. 만약 이 견해가 정확하다면, 많은 동물 종들이 도덕과 연관된 특성을 드러낼 것이고, 우리는 실험에서 어떤 동물 종은 사용하지 말아야 할 강한 의무를 지게 된다. 한편, 차별대우는 종들 간에 도덕적으로 중요한 차이가 있을 때에만 정당화될 수 있기 때문에, 많은 동물 종들에게 도덕과 연관된 특징이 있다는 견해는 모든 종이 동등한 대우를 받을 가치가 있다는 사실을 함축한다. 대우는 인지와 감정 능력을 바탕으로 하여야만 한다. 이러한 능력을 더 많이 가진 종들은 더 나은 대우를 받을 가치가 있다.[15] 침팬지는 생쥐보다 이러한 능력이 더 많기 때문에 생쥐보다 더 나은 대우를 받을 가치가 있으며, 우리가 생쥐에게 행하는 많은 실험을 침팬지에게 행하지 말아야 한다. 이러한 접근법의 일반적인 윤리적 전제는 도덕적 유사성과 차이점이 인지적·감정적 유사성과 차이점을 바탕으로 한다는 것이다. 바야흐로 과학은 다양한 동물 종의 인지적·감정적 능력을 결정하는 논

15) 이런 견해는 인간보다 우월한 종은 더 나은 대우를 받아야 한다는 의미를 함축한다.

의에 들어섰다.16)

내가 여기서 제안하고 싶은 견해는 인지적·감정적 특징에 기반을 두고 도덕적 지위를 가늠해 보자는 것이다. 오로지 인간처럼 가장 높은 단계에 있는 생명체만이 도덕적 권리와 의무를 지닌다. 도덕적 권리와 의무는 그 종의 구성원이 도덕규칙을 이해하고 따르고 도덕적 감정을 경험하는 종에 속해야만 한다. 좀더 낮은 단계의 생명체는 도덕적 권리와 의무가 부족하지만 여전히 도덕적 위상을 지니고 있다. 도덕적 의무가 있는 생명체는 권리와 의무가 부족한 종의 복리를 보호하고 촉진해야 할 의무를 지닌다. 예를 들면 비록 코끼리에게는 도덕적 권리가 없다고 해도, 인간은 코끼리의 복리를 보호해야 할 의무가 있다.

동물실험에 대한 논의를 마치기 전에 또 한 가지 중요한 고려사항을 언급할 필요가 있다. 실험에서 동물을 이용해야 하는지 여부, 이를테면 멸종위기에 처한 동물도 실험용 동물이 될 수 있는가 여부를 판단하는 것이다. 만약 인간에게는 멸종위기에 놓인 동물을 보호할 도덕적 의무가 있다는 견해를 인정한다면, 이러한 의무 때문에 우리에게는 일부 동물에 대한 실험을 삼가야 하는 추가 이유가 발생한다(Rodd, 1990). 예를 들면 검은발흰족제비는 들개에 비해 인지적·감정적 능력이 월등히 뛰어나지는 않지만 멸종위기 동물이다. 만약 어떤 연구자가 실험에서 검은발흰족제비나 들개 중에 하나를 이용해야 한다면, 들개는 멸종위기 동물이 아니기 때문에 들개를 선택해야 한다. 이러한 맥락에서 우리는 고릴라를 실험용으로 이용하지 말아야 할 중대한 이유가 있는 것이다. 왜냐하면 고릴라는 인지적·감정적 능력이 뛰어날 뿐만 아니라, 멸종위기 동물이

---

16) 동물실험의 역설 중의 하나는 유사성 주장이 두 가지 면을 보여 줄 수 있다는 것이다. 어떤 동물은 충분히 인간과 닮아서 좋은 유사 모형이 될 수 있지만 도덕적 가치는 적다는 면에서 아주 다를 수 있다.

기 때문이다.

요컨대, 위에서 언급한 동물실험에 반대하는 네 가지 견해는 그 자체로는 탄탄한 반론이 되지 못할지는 몰라도, 동물실험에 대한 지속적인 검토가 필요한 이유는 충분히 제시한다고 본다. 비록 우리가 인간의 유익을 위해 동물실험을 하고는 있지만, 그렇더라도 동물실험을 대체하는 방법을 발전시키고, 동물 모델과의 연관성을 더 잘 이해하며, 동물의 인지적·감정적 특징을 더 많이 배울 필요가 있다. 동물에 대해 더 많이 배우고 새로운 방법론을 발전시킨다면, 우리는 지금의 현상에 기꺼이 변화를 줄 수 있을 것이다.

제8장

사회 속의 과학자

이번 장은 과학과 사회가 폭넓게 상호작용한 결과로 야기될 수 있는 다양한 윤리문제와 딜레마를 소개하고자 한다. 앞선 세 장과 같이, 이번 장도 4장에서 제시된 행동기준에 비추어 윤리문제를 논의할 것이다.

1. 사회적 책임

4장에서 나는 과학자들이 사회를 위해 봉사해야 할 책임이 있다고 말했다. 사회적 책임의 배후에 깔려 있는 일반적인 생각은, 지식을 생산하는 사람들은 그 결과에 책임을 져야 한다는 것이다. 그 점에 대해서는 4장에서 이미 다루었기 때문에, 여기서 반복하지 않을 것이다. 비록 일부 과학자들이 대중과의 상호작용을 피한다고 해도, 현대의 많은 과학자들은 사회적 책임의 귀감이 된다. 이들은 대중에게 과학을 가르치고, 대중이 과학에 관심을 갖도록 유도하고, 연구결과를 대중에게 알리는 데 많은 시간을 바친다. 6장에서 우리는 과학의 대중화에 힘씀으로써 대중에게 봉사한 과학자들에 대해 언급한 바 있다. 그 밖에 과학기술 정책을 지지하는 데 자신의 지식과 전문성을 활용한 과학자들도 있다. 예를 들어, 2차 세계대전 동안 미국은 일본에 두 개의 핵폭탄을 투하했다. 그 후에 아인슈타인1) 과 오펜하이머2) 같은 뛰어난 과학자들은 핵에너지를 평화적인 목적으로 이용하는 운동을 이끌었다(Cantelon *et al.*, 1991). 1960년대에는 레이첼 카슨3) 과 베리 코모너4) 를 선두로 하여 많은 과학자들이 오염,

---

1) 〔옮긴이 주〕아인슈타인(Albert Einstein)은 독일 태생으로 미국에서 활동한 이론물리학자다. 광양자설, 브라운운동이론, 특수상대성이론, 일반상대성이론 등을 발표했다. 유대인 출신인 그는 유대민족주의·시오니즘 운동의 지지자로 활동하기도 했다. 독일에서 히틀러가 정권을 잡고 유대인 추방이 시작될 무렵인 1933년에 독일을 떠나 미국의 프린스턴고등연구소 교수로 취임, 통일장이론 개척에 힘을 기울였다. 2차 세계대전 중 독일이 원자폭탄 연구에 몰두하자, 루즈벨트 대통령에게 건의하여 미국도 원자폭탄 연구에 뛰어들도록 제안했는데, 그것이 바로 맨해튼 계획(Manhattan Project)이다.

2) 〔옮긴이 주〕오펜하이머(Julius Robert Oppenheimer)는 미국의 이론물리학자로 무거운 별에 관한 이론, 우주선 속에서 관측된 새 입자가 양전자·중간자라는 사실의 발견, 우주선 샤워의 메커니즘과 핵반응에서 중간자의 다중발생, 중양성자 핵반응 등에서 업적을 남겼다. 아버지가 독일에서 이주한 부유한 유대계 무역상인 까닭에, 그 역시 정치에 관심을 가지면서 2차 세계대전 중에는 로스앨러모스의 연구소장으로 원자폭탄 제조 계획을 지도했고, 전후에는 1946~1952년 원자력위원회의 일반자문위원회 의장, 1947~1966년 프린스턴고등연구소장으로 일했다. 1954년 그간의 수소폭탄 제조 계획에 대한 반대가 직접적인 계기가 되어 원자력 관련 기밀사항에 대한 접근을 금지당해 화제를 불러일으켰다.

3) 〔옮긴이 주〕레이첼 카슨(Rachel Carson)은 미국의 해양생물학자로, 합성살충제(DDT)의 참상을 알린 《침묵의 봄》(*Silent Spring*, 1962)을 써서 일약 세계적인 베스트셀러 작가가 되었다. 이 책은 지구환경 문제의 심각성을 알리는 생태 저작의 고전으로, 1970년 '지구의 날'(4월 22일) 제정에 기여했다.

4) 〔옮긴이 주〕베리 코모너(Barry Commoner)는 미국의 식물학자이자 환경 문제 전문가로, 오늘날 인간의 통제를 벗어난 과학과 거대 산업이 생태계의 파괴를 불러일으킬 수 있음을 각성시키기 위하여 시민운동에 깊숙이 개입했다.

인구과잉, 살충제, 유독성 쓰레기 소각, 멸종 등 다양한 환경 문제에 대한 대중의 관심을 이끌어 냈다(Carson, 1961; Commoner, 1963). 오늘날에는 많은 과학자들이 동시에 환경운동가이기도 하다(Pool, 1990). 보건, 영양, 주거 및 환경위험에 관해 대중을 교육하는 데 헌신하는 기관들이 많다. 예를 들면, 공공이익을 위한 과학센터(Center for Science in the Public Interest)는 영양과 보건에 관해 대중에게 정보를 제공하고 식품상표와 광고를 규제하는 법률을 제정하도록 의회에 압력을 행사한다(Williams, 1995). 사이비 과학(pseudo science)과 쓰레기 과학(junk science), 그 밖에 과학적으로 설명할 수 없는 현상과 미신 등을 비판적으로 연구하는 초자연현상과학조사위원회(Committee for the Scientific Investigation of the Claims of the Paranormal)와 회의론자학회(Skeptics Society) 같은 과학기관들도 있다.[5] 많은 과학자들이 쓰레기 과학의 정체를 폭로하는 데 헌신하고 있다(Gardner, 1981; Milloy, 1995).

위에서 언급한 과학자들과 과학기관들이 사회를 위하여 훌륭한 일을 하고 있다는 것을 독자들은 분명히 인식해야 한다. 대중은 중요한 과학의 발전과 연구의 결과에 대해 교육받아야 하고, 쓰레기 과학과 잘못된 정보로부터 보호받을 필요가 있다. 그러나 과학자들이 특정한 정책과 견해를 지지하여 대중을 위해 봉사하려고 할 때, 윤리적인 질문과 문제가

《무엇이 환경의 위기를 초래했는가》(The Closing Circle: Technology, Nature and Man, 1971) 등의 저서로 유명하다.

5) 대부분의 사람들이 타당한 과학과 질 낮은 과학 또는 사이비 과학 사이에 중요한 구분이 있다는 것을 인정하지만, 이러한 용어를 규정하는 것은 쉽지 않다. 과학과 다른 활동 사이의 구분에 대해 더 많은 것을 보려면 M. Gardner, Science — Good, Bad, and Bogus(Buffalo, NY: Prometheus Books, 1981); P. Kitcher, Abusing Science(Cambridge, MA: MIT Press, 1983); J. Ziman, An Introduction to Science Studies(Cambridge University Press, 1984)를 참고.

일어난다. 과학자가 공공의 논쟁에 참여할 때는 두 가지 역할을 하게 된다. 전문 과학자로서의 역할과 관심 있는 일반 시민으로서의 역할이다. 이 두 역할은 서로 상반된 의무를 동반한다. 전문 과학자는 객관성을 위해 정직과 개방성을 유지해야 한다. 그러나 일반 시민은 주관적인 의견을 자유롭게 개진하고, 자신의 사회적이고 정치적인 의제를 관철하기 위해 정보를 추측하고 조작한다. 과학자들이 전문가로서 행동할 때, 그의 말은 전문가로서의 권위를 갖는다. 과학자들은 대중의 신뢰를 배척하지 않으면서 공공논쟁에 지식과 전문성을 제공하기 위하여 이러한 다른 역할을 수행해야 할 필요가 있다. 그러나 그들이 이러한 다른 책임과 의무를 어떻게 수행해야 하는지 항상 아는 것은 아니다(Ben-David, 1971; von Hippel, 1991).

수수께끼 같은 문제들이 어떻게 일어나는지 다음 보기를 통해 살펴보자. 많은 과학자들은 사람들이 탄화수소(*hydrocarbon*) 방출을 규정하는 조치를 하지 않으면 온실효과가 지구온난화를 야기할 수 있다고 확신한다(Houghton *et al.*, 1992). 그러나 과학자들은 연구 또는 모델의 타당성 여부, 온난화의 정도가 얼마나 심할 것인지, 언제 일어나며, 대양과 기후패턴에 어떻게 영향을 끼칠 것인지 등과 같은 지구온난화와 관련된 많은 주요 의제에 관해 합의하지 못하고 있다(Karl *et al.*, 1997). 몇몇 과학자들은 지구온난화의 개념 자체를 전체적으로 거부하기도 한다(Stevens, 1996). 그러므로 지구온난화는 이를테면 진화론처럼 이미 확립된 이론들과 매우 유사한 성격을 지닌다고 하겠다. 왜냐하면 대부분의 과학자들이 그것의 기본 원칙을 받아들인다고 해도, 과학 공동체 안에서 상당한 논쟁거리가 되어 왔고, 또한 될 것이기 때문이다. 지구온난화는 진화처럼 상당한 사회적·정치적·경제적 영향을 미친다. 만약 지구온난화가 일어나면, 해수면이 높아지고, 기후패턴이 바뀌고, 농경지가 건조해지고, 온대 기후가 열대우림 기후로 바뀔 것이다. 환경주의자들은 전 세계 국가들이 지구온난화를 완화 내지 방지하기 위해 탄화수소 방출을 감소시키는 조치를 취할 것을 권고한다. 그러나 기업 및 산업의 대변인들은 이러한 규정이 단기적으로 경제에 해로운 충격을 준다는 이유로 반대한다. 환경 규정을 반대하는 사람들은 또한 지구온난화가 단순히 과학적 가설일 뿐이며, 그것을 지지하는 증거가 부족하다고 일축한다. 지구온난화를 둘러싸고 벌어지는 오늘의 논쟁들이야말로 그 이론에 탄탄한 근거가 없다는 증거라는 것이다. 왜 과학적 증거조차 부실한 결과를 막기 위해 경제적 재앙을 무릅써야 한단 말인가?

이처럼 과학과 정치의 불안한 결합은 지구의 기후변화를 연구하는 과학자들에게 윤리적 딜레마를 불러일으킨다. 과학자들은 전문가로서 대중에게 사실에 대한 객관적 평가를 제공해야 하는가, 아니면 관심 있는 시민으로서 특별한 정책을 옹호해야 하는가? 과학자는 대중에게 지구온난화에 대한 모든 정보와 현재적 견해를 포함하여, 소위 객관적 설명을 제시해야 하는가, 아니면 정치인과 대중이 지구온난화에 대한 불확실한 접근으로 잘못된 결정을 내리지 않도록 편향된 설명을 제공해야 하는가?

과학자들이 전문적인 지식을 전달해야 할 때, 가능한 한 객관성을 유지해야 하는 이유에는 적어도 두 가지가 있다. 첫째, 과학자가 전문적인 견해를 피력하도록 요청받을 때, 대중은 그들이 사실에 대하여 편견이 없고 객관적인 평가를 하기를 기대하기 때문이다. 신문 인터뷰에서, 연방의회 청문회에서, 법정에서, 과학자는 사실과 분쟁의 해결을 위한 기초가 되는 전문적인 지식을 제공한다고 여겨진다(Huber, 1991; Hardwig, 1994; Bimer, 1996). 이러한 역할을 포기하는 과학자는 대중의 믿음을 저버리고 과학을 위한 대중적 지지의 토대를 허물어 버리는 것이다. 아울러 대중은 과학자가 사회적 책임감을 지니기를 원하는 한편, 전문적인 지식의 요청에 답변한다고 하면서 자신의 정치적 신념을 피력하는 과학자에 대해서는 부정적으로 반응할 것이다. 둘째, 만약 과학자가 사회적·

정치적 목적을 지지하기 위해 객관성을 유지해야 하는 의무를 저버린다면, 과학은 완전히 정치화될 것이기 때문이다. 과학자들은 편견과 이데올로기 쪽으로 미끄러져 내려가는 것을 피할 수 있도록 객관성 유지의 의무를 준수해야 한다. 설령 도덕적·사회적·정치적 가치가 과학에 영향을 미칠 수 있다고 해도, 과학자는 연구를 수행할 때나 전문적인 견해를 요청받았을 때는 정직하고 개방적이며 객관성을 유지하기 위해 노력해야 한다. 그러나 과학자가 관심 있는 시민으로 행동할 때는 다른 사람들처럼 정치적·사회적 정책을 지지할 권리가 있기 때문에, 객관성 유지의 의무를 벗어던질 자유가 있다. 과학자가 전문가로서 봉사하도록 요구받지 않았을 때는 사실을 살짝 비틀거나, 편파적으로 보거나, 주관적인 견해를 제시하거나, 다양한 설득과 언변을 구사할 수 있다.

이와 같이 과학과 정치의 결합에서 발생하는 문제들을 해결하려면, 과학자는 사회 안에서 자신에게 맡겨진 다른 역할을 이해할 필요가 있다(Golden, 1993). 과학자는 전문적인 견해를 요청받는 상황에서 객관적으로 행동하려고 노력해야 한다. 그러나 다른 때에는 이러한 역할로부터 벗어날 수 있다. 과학자는 자신들이 시민으로서 말할 때와 과학자로서 말할 때를 대중에게 분명히 각인시키는 노력을 해야 한다. 그리하여 과학자는 언제 전문적인 지식을 제공하고, 언제 정치적·사회적 가치를 밝히는지 대중이 알도록 해야 한다. 가령, 기후학자는 잡지에 사설을 쓸 때나 저항단체를 구성할 때, 또는 다른 시민들과 어떤 사안에 대해 토론할 때, 시민으로서 자유롭게 활동하고 지지할 수 있다. 그러나 전문적인 증거를 제시하도록 의회 앞에서 혹은 대중매체를 향해 답을 할 때는 객관성을 유지하기 위해 노력해야 한다. 물론 과학자가 이렇게 상이한 역할을 오가며 곡예를 하는 것이 항상 쉬운 일은 아니다. 일부 과학자는 특정한 공공사안에 개인적으로 강한 관심이 있어서 시민과 과학자의 역할을 쉽게 구분하지 못할 수도 있다. 만약 어떤 과학자가 전문적인 의견을 표명하도록 요청받았을 때, 개인적인 관심사에 끌려 전문지식을 제공할 능력이 방해된다면, 그는 이해갈등(conflict of interest)을 겪고 있다고 볼 수 있다. 이해갈등에 대한 적절한 대응은 새로운 갈등을 일으키는 상황에서 자기를 제외하도록 노력하는 것이다(5장의 이해갈등에 관한 논의를 참고).

과학자는 전문 분야에서 객관성을 유지하려고 노력해야 하지만, 몇몇 드문 경우에는 직업윤리상 과학자가 사회적·정치적 목표를 위해 정직과 개방성을 희생하는 것이 허락되기도 한다. 인류학 같은 사회과학은 애초에 사회적·정치적 목표가 있다. 예를 들어 미국인류학협의회(American Anthropological Association)의 윤리규정에 따르면, 인류학의 목표는 인류학자가 연구한 민족과 문화의 이익을 촉진한다는 것이다. 따라서 갈등 상황에서는 이러한 이해관계가 객관성이나 개방성 같은 다른 고려사항에 선행한다(American Anthropological Association, 1990; Daly and Mills, 1993). 그러나 과학에서 객관성의 중요성은 사회과학과 다르다. 사회적·정치적 목표를 촉진하기 위해 사실을 왜곡 또는 은폐하는 과학자는 입증의 책임까지 져야 한다.

마지막으로, 두 가지 형태의 불확실성이 사회적으로 책임 있는 과학의 실천을 어렵게 만든다는 점을 언급하고자 한다. 첫 번째 종류의 어려움은 인식론적인 것이다. 연구의 결과를 예측하기란 불가능할 때가 많다. 연구결과의 상당 부분은 기술적 적용을 기대할 수 없는 경우가 매우 빈번하다. 1990년대 초반 아인슈타인과 플랑크,[6] 그리고 보어[7]는 자신들의

---

6) 〔옮긴이 주〕 플랑크(Max Plank)는 독일 출신의 이론물리학자로 양자가설의 주창자다. 그 공로로 1918년 노벨 물리학상을 받았다.

7) 〔옮긴이 주〕 보어(Niels Henrik David Bohr)는 덴마크의 이론물리학자로, 고전이론과 양자이론을 결합시켜 양자역학이 발전하는 데 기틀을 닦았다. 특히 원자모형 연구에서 두각을 나타냈던 그는 원자구조론 연구로 1922년에 노벨 물리학상을 받았다.

양자론 연구가 마침내 핵폭탄의 발전을 초래할 것이라 예상하지 못했다. 입자물리학은 실천적인 관심으로부터 멀리 떨어진 연구 분야로 간주되었다. 당시 대부분의 과학자들은 물리학이 아닌 화학이 차세대 거대무기의 원천이 될 것으로 생각했다(Cline, 1965). 다른 예들도 많이 있다. 컴퓨터가 처음 발명되었을 때, 대부분의 사람들은 이것이 미사일 유도에나 쓰이든지 아니면 과학에서 숫자를 대량으로 처리하는 데 유용할 것이라고만 생각했다. 증기기관의 경우에도 그것이 산업혁명에서 핵심적인 역할을 할 것으로 생각한 사람은 거의 없었고, DNA의 발견이 유전공학으로 이어질 것이라고 생각한 사람도 별로 없었다(Volti, 1995).

두 번째 종류의 불확실성은 도덕적·정치적인 것이다. 설령 연구결과가 예측가능하다고 하더라도, 사람들이 그것의 사회적 가치에는 동의하지 않을 수 있다. 예를 들어 임신 초기에 낙태를 유발하는 RU-486[8]이 여성의 낙태를 용이하게 한 것은 꽤 분명한 사실이다(Dixon, 1994). 낙태논쟁에 내포된 또 하나의 측면은 바로 이렇게 RU-486 연구의 사회적 가치에 동의하지 않는 사람들이 있다는 점이다. 여성의 낙태선택권을 옹호하는 집단(*pro-choice group*)에서는 그 약의 사회적 중요성을 기꺼이 받아들인다. 그러나 낙태에 반대하는 집단(*antiabortion group*)에서는 그 약

---

8) 〔옮긴이 주〕 프랑스의 루셀위클라프 제약회사가 개발한 먹는 낙태약으로, 본래 명칭은 개발회사의 이름을 따서 루셀위클라프 38486인데, 줄여서 RU-486이라고 부른다. 이 약은 이 회사의 연구 고문인 에티엔느 에밀 볼리외(Etienne Emile Bauliew) 박사가 20여 년의 연구 끝에 만들어 냈으며, 수정란의 자궁 내 착상을 막는 항착상제로, 종래의 피임약이나 수정방지제의 차원을 한 단계 뛰어넘어, 임신 초기의 복용으로 유산을 유도하는 획기적인 효과를 보인다. 그러나 윤리적 비난이 끊이지 않는 가운데, 1980년 초에 개발된 이 약은 1988년이 되어서야 비로소 프랑스에서 사용을 허가받았으며, 2000년 9월에 미국 식품의약국의 승인을 얻어 미페프리스톤(*mifepristone*)이라는 이름으로 판매되고 있다.

을 혐오한다. 정치적·사회적 논란을 불러일으키는 과학기술적 발전의 다른 예로는 핵무기, 식물과 동물의 유전공학, 인터넷과 WWW(World Wide Web) 등이 있다.

과학자는 이러한 불확실성에 반응해야 하는가? 과학자가 지닌 전문가로서의 의무가 대중에게 사실과 전문가적 견해를 제공하는 것이라면, 어떠한 논의가 다만 추측에 불과할 경우 과학자는 대중에게 연구결과에 대해 이야기하지 말아야 한다고 주장하는 사람들도 있을 것이다. 또한 그들은 과학자가 객관성과 공평성을 유지하려면 도덕적·정치적으로 논란이 많은 연구에 대해 논의하지 말아야 한다고 주장할지도 모른다. 나는 이러한 주장 중 어느 하나도 설득력이 없다고 본다. 과학자는 대부분의 다른 사람들보다 더 많은 지식과 전문성을 지니고 있기 때문에, 연구결과를 추측할 자격 역시 더 많이 갖추고 있다. 과학적·기술적 발전의 함의에 대한 전문가들의 견해는 종종 틀릴 수도 있다. 그러나 견해가 전혀 없는 것보다는 탄탄한 정보에 입각한 견해를 피력하는 편이 더 나을 것이다. 더욱이 객관성을 확보하기 위해 과학자가 논쟁적인 연구를 피해야 할 이유는 하나도 없다. 단지 과학자가 전문적인 견해를 제시할 때 어느 일방의 편만 들지 않으면 된다. 연구결과에 대해 객관적인 견해를 제시하고자 노력하는 과학자들은 결과가 좋든 나쁘든 상관없이 모든 가능한 결과들에 대해 논의해야 한다(Rollin, 1995).

2. 전문가로서의 법정증언

앞에서 언급한 것처럼 과학자들이 법정에서 전문가로 증언할 때는 정직하고 개방적이며 객관적이어야 한다. 전문가의 견해는 법정공방에 영향을 미칠 수 있기에 그렇다. 많은 법정사건이 전문 증인의 증언에 달려 있다. 이러한 사건에 대한 소송비용은 매우 높기도 하다. 살인이나 강간의 유죄판결 또는 10억 달러짜리 소송이 전문 증인의 증언을 토대로 결정될 수 있다. 법률체계 안에서 전문가들이 그처럼 중요한 역할을 담당하기 때문에, 소송에서 중요한 단계 하나는 전문가의 의견이 증거로 채택된 상태에서 판사가 판결하는 것이다. 미국에서 소송 당사자들은 전문가의 의견을 얻기 위해 노력한다. 그리고 전문가는 대개 전문적인 자격증명서에 기초하여 인정된다. 배심원은 법정에 제출된 증거를 심리할 때 이러한 전문가들의 의견을 평가해야만 한다. 증거를 제출하는 이는 전문가일지라도, 유죄와 무죄를 밝히는 일, 그리고 책임소재를 판단하는 일은 배심원의 몫이다(Huber, 1991).

법정에서 전문가를 활용하는 문제와 관련해서는 중요한 법률적·윤리적 문제가 있지만, 여기서는 윤리적 문제만을 논하고자 한다. 첫째, 전문가는 편파적인 증언을 할 수 있는가? 사실을 왜곡하거나 증거를 은폐해도 되는가? 전문가가 특정한 판결을 유도하기 위해 증거를 이용하려는 시도를 할 수는 있겠지만, 내가 주장했던 정직과 개방성은 전문가의 증언에도 적용된다. 전문가로서 증언을 요청받은 과학자는 객관성을 요구하는 전문적인 역할을 수행해야 한다. 이러한 책임을 무시한다면, 그는 대중의 신뢰를 저버리는 것이다. 객관성 유지의 의무는 설령 전문가가 피고의 유죄 또는 무죄를 확신하거나 원고의 책임을 확신한다고 하더라도 반드시 유지되어야 한다. 요컨대, 과학자가 증인석에서 증언할 때는 사실과 전문가적 견해만을 진술해야 한다. 유죄나 무죄, 또는 법적 책임을 얻어 내려고 배심원에게 편견을 갖게 하는 것은 과학자의 특권이 아니다(Capron, 1993).

둘째, 증인으로 나온 전문가가 이해갈등을 느껴도 되는가? 만약 그렇다면, 이러한 상황에 어떻게 대응해야 하는가? 전문가 증인은 소송결과에 따라 많은 개인적 혹은 재정적 이해관계가 있을 때 갈등을 겪을 수 있다. 전문가 개인의 이익과 법정에서 객관적인 증언을 해야 하는 의무가 충돌할 때도 이해갈등이 생긴다. 일례로 가슴을 성형한 아내를 둔 의사가 유방 삽입물 회사에 대항하여 전문가 증언을 해야 하는 경우를 생각해 보자. 만약 그 회사가 위험한 제품을 제조한 책임이 있는 것으로 판결이 난다면, 그의 부인은 상당한 액수의 보상을 받을 것이다. 이럴 때 그 의사는 분명히 이해갈등을 겪을 수 있다. 이해갈등을 겪는 사람들은 그러한 상황 자체가 판단에 영향을 미치기 때문에, 전문가 증인으로 법정에 출두하지 말아야 한다.

셋째, 보상금이 객관적 증언을 해야 하는 증인의 능력을 손상시키는가? 증인은 일을 하지 못하는 시간이나 여행비용 등에 대한 보상으로 소정의 사례금을 받는다. 과학자들이 강연을 하는 것에도 사례금이 지불된다면, 법원에서 증언하는 대가로 일정 금액을 지불받는 것은 타당할 수 있다. 전문가에 대한 사례금이 소송결과에 따라 달라지지 않는다면, 사례금은 증언에 오점을 남기지 않을 것이고, 이해갈등을 일으키지 않을 것이다. 변호사가 소송사건에서 그들이 원하는 결과를 얻기 위해 전문가에게 보너스를 지급하는 것은 비윤리적이다. 그러나 증언을 해준 대가로 전문가 증인에게 사례금을 지급하는 것을 비윤리적이라고 할 수는 없다.

그런데 어떤 사람들은 전문가 증인으로 봉사한 대가로 거액의 돈을 받고, 그것이 경력에도 도움이 된다는 점을 감안하면, 전문가 증인에게 보상금을 지급하는 관행은 많은 윤리적 의문을 남긴다(Huber, 1991). 만약 전문가의 증언이 유리한 판결을 이끌어 내는 데 기여했기 때문에 그 전문가가 어떤 고용기회를 얻었다면, 이는 이해갈등을 겪은 것으로 간주할 수 있다. 왜냐하면 그는 법정에서 자기가 제공하는 증거가 미래의 고용기회와 또 다른 형태의 재정적 보상을 얻을 수 있다는 것을 알았기 때문이다. 이를테면, 오늘날에는 DNA 지문채취 증거에 대해 증언하는 것을 업으로 삼는 전문가들이 더러 있다. 이때의 기술이란 범죄현장에서 발견된 DNA와 피고의 DNA를 비교하는 데 활용되는 기술을 말한다. 이 기술을 옹호하는 쪽의 전문가들은 그것이 무고한 사람을 잘못 지목하는 경우는 천만 번 중의 한 번밖에 되지 않는다고 증언한다. 그러나 이 기술에 반대하는 쪽의 전문가들은 증거가 오염되거나 질이 떨어질 수 있어서, 이런 식의 기술이 무고한 사람을 잘못 지목할지도 모를 개연성을 가늠할 건전한 통계적 근거는 없다고 말한다(Hubbard and Wald, 1993). 혹자는 DNA 지문채취를 지지하거나 반대하는 전문가들이 자신의 증언으로 미래의 고용기회가 연결될 수 있다는 사실을 알기 때문에 이해갈등을 겪는다고 주장할는지 모른다. 반면에, 또 다른 쪽에서는 전문가들의 증언이 서로 상쇄될 수 있으므로, 여전히 이들의 증언이 허용되어야 한다고 주장한다(그 점에 대해 변호사들은 이런 식으로 표현한다. "모든 박사에게는 그와 동등한 반대편 박사가 있다").

내가 논의하고자 하는 마지막 사안은 누가 전문가 증언을 할 것인가를 결정하는 기준에 관한 것이다. 이 문제를 다루기 위해 하나의 사례연구를 소개하고자 한다. 조지 프랭클린(George Franklin)은 1970년에 8살 소녀를 강간하여 살해한 혐의로 1990년에 유죄판결을 받았다. 이 사건에서 핵심 증거는 범죄를 목격한 그의 딸 에일린의 기억이었다. 이 사건의 특이점은 그녀의 기억이 '기억복구'(*memory retrieval*)라고 알려진 새롭고도 논쟁적인 심리 기술에 의존한다는 점이다. 기억복구 기술을 발견한 심리학자가 이 사건에서 전문가 증인으로 증언했다. 다른 심리학자들은 기억복구에 반대하는 증언을 했다. 프랭클린은 미국에서 기억복구 기술에 입각하여 유죄선고를 받은 첫 번째 인물이 되었다. 그때 이후로 기억복구 증언은 살인, 강간, 아동추행 등에서 유죄판결을 이끌어 내는 데 기여했다. 많은 심리학자들은 기억복구의 과정이 상당히 오류에 빠지기 쉽다고 본다. 심리학자들은 마치 우리가 컴퓨터 디스크에 자료를 저장하듯이 기억 내용도 저장 공간에 보관되거나, 잃어버리거나, 발견되거나, 복구될 수 있다고 보지 않는다. 오히려 우리는 계속해서 자신의 현재 관점과 경험에 기초하여 세계에 대한 기억을 재구성한다. 만약 기억이 이런 식으로 작동한다면, 어떤 사건을 정확하게 기억한다는 것은 불가능할 것이다. 기억은 사진이 아니다. 기억복구 기술에 의해 도출된 기억이 순수한 기억인지, 아니면 환상적인 이야기나 꿈인지를 가려낼 방도는 없다. 이러한 이유로 기억복구 기술에 입각하여 허위로 기소되었다고 주장하는 사람들을 지원하기 위해 1992년에 허위기억증후군협회(The False Memory Syndrome Foundation)가 창설되기도 했다(Ofshe and Waters, 1994; Loftus, 1995).

기억복구 기술을 통한 증거는 법정에서 수락되어야 하는가? 무엇이 전문가 증언을 인정하는 기준인가? 이것은 단지 판사들뿐만 아니라 모든 시민들에게도 영향을 미치는 질문이다. 법률의 과정은 개인과 사회에 영향을 주기 때문이다. 과학전문가의 증거를 인정하는 데는 두 가지 접근 방법이 있다. 엄격한 접근방법(strict approach)과 느슨한 접근방법(loose approach)이다. 엄격한 접근방법에 따르면 오직 자격이 충분한 과학자만이 법정에서 증언할 수 있다. 판사는 동료들의 평가, 공인된 잡지에 논문을 출판한 경력, 직업적 지위, 대중 봉사, 그 밖에 과학자로서의 자격을 확인하기 위해 사용할 수 있는 기준을 바탕으로 과학자를 평가해야만 한다. 비록 법률제도가 하나의 소송에서 양편 모두에게 전문가 증인을 내세우도록 허용한다고 해도, 배심원들은 질 낮은 과학에 현혹될 수 있고, 수준 높은 과학을 이해하지 못할 수도 있다. '쓰레기 과학'에 휘둘리는 배심원들은 그릇된 확신을 갖거나 그릇된 책임소재를 판단함으로써 빈약한 결정을 내릴 수 있다. 쓰레기 과학으로 인해 야기되는 법률적 오류를 피하기 위해 판사는 전문가 증인을 임명할 때 엄격한 기준을 적용해야 한다. 어떤 저자는 심지어 과학 공동체가 자격 있는 전문가를 임명해야 한다고 제안한다(Huber, 1991).

느슨한 접근방법에 따르면, 엄격한 접근방법은 새롭고 논쟁적인 증거가 법정에 들어오는 것을 막을 수 있기 때문에, 전문가 증인을 임명할 때는 판사가 상당히 진보적이어야(liberal) 한다고 말한다. 6장에서 우리는 과학자들이 종종 새롭고 논쟁적인 연구를 기피한다고 말했다. 게다가 이런 형태의 연구를 하는 과학자들은 괴상하고 무능한 것처럼 취급받기도 한다. 이와 같이 새롭고 논쟁적인 연구를 하는 과학자들은 공인된 잡지에 출판한 경력이나 동료들의 인정이 부족할 수 있다. 한편, 변호사의 입장에서는 과학에서 중요한 발전이 이루어졌을 때, 비록 확정된 이론이 되기 전이라도 그것에 접근해야 하기 때문에, 법정에서 새롭고 논쟁적인 증거가 허용되는 것이 중요하다. 이를테면, DNA 지문채취 기술은 한때는 믿을 만하지 못하다고 간주되었지만, 지금은 일상적으로 활용되고 있다. 느슨한 접근방법을 지지하는 사람들은 쓰레기 과학이 법정에 들어서는 것을 인정하기도 한다. 배심원 심사를 통해 쓰레기 과학의 효과가 수준 높은 과학에 의해 완화될 수 있을 것으로 보기 때문이다(모든 박사에게는 그와 동등한 반대편 박사가 있는 법이다). 중요한 증거를 놓치는 것보다는 차라리 증거가 넘치도록 허용하는 편이 더 낫다.

이상에서 두 가지 접근방법의 장단점을 검토해 보았다. 그러나 나는, 예컨대 과학에 대한 대중의 무지를 생각하면, 느슨한 접근방법보다는 엄격한 접근방법을 지지할 필요가 있다고 본다. 과학이 법정 안으로 들어갈 때, 아무리 과학자와 변호사가 판사와 배심원의 이해를 돕는다지만, 이러한 종류의 보충학습으로는 한계가 있기 마련이다. 만약 대중의 과학

지식이 상당히 부족하다면, 다양한 과학기술에 대해 속성으로 정보를 제공하는 것은 별다른 효과를 발휘하지 못할 수도 있다(많은 변호사들과 판사들이 과학전문가가 법정에서 증언을 할 때면 배심원들이 눈을 굴리고 표정이 멍해진다고 말한다). 전문가 증언에 대한 느슨한 접근방법은 대중이 과학을 이해할 때라야 합리적이다. 반면에, 과학에 대한 대중의 이해가 부족할 때는 엄격한 접근방법이 더욱 합리적이다. 이러한 관찰을 통해 과학에 대한 대중교육의 중요성을 다시금 강조하게 된다.

3. 산업과학

논의의 방향을 약간 바꾸어, 이제 과학자가 학문적인 환경을 떠나서 산업이나 군사 분야의 연구를 수행할 때 일어나는 윤리적인 딜레마를 논의해 보자. 비록 군수산업과 사기업 사이에는 많은 차이점이 있다고 해도, 양자에는 모두 과학의 목표나 행위의 기준과 마찰을 일으키는 나름의 목표와 정책이 있기 때문에, 유사한 윤리문제를 일으킨다. 사기업에서는 이익의 극대화가 주된 목표이기 때문에, 이러한 목표의 추구가 개방성, 정직, 자유, 그 밖에 여러 가지 연구윤리 표준과 빈번히 갈등을 일으킨다. 한편, 군대의 주된 목표는 국가안보인데, 이러한 목표 역시 개방성, 자유, 정직, 그리고 인간과 동물에 대한 존중을 포함한 많은 과학적 행위기준과 갈등을 일으킬 수 있다. 이러한 갈등이 발생할 때, 비학문적 환경에서 연구하는 과학자는 과학의 행위기준과 다른 기준 사이에서 선택을 해야만 한다.

산업 분야에서 과학자(그리고 기술자)의 고용은 지난 100년 동안 꾸준히 증가했다. [9] 이 르네상스 기간 중에 과학자들은 대학을 위해 일하거나 또는 자신의 연구를 후원했다. 사람들이 과학의 실제적 잠재력을 깨닫기 시작했던 산업혁명 직후까지 산업과 과학의 접촉은 미약했다(Jacob, 1997).

아마도 과학과 산업이 접촉한 첫 번째 주요 계기는 과학자이자 발명가인 제임스 와트(James Watt)가 2명의 영국인 실업가 로버크(John Roebuck)와 볼튼(Matthew Boulton)과 손잡고 증기기관을 발명한 일일 것이다. 1860년대에 독일 염료 제조업자들은 스스로 실험실을 설치하여 산업에 과학자를 끌어들이는 선봉에 섰다. 이후 기업과 과학의 공조는 신속히 일반화되었다. 그리하여 현대의 기업연구소(industrial laboratory)가 탄생하게 되었다. 오늘날 대부분의 주요 회사는 과학자를 고용하고, 기업연구소를 운영한다. 그리고 많은 기업이 대학 실험실에서 진행되는 연구를 후원한다. 산업과 대학은 많은 캠퍼스에서 상호이익이 되는 동반자 관계를 확립했다(Bowie, 1994).

기업연구소에서의 연구는 대개 잘 조직화된 관료부서를 통해 이루어지는데, 이 관료부서는 연구주제 선정, 연구의 재료와 도구 및 인력 충당, 기타 연구의 여러 가지 측면을 관리한다. 실험실에서 일하는 과학자는 대개 연구주제를 정할 권한이 없고, 고용과 인세, 그 밖의 보상의 대가로 자신들의 지식재산권을 양도하는 계약을 맺는다(Ziman, 1984). 산업연구를 통해서도 종종 지식이 만들어지기는 하지만, 이것이 산업연구 고유의 목적은 아니다. 연구의 영역이 회사를 위해 이익을 발생시킬 수 있다면, 회사는 그 영역을 연구하도록 허용하지만, 그렇지 않을 경우에

---

9) 과학자보다 많은 기술자가 산업 분야에 고용되었기 때문에, 기술자는 과학자들보다 더 자주 여기서 논의한 윤리적 딜레마에 직면한다. 기술자윤리에 대해 더 많은 것을 보려면 J. Schaub, K. Pavlovic and M. Morris(eds), *Engineering Professionalism and Ethics*(New York: John Wiley and Sons., 1983); E. Schlossberger, *The Ethical Engineer*(Philadelphia: Temple University Press, 1993)를 참고.

는 심지어 연구가 사회적으로 가치 있는 결과를 생산한다고 하더라도 회사는 그것을 무시한다. 물론, 일부 회사는 특정 분야의 순수연구를 후원하기도 한다. 왜냐하면 그 연구가 어떤 직접적이고 실용적인 보상을 줄 것으로 믿기 때문인데, 이런 일은 종종 일어난다. 이를테면, 고체물리학에 대한 연구를 후원한 회사들은 그 연구에서 비롯한 지식을 크기는 더 작으면서 효과는 더 좋은 트랜지스터 설계에 활용했다.

과학과 산업이 연계함으로써 일어나는 윤리문제를 고민하기 전에 산업연구가 사회에 상당한 이익을 줄 수 있다는 점을 언급할 필요가 있다. 첫째, 산업은 과학자를 고용하여 자동차, 전자레인지, 개인용 컴퓨터, 일회용 커피 등 사회에 이익을 주는 제품과 기술을 발전시킨다. 둘째, 사기업은 연구와 관련된 수백만의 과학자와 여러 사람들을 위해 일자리를 제공한다. 이러한 일자리는 높은 연봉에 고급 기술을 요하는 것들로, 지역이나 국가의 경제적 토대를 닦는 데 중요한 역할을 한다. 정부가 출연(出捐)하는 연구 후원은 최근 들어 예산삭감으로 줄어들었지만, 사기업들의 연구 후원은 계속되고 있다(Resnik, 1996a). 사기업이 후원하는 연구는 응용도가 높은 것은 사실인데, 이론이 창출될 수도 있다는 점이 흥미롭다. 예를 들어, 1965년 벨 연구소 소속의 펜지아스(Arno Penzias)와 윌슨(Robert Wilson)은 우주론에서 빅뱅이론의 중요한 단서가 되는 일정온도의 배경복사(uniform background radiation)를 발견했다. 전파안테나에 대한 연구를 수행하다가 어떤 배경소음은 제거할 수 없다는 사실을 알게 됨으로써 이 중대한 발견을 한 것이다. 넷째, 학문기관 역시 기업과 함께 일하는 것으로 이익을 얻는다. 기업연구소가 대학 안에 설치되면, 대학은 장비와 연구장소와 인적 자원을 제공하는 대가로 민간후원금을 받을 수 있다(Bowie, 1994).

산업연구는 많은 윤리문제와 딜레마를 일으킨다. 모든 문제를 다 검토할 수는 없겠지만, 여기서는 독자들에게 산업연구에 내포된 핵심적인 문제 가운데 하나인 기밀유지에 관해 소개하고자 한다. 6장에서 언급했듯이, 회사는 특허, 저작권, 등록상표, 기업비밀을 통해 지식재산권을 통제할 수 있다. 기업비밀은 대개 산업에서 지식재산의 통제와 발전에 중요한 역할을 한다. 만약 회사가 어떤 발명의 특허를 신청하려고 하면, 특허 적용이 받아들여지기 전에, 연구를 보호하기 위해 비밀을 요구할 수 있다. 특허란 정보의 노출을 장려하는 것이지만, 그래도 비밀유지는 대개 회사가 특허를 얻을 때까지 유효하다. 경쟁우위를 유지하기 위해 대부분의 회사는 기업비밀을 유지한다. 예를 들면 코카콜라의 제조 공식은 기업비밀이지, 특허가 아니다. 회사를 위해 일하는 과학자가 자신의 결과물을 출판하는 경우가 있기는 하지만, 회사는 이익증대를 도모하고자 연구결과를 검열하고 노출을 금지시킨다. 이렇게 비밀을 유지함으로써 기업은 자신의 이익을 극대화하는 한편, 지식의 발전을 막기도 한다. 아마도 어느 정도의 비밀은 산업연구의 이익을 위해 지불해야 할 소정의 대가일 것이다. 산업연구는 기업과 사회 양편 모두에게 이익을 주기 때문에, 산업연구에서 비밀유지를 금지하는 것은 황금알을 낳는 거위를 죽이는 것과 같다고 한다. 정보 노출이 단기적으로는 좋은 결과를 맺을 수 있을지 모르지만, 장기적으로는 이익보다 손해가 더 클 것이라는 주장이다. 더구나 모든 기업비밀이 공개된다면 과학의 진보가 촉진될 수 있을지는 몰라도, 사실상 과학은 완벽한 개방성 없이도 그런대로 잘 운영되고 있는 실정이다. 내가 보기에는 이러한 주장들이 바로 산업체 과학에 비밀유지의 정당성을 제공해 주며, 대부분의 기업체로 하여금 정보를 공개하라는 외부압력을 받지 않고도 비밀유지를 할 수 있게끔 하는 근거가 된다고 본다.

그러나 비밀유지는 과학윤리 또는 도덕적·정치적 가치와 충돌하기 때문에 이 정책에도 예외가 있다. 때때로 기업은 비밀을 유지함으로써 큰 손해를 볼 수도 있다. 담배 회사의 후원으로 진행된 니코틴 중독에 대한 연구가 이 점을 잘 설명해 준다. 담배 회사에 관한 의회청문회에서 증언을 할 때 드노벨(Victor DeNobel)과 멜레(Paul Mele)는 자신들이 1980년대 초반에 필립모리스(Philip Morris)사를 위해 수행했던 니코틴 중독에 관한 연구를 언급했다. 드노벨과 멜레는 담배에 첨가되었을 때 니코틴 중독효과가 증가되는 어떤 물질을 자신들이 발견했다고 증언했다. 그들은 또한 자신들의 동료가 심장에 미치는 독성의 영향이 자연상태의 독성효과보다 덜한 인공 니코틴을 개발했다고 증언했다. 그 연구들의 목적은 담배의 유해성을 줄이기 위해 니코틴 대체물질을 개발하는 것이었다. 그것은 니코틴과 니코틴이 신체에 미치는 영향에 대한 모든 가능성을 연구하는 프로그램의 일환이었다. 그들의 작업은 너무나도 비밀이 잘 유지되어서 동료 직원들과 연구에 대해 의논하는 것조차 금지되었다. 연구에 사용되는 동물은 덮개를 씌워서 실험실에 들여올 정도였다. 그런데 드노벨과 멜레가 과학잡지〈신경정신약리학〉(Psychophamocology)에 제출하여 게재 및 출판이 수락된 논문에서 자신들의 발견을 보고한 것이다. 이논문에 대해 알게 된 필립모리스 측은 드노벨과 멜레에게 출판을 철회하도록 강요했다. 그리고는 곧이어 그들의 실험실을 폐쇄하는 바람에 드노벨과 멜레는 회사를 떠나야 했다. 왁스맨(Henry Waxman) 의원이 이 두연구자를 위해, 회사의 허락 없이는 연구에 대해 일체 발설하지 말도록 필립모리스사와 체결한 평생계약을 풀어 주는 조치를 취한 다음에야 드노벨과 멜레는 그 연구에 대해 논할 수 있었다(Hilts, 1994a).

1980년대 초반에도 이미 니코틴의 중독성이 널리 알려지기는 했지만, 그 중독의 특징은 잘 모르던 때였다. 만약 심리학자들과 정신약리학자들, 그 밖의 다른 연구자들이 드노벨과 멜레의 연구를 이용할 수 있었다면, 어쩌면 니코틴 중독에 대항할 수 있는 더 나은 방법이 개발되었을지도 모른다. 만약 식품의약국과 공중위생국이 드노벨과 멜레의 연구를 알았더라면, 아마도 이 기관들은 담배의 위험에 대해 더 정확한 정보가 담긴 경고를 시행했을 것이고, 교육 및 단속 정책도 수정되었을 것이다. 만약 드노벨과 멜레의 연구가 1980년대에 발표되었다면, 니코틴에 중독되는 사람들의 수가 적어졌거나, 더 많은 사람들이 니코틴 중독에서 벗어났을 것이다. 니코틴이 유발하는 해로움은 잘 알려져 있다. 직접적으로는 심장질환의 위험을 증가시킴으로써 해를 입히고, 간접적으로는 사람들에게 담배 제품을 사용하도록 강요함으로써 해를 준다. 니코틴 중독은 폐기종뿐만 아니라 폐, 입, 목과도 연결되어 있다. 이러한 니코틴 중독과 관련된 기업비밀을 지킴으로써 필립모리스는 사람들에게 엄청난 피해를 입혔다(물론 필립모리스가 판매한 담배 제품들은 어쨌거나 해롭다. 하지만 이 사실이 니코틴 연구의 비밀을 유지한 데 따른 부가적 해를 감소시키지는 않는다).10)

부주의한 연구 또한 대중에게 심각한 해를 미칠 수 있다. 1986년 1월 28일, 이륙 직후 폭발했던 우주선 챌린저 호의 비극적인 사건을 예로 들 수 있다(Westrum, 1991). 이 폭발사고로 6명의 우주비행사와 1명의 교사가 사망했다. 조사한 결과, 차가운 기온으로 인해 보조로켓 추진 장치 위에 봉해 놓은 O-링(O-ring)11)에서 누출이 발생했는데, 이 누출이 로켓 추진 장치 안에서 연료 발화로 이어진 것을 확인했다. 임무에 연루된 많은 사람들이 안전한 이륙을 하기에는 그날의 기온이 너무 낮다는 것을 알고 있었고, 미 항공우주국(NASA)을 비롯하여 추진 장치를 만든 모턴

---

10) 포드 핀토의 발견은 해로운 연구의 또 다른 놀라운 예이다. F. Cullen, W. Maakestad, G. Cavender, "Ford Pinto case and beyond: corporate crime, moral boundaries, and the criminal sanction", in E. Hochstedler (ed.), *Corporations as Criminals*(Beverly Hills, CA: Sage Publications, 1984); R. De George, *Business Ethics*, 4th ed. (Englewood Cliffs, NJ: Prentice-HALL, 1995)를 참고.

11) 〔옮긴이 주〕물 따위가 새는 것을 막기 위해 사용되는 원형 고리로, 천연고무나 합성고무, 합성수지 등으로 만들어진다.

티오콜(Morton Thiokol) 소속의 전문가들도 낮은 온도에는 O-링이 안전하지 않다는 것을 알고 있었다. 하지만 이러한 위험을 사전에 미리 알고 있으면서도 그들은 우주선 이륙을 허락했다. 더 추운 온도에서도 견딜 수 있는 O-링이 안전하기야 하겠지만, 그것을 생산하기에는 예산부담이 컸던 것이다. 전문가들은 지나치게 추운 기온에서는 우주선을 이륙시키지 않을 것이라고 예상했기 때문에, O-링 문제는 그냥 넘어갈 만한 위험이라고 밝혔다. 비극적인 이륙 전날, 보이스졸리(Roger Boisjoly)는 화씨 50도에 O-링에서 누출이 일어날 것을 예측하고, 모턴 티오콜 및 우주항공국 직원에게 전화로 상황을 보고했다. 이에 모턴 티오콜은 이륙 반대를 제안했지만, 우주선 이륙에 상당한 압력을 받고 있던 우주항공국의 관료는 회사 측의 재고를 요청했다. 그리하여 모턴 티오콜이 결정을 번복하기에 이른 것이다. 이어진 조사에서 밝혀진 바로는 우주선이 O-링 문제뿐만 아니라 얼음 형성을 막지 못하는 문제와 의사소통이 잘 되지 않는 시스템 결함을 갖고 있었던 것으로 나타났다.

두 번째 예로, 자궁암 조기 검사법인 팹스미어(Pap smear)[12] 테스트를 오독함으로써 일어난 비극적인 사건을 검토해 보자. 1995년 바이오켐(BioChem)사와 그 회사에 고용되어 있던 2명의 직원이 자궁경부암으로 사망한 두 여성의 팹스미어 테스트를 오독한 데 대해 살인죄로 기소되었다. 의사들은 만약에 팹스미어 테스트가 정확하게 판독되었더라면, 그 여성들의 생존확률은 95%에 달했을 것이라고 증언했다(Kolata 1995). 증인들은 또한 바이오켐이 직원들에게 연간 3만 1천 개에 달하는 슬라이드를 판독해야 할 정도로 과중한 업무를 시켰기 때문에 팹스미어

---

12) 〔옮긴이 주〕 팹스미어 테스트는 자궁경부의 세포에 대한 검사로, 자궁경부나 질에서 떨어져 나온 세포를 현미경으로 관찰하여 비정상 세포 유무를 관찰하는 것이다. 골반 내진을 통해 작은 솔에 자궁경부의 세포를 묻혀서 유리 슬라이드에 펴 바른 뒤 현미경으로 관찰한다.

테스트를 오독하는 일이 발생했을 것이라고 주장했다. 참고로 미국세포학회에서는 기술자들이 연간 1만 2천 개의 슬라이드를 판독하도록 권장하고 있다.

위의 두 사건을 살펴보면, 두 개의 사업적 가치, 곧 속도와 비용효과가 연구에서 오류를 유발한 원인으로 보인다. 우주항공국의 관료들은 우주선 이륙 계획이 차질 없이 진행되기만을 원했지, 차가운 온도에서 제 기능을 발휘할 수 있는 O-링 제작을 위해 추가비용을 지불하기를 바라지는 않았다. 한편, 바이오켐 임원들은 인건비를 절약해서 이익을 최대화할 목적으로 직원들을 과로시켰다. "서두르면 일을 그르친다"는 속담은 비단 학문연구만이 아니라 모든 분야의 연구에도 타당하다.

부정직한 연구 역시 대중에게 해를 끼친다. 산업과학에서 부정직한 연구의 빈도를 평가하기란 어렵지만, 산업체 과학자들도 학계의 과학자들처럼 자료를 위조 또는 변조하고 허위로 진술할 것이다. 조작을 통해 얻어지는 경제적 이익이 학문연구에서보다는 산업연구에서 더 크기 때문에, 조작된 연구의 비율도 산업 분야에서 더 높을 것으로 예측할 수 있다. 만약 기만행위가 정직보다 더 이익이 된다면 왜 군이 정직해야 하는가? 예컨대, 과거 엠파이어연구소(Empire Laboratories)에서 일했던 4명의 직원은 콘크리트가 실제보다 더 강하게 보이도록 하기 위해 연구결과를 조작한 혐의로 회사를 고발했다. 회사는 덴버 국제공항에 사용하려고 콘크리트를 시험 중이었다. 엠파이어 측 변호사들은 일부 시험이 조작되었음을 시인했지만, 그 직원들은 이런 행위가 다반사로 일어난다고 주장했다(Kilzer *et al.*, 1994). 그런가 하면, 1993년에 공중보건연구회(Public Citizens' Health Research)는 국립보건원 심리에서 엘리릴리(Eli Lilly)사가 시험 중인 간염 치료약을 5명의 환자에게 투여하여 사망에 이르게 한 사실을 은폐한 혐의로 회사를 기소했다. 연구회는 회사가 그 약이 독성 간경화를 유발한다는 것을 알면서도 식품의약국에 이 정보를 공개하지 않았다고 고발했다. 만약 엘리릴리사가 이 정보를 공개했다면, 식품의약국이 그 실험을 중단시켰을 것이기 때문에, 죽은 환자 5명 가운데 최소한 3명은 목숨을 구할 수 있었을 것이다. 그러나 엘리릴리사는 이러한 고발 내용을 부인했다(Denver Post, 1993). 13)

연구 비밀을 지키는 것이 대중에게 해로울 때 과학자들은 어떻게 해야할까? 이 질문은 우리가 5장의 다른 맥락에서 논의했던 내부비리 고발 문제와 상통한다. 또한 그것은 과학자로서 전문직업적 의무와 사기업에 대한 의무 사이의 충돌을 야기한다. 과학자로서 전문직업적 의무는 비윤리적이거나 불법적인 연구를 분연히 고발하도록 요구한다. 반면에 자기가 속한 사기업에 헌신할 의무를 고려하면 비밀을 지키는 것이 당연하다. 산업체 연구자들은 사실상 비밀유지에 동의하는 계약서를 체결한다. 그러므로 과학자가 산업연구에 내포된 내부비리를 고발하면 결국은 법을 어기는 셈이 된다(Schlossberger, 1995).

만약 우리가 이러한 딜레마를 과학과 산업 사이의 갈등으로 생각한다면 풀기 어려운 문제가 될 것이다. 그러나 도덕적 기준에 호소하면 문제해결에 도움이 될 수도 있다. 사회구성원으로서 과학자는 다른 사람들에게 해를 주지 않고 유익을 줄 의무와 사회적 이익을 최대화할 의무가 있다. 우리는 어떤 경우, 내부비리 고발에 대한 이론적 근거를 제공하기 위해 이러한 도덕적 의무에 호소할 수 있다(Baram, 1983; Clutterbuck, 1983). 그러나 기업비밀의 완전 개방은 산업연구의 토대를 허물기 때문

---

13) 산업연구에서 조작과 부주의에 대해 더 많은 것을 보려면, Panel on Scientific Responsibility and the Conduct of Research(PSRCR), *Responsible Science*, vol. 1(Washington, DC: National Academy Press, 1992); W. Broad and N. Wade, *Betrayers of the Truth*, new ed. (New York: Simon and Schuster, 1993); N. Bowie, *University-Business Partnerships: An Assessment*(Lanham, MD: Rowman and Littlefield, 1994)를 참고.

에, 또한 산업연구는 과학과 사회 모두에 이익을 주기 때문에, 고용인들은 산업연구의 내부비리를 고발하고자 할 때 합당한 이유가 있어야 한다. 말하자면 비밀유지의 원칙은 산업연구에서 여전히 규범으로 남아 있어야 한다. 그리고 내부비리 고발은 5장에서 언급한 기준을 따라야 한다. 요컨대, 증거자료에 의해 입증되어야 하며, 적절한 절차를 통해 처리되어야 한다. 산업연구에서 내부비리를 고발한 과학자는 종종 고용상실, 배척, 소송, 그리고 심지어 죽음에 직면하는 경우가 있기 때문에 영웅으로 비춰질 수 있다. 14)

(해를 방지하는 것과 반대로) 사회를 위해 선을 행하기 위해 비밀연구를 폭로하는 것은 어떤가? 혹자는 비밀을 공개함으로써 대중이 이익을 보게 되더라도, 많은 산업체 연구에서는 여전히 비밀유지가 이루어져야 한다고 주장할지도 모른다. 이를테면 연구에 대한 산업투자가 늘어나며 유용한 상품개발이 확대되는 등, 비밀유지를 통해 발생할 수 있는 장기적인 이익이 정보를 공개함으로써 얻어지는 단기적인 이익보다 훨씬 중요하다는 것이다. 대중에게 이익을 주기 위해 회사와의 약속을 파기하는 과학자들에게는 분명하고 설득력 있는 이유가 있어야 한다. 다음의 사례를 살펴보자.

1995년에 부츠(Boots)사는 베티 동(Betty Dong)에게 〈미국의학협회지〉(*Journal of the American Medical Association*)에 제출하여 출판이 수락된 논문을 철회하라고 설득했다. 논문은 레보티록신(levothyroxine)의 몇 가지 형태가 부츠 계열사에서 제조된 갑상선 치료제인 신트로이드(Synthroid)만큼 갑상선 기능저하를 치료하는 데 효과를 발휘한다는 내용이었다. 논문은 또한 갑상성 기능저하증이 있는 800만 명의 환자들이

---

14) 많은 사람들은 카렌 앤 실크우드(Karen Ann Silkwood)가 핵무기 공장에서의 불안전한 실습에 대한 내부비리 고발 때문에 살해당했다고 믿었다.

신트로이드 대신에 이 대체의약품을 사용한다면, 미국은 3억 5천 600만 달러를 절약할 수 있다는 언급도 했다. 부츠사는 신트로이드가 대체의약품보다 우월하다는 증거를 얻어 낼 기대심에서 베티 동에게 연구비를 지원했다가 허를 찔린 셈이다. 부츠사는 그녀의 연구 평판을 떨어뜨리려고 수년간 시도했으며, 만약에 논문을 출판할 경우, 그녀는 물론이고 동료까지 회사로부터 서면동의 없이는 연구결과를 출판하지 않기로 계약서에 서명했기 때문에, 그녀를 고소할 것이라고 협박했다. 문제가 불거지자, 부츠사 임원들은 이러한 주장을 부인하면서, 다만 수백만 환자들을 위험 속에 방치할 문제 있는 연구를 막기 위해 논문출판을 저지했을 뿐이라고 해명했다(Wadman, 1996). 그러다가 마침내 회사 측의 태도가 누그러져서, 베티 동의 논문출판이 허락되었고, 그녀의 논문은 결국 〈뉴잉글랜드의학잡지〉(New England Journal of Medicine)에 실리게 되었다(Altman, 1997). 이렇게 해서 논문은 출판되었지만, 이 일화는 많은 윤리문제를 제기했다. 베티 동이 부츠사와의 계약을 어기고, 회사로부터 논문출판 허락을 받기 전에 연구결과를 출판했다면, 그것은 윤리적인가? 공공의 이익이 어느 정도 되어야 산업체의 비밀연구를 공개하는 것이 정당화될 수 있을까? 베티 동의 연구의 타당성(또는 타당성 없음)은 이 사례에서 어떤 차이를 만들어 낼까? 연구원들에 대한 부츠사의 동의서는 비윤리적인가? 나는 이 사례에서 베티 동이 부츠사와의 계약을 파기하는 것이 정당화될 수 있다고 생각한다. 그러나 이와 같은 질문에는 쉬운 정답이 없다. 우리는 비밀유지가 과학과 사회 그리고 산업에 미치는 장기적인 이익과 비용에 대해 생각해 볼 필요가 있다.

지면상 여기서 다 논의하지는 못하지만, 과학과 산업의 관계는 그 밖에도 수많은 윤리문제들을 야기한다. 이를테면, 산업연구를 위한 정부의 자금지원, 기업체가 후원하는 연구가 공공시설에서 수행될 때 소유권 문제, 대학 캠퍼스 안에서 비밀리에 진행되는 산업연구, 개방풍토에 대한 위협, 이해갈등, 순수연구에서부터 응용연구에 이르기까지 인적·기술적 자원의 재배치, 산업연구에서의 구조적 편견, 교육과 자문, 공공봉사와 같은 대학의 책임과 개인적 연구 사이의 갈등 등이다. 계속해서 이러한 문제를 공개적으로 논의하는 것은 가치 있는 일인데, 이를 통해 사회는 과학과 산업의 관계로부터 유익을 볼 수 있을 것이다. 15)

4. 군사적 과학

과학과 군 사이의 관계는 많은 과학자가 무기를 고안했던 그리스와 로마 시대로 거슬러 올라간다. 르네상스기에 정부는 대포, 총, 폭탄, 요새, 배, 기타 전쟁필수품을 고안하고 건설하는 데 과학자를 고용했다. 계몽주의 시대까지 과학자는 군 장교에게 무기 이용, 전략, 전술에 대해 조언했다. 20세기 이전 과학자는 군에서 중요한 역할을 담당했지만, 과학과 군 사이의 관계는 상당히 비공식적이었고 규모도 작았다. 그러다가 과학자, 공학자, 기술자가 무기, 전략, 전술을 개발하는 데 주요 역할을 했던 2차 세계대전 이후로 모든 것이 변했다. 과학자들은 맨해튼 계획 같

---

15) 이 문제에 대한 더 많은 논의를 보려면 R. Cape, "Academic and corporate values and goals: are they really in conflict?", in D. Runser (ed.), *Industrial-Academic Interfacing* (Washington: American Chemical Society, 1984); D. Bela, "Organization and systematic distortion of information", *Journal of Professional Issues in Engineering 113*, 1987: 360~370; L. Lomasky, "Public money, private gain, profit for all", *Hastings Center Report 17*, 3, 1987: 5~7; N. Bowie, *University-Business Partnerships: An Assessment* (Lanham, MD: Rowman and Littlefield, 1994); S. Zolla-Parker, *An Introduction to Science Studies* (Cambridge University Press, 1984); R. Spier "Ethical aspects of the university-industry interface", *Science and Engineering Ethics 1*, 1995: 151~162를 참고.

은 대형 일급비밀 활동에 고용되었다. 그리고 정부는 군사연구에 거대한 자금을 쏟아 붓기 시작했다. 핵폭탄은 과학과 기술, 군 사이의 새로운 상호의존을 보여 주는 적절하고도 몸서리쳐지는 상징이 되었다. 오늘날 적어도 50만 명의 과학자와 공학자가 군을 위해 일하고 있고, 세계의 연구개발(R&D) 예산의 4분의 1이 군사연구에 충당되는 실정이다(Dickson, 1984). 미국 연방정부의 경우, 다른 모든 연구개발 예산보다도 군사 분야의 연구개발 예산이 두 배 가까이나 된다.

군을 위해 일하는 과학자들은 뉴멕시코에 위치한 로스알라모스 국립연구소(Los Alamos National Laboratory) 같은 정부연구소나 대학 내 연구소에서 일한다. 그 연구소들은 물리학이나 화학처럼 무거운 분야에서부터 심리학이나 컴퓨터 공학처럼 가벼운 분야까지 다양한 연구자를 대거 보유하고 있다. 혹자는 군사연구가 응용연구에 매우 치중해 있다고 생각할지 모르나, 군도 순수과학에 상당한 후원을 하는 것이 사실이다. 국가안보에 중요하다는 이유로 무기기술을 발전시키는 데만 직접적인 연구비를 쓸 필요는 없다. 군사적 연구는 물리학, 화학, 생물학, 항공학, 기상학, 의학, 심리학, 컴퓨터학을 포함하여 많은 주제들에 대한 일반적인 지식을 증가시켰으며, 군사적 기술은 비군사적 응용이 가능한 면도 있다. 예를 들어, 군이 개발한 위성 미사일 추적기술은 상업용 항공교통을 이끄는 데 이용되었다. 적에 대한 첩보활동을 위해 사용된 감시기술은 경찰이 범죄감시용으로 활용하기도 한다.

대부분의 군사적 연구는 국방부(DOD)처럼 고도로 조직화된 행정관청이 후원한다. 이러한 행정관청은 연구주제 선정이나 자금 할당에서부터 연구의 재료와 도구, 인력 배분에 이르기까지 군사적 연구의 모든 측면을 관리한다. 비록 군사적 이익을 발생시키는 작업은 개인 연구자가 수행하지만, 그들은 대개 자신의 연구에 대한 소유권을 갖지 못한다. 언제 어떻게 연구를 이용할 것인지 결정하는 주체는 군이다.

일부 군사적 연구는 공공조사에 개방되어 있다고 해도, 대부분의 군사적 과학은 비밀유지의 덮개 아래 가려져 있다. "헤픈 입이 배를 가라앉힌다"(Loose lips sink ships)는 속담은 대부분의 군사적 연구에 어울리는 좌우명이다. 군은 비밀유지를 위한 매우 정교하고도 효과적인 수단을 개발해왔다(Howes, 1993). 대부분의 군사연구는 오로지 '알 필요'가 있을 때에만 이용할 수 있다. 군에 있는 사람들은 자신의 의무를 수행하는 데 필요한 정보만 알아야 한다. 만약 군인들이 적에게 잡히거나 반역행위를 하게 되면, 정보를 아는 사람이 적으면 적을수록 군에 입히는 손해가 적을 것이기 때문에, 비밀유지가 정당화된다. 군을 위해 일하는 개인이나 시민은 기밀로 분류된 정보를 노출하지 않겠다는 맹세와 서약을 해야만 한다. 정보를 노출할 경우에는 징역형에서 사형까지 정도에 따라 엄한 처벌을 받게 된다. 일례로, 줄리어스(Julius Rosenberg)와 에델(Ethel Rosenberg)16) 부부는 소련정부에 중요한 군사기밀을 넘겨주어서 유죄를 선고받은 후 처형되었다. 비밀연구에 참여하는 많은 사람들은 가깝게 일하는 동료조차 무슨 일을 하는지 서로 알지 못했다. 사실상 맨해튼 계획을 위해 함께 일했던 사람들은 자기가 군을 위해 수행하는 일이 정확히 무엇인지 알지 못했다. 심지어 당시 부통령이던 트루먼(Henry Truman)도 다음에 대통령이 되기 전까지는 그 계획의 세부사항을 아는 것이 허락되지 않았다. 비밀유지가 더 이상 국가안보의 이해관계와 무관하다는 결정이 내려져야만 비로소 해당 연구가 군사기밀 목록에서 삭제될 수 있는

---

16) 〔옮긴이 주〕 유대계 출신의 미국인이었던 로젠버그 부부는 전기기술자였던 남편 줄리어스와 타이피스트였던 아내 에델이 원자폭탄 설계 계획의 스파이라는 혐의로 연방경찰에 체포되어, 최후까지 무죄혐의를 주장했으나 받아들여지지 않고, 마침내 전기의자에서 처형되었다. 유일한 증거라고는 에델의 친동생의 밀고밖에 없던 상황에서 이들 부부의 구명을 위해 끝까지 변호를 맡았던 변호사(에마뉴엘 블로흐) 역시 원인불명으로 사망했다.

것이다. 가령, 클린턴 행정부는 인간을 상대로 방사능의 영향을 연구했던 일급비밀을 1994년에 기밀 리스트에서 삭제했다(Weiner, 1994a).

군사연구는 윤리적·정치적 문제들을 불러일으킨다. 이러한 문제를 논의하기 전에 군사연구의 도덕적 적법성에 대한 핵심주장을 경청할 필요가 있다. 먼저, 사회에서 군의 역할을 옹호하는 논리다. 사람들은 군사력이 주권국가의 안전과 이익을 보장하기 위해 필요하다고 주장한다. 주권국가가 외교와 같은 정치수단에만 의지하여 자국의 시민을 보호하는 것이 불가능할 경우가 있기 때문에 군사력이 요청된다는 것이다. 이상적인 세계에서는 주권국가가 상비군을 보유하는 것이 불필요할지 모르지만, 우리가 사는 세상은 결코 완벽하지 않다. 지식은 군사력을 증진시키고 영향력을 향상시키기 때문에, 주권국가는 군사력을 증강시킬 목적으로 군사연구를 행할 수 있다. 이러한 주장에 의거하면, 군사연구는 주권국가가 자국의 안전과 이익을 보장하고 증대하기 위해 연구를 수행할 필요가 있는 한 정당화된다(Fotion and Elfstrom, 1986). 불완전하고 폭력적인 세계에서는 군사연구가 여전히 적법하고 필요한 부분임이 확실하다. 나는 이 논리가 군사연구에 대한 설득력 있는 주장이라고 생각한다. 그러나 우리는 이러한 주장이 '법 밖에 있는'(outlaw) 국가들에게는 적용되지 않는다는 점에 주목해야 한다. 한 국가는 오직 다른 나라의 주권을 인정하고 전쟁과 테러리즘에 대한 국제협약을 준수하는 경우에만 군사력을 보유하는 것이 정당화된다. 군사연구의 정당성을 논하는 주장을 살펴보았으므로, 이제는 이러한 종류의 연구가 야기할 수 있는 몇 가지 윤리문제를 고찰하고자 한다.

많은 과학자에게는 자신이 어떤 조건하에서 군을 위해 일해야 하느냐가 주된 윤리문제다. 비밀연구를 원치 않거나 군사연구에 관심이 없거나 또는 폭력과 전쟁에 이바지하기를 원치 않는다는 이유로 군을 위해 일하는 것을 거절할 수도 있다(Kemp, 1994). 반면에 군사적 연구를 시민의 의무로 받아들이는 과학자도 있을 수 있다. 1930년대에 독일 물리학자 스트라스만(Fritz Strassman)은 중성자를 이용하여 우라늄 원자에 충격을 가함으로써 핵분열 과정을 발견했다. 한편, 미국은 독일 과학자들이 핵분열에 관한 지식을 지닌 채 나치 독일을 떠났던 1939년이 되어서야 그 지식을 얻게 되었다. 1939년에 미국으로 망명한 영향력 있는 물리학자들의 무리는 당시 세계적으로 유명했던 아인슈타인을 찾아가 나치가 곧 핵무기를 개발할 것이므로 미국이 핵분열 연구를 가속화해야 한다며 루즈벨트(Franklin Roosevelt) 대통령에게 편지를 쓰도록 설득했다. 이 편지 때문에 루즈벨트는 페르미(Enrico Fermi), 베테(Hans Bethe), 오펜하이머(Robert Oppenheimer), 그 밖에 여러 저명한 물리학자들을 고용하여 맨해튼 계획(Manhattan Project)을 착수시켰다. 이 과학자들은 만약에 동맹국이 2차 세계대전에 패배한다면 나치 독일이 문명을 파괴할 수도 있다는 두려움에서, 나름의 사회적 책임의식에 입각하여 맨해튼 계획을 수행했다(Morrison, 1995).

군을 위해 일하기로 결정한 과학자는 기밀유지와 관련된 윤리적 딜레마에 직면한다. 군사기밀과 관련된 윤리문제를 논하려면, 그 전에 먼저 군사적 목적을 달성하기 위해서는 반드시 기밀유지가 필요하다는 점을 분명히 인식할 필요가 있다. 적이 우리 쪽의 무기, 전술, 전략, 기술력, 군사 이동 등에 대해 훤히 안다면, 전쟁에서 이기거나 국가를 방어하기란 불가능하기 때문이다. 이와 같이 만약에 군사적 연구가 국가의 주권을 보호하는 차원에서 정당화될 수 있다면, 기밀유지 또한 군사적 연구를 수행하고 군사작전을 진행하기 위한 수단으로 정당화될 수 있을 것이다. 하지만 군사적 연구는 산업연구와 마찬가지로, 개방성과 관련하여 전통적으로 내려오는 과학기준을 어기게 되는 측면이 있다. 군사윤리와 법은 과학자가 기밀정보를 누설하지 못하도록 하기 때문에, 기밀을 누설한 사람은 자기 행동의 정당성을 입증할 책임을 져야 한다. 만약 우리가 앞서 언급한 산업연구에서의 기밀에 대한 분석을 따른다면, 과학자들은 공공에 대한 위해를 막기 위해 기밀유지 의무를 파기할 수 있다.

예를 들어, 때때로 군사기밀은 인간 피험자를 학대하는 연구를 은폐하기 위해 이용될 수도 있다. 앞 장에서 논의했던 방사능이 인간에게 미치는 영향에 대한 군사연구를 살펴보자. 만약 이 비밀연구가 공개되었다면, 아마도 연구는 중단되었거나 결코 시도조차 되지 못했을 것이다. 그 실험은 도덕적으로 문제가 너무 많았기 때문에, 오직 군사기밀로 은폐되어야만 비로소 수행될 수 있었다. 이러한 비밀연구를 폭로하면 국가안보에 타격이 가해질 수도 있지만, 비밀이 유지될 때 공공이 입을 해는 더욱 크다. 그럴 경우에는 이 연구에 대해 알고 있었던 과학자가 연구 내용을 공개하는 것이 정당화된다.

비밀은 기만적이고 타당하지 않은 연구를 은폐하기 위해 이용될 수도 있다. 1994년 8월, 미 국방부에 가장 난처한 순간이 찾아왔다. 전략방위계획(SDI)이 의회와 대중 그리고 소련연방을 속이기 위해 중요한 실험을 조작하고 자료를 위조한 것이다. 이 계획은 미사일 방어기술을 개발하기 위한 300억 달러짜리 프로그램이었다. 레이건 행정부는 이러한 방위책을 추진하면서, 소련과 다른 나라의 핵공격으로부터 미국에 방어막을 설치한다는 식으로 선전했다(Broad, 1992). 전략방위계획에 포함된 장치 중에는 레이저와 요격 미사일이 있었다. 그 계획의 주요 실험 하나는 전투 중에 상대편 미사일을 파괴할 수 있는 요격 미사일 제조가 가능한지를 확인하는 것이었다. 전투 중에 적의 미사일을 차단하려는 처음 몇 차례의 시도는 참담한 실패로 끝났다. 이러한 실패의 결과로 연구원들은 연구비를 잃을 처지에 직면했고, 레이건 행정부는 이 프로그램에 대한 지원을 상실할 위기에 처했다. 그리하여 마침내 프로그램을 계속 진행하고 결과를 만들어 내기 위하여, 연구원들은 목표 미사일에 송신기를 달고 요격 미사일에 수신기를 다는 방식으로 실험을 날조하기에 이르렀다. 결과는 물론 성공이었다. 의회는 전략방위계획을 그대로 작동시킬 것과 프로그램을 계속 진행시킬 것을 인준했다(Weiner, 1994b). 우리는 전략방위계획에 가담했던 연구원들이 의회와 대중으로 하여금 이 프로그램의 실행 가능성에 대한 정확한 정보를 알게 하기 위해 기만행위를 폭로하는 것은 정당하다고 볼 것이다.

군사연구와 관련하여 문제가 되는 다른 사례를 더 논의할 수도 있겠지만, 나의 기본적인 입장은 동일하다. 군을 위해 일하는 과학자가 때때로 공공의 이익을 위해 비밀정보를 공개하는 것은 정당하다는 생각 말이다. 그러나 나는 또한 군사기밀을 공개함으로써 생기는 결과를 미리 예측하기란 어렵다는 점도 언급하고 싶다. 예를 들면, 맨해튼 계획에 참여했던 과학자들은 2차 세계대전이 끝난 후 핵무기의 군사적 균형을 유지하기 위해 소련과 군사기밀을 나누어야 하는지를 논의했다. 어떤 과학자들은 핵무기에 대한 정보를 비밀로 유지하는 것이 지구 평화와 안정을 최대한 유지하는 방법이라고 주장했다. 그런가 하면 다른 과학자들은 정보의 개방이 지구 평화와 안정을 촉진한다고 주장했다(Bethe *et al.*, 1995). 군사기밀의 공개는 국제적으로 재앙이 될지도 모를 결과를 초래할 수 있기 때문에, 비밀 공개를 고민하는 과학자들은 신중하지 않으면 안 된다. 과학자들은 비밀을 유지하는 것이 공개하는 것보다 훨씬 나쁜 결과를 야기하리라고 믿을 만한 분명하고 설득력 있는 이유가 있을 때에만 군사기밀을 공개할 수 있다.

군사기밀과 관련하여 마지막으로 다룰 문제는 군이 후원하지 않은 연구에 대한 통제에 관한 것이다. 암호를 만들고 해독하는 과학, 곧 암호해독학(*cryptography*)의 사례를 보자. 어떤 군사작전에서든지 정보와 명령은 적의 작전을 교란하기 위해 암호화되기 마련이다. 암호해독에 대한 연구는 특히 2차 세계대전 동안에 중요하게 부각되었다. 그리고 21세기 디지털 전투시대에는 그것의 군사적 의미가 더욱 중요해질 것이다(Stix,

1995). 수년간 수학자와 컴퓨터 과학자는 암호문에 관심이 있었고, 암호 연구와 직접 관련된 문제들에 관심을 보였다. 그러나 미군은 만약의 경우 비밀정보가 공개된다면 국가안보에 위협이 가해질 것이라는 생각에서 암호연구를 억제 및 제한하며 기밀로 분류하는 조치를 취했다. 한 예로, 1978년 다비다(George Davida)가 컴퓨터 정보를 해독하고 부호화하는 장치에 대한 특허를 신청한 일이 있는데, 곧이어 한 장의 통고장이 날아들었다. 그가 낸 특허 신청서를 검토한즉, 만약에 그것이 대중에게 공개된다면 국가안보를 위협할 수 있는 정보가 담겨 있다고 경고하는 내용이었다. 경고장은 또 만약 그가 자신의 발명을 출판하거나 발명과 관련된 사항을 공개하면, 1만 달러의 벌금형과 징역형에 처해질 수 있다는 내용이 포함되어 있었다. 이 사건이 있은 지 몇 달 후, 전기전자공학연구소 정보집단(Information Group of the Institute of Electrical and Electronic Engineers)은 암호해독학을 다루는 국제대회를 준비하고 있었다. 그들에게도 국가안보국(NSA) 직원으로부터 경고장이 배달되었다. 암호해독학에 대한 논의가 무기 수출에 대한 국제조약을 어긴다는 내용이었다. 사건이 알려지자, 국가안보국은 해당 직원이 국가안보국을 대표하여 행동한 것이 아니라고 변명하면서, 직원의 행동과 당국의 입장을 분리하려고 했다. 그러나 그 대회와 연관된 많은 사람들은 그 말을 믿지 않았다 (Dickson, 1984).

암호해독학의 역사를 보면 이러저러한 일화들이 학문 공동체에서 논란을 일으켰다. 많은 사람들은 군 밖에서 행해지는 연구는 기밀로 분류되지 말아야 한다고 주장한다. 반면에 어떤 이들은 군사적 연구가 아닌 연구라도 국가안보를 위협할 경우라면 군이 통제에 관심을 갖는 것이 적법하다는 사실을 부정할 수는 없다고 주장한다. 예컨대 민간기업이 강력한 신무기를 개발한다면, 군은 이 무기가 불량집단의 손에 넘어가지 않도록 적법한 관심을 기울일 것이다. 암호해독 연구에서 제기되는 이러한 문제들은 앞으로 과학자와 기술자가 군사적 의미가 내포된 발명이나 발견을 할 때에는 언제라도 제기될 수 있다. 그렇다면 과학적 자유와 개방에 대한 존중이 여전히 국가안보와 절충을 이루지 못하고 있다는 점에 동의한 연후에야 최선의 해결을 모색할 수 있을 것이다. 일례로, 국립과학재단(NSF)과 국가안보국(NSA)은 암호해독 연구에 대해 다음과 같이 의견일치를 보았다. 국립과학재단은 국가안보국이 암호해독 연구가 응용되는 전반에 대해 심사하도록 했다. 그러면 국가안보국은 연구의 일부를 후원하도록 결정할 수 있고, 이후에 그 연구는 기밀로 분류된다. 한편, 기밀로 분류되지 않은 암호해독 연구에 대해서는 국립과학재단에서 독자적으로 후원할 수 있다(Dickson, 1984).

이번 장에서는 일반적으로 군사기밀의 보안유지가 필요하다는 입장이 옹호되었지만, 동시에 나는 그러한 기밀유지가 정권의 위험한 일면일 수 있다고 생각한다. 어떠한 정부기구든지 정보를 억제하고 통제하는 힘을 가질 때, 이는 또한 정치적 절차를 통제하고 사회를 형성하는 힘을 갖게 된다. 정부의 기밀유지로 인한 그물정치 효과(net political effect)는 막강한 권력을 갖는 엘리트 집단을 형성하며 비밀 문화를 낳는다. 소수의 손에 권력이 집중되는 현상을 제어하지 못한다면, 정부의 폭정과 민주적인 규칙의 침해가 다반사로 일어날 것이다. 이것이 현대 민주주의의 재미있는 역설이다. 폭력적인 세계에서 민주적인 사회가 살아남으려면, 민주적인 규칙을 침식시킬지 모를 사회적 관행까지도 허용하고 심지어 촉진해야 한다는 사실 말이다. 민주주의를 보존하기 위해 폭정의 위험을 무릅써야 할 때도 있다. 그러므로 폭정을 막으려면, 국민의 이익을 위해서 정부의 기밀유지를 해제하도록 요구하는 대중매체나 다양한 이해집단 등 사회기구가 반드시 필요하다. 정부의 기밀유지가 여전히 존재하든 아니든 간에, 사회기관과 개인은 국민의 알 권리를 반드시 지켜 내야 한다.

여기서 전부를 논의할 수는 없지만, 군사적 연구는 많은 윤리문제를 야기한다는 점은 지적하고 넘어가야 할 것 같다. 예를 들면 다음과 같은 것들이다. 선전이나 오보(誤報)의 활용, 군사연구에 인간과 동물을 이용하는 문제, 평화주의, 시민적 의무로서의 군사연구, 군과 대학 및 산업 사이의 갈등 등의 윤리문제다. 17)

5. 연구를 위한 공공자금 지원

연구를 위한 공공자금 지원의 문제는 과학자를 실험실로부터 정치싸움의 한복판으로 끌어들인다. 이 책의 주요 관심사는 정치가 아니라 윤리이지만, 그래도 과학자들이 연구의 정치성을 이해함으로써 공공논쟁에 뛰어들어 자신의 작업을 변호할 수 있게 준비하는 것은 중요한 일이다. 과학자는 자신의 연구를 대중에게 알리고, 그 가치와 의미를 설명할 수 있어야 한다. 과학자가 정부로부터 받는 연구비는 백지수표가 아니

---

17) 더 많은 논의를 보려면 S. Zuckerman, *Scientist and War* (New York: Harper and Row, 1966); D. Nelkin, *The University and Military Research* (Ithaca, NY: Cornell University Press, 1972); H. Sapolsky, "Science technology, and military policy", in I. Spiegel-Rosing and D. de Solla Price (eds), *Science, Technology, and Society* (London: Sage Publications, 1977); N. Fotion, and G. Elfstrom (eds), *Military Ethics* (Boston: Routledge and Kegan Paul, 1986); E. Howe, and E. Martin (eds), "Treating the troops", *Hastings Center Report 21*, 2, 1991: 21~24; J. MacArthur, *Second Front* (New York: Hill and Wang, 1992); K. Kemp, "Conducting scientific research for the military as a civic duty", in E. Erwin, S. Gendin, and L. Kleiman (eds), *Ethical Issues in Scientific Research* (Hamden, CT: Garland Publishing Co., 1994); D. Lackey "Military funds, moral demands: personal responsibilities of the individual scientist", in E. Erwin, S. Gendin, and L. Kleiman (eds), *Ethical Issues in Scientific Research* (Hamden, CT: Garland Publishing Co., 1994)를 참고.

다. 그런 만큼 과학자에게는 자신의 작업을 정당화하고, 자신의 연구에 연구비를 후원하는 데 반대하는 사람들의 견해를 이해할 줄 아는 능력이 필요하다. 비록 공공자금 지원이 대체로 정치적인 사안이기는 해도, 과학자들은 공공자금 지원과 관련하여 윤리적 딜레마에 직면할 수 있다.

이 절에서 다루고자 하는 질문은 다음과 같다.

- 정부는 과학연구에 자금을 지원해야 하는가?
- 정부는 순수연구와 응용연구 가운데 어느 쪽에 자금을 지원해야 하는가?
- 자금지원 결정은 정치적인 고려에 입각하여 이루어져야 하는가?

첫 번째 질문과 관련해서는 정부가 지원하는 연구의 조건으로 아래와 같이 세 가지 기본 주장이 있다.

① 해당 연구는 의학, 공학, 산업, 그리고 군을 위해 중요한 기술적 응용을 제공해야 한다.
② 해당 연구는 현재와 미래 세대를 위한 풍부한 지식을 생산해야 한다.
③ 해당 연구는 교육과 지적인 발전에 공헌한다.

②와 ③의 주장도 정부가 연구를 지원해야 하는 중요한 이유이기는 하지만, 현대의 정치논쟁을 위한 설득력은 부족해 보인다. 대부분의 사람들은 지식이나 교육, 지적 발전에 가치를 부여하기는 하지만, 정부로부터 연간 500억 달러에 달하는 지원을 받은 연구가 어떤 실질적인 결과를 산출하지 못한다면, 그러한 투자를 허용할 사람은 거의 없을 것이다 (Goodman *et al.*, 1995). 더욱이 요즘과 같이 정부 예산이 빠듯한 시기에

는 실질적인 결과를 산출하지 못하는 과학자는 연구비만 축내는 '아카데미 돼지'(academic pork)로 간주될 것이 틀림없다. 한동안 시끄러웠다가 지금은 잠잠해진 초대형 입자가속기의 경우, 건설하는 데만 최소 200억 달러가 들어갔을 것이다(Roberts, 1993; Horgan, 1994). 그 계획은 입자 물리학에서 상당한 진보를 낳을 수 있었을 테지만, 그것을 주창한 사람들은 초대형 입자가속기 건설이 연방정부 예산에서 다른 항목보다 더 중요하다는 것을 정치인과 대중에게 설득시키지 못했다.

과학에 대한 자금지원이 실질적인 결과에 국한된다는 생각은 정부가 과학연구를 현명한 경제적 투자로 보기 시작한 19세기로 거슬러 올라간다(Mukerji, 1989). 20세기 동안에 정부는 과학과 기술에 투자하는 것이 군사력을 강화시킨다는 사실을 깨달았다. 레이더, 원자폭탄, 컴퓨터 같은 금세기의 가장 중요한 군사기술이 모두 과학연구에서 나왔다. 그러다가 2차 세계대전 이후로 미국은 과학연구에 대한 자금지원과 특히 1946년부터 1984년까지 꾸준히 올라갔던 지원 수준에 대하여 강한 간섭을 시작했다(Horgan, 1993). 당시의 연구 투자는 대체로 그 연구가 소련에 대항하기 위해 필요하다는 근거에서 정당화될 수 있었다. 정책입안자들은 모든 연구 투자가 군사력과 경제력에 중대한 결과를 만들어 낼 수 있다는 사실에 입각하여 군사연구든 아니든 모든 연구를 정당화하는 데 이 주장을 이용했다. 과학연구에 대한 자금지원의 근거로 군사적 이유에 호소하는 논변이 미국뿐만 아니라 다른 나라들에서도 여전히 설득력을 발휘하고는 있지만, 냉전이 종식된 상황은 미국(그리고 러시아)의 정책에서 그러한 논변의 역할을 오히려 약화시켰다. 오늘날 과학연구에 자금을 지원하는 주요 근거는 군사적 목적보다는 경제적 목적으로 방향이 바뀌었다. 레이건·부시·클린턴 행정부는 모두 과학이 경제적 발전과 번영에서 핵심역할을 하기 때문에 연방정부 예산을 높게 책정해야 한다고 주장했다. 미국은 소련의 위협을 저지하기 위해서가 아니라 높은 삶의 질을 유지하기 위해, 그리고 일본이나 중국, 독일처럼 지구적 경제 패권을 장악한 나라들과의 경쟁에서 선두에 서기 위해 과학연구에 자금을 지원해야 한다는 논리다(Cohen and Noll, 1994). 한편, 일부 저자들은 여전히 과학에 연구비를 대는 근거로 국가안보의 중요성을 계속 강조한다(Gergen, 1997).

이 절에서 제기한 두 번째 질문을 살펴보자. 연구자금을 지원하는 데서 실용주의적 정당성이란 응용연구가 더 많은 실질적인 결과를 낳을 수 있기 때문에 정부는 순수연구보다 응용연구에 더 많은 돈을 지원해야 한다는 것을 의미한다(Brown, 1993; Slakey, 1994). 만약 경제적 번영과 군사력 증강이 가장 중요한 목적이라면, 화학공학, 의학, 컴퓨터과학, 분자유전학 같은 분야는 크게 각광을 받을 것이고, 천체물리학, 진화생물학, 인류학 같은 분야는 외면당할 것이다. 정치적 현실은 오직 경제적·군사적 중요성이 있는 연구에만 직접적인 자금지원을 하게 될 것이다.

그러나 정부가 순수연구에 지원을 멈추지 말아야 하는 데는 몇 가지 이유가 있다. 첫째, 많은 저자가 주장하듯이 순수연구는 종종 실용적인 응용이 가능하기 때문이다. 가령, 열 연구는 증기기관의 발전으로, 핵물리학은 원자력으로 이어졌고, DNA 연구는 생명공학을 낳았으며, 수학적 논리학은 컴퓨터 발명의 토대가 되었다. 물론 순수연구에 대한 실용적 응용을 예측하기란 통상 불가능하다. 순수연구가 완료되고 나서 많은 시간이 지난 후에야 응용이 가능할 때도 있다. 그럼에도 과학의 역사는 순수과학이 실용적인 결과를 낳는다는 것을 보여 준다(Weisskopf, 1989). 둘째, 응용연구를 수행하려면 과학자들은 방대한 양의 총체적·과학적 지식을 자유자재로 다룰 수 있어야 한다(Weisskopf, 1994). 통합회로 제작 연구를 하기 위해서는 전기와 고체물리학에 대한 방대한 총체적 지식이 있어야 한다. 순수연구는 이러한 형태의 지식을 제공하는 것이 목적이기 때문에, 응용연구에서 중요한 역할을 한다. 순수연구는 국가의 정보 기반의 일부다.

셋째, 과학연구의 역사는 또한 (순수연구 뿐만 아니라) 모든 연구가 고도의 지적 자유가 보장되는 사회 환경 속에서 번창한다는 것을 보여 준다. 실용적인 목표가 분명한 연구에 대해서만 자금지원을 하고 순수연구는 방치하는 나라는 지적인 자유를 제한함으로써 연구풍토를 저해할 것이다. 나치시대의 독일 과학은 실용적인 목표로만 모든 연구를 이끌어 가려고 하는 실수의 모범이다. 1930년대에는 전 세계에서 최고로 우수한 과학자가 대부분 독일에 살았다. 그러나 나치가 권력을 쥐게 되었을 때, 과학자들의 지적 자유에는 많은 제한이 가해졌고, 오로지 뚜렷한 실용적 목표와 직결된 연구에만 착수해야 했다. 그리하여 많은 과학자가 독일을 떠나 다른 나라로 망명을 갔고, 마침내 독일 과학은 쇠퇴하기에 이르렀다(Merton, 1973). 내가 보기에 미국 과학이 고도로 성공할 수 있었던 까닭은, 물론 부분적인 관찰이기는 하지만, 미국이 자유의 가치를 중시하고, 미국 정부가 전통적으로 순수연구에 자금을 지원했기 때문이 아닌가 싶다.

마지막으로 군은 항상 국가안보와 직결된 연구에 자금을 지원해야 하는 이유를 찾으려고 할 것이며, 기업 또한 항상 이익이 되는 연구에 자금을 지원해야 하는 이유를 찾으려고 할 것이다. 이들이 순수연구에 자금을 지원하도록 동기가 유발될 만한 요인은 거의 없다. 사업가들이 때때로 순수연구를 후원하기도 하지만, 대부분의 산업연구는 대단히 실용적인 것들이다. 군 또한 일부 순수연구를 후원하고, 아마도 언제나 후원할 것이지만, 대부분의 군사연구 역시 실용적인 것들이다. 게다가 군사적 연구와 산업연구는 종종 비밀리에 진행되기 때문에, 이 분야의 연구는 대중에게 알려지지 않을 수 있다. 그러므로 만약 우리가 순수연구는 반드시 수행되어야 한다는 데 동의한다면, 그것은 정부가 후원해야 하고, 그럼으로써 대중이 활용할 수 있게끔 되어야 한다. 경제이론의 용어를 빌자면, 순수연구는 공공재화로 간주할 필요가 있다(공공재화란 개인적으로 사용할 수 없는 재화다. 이 재화를 구매하거나 만드는 행위에는 다른 사람들도 그것을 사용할 수 있게끔 허용된다는 전제가 깔려 있다). 순수연구는 안전한 도로와 다리, 경찰력, 하수처리, 교육 등과 마찬가지로 중요한 공공의 재화로 간주되어야 한다.

이 절의 세 번째 질문으로 돌아가 보자. 오늘날 정치가 연구자금을 결정하는 데 개입하면서 특히 문제시되는 경우다. 정치인들은 특정 유권자나 특정 이해관계를 만족시키기 위해 특정 분야에 연구비를 지원하도록 결정한다. 예를 들면, 1980년대 중반의 에이즈 연구는 미국 정부의 자금지원 목록에서 그 순위가 낮았다. 그러나 오늘날 미국 정부는 다른 질병연구에 할애하는 비용을 훨씬 상회하는 10억 달러 이상의 자금을 에이즈 연구에 할당한다. 이러한 극적인 변화에는 이유가 있다. 1980년대에 발견된 에이즈는 1990년대에 가서야 비로소 전국적으로 관심을 끌었는데, 그 무렵 에이즈 활동가들은 이 질병에 대한 연구가 더 많이 이루어지도록 꾸준히 압력활동을 벌였다. 물론 에이즈 연구가 미국 정부의 의학연구 우선지원대상 목록에서 최상위에 등재된 데는 '과학적' 이유가 있기는 하지만, 우리는 에이즈 연구에 자금을 할당하는 부분에서 '정치'가 지금까지 해왔고, 앞으로도 계속하게 될 역할을 과소평가하지 말아야 한다 (Grmek, 1990; Bayer, 1997).

정치인들은 또한 특정 연구 분야에 대한 자금지원을 삭감하거나 거부할 수 있다. 18) 예를 들면, 태아조직 연구에 국립보건원의 자금을 사용하지 못하도록 금지한 레이건 행정부의 명령을 살펴보자. 많은 과학자들은 태아조직 이식이 거부반응이 적고 성인조직으로 분화할 수 있기 때문에

---

18) 정치가 연구자금 지원을 결정하는 데 어떻게 개입할 수 있는가를 보여 주는 매력적인 설명으로는 불운한 기술평가국(Office of Technology Assessment)의 사례를 참고. B. Bimber, *The Politics of Expertise in Congress*(Albany, NY: State University of New York Press, 1996).

파킨슨병 환자들에게 희망을 줄 수 있다고 믿는다. 태아조직은 성인 뇌의 신경세포가 될 수도 있고, 파킨슨 환자에게 부족한 신경전달물질인 도파민을 분비한다.[19] 클린턴 행정부는 정권을 잡은 후에 태아조직 연구에 대한 연방자금을 복구했다(Kolata, 1994). (그러나 이 책을 집필할 즈음, 클린턴 대통령은 인간복제 연구를 위한 연방자금 지원에 지불정지를 선언했다.)

과학연구는 중요한 사회적 의미가 있고 막대한 비용이 들기 때문에, 정치는 항상 연구비 지원 결정에서 중요한 역할을 할 것이다(또 항상 해야만 한다). 민주사회에서 시민들은 정부가 어떻게 예산을 할당하는지 판단할 수 있어야 한다. 요컨대 연구비 지원 결정을 완전히 행정관료나 전문가의 손에 맡기지 말아야 한다(Dickson, 1984). 대중이 연구비 지원과 연관된 결정에서 언제나 어떤 발언을 해야 하기는 하지만, 그래도 대부분의 연구비 지원을 결정하는 주체는 정치인이 아니라 과학자여야 한다. 여기에는 적어도 두 가지 이유가 있다. 첫째, 대중은 불건전한 연구에 자원이 낭비되는 것을 원치 않기 때문에, 어떠한 연구 제안에 자금을 지원하기로 결정하는 데는 과학적 이점이 중요한 변수가 되어야 한다. 비록 대중이 연구의 사회적 가치를 결정할 수 있다고 해도, 대부분의 사람들은 특정한 연구 제안의 과학적 이점을 판단할 자질이 없다. 그러므로 정부는 자금지원을 결정할 때 자격 있는 과학자들의 전문적인 의견을 끌어

---

19) 이러한 규제가 효력을 발휘할 당시 태아조직 연구를 하던 과학자들은 어려운 윤리적 선택에 직면했다. 만약 그들이 국립보건원의 자금을 받으면서 연구를 계속한다면, 이것은 법을 어기고 부정직하게 행동한 것이 된다. 그러나 만약 그들이 연구를 계속하지 않는다면, 파킨슨 환자들은 아마도 효과를 발휘할 수 있는 새로운 치료를 받지 못할 것이다. 연방자금 이용에 대한 규제가 사기업에는 적용되지 않기 때문에, 파킨슨병을 연구하는 과학자들은 자신의 연구를 후원할 사적 자금을 찾는 선택권이 있을 수 있다. 한편, 기업은 자신들의 투자가 응분의 대가를 받을 것으로 생각될 때 연구에 투자한다. 그러나 태아조직 연구는 현재로서는 건전한 투자가 아니다.

들일 필요가 있다. 둘째, 정부는 매년 10만 건 이상의 연구계획서를 받기 때문에 대중이 모든 연구계획을 검토하는 것은 매우 비효율적이다. 결정을 할 만한 충분한 능력이 있는 사람들에게 대부분의 결정권을 위임하는 것이 더 효과적일 것이다. 이 두 주장은 대중이 평가과정을 감시해야 하긴 하지만, 그렇더라도 과학자들이 개개의 연구 제안을 평가해야만 한다는 의견을 지지한다. 이것이 미국에서 연구에 과학자금을 지원하는 보편적인 방법이기도 하다. 자금지원의 우선순위를 정하는 건 대중이다. 한편, 연구비 출연기관은 개개의 연구비 지원 결정을 내리기 위해 동료심사 절차를 활용한다(Martino, 1992). 과학자는 과학적 이점과 관련하여 세세한 점까지 관리하고 결정한다. 반면에 대중은 자금지원 정책을 결정한다. 이러한 절차는 정치를 배제하지 않으면서도 과학연구에 대한 연구비 지원 결정에서 정치의 역할을 완화시킨다.

6. 그 밖의 사회적·정치적·도덕적 문제들

지면관계상 여기서 전부 논의하지는 못하지만, 과학과 사회 사이의 관계에서 야기되는 사회적·정치적·도덕적 문제들이 많이 있다는 점만 지적하고 넘어가야 할 것 같다. 그 가운데 중요한 것들은 다음과 같다.

- 연구의 제한 : 지금까지 연구가 도덕적·정치적·사회적 이유로 금지된 적이 있는가?(1장에서 논의한 인간복제 사례 참고.) [20]

---

20) 연구의 제한에 대해 더 많은 것을 보려면 P. Feyerabend, *Against Method* (London: Verso, 1975) ; C. Cohen, "When may research be stopped?", in D. Jackson and S. Stich (eds), *The Recombinant DNA Debate* (Englewood Cliffs, NJ: Prentice-Hall, 1979) ; L. Cole, *Politics and Restraint of*

- 과학에서 인종차별주의와 성차별주의 : 과학은 인종차별적이며 성차별적인가? (앞서 논의했던 연구에서의 편견, 인간을 대상으로 한 실험, 성추행, 멘토링, 차별철폐 조치 등이 이 문제를 다룬다.) 21)
- 과학과 종교 사이의 관계 : 창조론을 진화론과 나란히 가르쳐야 하는가? 과학은 종교를 무시해야 하는가, 아니면 지지해야 하는가? 혹은 무시도, 지지도 하지 말아야 하는가? (우리는 지금까지 이 주제에 대해 거의 논의하지 않았다. 그러나 이것은 과학과 윤리의 논의에 포

Science (Totowa, NJ: Rowman and Littlefield, 1983) ; D. Nelkin, "Forbidden research: limits to inquiry in the social sciences", in E. Erwin, S. Gendin, and L. Kleiman (eds), *Ethical Issues in Scientific Research* (Hamden, CT: Garland Publishing Co. , 1994) ; D. Wasserman, "Science and social harm: genetic research into crime and violence", *Philosophy and Public Policy 15*, 1, 1995: 14~19를 참고.

21) 과학에서의 성차별에 대한 더 많은 견해들은 E. Keller, *Reflections on Gender Science* (New Haven, CT: Yale University Press, 1985) ; S. Harding, *The science Question in Feminism* (Ithaca, NY: Cornell University Press, 1986) ; S. Goldberg, "Feminism against science", *National Review*, 18 November, 1991: 30~48; H. Longino, "Gender and racial biases in scientific research", in K. Shrader-Frechette, *Ethics of Scientific Research* (Boston: Rowman and Littlefield, 1994) ; N. Koertge, "How feminism is now alienating women from science", *Skeptical Inquirer 19*, 2, 1995: 42~43을 참고. 과학에서의 인종차별주의에 대해 더 많은 견해를 보려면 UNESCO, *Racism, Science, and Pseudo-Science* (Paris: UNESCO, 1983) ; W. Pearson and H. Bechtel, *Black, Science, and American Education* (New Brunswick, NJ: Rutgers University Press, 1989) ; H. Johnson, "The life of a black scientist", *Scientific American 268*, 1, 1993: 160; T. Tomoskovic-Devey (ed.), *Gender and Racial Inequality at Work* (Ithaca, NY: ILR Press, 1993) ; T. Beardsley, "Crime and punishment: meeting on genes behavior gets only slightly violent", *Scientific American 273*, 6, 1995: 19, 22; S. Fraser (ed.), *The Bell Curve Wars* (New York: Basic Books, 1995)를 참고.

함될 만한 가치가 충분히 있다.) 22)

- 과학과 인간가치 사이의 관계 : 과학은 가치중립적인가? 도덕성의
  과학적 기초가 과연 존재하는가? 과학과 도덕, 윤리와 인간문화 사
  이에는 어떤 관계가 있는가? (이것은 이 책의 범위를 넘어서는 큰 주제
  이지만, 논의할 만한 가치가 있다.) 23)

- 과학과 교육 : 과학은 어떻게 가르쳐야 하는가? 공립학교 교과과정
  은 과학, 수학 그리고 기술교육을 문학, 언어, 역사, 미술 등 다른
  과목보다 더 강조해야 하는가? (이 주제는 또한 이 책의 범위를 넘어가
  지만, 논의할 만한 가치가 있다.)

---

22) 과학과 종교에 사이의 관계에 대한 다양한 견해들은 P. Kitcher, *Abusing Science* (Cambridge, MA: MIT Press, 1983); P. Davies, *The Mind of God* (New York: Simon and Schuster, 1990); I. Barbour, *Religion in the Age of Science* (San Francisco: Harper and Row, 1990); D. Dennett, *Darwin's Dangerous Idea* (New York: Simon and Schuster, 1995)를 참고.

23) 과학과 인간가치 사이의 관계에 대해 더 많은 것을 보려면 R. Rundner, "The scientist qua scientist makes value judgements", *Philosophy of Science 20*, 1953: 1~6; J. Bronowski, *Science and Human Values* (New York: Harper and Row, 1956); C. Hempel, "Science and human values", in R. Spillar (ed.), *Social Control in a Free Society* (Philadelphia: University of Pennsylvania Press, 1960); C. Snow, *The Two Cultures and the Scientific Revolution* (Cambridge: Cambridge University Press, 1964); E. McMullin, "Values in science", in P. Asquith and T. Nickles (eds), *PSA 1982*, vol. 2 (East Lansing, MI: Philosophy of Science Association, 1982); M. Jacob, *The Cultural Meaning of the Scientific Revolution* (Philadelphia: Temple University Press, 1988); H. Longino, *Science as Social Knowledge* (Princeton, NJ: Princeton University Press, 1990); H. Putman, *Realism with a Human Face* (Cambridge, MA: Harvard University Press, 1990); M. Scriven, "The exact role of value judgements in science", in E. Erwin, S. Gendin, and L. Kleiman (ed.), *Ethical Issues in Scientific Research* (Hamden, CT: Garland Publishing Co., 1994)를 참고.

더욱 윤리적인 과학을 지향하며

이 책에서 우리는 과학에서 윤리와 연관된 개념 및 원칙, 문제점을 검토했다. 그리고 이러한 주제를 다룰 때는 가급적 공정성을 기하기 위해 한 가지 관점만 제시하지 않고 여러 관점을 두루 살피려고 노력했다. 대부분의 독자들이 이처럼 균형 잡힌 시각으로부터 얻은 바가 있으리라고 생각하지만, 그래도 대개는 뚜렷한 입장을 내세우지 않았기 때문에 일부 독자들이 어려움을 겪었을 수도 있을 것이다. 이러한 접근방법은 독자들로 하여금 내가 이 문제들에 대해 깊은 관심을 가지고 있지 않다는 인상을 줄 수도 있을 것이다. 하지만 그렇지는 않다. 나는 다만 주제를 명확히 하기 위해서 나의 견해를 뒤로 감췄을 뿐이다. 지금까지 내가 과학에서 윤리의 중요성을 매우 강하게 주장했던 것만은 분명히 알아주면 좋겠다. 나는 과학자가 적절한 행위기준을 따르고, 사회에서 중요한 윤리문제를 인식하며, 그것에 대해 추론하는 법을 배우고, 과학을 인류에게 중요한 결과를 산출하는 포괄적인 사회적 맥락의 일부로 보는 것이 과학과 사회 모두를 위해 중요하다고 생각한다. 과학연구자들이 단지 지식추구만을 위하여 윤리적 기준과 윤리적 관심을 무시하는 태도를 취할 때, 과학과 사회 양편이 모두 고통을 겪게 될 것이다. 과학에서 윤리가 중요하다는 것을 이만큼 이야기했으면, 이 시점에서는 윤리적 행위를 장려하기 위한 몇 가지 전략을 논의하는 것이 적절하다는 생각이다.

교육은 과학의 충실성을 보증하는 가장 중요한 도구다(Hollander *et al.*, 1995). 과학자에게 특정한 행위기준을 가르치지 않는 한, 그들이 자발적으로 이를 배울 것 같지는 않다. 과학자가 연구의 인식론적 토대를 확보하기 위해서 자료 분석이나 관찰 또는 측정방법 등을 배워야 하는 것처럼, 과학의 윤리적 토대를 확보하기 위해서도 특정한 행위기준들을 배울 필요가 있다(PSRCR, 1992). 나는 과학자가 자신의 학생들에게 연구윤리를 가르쳐야 한다는 데 추호의 의심도 없다. 그러나 이러한 과제를 어떻게 수행해야 하는가에 대해서는 몇 가지 흥미로운 질문이 있을 수 있다. 요컨대 우리는 "과연 윤리를 가르칠 수 있는가?"라는 철학적인 질문을 넘어서, 좀더 실질적인 질문, 곧 "어떻게 윤리를 가르칠 것인가?"로 옮겨 왔다.

윤리는 인간의 행위와 연관되기 때문에, 윤리교육의 목표는 인간의 행위를 형성하거나 그것에 영향을 미칠 수 있어야 한다. 윤리는 추상적인 관념체계로서는 아무런 소용이 없다. 윤리가 어떤 보완적 가치를 지니려면 삶에서 구현되지 않으면 안 된다. 인간의 행위를 바꾸거나 새롭게 구성한다는 것은 결코 쉬운 일이 아니다. 우리의 행위는 대개가 오랜 세월 축적되고 강화된 습관으로부터 오기 때문이다. 사람이 하룻밤 사이에 음악의 대가가 될 수 없듯이, 짧은 기간 안에 윤리적인 과학자가 되기란 불가능하다. 그러므로 윤리적인 행위를 가르치기 위한 표어로는 이것이 제격이다. "훈련하라, 훈련하라, 또 훈련하라!"

앞서 이야기했듯이, 과학자들이 윤리를 가르치는 데는 두 가지 방법이 있다. 첫째, 과학자들은 역할모델과 멘토가 됨으로써, 또는 격식 없이 윤리에 대해 논의하는 자리에 학생들을 참여시킴으로써 비공식적 윤리교육을 촉진할 수 있다. 과학자가 학생들에게 어떻게 하면 윤리적인 과학자가 될 수 있는지를 가르치는 최선의 방법은 좋은 사례를 통해서이다(Feynman, 1985; Gunsalus, 1997). 과학에서 대부분의 윤리적 지식은 비공식적으로, 말하자면 거의 스며들 듯이 습득되는 것 같다.

비공식적 교육이 윤리를 가르치는 데 가장 중요한 방법이기는 하겠지만, 그것은 종종 충분히 오랫동안 지속되지 못하는 경우가 많다. 그러므로 윤리에 대해 공식적인 교육을 하는 것 또한 중요하다. 공식적인 교육이란 강의실 현장에서 윤리를 가르치고, 읽고, 쓰고, 사례와 문제를 토론하는 것 등을 포함한다. 다양한 분야에서 연구방법을 공식적으로 교육할 필요가 분명히 있는 것처럼, 연구윤리에서도 공식 교육은 반드시 필요하다. 윤리에 대한 공식 교육은 학생들이 '실제' 세계에 들어섰을 때 직면할 수 있는 윤리문제들을 미리 대비하도록 도울 수 있다. 교육을 통해 학생들은 윤리문제들에 민감해질 수 있고, 윤리문제를 고찰하며 윤리적 딜레마를 풀 수 있게 된다. 더 나아가 교육은 학생들에게 과학에서 행위 기준들의 정당성을 이해하도록 함으로써 윤리적인 행동에 대한 높은 동기부여를 할 수 있다(Rest and Narvaez, 1994).

비공식적인 교육에 관심이 있다면, 그것은 학생들이 과학교육을 받는 순간부터 시작되어야 한다. 학생들은 첫 실험을 하는 순간부터 따라야 할 좋은 본보기가 필요하고, 적어도 과학에서의 적절한 행위에 대한 감각을 지녀야 한다. 과학교육이 좀더 정교하고 세련되게 이루어질 때, 비로소 학생들은 어느 정도 윤리적인 과학에 도달할 수 있는 예민한 감각을 갈고 닦게 될 것이다. 과학의 모든 단계마다 학생들은 따라야 할 좋은 본보기를 필요로 한다. 과학교육은 대개가 초등학교에서 시작되기 때문에, 초등학교, 중학교, 고등학교에서 가르치는 교사들은 모두 방법론적으로나 윤리적으로 건전한 과학을 수행하는 데 좋은 본보기가 되어야 할 책임이 있다. 단과대학이나 종합대학에서 가르치는 교육자들에게 동일한 책임이 있는 것은 물론이다.

공식적인 교육에 관해 살펴보자면, 굳이 대학과정 이전에 시작해야 할 이유는 없다고 본다. 대부분의 학생들은 대학에 들어가기 전까지 공식적인 윤리교육에 필요한 비판적 사유와 글쓰기 능력을 갖추지 못할 것이다. 그리고 많은 학생들은 단지 그러한 교육을 필요로 하지 않거나 원하지도 않는다. 연구윤리의 공식적인 교육은 학생들이 과학에서 경력을 쌓겠다는 결심을 했을 때, 또는 그러한 결정과정에 있을 때 하는 것이 더 적절한 것 같다. 이 시점에서야 학생들은 그러한 교육에 반응을 보일 준비가 되어 있을 것이고, 또 기꺼이 교육을 받으려고 할 것이다. 그러므로 과학을 전공하는 학부생들이 고학년이 되었을 때, 그리고/또는 그들이 대학원과정을 시작할 때 연구윤리 과목을 수강하는 것이 적절할 것이다.

연구윤리를 가르치는 과학자들의 절실한 노력에도 불구하고, 어떤 사람들은 윤리기준을 어길 것이기 때문에, 그것을 강화해야 할 필요가 발생한다. 만약 기준이 강화된다면, 적절한 공청회를 통해 공개될 필요가 있고, 분야마다 달라져야 할 것이다. 윤리기준이 출판되어 나와 있는 몇 군데 사례를 보자면, 과학잡지에 실린 행동강령, 국립과학재단이나 국립보건원 같은 다양한 연구기관이 제시한 행동강령, 여러 전문학회에서 채택한 행동강령, 대학과 정부 연구소처럼 연구를 후원하는 기관들의 규칙과 규약 등이 있다.

공개적으로 나온 기준들은 또한 분명하게 규정되어야 한다. 왜냐하면 사람들은 규칙과 규약이 모호하거나 빈약하면 그것에 충실하기가 어렵기 때문이다. 물론 과학에서 윤리기준은 성질상 아주 모호하고 불분명하며 종종 논쟁을 일으키기도 한다. 그렇다고 해서 우리가 윤리기준을 가능한 한 분명하게 표현하려고 노력할 필요가 없다거나 강화할 필요가 없다는 뜻은 아니다.

부정행위 사건들은 그것이 어디서 일어나든지 간에 관련 분야에서 일하는 사람들에 의해 제한적인 수준(local level)에서 다루어져야 한다. 하지만 조사와 재판이 더 필요할 때는 과학에 규제력을 지닌 상위 단위에서 그 사건을 해결해야 할 것이다. 이때도 외부조사는 당연한 규칙이 아니라 예외가 되어야 한다. 그 경우, 다양한 분야에서 일하는 과학자들은 경찰조사를 받아들여야 한다. 물론 과학영역 밖이나 연구영역 밖에 있는 사람을 불러들이는 일은 최후의 보루가 되어야 한다. 비록 과학이 일반 대중에 대해 책임이 있기는 하지만, 특정한 과학 분야 밖에서 온 사람들은 대개가 그 분야 안에서 발생한 과학행위를 판단하기에는 지식과 전문성이 부족하다. 정의를 수호하고 개인의 권리를 보호하기 위해서는 고발된 부정행위를 조사할 때도 피고와 원고의 권리가 보호되어야 한다. 부정행위로 기소된 사람은 공평하고 편견 없는 심문을 받아야 하며, 특히 과학과 관련된 내부비리 고발은 탄압을 받지 말아야 한다. 과학에서의 부정행위는 요즘 대중매체에서 자주 머리기사를 장식하기 때문에, 적절한 절차 안에서 보호하는 것이 대단히 중요하다. 대중매체에 의한 여론재판은 결국 마녀사냥이 될 수도 있다.

부정행위를 제재할 때는 엄격함의 정도가 다양해야 한다. 제재 강도가 다양해야만 위반의 정도에 따른 합당한 처벌을 내릴 수 있기 때문이다. 범죄가 중할수록 처벌도 엄해져야 한다. 제재의 성격을 감안한다면, 이 문제는 과학자들이 결정하는 것이 최선의 방법일 것이다. 가능한 제재방법으로는 경고, 강력한 승인불가 표시, 잡지에서 수정본 출판이나 철회, 검열, 과학사회로부터 배제, 출판 금지, 학회에서 발표 금지, 연구비 지원 차단, 해직, 벌금, 추방 등이 있다.

과학에 대한 윤리교육을 강화하고 촉진하기 위해서는 다양한 관리부서가 필요하다. 과학에서는 이미 전문학회, 연구비 출연기관 내 윤리위원회, 연구행위에 대한 대학조사위원회 등 중요한 관리기구가 있다. 이러한 선두 기구들이 있음에도, 과학적 정의를 집행하기 위해서는 확실한 체계를 갖춘 시스템을 발전시킬 필요가 있다. 이러한 시스템이 과학자로 하여금 윤리교육을 꾸리고 강화하도록 도울 것이다. 결론적으로, 다음의 사항을 권장하고 싶다.

- 모든 연구기관에는 연구윤리를 위한 위원회를 두어야 한다. 이러한 위원회의 기능은 기관 내에서 발생했음직한 부정행위 사건을 조사하고 제재를 가하며 교육과 홍보를 통해 윤리적 기준을 촉진하는 것이다.

- 과학기관 내 연구팀의 리더는 부정행위가 일어났을 때, 그것을 보고하기 위한 적절한 통로를 알고 있어야 한다. 연구팀의 리더는 자신의 감독하에 있는 과학자들이 다양한 윤리적 기준을 알고 따라야만 한다는 것을 인지시켜야 한다.

- 학회와 연구비 출연기관을 포함하여 모든 연구기관은 연구윤리위원회를 설치해야 한다. 그와 같은 위원회의 기능은 관할영역이 넓다는 것, 이를테면 국내뿐만 아니라 국제적인 부분까지 관장한다는 것을 제외하면, 하위단계의 위원회와 비슷하다. 이 위원회는 하위단계에서 조정되거나 풀릴 수 없는 분쟁을 해결하기 위해 중재자 역할을 담당한다.

- 국제적인 수준의 연구윤리위원회가 있어야 한다. 그리고 이 위원회는 과학학회들이나 정부가 후원해야 한다. 요즘에는 많은 연구에 국적이 다른 과학자들이 합류하고, 연구결과도 지구적 규모를 방불하기 때문에, 국제적인 수준의 연구윤리에 관심을 기울일 필요가 있다. 이 위원회는 여러 나라들 간의 중요한 편차를 인정하면서 국제적인 행위기준을 세우는 것을 도울 수 있다. 그 밖에도 성격상 국제적인 부정행위나 윤리적 분쟁사건을 해결하거나 조사하도록 도울

수도 있다(Krystyna, 1996). 에이즈 바이러스를 격리시키기 위한 각국의 노력, 프랑스와 미국 과학자들 사이의 우선권 분쟁 해결, 국제적 단위에서 지식재산권을 보호하는 문제 등은 국제적인 수준의 연구윤리위원회가 왜 필요한지를 보여 주는 완벽한 사례들이다 (Hilts 1991a).

이러한 권장사항들이 제자리를 찾으려면, 윤리적인 과학을 증진하기 위한 먼 길을 가야 한다. 혹자는 과연 우리에게 더 강하고 더 공식적인 규칙과 규정이 필요한지에 대하여 의문을 가질 수도 있다. 만약에 이 책의 전반부에서 말한 대로, 과학이 하나의 전문직업이라는 주장을 진지하게 받아들인다면, 과학도 의학이나 법학처럼 잘 정비된 직업들에서 볼 수 있는 모범을 따르지 않을 수 없을 것이다. 이러한 직업들의 경우에는 많은 주와 나라에서 이 직업을 수행하도록 자격을 주는 관리부서가 따로 있다. 그 관리부서는 교육과 강화를 통해 직업윤리 규정을 장려하는 등 중요한 역할을 한다. 그리고 직업윤리 규정을 위반한 사람에 대해서는 자격증을 박탈할 수 있는 권한까지 있다. 그리하여 어떤 이들은 과학자에게도 과학에서의 직업윤리 규정을 장려하기 위해 그것을 위반하는 과학자를 처벌하는 권한을 가진 일종의 면허발급 기관을 설립하자고 주장하기도 한다.
나는 대부분의 과학자들이 연구수행 면허를 발급하거나 박탈하는 권한을 가진 기관을 설립하는 데 반대할 것이라고 생각한다. 기반이 탄탄한 다른 직업에서 볼 수 있는 모범을 과학에서는 따르지 말아야 할 근거로는 다음의 주장들이 있다(Woodward and Goodstein, 1996). 첫째, 고도로 직업화된 과학은 과학의 자유에 너무 많은 제한을 둘 수 있고, 과학의 창조성을 허물 수 있기 때문이다. 둘째, 고도로 직업화된 과학은 종종 과학에 의미 있는 충격을 주는 아마추어 과학자의 공헌을 좌절시키거나 아예 막아버릴 수 있기 때문이다. 아마추어는 젊은 날의 아인슈타인처럼 지적으로 고립된 실험가 또는 이론가로서, 말하자면 자영업자인 셈이다. 아마추어는 프랜시스 크릭(Francis Crick)처럼 한 분야에서도 충분히 자격이 있지만, 다른 분야의 문제를 해결하기 위해 학문 분야의 경계를 넘어선 사람들이다. 이와 같이 영역을 넘나드는 사람들은 고도로 직업화된 과학에서 또 다른 문제를 야기할 수 있다. 다시 말해, 고도로 직업화된 과학은 학제 간 연구에 적응하기가 매우 곤란하다. 가령, 화학자로 자격을 인정받은 사람이 전기공학 관련 논문을 발표할 수 있을까? 현재로서는 과학이 다른 직업에 비해 덜 직업적이고 더 유연하기는 해도(또 그래야 하지만), 과학 역시 하나의 직업으로 보는 것이 최상의 방법일 것이다.

마지막으로 1장에서 나는 현대의 연구 환경이 과학을 위해 일하는 사람들로 하여금 비윤리적 행위를 하도록 영향을 줄 수 있다고 언급했다(Woodward and Goodstein, 1996). 연구 환경을 급속히 개선할 수야 없겠지만, 몇 가지 제안을 하는 것으로 글을 맺고자 한다.

- 출판물의 양이 아닌 연구의 질을 바탕으로 고용과 승진을 결정하라.
- 과학자의 멘토링에 대해 보상을 하라. 멘토링을 과학교육의 핵심 부분으로 만들라.
- 저작권 관행에서 책임을 강조하라. 책임소재가 명확히 반영된 과학적 업적에 대해 각각의 공로를 인정하는 새로운 범주를 발전시켜라.
- 부정행위 관련 조사에서 적절한 절차를 준수하는 정책을 입안하라.
- 저평가된 집단과 후임연구자들을 위해 과학에서 공정한 기회를 촉진하는 정책을 입안하라.

사례연구 :
과학의 윤리적 딜레마

이 부록에는 분석과 토론을 위한 가설적인 사례들이 들어 있다. 하지만 이 사례의 대부분은 실제상황에 근거를 둔 것이다. 필자는 각 사례별로 끝에 몇 가지 질문을 달아 보았다. 물론 독자들도 추가질문을 제기할 수 있을 것이다. 사례에 대한 설명이 상대적으로 짧기 때문에, 독자들은 부가정보를 찾아 논의할 수도 있겠다. 그러한 활동은 필자가 언급하지 않은 선택이나 결단에 도달하는 데 도움이 되리라 본다.

1. 데이터 생략

제인 도(Jane Doe)는 딕 요나스(Dick Jonas) 교수를 도와 나선형 은하계의 속도와 광도, 회전율을 결정하기 위해 데이터를 분석하는 일을 하는 대학원생이다. 데이터는 근처 산에 설치된 적외선 망원경에 의해 산출되었다. 요나스는 그 결과를 천문학 잡지에 실으면서 제인을 공동저자로 올릴 참이다. 데이터 분석의 표본을 만들기 위해 제인은 요나스가 동일한 통계기법을 사용하여 몇 년 전에 출판했던 논문을 읽어 본다. 그러다가 그녀는 이번 논문을 작성하는 데 사용된 옛날 데이터를 찾았는데, 놀랍게도 그 기록은 교수가 이번 논문에서 보고한 결과와 일치하지 않는다는 사실을 발견하게 된다. 앞서 기록된 데이터에서 10% 가량이 생략된 것처럼 보이는 것이다. 제인이 이 불일치에 대해 요나스에게 말하자, 그는 망원경 핑계를 대며 망원경이 이렇게 빈약한 결과를 산출했을 때는 제대로 작동하지 않아서 그렇다고 느꼈기 때문에 데이터 일부를 생략했다고 설명한다. 제인이 이 문제에 관해 더 압박을 가해 보지만, 요나스는 그녀더러 자신의 판단을 신뢰하라고 말한다. 요나스는 자신의 논문에 데이터 전부를 포함했어야 옳은가? 만약 그렇다면, 그는 데이터에 관한 문제를 어떻게 설명했어야 하는가? 제인은 이 문제를 더 추적해야 하나?

2. 착한 데이터 위조?

빅터 존슨(Victor Johnson)과 수잔 클라인(Susan Klein)은 아이다호 주의 토양 산도(酸度)에 관한 연구를 수행하는 로베르토 마르티네즈(Roberto Martinez) 교수를 위해 토양 샘플을 분석하는 대학원생들이다. 이 연구는 6개월 전에 시작되어 이번 주에 끝날 예정이다. 마르티네즈는 이 연구를 잡지에 기고할 때 존슨과 클라인을 공동저자로 올릴 계획이다. 존슨과 클라인은 날마다 그 주의 다른 곳에서 토양 샘플을 수집하여 분석했다. 그런데 연구가 거의 막바지에 달했을 무렵, 그들은 3주 전에 취합한 6개의 토양 샘플의 데이터 기록을 깜빡 잊고 있었음이 떠올랐다. 그들은 그 샘플의 위치가 대충 기억나기는 하지만 정확한 장소는 전혀 기억나지 않는다. 존슨은 그대로 밀고 나가서, 이 샘플의 채취 장소를 정확히 적은 것처럼 꾸며야 한다고 주장한다. 왜냐하면 이러한 행위가 연구결과에 중대한 영향을 미치지 않을 뿐만 아니라, 다시 그 장소로 돌아가 샘플을 채취할 시간도 없기 때문이다. 하지만 클라인은 결과를 짜 맞춰야 한다는 데 확신이 서지 않는다. 클라인은 존슨의 제안대로 따라야 할까? 아니면 마르티네즈 교수에게 이 문제에 관해 말해야 할까?

3. 교통 통계

오부토 기무라(Obuto Kimura)와 나단 라일리(Nathan Riley)는 유타 주에서 안전벨트법이 교통사고 사망에 미치는 영향에 관한 연구를 하고 있다. 그들은 교통사고 사망자 데이터를 아래와 같이 수집했다.

연도	사망자수
1991	290
1992	270
1993	250
1994	245
1995	230
1996	215

유타 주의 안전벨트법은 1994년 1월부터 시행에 들어갔다. 그 법이 효력을 발휘하기 전 3년 동안, 유타 주의 교통사고 사망자수는 연평균 270명이었다. 그러나 그 법이 시행된 이후로 그 수는 연평균 230명으로 떨어졌다. 그들은 자신들의 연구결과를 유타 주 교통안전국에 제출하고 신문에 공표할 준비를 한다. 데이터를 논하면서 기무라와 라일리는 새로운 안전벨트법이 교통사고 사망자 수를 15% 감축하는 결과를 낳았다고 결론내릴 것이다. 그들은 데이터를 잘못 전달하고 있는 것일까?

4. 수정공고 게재

콜린(Collin)과 우드(Wood), 부타모(Butamo)는 자외선이 식물 돌연변이에 미치는 영향에 관한 논문을 공동으로 작성했다. 그런데 출판된 논문을 읽어본 뒤에 부타모는 경미한 수학적 오류가 있는 것을 발견한다. 그는 이 논문에서 오류가 포함된 부분을 작성한 우드에게 이 사실을 지적한다. 하지만 우드는 그 오류가 논문의 결과에 영향을 미치지 않을 것이므로 무시해야 한다고 말한다. 그들은 잡지에 수정공고 게재 요청을 해야 할까? 동료들이 수정공고를 원치 않는다면 부타모는 어떻게 해야 할까?

5. 연구비 조달과 사기

국방부는 우주기지 대탄도미사일 시스템 개발 프로젝트에 착수했다. 이 계획은 탄도미사일을 파괴하기 위한 강력한 레이저를 탑재한 위성을 지구 주변 궤도에 배치하는 것이다. 글로리아 그랜트(Gloria Grant)와 휴 롱(Hugh Long)은 처음부터 이 프로그램을 위해 일해 왔으며, 현재 국방부로부터 200만 달러의 연구비를 받고 있는데, 몇 달 후면 연구비 계약 시한이 만료될 예정이다. 그 계약을 갱신하려면 국방부에 모종의 연구결과를 제출해야만 한다. 그랜트와 롱은 국방부가 자신들의 연구자금을 갱신해 주는 데 별 어려움이 없을 것으로 확신하고 있는데, 연구과정에서 방해가 되는 결론에 부딪치고 만다. 우주기지 방어 시스템은 결국 효과가 없으리라는 결론이다. 그들은 이 프로젝트에서 함께 작업하는 몇몇 다른 연구자들과 이 문제를 논의한다. 다른 연구자들 역시 그들의 평가에 동의한다. 그러나 연구자들은 아무도 국방부와 이 정보를 공유하기를 원치 않는다. 이 결론을 수용하면 연구비 조달이 위태롭게 될 것이기 때문이다. 연구비를 계속 따내기 위해서 다른 연구자들은 국방부와 의회 및 언론에 이 프로그램에 대한 열의를 표시한다. 그랜트와 롱 역시 국방부 자금으로 자신들의 연구가 수행되고 있기 때문에, 이 프로그램이 위태롭게 되기를 원치는 않지만, 동시에 대중을 속이면 안 된다는 의무감에 고민스럽다. 그들은 계속해서 이 프로그램을 의욕적으로 밀고 나가야 하는가? 아니면 유보를 표명해야 하는가? 의욕을 표시하는 것은 사기나 마찬가지일까?

연구자들 가운데 누가 이해갈등을 느낄까?

6. 용해성 섬유질에 관한 연구

이안 맥그루더(Ian McGruder)는 용해성 섬유질이 콜레스테롤 수치에 미치는 효과에 관한 연구를 수행 중이다. 이 연구는 오트콥(Oatcorp)이라는 회사의 후원 아래 이루어지고 있다. 임상실험에서 그는 용해성 섬유질을 다량 함유한 식이요법이 혈중 콜레스테롤 수치를 40% 가량 낮출 수 있다는 결과를 얻는다. 이 실험이 끝난 후 그는 오트콥의 주식을 추가로 400주 더 구입하고 〈미국의학협회지〉에 논문을 제출한다(연구를 완성하기 이전에도 그는 이미 그 회사의 주식을 100주 소유하고 있었다). 논문에서 맥그루더는 연구비의 출처는 물론, 자신이 그 회사의 주식을 소유하고 있다는 사실도 그대로 밝힌다. 맥그루더는 이해갈등을 느끼고 있을까? 그가 제출한 논문이 동료심사를 무사히 통과한다면, 잡지는 그 논문을 출판해야 하는가? 맥그루더에게는 아무 잘못도 없는 것일까?

7. 원고검토

질 웨스터호프(Jill Westerhoff)는 워드만(Wadman) 출판사로부터 어떤 책의 원고를 검토해 달라는 요청을 받았다. 이 원고는 발달심리학 개론이다. 그런데 공교롭게도 현재 그녀는 같은 주제에 관한 교재작업을 하고 있다. 만약에 경쟁관계에 있는 이 책이 출판되어 잘 팔리면, 자기가 쓴 교재는 적당한 인지도를 얻지 못할 것이다. 이 경우, 그녀는 이해갈등을 느낄까? 만약에 느낀다면, 어떻게 해야 할까?

8. 정보공유

사라 헉슬리(Sarah Huxely)와 커티스 웨스톤(Cutis Weston)은 물을 담수화하는 새롭고 효율적인 공정을 개발하고 있으며, 이에 대한 특허를 내고 싶어 한다. 그런데 학술회의에 참가하여 그들은 브림(Bream)과 로렌조(Lorenzo) 역시 유사한 실험을 수행하는 중이며, 새로운 담수화 공정을 거의 완성하기 직전임을 알게 된다. 회의가 끝나고 브림과 로렌조는 헉슬리와 웨스톤에게 이메일을 보내 그들의 실험 설계와 예비결과에 관한 정보를 좀 달라고 요청한다. 헉슬리와 웨스톤은 이 요청을 거절해야 할까?

9. 선수 치기

12개월 전에 존 에드워즈(John Edwards)와 동료들은 새로 개발한 초전도 물질에 관한 논문을 한 잡지에 기고했는데, 여태까지 잡지 게재 여부를 통고받지 못했다. 편집위원들에게 전화를 걸어보니, 논문이 심사위원에게로 넘어갔는데, 그가 너무 바빠서 읽을 시간이 없어 보류상태로 묶여 있다는 것이다. 에드워드 팀은 그 심사위원이 같은 주제로 작업 중인 몇몇 동료들 가운데 하나일 거라고 확신한다. 그가 국제대회에서 아주 똑같은 주제의 논문을 발표하려고 하기 때문이다. 경악스럽게도 그는 '선수 치기'를 하기 위해 그런 일을 벌였다. 그들은 이건 명백히 반칙이라는 의심이 든다. 자신들의 아이디어가 도둑맞았든지, 아니면 심사위원이 우선권 경쟁에서 이기기 위해 자신들의 논문출판을 연기했든지, 둘 중의 하나일 것이다. 하지만 이 의혹을 입증할 방도가 없다. 에드워드 팀은 어떻게 해야 할까?

10. 참이라 믿기엔 너무 좋은 결과

이부 아라무토(Ibu Aramuto)는 새로운 화학비료가 옥수수의 성장에 미치는 영향에 관한 논문을 읽고 있다. 이 연구는 그로우패스트(Growfast)사의 자금지원으로, 아이오와 주립대학에서 일하는 몇 명의 과학자가 수행했다. 아라무토는 그 논문이 꽤 인정받는 잡지에 실려 있는데도, 연구의 타당성에 의문을 품게 된다. 왜냐하면 새로운 비료는 이전에 개발된 어떤 비료보다 두 배나 효과적이라고 말하고 있기 때문이다. 다시 말해 연구결과가 '지나치게 깔끔해' 보인다. 옥수수에 투여된 비료의 양과 옥수수의 성장 사이에는 거의 단선적인 관계만 있다. 아라무토는 데이터가 '참이라 믿기엔 너무 좋기' 때문에, 오류가 있거나 사기일지 모른다고 의심한다. 그는 논문에 서술된 실험을 반복하기로 결심한다. 그런데 역시 동일한 결과가 나오지 않는다. 그 논문의 저자들과도 접촉을 시도하지만, 그들은 애매하게 둘러대기만 한다. 아라무토의 의심은 근거가 충분한 것일까? 그는 어떻게 해야 할까?

11. 데이터 소유

박 리(Li Park)는 T대학에서 미세생물학을 연구하는 박사후과정 연구생이다. 그 대학에 머무는 동안 그녀는 혈관성장을 가로막는 효소의 개발에 매진하고 있었다. 그 효소는 혈액이 종양으로 흐르지 못하도록 막음으로써 암을 치료하는 데 유용하게 쓰일 것으로 기대된다. 그런데 박은 방금 전에 사립연구소인 바이오에르그(BioErg)로부터 동일한 연구를 수행해 달라는 임용 제안을 받았다. 사립연구소는 박이 바이오에르그로 옮기면서 데이터 일체를 이전해 오도록 요청한다. 하지만 지도교수인 그레고르 그룬바움(Gregor Grunbaum)은 데이터가 자기 연구실에 남아야 한다고 주장한다. 그는 자기 연구에서 그 데이터를 사용하고 싶어 한다. 게다가 그는 만약에 바이오에르그가 그 데이터를 입수한다면 다른 과학자들이 사용할 수 없게 되진 않을지 우려한다. 과연 누가 이 데이터 관리의 허가를 받아야 할까? 만약에 바이오에르그가 이 데이터로부터 어떤 제품을 생산해 낸다면, 그 연구소는 T대학에 로열티를 지불해야 할까?

12. 나치의 데이터

레이몬드 마틴(Raymond Martin)은 열사병이 인체에 미치는 영향에 관해 연구 중이다. 이 연구는 국립보건원이 연구비를 댔고, 그가 속한 대학의 기관심의위원회의 승인을 얻었다. 그는 이 연구의 위험에 대해 충분한 설명을 들은 지원자들을 대상으로 실험을 해왔다. 그는 그들의 반응을 조심스럽게 관찰하면서 아주 신중하게 임했고, 자신의 연구가 사회를 위해 가치 있는 결과를 낳을 수 있다고 믿는다. 일사병이나 열로 인한 탈진을 치료하는 데 더 나은 방법을 이끌어 낼 것이기 때문이다. 그럼에도 마틴은 이 연구에 한계에 있음을 인정하지 않을 수 없다. 윤리적 · 법적 이유로 그는 실험대상자들에게 중대한 해를 끼치거나 죽음 지점까지 몰고 가선 안 되기 때문이다. 한 동료가 마틴에게 나치 역시 열사병에 관한 실험을 했으며, 그들의 실험은 마틴의 것보다 훨씬 더 많이 나갔다고 귀띔해 준다. 마틴은 그 데이터에 대한 접근권을 얻어 그것의 신빙성을 평가하고, 가능하면 자신의 작업에 활용하고 싶다. 물론 그 연구는 극악한 조건하에서 이루어졌으며, 나치의 유산이라는 오명을 뒤집어쓰고 있음이 사실이다. 하지만 그렇더라도 그는 나치의 연구가 여전히 꽤 유용할 것으로 믿는다. 그는 국립보건원에 나치의 데이터를 연구하기 위한 연구비 증액을 신청한다. 마틴은 이 데이터에 대한 접근권을 얻도록 허가받아야 할까? 국립보건원은 나치의 데이터를 평가하려는 마틴의 시도에 연구비를 대주어야 할까? 만약 그가 나치의 데이터를 입수하여 그것의 타당성을 입증한다면, 그는 열사병에 관한 논문에 이 사실을 포함시켜 출판해야 할까?

13. 망원경 사용기회의 할당

몬태나대학교의 천문학과는 신종 전파망원경을 보유하고 있다. 그래서 이 기구를 사용하겠다는 요청이 수도 없이 들어온다. 그 가운데 오직 절반만 허가를 내줄 수 있다. 60건의 요청 중에서 20건은 젊은 연구자들, 이를테면 대학원생이나 박사후연구원들로부터 온 것이다. 이들이 제출한 제안서는 노장 연구자들의 것만큼 인상적인 것이 하나도 없어 보인다. 일부에서는 학과가 젊은 사람들에게 기회를 줘서 어떻게든 그들이 낸 제안서 중 몇 개라도 받아 주자고 말한다. 하지만 다른 쪽에서는 그것이 귀중한 망원경의 사용기회만 허비하는 일이 될 거라고 응수한다. 학과는 어떻게 해야 할까?

14. 개인용 화석 수집

벅 앤더슨(Buck Anderson)은 '화석을 찾는 사람들'(Fossil Hunters)이라는 이름의 화석 수집 회사를 소유하고 있다. 이 회사는 화석을 수집해 박물관과 개인 고객에게 되파는 일을 한다. 앤더슨은 이 사업을 경영하기 위해 학계를 떠나기 이전까지 콜로라도 대학의 고생물학 교수였다. 그는 화석을 발견하고 수거하고 보존하는 일에 관한 한 세계 일류 권위자 중 한 사람이었다. 지난해 그는 티라노사우루스 렉스(Tyrannosaurus Rex)의 두개골을 일본인 수집가에게 200만 달러에 팔았다. 그 두개골은 와이오밍 주에 있는 개인 소유지에서 발굴된 것이다. 앤더슨은 최근 와이오밍 주지사 및 의회 심의위원회와 와이오밍 주에 묻혀 있을 것으로 예상되는 화석에 관해 거래를 협상했다. 주 당국은 앤더슨의 회사가 주 영토 안에서 화석을 수집하도록 허가할 것이다. 답례로 '화석을 찾는 사람들'은 주 소유지에서 발굴된 모든 화석의 판매에 대하여 주 당국에 특별히 30%의 세금을 지불할 것이다. 이렇게 모은 자금 중 절반은 와이오밍의 일반 교육자금으로 쓰일 것이고, 나머지 절반은 와이오밍대학을 후원하는 데 쓰일 것이다. 주 재정국은 와이오밍 주가 이 협상으로 연간 500만 달러에 이르는 수입을 올릴 것으로 추산한다. 주 의회의 많은 의원들도 이 거래가 석유산업에서 거두어들인 세금수입의 감소로 서서히 침체

일로에 있던 와이오밍 주의 과세표준을 끌어올리는 좋은 방법이라고 간주한다. 그러나 대학 측의 많은 교수와 학생들은 화석은 과학연구의 귀중한 자료로서 개인 수집가들에게 팔아서는 안 된다는 이유에서 이 거래에 반대하고 있다. 화석은 공적 재산으로 남아 있어야 하며, 연구와 교육에 이용되어야 한다는 것이다. 협상의 비판자들은 또한 '화석을 찾는 사람들'이 연구장소 및 그들이 팔지 않은 다른 화석에도 손상을 입힐 것을 우려한다. 하지만 앤더슨은 발굴자들이 매우 주도면밀하며 숙련된 사람들이라고 맞받아친다. 과학연구도 좋지만 그대로 놔두다가는 개인 수집보다도 풍화작용으로 잃는 화석이 더 많을 거라는 답변이다. 과연 와이오밍 주와 '화석을 찾는 사람들' 사이의 협상은 비윤리적일까?

15. 표절?

스탠리 골드와이어(Stanley Goldwire)는 기술사 수업을 위해 시민전쟁 사진에 관한 논문을 쓰고 있다. 연구를 진행하던 중 그는 한 무명 잡지에 실린 논문을 발견한다. 그 논문에는 자기가 말하고 싶은 모든 것, 아니 그 이상이 들어 있었다. 그는 자기 논문에 그 논문을 광범위하게 활용하고 인용하기로 마음먹는다. 거의 모든 단락에 그 논문을 참고한 흔적이 있다. 문장을 그대로 베끼지는 않았지만, 그의 논문에 실린 많은 문장들이 그가 인용한 다른 논문의 문장들과 매우 유사하다. 그는 단지 자기 언어로 살짝만 바꾸었을 뿐이다. 이것은 표절일까? 비윤리적인 행위일까?

16. 비윤리적인 협동작업?

셜리 스테드만(Shirley Steadman)과 아그네스 호로위츠(Agnes Horowitz)는 좋은 친구 사이로 같은 아파트에 산다. 과제를 할 때도 서로 협력하는 경우가 많다. 그들은 지금 생물학개론 수업을 위해 학교에서 진화를 가르치는 것에 관한 논문을 쓰고 있다. 대부분의 연구조사를 함께했기 때문에, 그들의 논문은 실질적으로 개요와 참고문헌이 동일하다. 논문에 사용된 어법이 다르다고 해도 사고는 대단히 흡사하다. 물론 그들은 논문을 제출할 때 서로를 인용하거나 협동작업을 언급하지 않았다. 스테드만과 호로위츠는 표절을 범한 것일까? 그들은 비윤리적으로 행동했나? 만약에 교수가 두 논문이 유사하다는 것을 발견한다면 이 상황에 어떻게 반응해야 하는가?

17. 명예저자

〈셀〉지 신간을 펼쳐 본 리차드 램지(Richard Ramsey)는 거기 실린 논문 한 편에 자기 이름이 공동저자로 등재되어 있는 것을 발견한다. 하지만 아무리 생각해도 그 연구에 기여한 바가 떠오르지 않는다. 제1저자는 이전에 그가 지도한 박사과정 학생이었다. 그는 제1저자에게 이메일을 보낸다. 돌아온 답변인즉, 그가 교수님의 통찰에서 은혜를 입었기 때문에 이름을 올린 것이라 한다. 그리고 교수님의 이름을 올려야 논문에 위신이 서고 사람들이 좀더 읽을 것 같아서 그랬다는 것이다. 램지는 우쭐한 기분이 드는 한편, 화도 난다. 어떻게 해야 할까?

18. 정당한 보상?

2년 전, 허버트 맥도웰(Herbert McDowell)은 스탠리 스미스(Stanley Smith)로부터 바퀴벌레 번식에 관한 석사논문 지도를 받았고, 지금은 박사논문을 지도받는 중이다. 맥도웰은 스미스 교수의 최근 논문을 읽다가, 논문의 토론 부분에 나타난 고찰이 그가 교수와 많은 정보를 주고받은 토론에서 교수에게 제안했던 아이디어임을 발견한다. 스미스는 그 논문에서 맥도웰에게 어떤 형태의 감사의 말도 하지 않았다. 맥도웰은 저자로 이름이 등재될 자격이 있는가? 감사의 말을 언급하는 부분에 그의 이름이 올라갈 만한 가치가 있는가? 스미스는 맥도웰을 착취한 것일까?

19. 연구실 기술조교의 보상?

존 조나트(John Jonart)와 사라 스텀프(Sara Stumpf)는 U대학교에 고용된 생명공학 기술조교다. 그들은 대학교 측에 자신들의 특허권을 이전하는 동의서에 서명을 했고, (비공식적으로는) 출판된 논문에 관한 저작권도 요구하지 않는 데 동의했다. 보통 이런 상황에서는 더 이상 개념적·이론적 통찰이 나오지 않을 테지만, 10년의 경험이 있는 그들은 이제 실험 절차에 관한 수많은 작업지식을 갖게 되었다. 결국 그들은 간질 치료제인 신약 실험에 몇 가지 귀중한 조언과 제안을 제공한다. 이 가치 있는 공로에 기초하여 그들은 논문에 공동저자로 이름을 올리고 저작권과 특허권을 얻기 원한다. 하지만 대학교 측과 연구자들은 그들의 요구를 거절한다. 그들은 적어도 어떤 보상이나 지식소유권을 얻어야 마땅하지 않을까? 이전 동의서들은 모두 정당한가?

20. 제1저자

아렌돌프(Arendorf), 던-오(Dun-Ow), 핸스컴(Hanscum), 헤른스타인(Hernstein), 미라벨라(Mirabella), 로버트슨(Robertson), 라모스(Ramos), 윌리암스(Williams)는 미 서부지역에 있는 8개의 서로 다른 대학에서 근무하는 기상학자들이다. 그들은 천둥을 동반한 폭풍우의 크기와 토네이도의 활동 간의 관계에 관한 연구에서 모두 주요한 기여를 했다. 이 연구는 명망 있는 과학잡지에 받아들여져, 아마도 여러 문헌에서 수차례 인용될 것이다. 많은 사람들이 그들의 연구를 인용하면서 '아무개 등(*et al.*)'이 쓴 논문이라고 적을 것이므로, 제1저자는 다른 저자들에 비해 훨씬 중요하게 인지될 것이다. 그들 중 세 사람, 라모스와 윌리엄스, 핸스컴은 자기 이름이 1번으로 올라가든지 말든지 상관없다고 밝혔다. 하지만 나머지 저자들은 모두 제1저자가 되기를 소망한다. 미라벨라와 로버트슨은 논문을 쓰는 데 가장 많은 기여를 했다. 아렌돌프와 던-오는 연구계획서를 작성하는 데 크게 기여했다. 그런가 하면 헤른스타인은 전체 프로젝트를 조직했다. 데이터를 수집하고 분석하는 일은 모든 저자가 골고루 참여했다. 도대체 누가 첫 번째로 이름을 올려야 할까? 저자들은 어떤 방식으로 이 결정을 내려야 하는가?

21. 기자회견

앤서니 로페즈(Anthony Lopez)와 에이드리언 화이트(Adrian White)는 흔하게 사용되는 식품첨가물이 실험실 쥐에게서 심각한 선천적 기형을 유발한다는 사실을 입증하는 실험을 방금 마쳤다. 그들은 식품첨가물에 관해 대중적으로 공포하기에 앞서 그 논문을 잡지에 제출할 계획이다. 하지만 그들은 대중에게 이 사실을 알려 식품첨가물로 인한 선천적 기형을 예방할 수 있도록, 우선 기자회견부터 열어야 할 것 같은 강한 의무감을 느낀다. 어떻게 해야 할까?

22. 결과를 부드럽게 다듬기

A. J. 호이트(Hoyt)와 케이시 콤프턴(Cathy Compton)은 이상적인 몸무게라는 개념이 신화임을 밝혀냈다. 보험회사와 보건기구들이 제시하는 소위 이상적인 몸무게는 대체로 개인의 최적 몸무게를 찾아내는 데 별도움이 되지 않는다. 그들은 체형과 근력 및 체지방량에 근거한 새로운 권고안을 최근 〈영양학지〉에 발표했으며 곧 기자회견도 열 생각이다. 호이트는 자신들의 권고안을 조목조목 모조리 공포하고 싶어 한다. 하지만 콤프턴은 자신들의 권고안이 너무나 복잡하고 신체적 요구사항이 많기 때문에 대중이 완벽한 진실을 이해하지 못하거나 받아들일 수 없을 것이라 믿는다. 콤프턴은 대중이 이 권고안을 보다 효과적으로 승인하도록 동기를 불어넣기 위해 기자회견에서는 이를 크게 단순화하고 순화하자고 제안한다. 전체 진실을 알고자 하는 사람과 진실 외에는 아무것도 알려

고 하지 않는 사람은 언제든 잡지에 기고한 논문을 참고할 수 있을 것이다. 호이트와 콤프턴은 연구결과가 대중적으로 소비되도록 단순화하고 순화해야 할 것인가?

23. 언론의 왜곡

키아 커푼클(Kia Kurfunkle)은 적당한 알코올 섭취와 심장병 감소 사이의 통계학적 연관성을 보여 주는 연구의 선도 저자다. 〈데일리 리포터〉지의 리포터가 이 연구에 관해 인터뷰한다. 커푼클은 연구 및 연구의 의미를 신중하게 설명해 준다. 다음날 아침, 신문에는 "알코올 섭취가 심장병을 감소시킨다"는 표제 아래 기사가 실려 있다. 그녀는 그 기사를 계속 읽다가 그것이 '적당한' 섭취의 중요성을 강조하지도 않거니와, 연구결과가 알코올 중독자에게는 해당하지 않는다는 사실을 논의하지도 않고 있음을 발견한다. 이 기사는 관련된 신문마다 수백 종의 기사로 퍼져 나갈 것이다. 그녀는 어떻게 해야 할까?

24. 난처한 결과를 출판하기

스테판 폴가(Stephen Polgar)는 지난 5년간 애팔래치아(Appalachia) 공동체에서 발생한 가정폭력의 양상에 관해 연구했다. 그는 특히 블루엘크(Blue Elk)와 노스캐롤라이나 지역 가까이에 살고 있는 주민들에게 초점을 맞추었고, 주로 인터뷰, 경찰 조사, 학교 과제, 현장 관찰 등을 통해 연구를 수행했다. 연구 전반에 걸쳐 그는 공동체 지도자들과 그 지역의 다양한 권위자들의 조언을 구했다. 또한 연구대상이 되는 사람들로부터 충분한 설명에 근거한 동의도 얻어 냈다. 이제 그는 자신의 작업을 완수하여 연구결과를 출판할 준비가 되어 있다. 그런데 논문 초고를 읽어 본 몇몇 지도자들이 연구결과가 별로 기분 좋지 않다는 이유로 출판에 반대한다. 폴가의 연구는 그 지역이 아동 및 배우자 학대, 그 밖에 다른 유형의 가정폭력에서 높은 비율을 보인다고 밝혔기 때문이다. 그의 연구는 이러한 가정폭력이 알코올 남용 및 범죄와 연관성이 있음을 보여 준다. 폴가는 연구대상이 된 사람들은 물론 마을과 거리, 강의 이름을 바꿈으로써 기밀유지를 보장해 주겠다고 약속하지만, 지도자들은 주민들이 여전히 자기네 공동체가 연구대상이라고 말할 수 있다며 반대한다. 법대로라면 연구결과를 출판하는 데는 아무런 문제가 없다. 그러나 폴가는 공동체의 주민들을 당황스럽게 할까봐 우려된다. 그와 동료들은 수년간 블루 엘크 주민들을 연구해 왔다. 그들은 이 공동체를 소외시킴으로써 연구실이 파괴되기를 원치 않는다. 폴가는 연구결과를 그대로 출판해야 할까? 아니면 너무 나쁘게 들리지 않도록 '사탕발림'을 한 다음에 출판하는 게 좋을까? 아예 출판을 하지 말아야 할까?

25. 약초의학의 소유권

브루스 헤이만(Bruce Heyman)은 아마존 정글에서 원주민 부족이 이용하는 약초의 쓰임새에 관한 연구를 수행하고 있다. 이를 위해 수년간 부족과 함께 살아서 부족 주술사와 좋은 친구가 되었다. 이 주술사는 헤이만에게 약초가 자라는 장소와 조제방법을 보여 주었다. 헤이만의 연구는 존슨(Johnson) 제약의 후원을 받고 있었는데, 이 회사는 약초로부터 시장성 있는 상품을 개발하고 싶어 한다. 지난 몇 달 동안, 주술사는 부족 여성의 가슴에 있는 종양이 더 이상 자라지 않도록 하는 데 약초치료제를 활용했다. 헤이만은 그 치료제가 유방암 치료에서 중요한 역할을 할 수 있다고 결론 내리고, 주술사에게 조제 샘플을 요청한다. 그리고는 치료제의 화학성분을 분석하여, 존슨제약으로 연구결과를 보낸다. 존슨제약은 자사 제약사가 약초치료제의 성분 일부를 합성할 수 있다고 보도한다. 그들은 엄격한 통제하에 이 의약품 연구를 시작하려고 한다. 그렇지만 연구를 시작하려면, 더 많은 치료제 샘플이 필요하다. 헤이만은 주술사에게 존슨제약이 그 약초치료제에 관심이 있으며 더 많은 샘플을 원한다고 말한다. 또한 존슨제약이 친절하게도 주술사와 부족의 도움에 대해 보상을 해줄 것이라고 알려 준다. 그러나 주술사는 자신의 약초지식이 이런 식으로 이용되기를 원치 않는다고 단언한다. 그는 지식이란 신성한 것이어서 부족 내에 머물러 있어야 하며, 오직 주술사나 그 조수들만 이용할 수 있다고 믿는다. 헤이만 박사는 지역당국에 도움을 요청하여, 그들이 주술사의 협조를 얻어 내기만 하면 존슨제약이 보상을 해줄 것이라고 약속함으로써 강제로 주술사의 약초지식을 얻어 낼 수도 있음을 안다. 그는 어떻게 해야 할까? 이 약초지식은 과연 누구의 소유인가?

26. 교육과 연구 그리고 돈

로버트 칼슨(Robert Carlson)은 조지아대학교(University of Georgia)의 곤충학 교수다. 현재 그는 미르멕스(Myrmex)사의 후원으로 불개미에 관한 연구를 수행 중이다. 이 연구는 시간이 많이 걸리기 때문에, 대학 측에서는 그가 다른 교수들보다 교육업무의 부담을 덜 지도록 배려해 주었다. 그렇지만 그는 여전히 학기당 하나의 대학원 세미나를 가르치고, 대학원생을 상담하며, 논문을 지도하고, 각종 위원회 일을 맡고 있다. 미르멕스는 칼슨에게 새로운 불개미 해충제를 개발하는 데 그의 시간을 거의 전적으로 할애해 달라고 요청한다. 그래서 칼슨은 학과장인 리사 노프(Lisa Knopf) 교수에게 행정부서에 청원하여 자신의 교육업무를 재조정해 줄 것을 부탁한다. 하지만 노프로서는 몇 가지 이유에서 이 요청을 받아들이기가 망설여진다. 첫째, 곤충학과의 입장에서 칼슨의 교육책임을 다른 교수들에게 떠넘기는 일은 쉽지 않을 것이다. 둘째, 몇몇 다른 교수들이 이미 칼슨의 연구 업적이 그를 특별 대접을 받는 '프리마돈나'로 만든다며 불만을 토로한 적이 있다. 셋째, 노프는 칼슨이 연구 이외에 다른 아무것도 하지 않도록 허가하는 것은 나쁜 선례를 남길 수 있다고 생각한다. 그렇게 되면 다른 교수들도 유사한 방식으로 재분류를 추구할 것이고, 이것은 나아가 과의 단합을 어지럽히며 일종의 학문적 위계질서를 만드는 일이 될 것이다. 다른 한편, 칼슨은 국제적으로 널리 알려진 연구자이며 탁월한 멘토이자 선생이다. 만약 노프가 그의 요구를 거절한다면, 그는 다른 대학이나 민간기업에서 쉽게 일자리를 얻을 수 있을 것이다. 그녀는 어떻게 해야 할까?

27. 소수집단 우대정책

하이 플레인즈대학교(High Plains University)는 물리학과에 올해는 반드시 여교수를 채용해야 한다고 말했다. 학과 교수 중에는 여성이 1명도 없다. 신임보직에 대해 광고를 내면서 특히 좋은 자질을 갖춘 여성들이 많이 응시해 달라고 격려한 뒤로, 학과에서도 채용심사를 준비하고 있다. 마침내 115명의 지원자가 응시했는데, 그 가운데 단 3명만이 여성이다. 두 여성과 두 남성을 인터뷰한 다음에, 학과에서는 두 여성이 유능하기는 하지만, 다른 두 남성에 비하면 자격조건에서 분명히 뒤진다는 결론을 내린다. 학과는 두 여성 중 1명을 채용해야 할 것인가? 아니면 자격조건이 가장 뛰어난 사람으로 정해야 할 것인가?

28. 연구실 연애사건

마리안느 요더(Marianne Yoder) 교수는 자기 밑에서 화학을 전공하는 대학원생 샘 그린(Sam Green)과 3개월 전부터 사귀고 있다. 이 연애사건은 처음에는 비밀이었다가, 지금은 그녀의 연구실에 있는 대학원생 전체가 알게 되었다. 그들은 교수가 학생과 이런 식으로 연루된 데 분개하기 시작한다. 몇몇 학생들이 학과장인 살바도르 셀레노(Salvador Seleno) 교수를 찾아가 상황을 이야기한다. 그들은 요더 교수와 그린이 함께 있을 때마다 그들과 일하기가 불편하다고 말한다. 그들은 특히 요더 교수가 그린을 지나치게 편애한다고 생각한다. 요더는 그 대학에서 아주 훌륭한 교수 중 1명이며, 그린은 전도유망한 학생이다. 이 연애는 부도덕할까? 셀레노는 이 상황을 어떻게 풀어야 할까?

29. 연구비 관리

앤 윌슨(Anne Wilson)은 자력(磁力)이 전도율에 미치는 영향을 연구하는 데 국립과학재단으로부터 5만 달러의 연구비를 받았다. 연구계획서에서 그녀는 두 종의 금속과 구리, 알루미늄에 대한 실험을 수행할 것이라고 밝혔다. 하지만 실험이 수행되는 과정에서 윌슨은 몇 종의 다른 금속들에서도 자력의 영향을 탐색조사하기로 결심했다. 그녀는 여행과 대학원생 조교 수당 명목으로 연구비를 충당함으로써 그 실험을 계속했다. 윌슨은 아무것도 잘못한 것이 없을까? 그녀는 국립과학재단에 자신의 탐색조사에 관해 상의해야 했을까?

30. 인성과 정년보장교수직 결정

헤이스팅스대학교(Hastings University) 물리학과의 선임교수들은 고체물리학자인 레이몬드 아베니아(Raymond Abenia)가 정년보장교수직을 받도록 추천할지 말지를 놓고 결정하는 중이다. 그런데 아베니아의 경우가 쉽지 않은 것이, 그는 좋은 선생이고 훌륭한 지도교수지만, 출판경력이 별 볼 일 없기 때문이다. 정년보장교수직을 고려하기 위해 과에서 요구하는 최저 출판건수를 가까스로 면했을 뿐만 아니라, 외부 심사위원들이 보낸 평가서도 중구난방이다. 과의 선임교수 9명 중 4명은 그의 교수능력과 학생지도 및 연구의 질에 입각하여 그가 정년보장교수직을 받아야 한다고 생각한다. 또 다른 4명은 아직까지 결정하지 못한 상태다. 한편, 아베니아의 활동을 평가하는 데 최고의 자격조건을 갖춘 올리버 올마도즈(Oliver Ormadoze)는 대학원생 관리와 관련하여 아베니아와

'불화' 상태에 있다. 대학원생 중 하나가 올마도즈의 딸과 데이트를 하고 있기 때문이다. 올마도즈는 아베니아가 학생들이 연구실에서 어긋난 행동을 하도록 허락했다고 믿는다. 아베니아의 학생들은 연구실에서 록큰롤 음악을 틀었고, 피자를 주문해 먹었으며, 자기 자녀를 데리고 오기도 했다(아베니아는 사실 학생들에게 아주 인기가 있는 반면, 올마도즈는 약간 심술궂은 사람으로 알려져 있다). 해당 물리학과에서는 올마도즈와 아베니아 두 사람만이 고체물리학자이기 때문에, 아직 결정하지 못한 4명의 동료들은 아베니아의 활동에 대한 올마도즈의 평가에 큰 무게를 싣고 결정할 판이다. 만약 올마도즈가 아베니아에 대해 자기 의견을 제시하기를 거부한다면, 동료들은 이것을 불신임으로 간주할 것이다. 만약 학과가 대학 측에 둘로 갈라진 의견서를 그대로 제출한다면, 아베니아는 정년보장교수직을 받지 못할 공산이 크다. 올마도즈는 이 정년보장교수 건에 대해 어떻게 반응해야 할지 결정하느라 힘든 시간을 보내고 있다. 그의 개인적인 감정이 전문적 판단을 내릴 능력을 방해하고 있는지도 모른다. 올마도즈는 기권하거나 논의에서 빠지는 것이 옳을까? 자신의 감정은 제쳐두고 과학자로서 평가해야 할까? 정년보장교수직 회의에서 올마도즈가 아베니아를 솔직하게 평가하는 것은 비윤리적일까?

31. 대학원생에 대한 불공정 대우?

제시카 파커(Jessica Parker)와 찰리 워드(Charley Ward)는 해럴드 아서(Harold Arthur) 교수의 대학원생 조교들이다. 그들이 의무적으로 하는 일에는 교수의 생화학개론 수업에서 성적 매기기와 교수가 하는 '불용(不用) DNA'(junk DNA) 연구를 돕는 일이 있다. 둘 다 박사과정 학생들로, 그들 역시 자신의 연구를 독자적으로 수행하고 있는 처지다. 하루는 아더 교수가 파커와 워드를 연구실로 불러, 자기 프로젝트에서 DNA 염기서열을 분석하는 데 더 많은 시간 동안 전념해 달라고 말한다. 파커와 워드는 이미 하루 3시간을 DNA 염기서열 분석에 보내고 있으며, 2시간은 생화학 연구실을 통솔하는 일에, 또 다른 2시간은 생화학 학생들을 가르치고 성적 매기는 일에 보내고 있었다. 그들은 3주 있으면 치러질 박사학위 구두시험을 준비하는 데 더 많은 시간을 할애해야 한다. 하지만 지금으로선 교수 일을 돕느라 자기 연구를 할 시간이 거의 없는 실정이다. 아더는 이 학생들을 공정하게 대우한 것인가? 파커와 워드는 아더의 요구에 어떻게 반응해야 할까?

32. 무책임한 지도교수?

캐롤 레빙스턴(Carol Levingston)은 자외선이 식물 성장에 미치는 영향에 관한 석사논문을 쓰는 중이다. 조지 니츠호프(George Nijhoff)가 그녀의 논문 지도교수이자 멘토다. 석사학위 심사위원회에는 다른 3명의 교수들이 더 있다. 논문심사 중 구두답변에서 위원회의 두 교수는 그녀의 논문 구성이 엉성하며 글쓰기가 서툴다고 지적하고, 세 번째 교수는 문헌을 검토하는 부분에서 중요한 몇몇 최신 연구를 언급하지 않았다고 말한다. 위원회는 결국 레빙스턴에게 식물학석사 학위를 주지 않기로 결의한 뒤, 다음 학기 말에 논문을 완성할 수 있도록 다시 작업할 것을 권유한다. 다음 날 레빙스턴은 이 일을 식물학과장과 상의한다. 그녀는 니츠호프가 적절한 논문지도를 하지 않았다고 불평한다. 교수는 논문의 초안에 대해 어떠한 실질적인 논평도 제공해 주지 않았으며, 최근 연구에 관해 아무런 말을 하지 않아 논문에 포함시키지 못했다는 것이다. 니츠호프는 무책임한 지도교수일까? 학과장은 이 상황에 어떻게 응답해야 할 것인가?

33. AZT 임상실험

미국에서 온 4명의 의사가 Z나라에서 HIV(인체 면역결핍 바이러스)와 AIDS(후천성 면역결핍증)를 치료하는 데 사용되는 AZT의 효능을 알아보기 위한 임상실험을 수행하고 있다. 환자들은 임의로 두 집단 중 하나에 속하게 되는데, 한 집단은 AZT를 받고, 다른 집단은 위약(僞藥)을 받을 예정이다. 미국이나 다른 선진국에서라면 이런 임상실험은 비윤리적이고 불법으로 간주될 것이다. 왜냐하면 그런 나라에서는 AZT가 이미 HIV/AIDS의 표준 치료약으로 인정받고 있기 때문이다. 그러나 Z국은 너무나 가난한 나라여서 대부분의 HIV/AIDS 환자들이 AZT를 구경하지도 못하는 실정이다. 도무지 어떤 치료도 받지 못할 환자들에게 치료의 가능성이라도 제공할 수 있으니, 의사들은 자기들의 실험이 윤리적이고 인도주의적이라고 단언한다. 과연 이 실험은 윤리적인가? 한 나라에서 비윤리적인 임상실험이 다른 나라에서는 윤리적일 수 있을까? 연구자들은 환자들을 착취하는 것일까?

34. 임상실험의 지속

테리 존스(Terry Jones)는 관절염 치료약을 테스트하는 임상실험에 환자들을 등록시키기로 동의했다. 실험은 무작위 이중맹검법(*double-blind technique*)을 활용하여 진행될 것이다. 환자군은 표준 관절염 치료와 함께 약을 받는 집단과, 똑같은 치료를 받되 위약을 받는 집단으로 나뉜다. 환자가 일단 실험에 등록하면, 치료는 무작위로 이루어질 것이다. 즉 새로 들어오는 환자들은 시험 중인 약을 받든지 아니면 위약을 받든지, 각각 50%의 기회를 갖게 된다. 임상실험에는 400명의 환자가 포함될 예정이고, 4년 동안 지속하기로 되어 있다. 그런데 이 실험이 2년쯤 지났을 때, 존스는 그 약이 90%의 환자들에게서 관절염 증상을 상당히 호전시킨다는 사실을 발견하게 된다. 하지만 실험이 아직 끝난 게 아니고 오직 절반만 달성된 것이므로, 그는 나머지 2년분의 연구를 지속하는 데 동의한다. 나머지 실험기간 동안, 그가 이 효과적인 관절염 치료약을 이제는 사용해도 좋겠다고 믿는다고 해도, 50%의 환자들은 여전히 위약을 받게 될 것이다. 그는 이 실험에 환자들을 등록시키는 걸 중단하고 모든 환자에게 이 신약을 제공해야 할까?

35. 인도주의적인 데이터 변조?

루돌프 클레멘스(Rudolph Clemens)는 전립선암을 치료하기 위한 실험용 약의 효능을 테스트하는 무작위 임상실험에 참가하기로 동의했다. 실험의 변수들을 통제하기 위해서는 연구 프로토콜이 필요하다. 이것은 실험에 등록한 환자들이 연령, 진단일, 과거 암 병력과 관련하여 세부적인 요건을 충족시키는지를 일일이 기록하는 것이다. 들어오는 환자들은 무작위 원리에 입각해서 두 집단으로 나뉜다. 한 집단의 환자들은 실험용 약을 받고, 다른 집단의 환자들은 표준치료를 받을 것이다. 이 표준치료에는 전립선 제거가 포함될 수도 있다(전립선이 제거된 환자들은 성교 불능과 그 밖의 달갑지 않은 부작용으로 고통스러워하는 경우가 많다). 3년 동안의 연구수행이 끝나고, 마침내 클레멘스는 신약이 전립선암 환자들에게 상당한 의학적 혜택을 제공한다고 판단하기에 충분한 데이터를 확보했다. 그 실험에 환자들을 등록시킨 다른 의사들도 이러한 예비결론을 지지하고 있다. 이 시점에서 그는 가능하면 더 많은 환자들을 도와야 한다고 결심한다. 이를 위해 그는 50명의 환자기록을 변조하여 그들이 연구에 참가하기에 적합한 것처럼 꾸민다. 그중에서 절반은 실험용 치료를 받을 자격이 주어질 것이다(그 연구에 적합하지 않은 환자들은 여전히 표준치료를 선택할 수 있다). 클레멘스는 비윤리적으로 행동한 것일까? 이 연구 설계는 더 많은 환자들이 실험용 약의 혜택을 받도록 하기 위한 방식으로 변경될 수 있는가?

36. 수감자에 대한 연구

샘 아담스(Sam Adams)와 우리 웡(Wu-lee Wong)은 X나라에서 암 연구를 수행 중이다. 지금까지는 다양한 집단의 발암률을 통계적으로 분석하는 작업을 했다. 이를 통해 그들은 발암률이 다양한 생활양식 및 음식물 섭취와 연관된다는 사실을 발견했다. 연구를 수행하는 동안, 그들은 계속 지역당국과 협의해 왔다. 그런데 당국에서 오늘 그들에게 인간집단에 대한 어떤 실험을 행하도록 기회를 주려고 한다. 그 실험은 Y대학 과학자들이 제안한 것으로, 무기형을 선고받고 복역 중인 수감자들에게 행해질 예정이다. 이 실험으로 연구자들은 다양한 식이요법이 암에 미치는 장기적 효과를 관찰할 기회를 얻을 것이고, 암과 그 예방에 관한 인류의 지식에도 상당한 영향을 미칠 것이다. 하지만 아담스와 웡은 그 나라의 인권기록을 고려해 보건대, 이런 유의 실험에 대해 강한 도덕적 가책을 느낀다. 그들은 감옥체계가 고도로 강압적인 환경이며, 따라서 실험대상이 되는 수감자들은 실험에 참가하는 것 말고는 다른 선택이 없을 것임을 안다. 그러나 이 나라 출신의 동료들은 이런 연구를 하는 데 어떠한 가책도 느끼지 않으며, 그것이 도리어 수감자들로 하여금 사회에 진 빚을 되갚을 수 있는 방법이라고 여긴다. 아담스와 웡은 이런 실험을 수행하는 데 협력해야 할 것인가?

37. 해군의 약물시험

해군은 최고의 잠수부를 냉수의 저온에 장기간 노출시키는 훈련을 해왔으며, 아울러 냉수에서의 활동을 향상시키는 방법에 관한 실험도 수행하는 중이다. 이러한 실험에는 인체의 혈액에서 부동액처럼 기능하는 화학약품을 개발하는 것이 포함되어 있다. 그 화학약품은 인체와 인체세포들이 냉온에 견딜 수 있도록 해줄 것이다. 동물실험에서 그 약품은 안전하고 상당히 효과가 있는 것으로 드러났지만, 여전히 매우 실험적이다.

해군은 현재 그 약을 인간에게 시험해 볼 계획이어서, 50명의 해군 잠수부들이 실험에 참가하도록 명령을 받은 상태다. 이 명령에 불복하는 잠수부는 군법회의에 회부될 것이다. 해군의 행위는 부도덕한가?

38. 쥐의 공격성 연구

크리스 키스홀름(Chris Chisholm)과 크리스티 체이스(Christie Chase)는 쥐에게서 공격적 행동을 유발하는 호르몬을 분리해 냈다. 이 호르몬을 투여한 쥐들은 대단히 공격적이고 폭력적으로 변한다. 호르몬은 그 구조와 기능 면에서 인간의 테스토스테론과 매우 유사하기 때문에, 그들은 이 연구결과가 인간의 공격성과도 의미 있는 연관이 있을 것으로 생각한다. 호르몬을 투여하면, 쥐들 중 일부는 너무나 공격적으로 되어, 글자 그대로 사나운 발작상태에서 상대방을 물어뜯는다. 실험 도중에 많은 쥐들이 죽었으며, 살아 있는 쥐들의 몸도 심각하게 절단된 상태다. 그런데 키스홀름과 체이스는 이러한 발작을 산출하기 위한 정확한 호르몬 투여량을 예측하기가 어렵다는 사실도 발견했다. 왜냐하면 쥐마다 그것이 다르기 때문이다. 어떤 쥐들은 적은 양으로도 매우 공격적으로 되었지만, 다른 쥐들은 많은 양을 투여해도 과도하게 공격적으로 변하지 않고 버텨 냈다. 동물권 운동가들은 이 실험에 관해 알게 된 뒤로, 이를 중단시키기 위한 항의계획을 짜고 있다. 이 실험은 계속 진행되도록 허가받아야 할까?

39. 슈퍼닭

바이오테크(Biotech)사는 슈퍼닭을 만드는 공정을 개발하고 있다. 재조합 DNA 기술을 이용해서 성장호르몬 수치가 극도로 높은 닭을 만들어 내는 것이다. 회사는 이 닭이 보통 닭보다 몸집이 4배 크고, 2배 빠르게 성장하며, 질병에 강한 저항력이 있고, 체지방도 50% 낮을 것으로 추산

한다. 하지만 예비 연구결과는 또한 이 닭이 어떤 해로운 부작용을 앓게 된다는 사실도 보여 준다. 극도로 높은 수치의 호르몬 때문에 심하게 움 직여대고 '몹시 신경질적'일 수 있다는 것이다. 뼈는 부서지기 쉽고, 근 육과 힘줄은 약할 것이다. 결과적으로 슈퍼닭들은 계속해서 움직여대는 신체적 수고와 정상적인 활동만으로도 비정상적으로 높은 상해 및 사망 률을 보일 것이다. 그러나 슈퍼닭 농장은 여전히 경제적으로 수지가 맞 을 것이 틀림없다. 다치고 죽은 닭도 다양한 제품으로 활용될 수 있기 때 문이다. 바이오테크사가 이 슈퍼닭에 대해 신청한 특허를 미국 특허청이 검토 중이다. 바이오테크사는 이 동물에 대한 특허를 받을 수 있을까?

40. 곰 치료약

AD 600년 이래로 C나라의 본초학자들은 다양한 질병을 치료하는 데 곰의 신체 일부를 사용해 왔다. 의학적 목적 때문에 곰들이 지속적으로 살육당한 결과, C국의 곰 개체는 현재 멸종위기에 처해 있다. 이에 C국 정부는 의학적 목적으로 곰을 붙잡아 사육하기로 결정한다. C국 관리는 이러한 노력이 멸종위기에 빠진 종을 보호하는 방법이자 동시에 인간을 이롭게 하는 길이라고 간주한다. 곰은 야생에서 자취를 감추겠지만, 사 육 상태로나마 개체수가 보전될 것이다. 이런 식으로 곰을 이용하는 데 는 아무 잘못이 없을까? 곰을 이렇게 이용하는 것이 부당하다고 본다면, 소나 돼지를 의학적 목적으로 사육하는 것은 허용할 수 있을까?

41. 인종차별적인 대회?

엘렌 아이버슨(Ellen Iverson)은 범죄를 일으키는 유전적 소인에 관한 대회를 조직하고 있다. 이 대회는 유전학, 사회학, 형사정의, 경찰학, 인류학, 철학 등 다양한 분야의 사람들을 끌어모을 것이다. 한 주제에 관 해 서로 다른 관점을 제시하는 사람들이 두루 포함되므로, 편향될 염려는 없을 것이다. 그러나 일부 학생과 교수들은 이 대회가 인종차별적이라는 이유로 대회 개최에 반대한다. 그 결과, 대학은 이 대회를 후원하기로 한 약속에서 한 걸음 물러서 버렸다. 그런데 아이버슨이 대회를 막 취소하려는 찰나, 대학의 보수적인 수뇌부가 대회 경비 일체를 대주겠다는 전화를 준다. 대회는 대학 부지를 떠나 지역호텔에서 개최하면 된다는 것이다. 하지만 아이버슨은 만약 자기가 이 제안을 받아들이면 전체 대회가 인종차별적이라고 간주될까봐 우려한다. 설령 대회가 인종차별주의와 전혀 연관이 없다고 해도 말이다. 그녀는 후원자금을 받아야 할까? 대학은 이 대회에 대한 후원을 철회해야 할까?

42. 질병의 정치학

보건의료에서 연구비 배분의 정치를 연구한 자료에 의하면, 지난 30년간 국립보건원 연구자금의 70%가 백인남성 집단에 관한 연구를 후원했다는 사실이 드러났다. 질병 연구에서의 인종적·성적 불평등을 바로잡기 위하여, 그리고 인간의 질병에 관한 의학적 지식을 증진하기 위하여, 국립보건원은 여성과 다양한 인종 및 민족 집단 같은 세부집단에 관한 연구를 목표로 하기로 결정했다. 앞으로 국립보건원은 연구자금의 30%를 우선적으로 떼어 이 집단들에 영향을 미치는 질병 연구를 후원할 계획이다. 이것은 공정한 정책인가? 이 정책은 어떠한 윤리적 문제를 일으킬 수 있을까?

43. 지각속도에 관한 연구

레베카 클리어허트(Rebecca Clearheart)는 국립보건원으로부터 연구비를 받아, 노화가 지각속도에 미치는 영향을 연구하는 심리학자다. 그녀의 연구목적은 지각속도가 특정한 연령에서 절정에 달하는가 여부, 이를테면 사람이 늙어 감에 따라 지각속도도 떨어지는가의 여부, 그리고 사람이 지각속도를 향상시키기 위해 특정한 행동을 수행할 수 있는가의 여부를 판단하는 것이다. 최근에 한 노인단체가 그녀의 연구에 관해 알게 되었다. 그 단체는 이 연구가 노인에 대한 차별에 이용될 수 있으며, 나이에 대한 편견을 고착시키는 데 기여할 수 있다는 이유로 그녀의 연구에 반대하는 수백 통의 편지를 써 보냈다. 국립보건원은 이 연구에 대해 계속해서 자금지원을 해야 할까?

44. 소유권 분쟁의 처리

캐나다 정부와 캐나다 해안에서 멀리 떨어진 섬에 살고 있는 북미 원주민 부족이 영토권 분쟁에 뛰어들었다. 북미 원주민들은 섬 전체가 자신들의 자연적 주거지역이라고 주장한다. 그러나 캐나다 정부는 이 섬이 그들의 자연적 주거지역이 아니며, 더구나 섬의 일부는 캐나다에 속해 있다고 주장한다. 이 소송은 마침내 법정까지 가게 된다. 캐나다 정부는 인류학자 진저 키어니(Ginger Kearney)에게 의뢰하여 이 소송에 대한 전문가의 증언을 해달라고 한다. 그 인류학자는 20여 년에 걸쳐 북미 원주민 부족민들을 연구했는데, 그녀의 연구는 대부분 캐나다 정부의 지원 아래 이루어졌다. 연구에서 키어니는 북미 원주민들이 그 섬이 자연적 거주지역이라고 주장하는 것은 오류라고 판단했다. 만약에 그녀가 이 정보를 법정에 전달한다면, 북미 원주민들은 소유권 분쟁에서 지게 될 것이다. 반면에 그녀가 법정에서 증언하기를 거부한다면, 정부는 정부의 입장을 지지할 다른 전문가의 증언을 끌어다 댈 것이다. 인류학자로서 그녀는 자기가 연구하는 사람들을 옹호하는 일에 헌신해야 한다는 신념이 있다. 하지만 이 경우 옹호의 의무는 정직해야 한다는 법적·윤리적 의무와 갈등을 일으킨다. 그녀는 법정에서 그 부족의 소유권 주장에 대해 정직하고 객관적 평가를 제시해야 할까? 정보를 보류하거나 왜곡하는 게 옳을까? 증언을 거부해야 할까? 그녀의 연구는 캐나다 정부가 후원한 것이므로, 그녀는 이 분쟁에서 캐나다 국민을 대표하여 행동할 부가적 의무가 있을까?

45. 환경행동주의

뉴멕시코 주의 버터필드(Butterfield) 마을은 모기퇴치용 살충제 사용으로 말미암아 지역의 두꺼비 종이 거의 멸종 직전까지 위협받고 있다는 이유에서 살충제 사용을 금지하는 안건에 대해 청문회를 열고 있다. 지역 대학인 에코대학교(ECO University)에 속한 많은 과학자들도 이 문제에 관한 전문가적 증언과 견해를 제시했다. 이 논의에서 양측은 각자 증인을 소환하는 것이 허용된다. 에코대학교 교수인 로저 러블(Roger Rubble)은 살충제 금지운동에서 적극적인 역할을 맡았다. 신문칼럼을 쓰고, 텔레비전에 나가고, 전단을 돌리고, 집집마다 방문해서 사람들에게 알리는 등 일선에서 행동했다. 러블의 동료들과 지역 공동체의 구성원들은 그가 과학자로서의 한계를 넘어섰다고 우려한다. 지금은 그저 정책옹호자 그 이상이 아니라는 것이다. 러블은 이 공공정책 논의에 어떤 식으로 참여해야 할까?

46. 새로운 고통완화 치료약

헬렌 헤르스코비츠(Helen Herskovitz)와 스탠리 셰인(Stanley Schein)은 상긴(Sanguine) 사에서 일하는 동안 고통을 경감시키는 신약을 개발했다. 예비 연구에서 그 약은 비마약성 고통완화제인 아스피린이나 마약성 코데인 등과 연관된 부작용이 전혀 없어서 시중에 나와 있는 어떤 약보다도 훨씬 더 안전하고 효과적일 것으로 나타났다. 일단 개발되기만 하면 제조하기도 상당히 쉽고 빠를 것이다. 헤르스코비츠와 셰인은 회사 임원들에게 이 새로운 발명에 관해 브리핑한다. 그런데 임원들은 이 연구가 적어도 수년 이내에 말소되어야 한다고 결정한다. 회사는 헤르스코비츠와 셰인에게 연구결과를 출판하지 말 것은 물론, 데이터도 포기하라고 말한다. 회사는 사실 다른 고통완화 치료약인 뉴랄고민(neuralgomine)을 제품화하기로 한 것이다. 신약을 팔기 전에 이 제품을 개발하고 홍보하는 데 투자한 돈을 회수해야 한다. 헤르스코비츠와 셰인은 회사가 인간의 고통을 덜어 주는 사안에 그토록 뻔뻔스럽게 처신하는 데 충격을 받는다. 그들은 법적으로는 자신들의 연구를 비밀에 부쳐야 하겠지만, 인류의 선을 위해 공표해야 한다는 도덕적 의무감을 느낀다. 그들은 이 연구를 출판해야 할까? 데이터를 계속 붙잡고 있어야 할까? 도대체 어떻게 하는 것이 옳은가?

47. 징발당한 연구

웨인 틸먼(Wayne Tillman)과 그의 동료들은 MIT공대에서 인공지능에 관한 연구를 수행하던 중, 최근에 목표물을 인지하고 포격에 정확히 대응하는 장치를 개발했다. 그들은 이 장치의 특허를 신청하여, 특수무기와 장비를 사용하는 경찰기구에서 조만간 사용하기를 원한다. 그런데 특허를 신청한 연후에 중앙정보국과 국가안전원 직원들이 찾아와 그들의 장치가 국가안전에 위협이 된다고 통보한다. 이 기관원들은 틸먼 팀에게 다른 경위를 통해 연구를 지속하도록 요구하는데, 말하자면 국방부의 지원 아래 국가기밀로 연구를 수행하라는 것이다. 틸먼의 동료인 루시 존스(Lucy Jones)는 이 연구에 대한 통제권을 둘러싸고 법적인 싸움을 하면 중앙정보국과 국가안전원이 질 것이라며, 연구팀이 연구를 계속할 목적으로 군부를 위해 일할 필요는 없다고 말한다. 그러나 설령 그렇더라도, 연구팀의 많은 구성원들은 중앙정보국과 국가안전원에게 위협을 느끼고 있어서, 자신들의 연구를 통제하려는 저들의 시도에 맞서 싸우느니 차라리 군부를 위해 일하는 게 더 쉽다고 생각한다. 틸먼과 동료들은 어떻게 해야 할까?

48. 환경자문

제리 존스(Jerry Jones)와 트레이시 트랙(Tracy Trek)은 환경자문회사인 바이오데이터(BioData)를 위해 일한다. 이 회사는 석유회사인 베드락오일(Bedrock Oil)에게 정보를 제공해 주고 있다. 존스와 트랙은 베드락오일의 유정(油井) 예상지에 관해 연구해 왔다. 그 장소는 베드락오일 소유지로서, 와이오밍 주의 록 강(River Rock) 주변 마을(인구 12,500명)에서 5마일 밖에 위치해 있다. 탐색을 위한 천공작업을 하는 동안, 존스와 트랙은 작업 장소에서 가까운 곳에 지도에도 나오지 않는 지하지류가 있는 것을 발견한다. 그들은 이 지류가 마을의 유일한 수원(水源)인 록 강 밖 대수층(지하수를 함유한 다공질 삼투성 지층 — 옮긴이)으로 이어지지 않을까 하는 의혹과 함께, 정유가 개발되면 지류는 물론 대수층까지도 오염될까봐 염려스럽다. 존스와 트랙은 이 사실을 감독관이자 바이오데이터 부사장인 켄 스미스(Ken Smith)에게 보고한다. 그런데 스미스는 베드락오일에게 보낼 보고서를 준비하면서 지하지류에 대한 언급을 빼고 쓰라며 그대로 밀고 나갈 것을 지시한다. 존스와 트랙은 보고서에 모든 정보를 포함시켜야 한다고 항의하지만, 스미스는 그렇게 되면 바이오데이터는 베드락오일과의 계약 건을 잃게 될 것이라고 말한다. 만약 베드락오일이 바이오데이터의 보고서가 마음에 들지 않으면, 그 회사는 환경자문을 구하기 위해 더 이상 바이오데이터를 이용하지 않을 것이고, 자기네가 좋아할 만한 보고서를 제출하는 다른 회사를 고용할 것이다. 스미스는 지하지류가 마을 대수층으로 흘러들어가지 않을지도 모른다고 생각한다. 설령 흘러가더라도, 마을의 수원은 천공작업 장소를 덮을 때 적당히 보호될 수 있으리라는 계산이다. 게다가 그는 또한 지류에 대한 정보가 공론화되면 환경운동가들과 보건활동가들이 엄청난 저항을 할 것이라고 본다. 그 저항은 어쩌면 베드락오일의 정유 예상지에 대한 천공작업을 막도록 정치적 압력까지 낳을지도 모른다. 존스와 트랙은 스미스의 지시를 따라야 할까? 그들은 이 지하지류에 대해 대중에게 알려야 할까?

49. 제약회사의 악의 없는 거짓말

슈퍼푸드(Superfoods)는 지방의 대체성분으로 팻프리(Fatfree)를 개발 중인 식품회사다. 이 회사가 식품안전국으로부터 팻프리에 대한 승인을 얻으려면, 반드시 식품안전국에 테스트 자료를 제출해야 한다. 그러면 식품안전국이 팻프리를 다시 테스트할 것이다. 줄리 슈바르츠(Julie Schwartz)는 테스트 절차를 감독하는 일을 하도록 슈퍼푸드에 고용되었다. 팻프리에 대한 연구소 기록을 검토하던 중, 그녀는 식품안전국에 보고되지 않은 부작용을 발견한다. 1천 명의 실험대상 가운데 7명이 팻프리를 섭취한 후 어지럼증을 경험한 것이다. 그녀는 상급자에게 이 자료가 왜 식품안전국에 보고되지 않았는지 묻는다. 상급자는 그 부작용이 신경 쓸 정도로 의미 있거나 빈번한 것이 아니어서 그랬다고 설명한다. 만약 이 부작용이 좀더 의미 있거나 빈번하게 발생한다고 판명되면, 식품안전국 역시 그 점을 찾아낼 것이다. 다른 한편, 식품안전국에 부작용을 보고하면, 승인절차만 늦어질지도 모른다. 슈퍼푸드가 식품안전국에 부작용을 보고하지 않은 행위는 잘못일까? 줄리는 어떻게 해야 하나?

50. 성 결정

2명의 유전학자 엘리자베스 크사나토스(Elizabeth Xanatos)와 마이클 풀윈더(Michael Fullwinder)는 자손의 성을 규제하는 두 개의 약을 개발했다. 한 약은 X염색체를 전달하는 정자를 죽이는 것이고, 다른 약은 Y염색체를 전달하는 정자를 죽이는 것이다(포유류의 경우, 수컷은 X와 Y염색체를 전달하고, 암컷은 두 개의 X염색체만 전달한다). 몇 종의 서로 다른 포유류로 시행한 동물 연구에서 그 약은 자손의 성을 결정하는 데 95% 효력을 발휘했다. 크사나토스와 풀윈더는 이 약을 식물에도 사용하기 위해 특허를 신청했다. 그들은 또한 인간을 대상으로 한 임상실험에도 착수할 계획이다. 그렇다면 과연 그 약은 인간이 사용할 수 있도록 개발되어야만 할까? 아니면 인간에게 적용하는 연구는 금지해야만 할까?

데이비드 레스닉의 《과학의 윤리》는 누구나 궁금해 했지만, 누구도 속 시원히 대답해 주지 않았던 화두, 곧 과학의 윤리성에 대하여 대단히 설득력 있게 논증하는 책이면서, 동시에 아주 기초부터 시작하여 다양한 활용에 이르기까지 폭넓게 기술한 실용성이 높은 책이다. 이 책을 읽다 보면, 오늘 우리 사회가 당면한 과학의 윤리문제들이 서구과학이 저지른 오랜 실수를 되풀이하고 있다는 기시감(旣視感)에 화들짝 놀라게 된다. 몰라서 실수했다면 배우면 된다. 이 책이 좋은 길라잡이가 될 것이다. 아는데도 고의로 실수를 가장했다면 그건 사기다. 이런 경우, 저자는 연구 환경을 바꾸고 사회풍토를 변화시키는 대대적인 수술이 필요하다고 제안한다.

데이비드 레스닉의 이력은 이 책의 공신력을 한껏 높여 준다. 미국 남부에서 명문에 속하는 데이비드슨대학(Davidson College, 노스캐롤라이나 주 위치)에서 철학전공으로 학사학위(1985)를 받은 레스닉은, 노스캐롤라이나대학교(University of North Carolina, Chapel Hill)에서 동일 전공으로 석사학위(1987)와 박사학위(1990)를 받고, 이어 콩코드대학교 법학대학원(Concord University School of Law)에서 법학석사 학위(Juris Doctor, JD)를 받았다. 이 책을 출판할 당시는 미국 이스트캐롤라이나대학교(East Carolina University) 브로디의과대학(Brody School of Medicine)에서 의료인문학 교수로 재직 중이었으며, 노스캐롤라이나 동부지역의 대학보건기구 산하 생명윤리센터(Bioethics Center) 소장으로 활동하기도 했다. 2004년 이후부터는 국립보건원 소속 생명윤리학자로 과학지도국(The Office of the Scientific Director, OSD)을 총괄하고 있다.

레스닉은 철학과 생명윤리에 관해 다양한 주제를 섭렵하여 200여 편에 이르는 논문을 발표했으며, 대표작인 이 책 외에도 《인간의 생식계열세포 유전자 치료: 과학적·도덕적·정치적 쟁점》(*Human Germline Gene Therapy: Scientific, Moral, and Political Issues*, 1999)과 《책임적 연구행위》(*Responsible Conduct of Research*, 2003) 등을, 그리고 최근에 《환경적 건강 윤리》(*Environmental Health Ethics*, 2012)를 저술했다. 이러한 학문적 이력과 저술의 성격을 훑어 볼 때, 그는 생명의료윤리, 생명공학, 인간유전학, 과학기술 및 의료영역에서의 철학적 문제 등 간학문적(*interdisciplinary*) 주제들에 관심을 갖고 꾸준히 연구활동을 지속했음을 알 수 있다.

이 책의 본문은 모두 8장으로 구성되어 있으며, 본문 뒤에 후기와 부록이 달려 있다. 1장에서는 과학과 윤리의 상관관계를 여러 사례를 통해 밝힘으로써, 과학에서 윤리가 중요하다는 인식을 이끌어 낸다. 2장부터 4장까지는 과학윤리를 개념화하기 위한 이론작업이다. 윤리의 본성 및 과학의 본성이 고찰되고, 과학윤리의 원칙들이 제시된다. 5장부터 8장까지는 과학에서 중요한 윤리적 딜레마와 쟁점을 어떻게 다룰 것인가의 방법론적 작업들이 광범위하게 이루어진다. 마지막으로 후기에서는 과학도들에게 윤리적 행위를 장려하기 위한 몇 가지 전략 또는 대비책이 제안

된다. 흥미로운 것은 부록이다. 가상적이지만 현실에서 일어날 법한 50가지 사례들이 등장하는데, 각각의 사례마다 특정한 윤리적 딜레마를 내포하므로, 그룹토론에 활용하면 좋을 것이다.

제 1장 "과학과 윤리"는 과학과 윤리의 상관관계를 논한다. 저자는 지난 10년 동안 과학연구에서 윤리가 중요하다는 인식이 제기되어 학회와 기관들이 이 부분에 대한 정비작업을 진행했지만, 일부 과학자들은 여전히 윤리적 부정행위를 별로 심각하게 받아들이지 않는다고 지적한다. 아마도 이 점이 이 책의 저술 동기일 것이다. 이 책의 영어본이 1997년도에 출판된 점으로 미루어, 미국에서는 1980년대 중후반부터 과학윤리에 대한 관심이 본격화된 것을 알 수 있다. 그에 비하면 상당히 뒤처진 감이 있지만, 이제라도 우리 과학계가 윤리를 내면화하는 데 힘쓰기를 진심으로 바라 마지않는다.

저자에 따르면, 과학자나 일반 시민이 과학과 윤리의 상관성에 대해 그다지 진지하게 고려하지 않는 까닭은 과학이 '객관적'이라는 믿음 때문이다. 과학은 '사실'을 연구하는 학문인 데 반해, 윤리는 '가치'를 연구하는 학문이므로, 둘 사이에는 엄연한 칸막이가 있을 수밖에 없다는 통념이 과학과 윤리의 통합을 가로막는다. 아울러 윤리는 어릴 때나 배우는 것이라는 통념 역시 과학자의 윤리교육을 방해하기는 마찬가지다. 굳이 배워야 한다면 윤리 따위는 '남는' 시간에나 배울 일이고, 과학자는 모름지기 연구에만 천착해야 한다는 생각이 지배적이다.

그러나 오늘날 과학은 방대한 사회적·정치적 맥락에서 수행되는 협동작업일 뿐만 아니라, 과학연구의 성과가 일상생활 전반에 미치는 파급력 또한 대단하기에, 과학에서 발생하는 윤리적 부정행위는 그 죄질이 더 크다는 것이 저자의 생각이다. 과학이 '성역'이 아니고, 과학자가 인류에 봉사할 의지만으로 가슴을 채운 '성인'이 아니라면, 그리고 오늘날 과학은 많은 경우 경제적 보상을 실제목표로 한다는 점을 감안하면, 과학 역시도 윤리적 제재를 받지 않을 수 없다. 과학에서도 윤리가 필요하다는 단순한 진리를 설득력 있게 논증하기 위해 저자는 윤리적 논란을 야기했던 세 가지 사례를 대표적으로 제시한다. 과학적 부정행위로 널리 알려진 이 사례들은 볼티모어 사건, 복제 연구, 저온핵융합 방식에 관한 논란이다(각각의 사례는 본문을 참고할 것).

제2장 "윤리이론과 그 응용"은 과학에서 윤리가 하는 역할을 제대로 이해하기 위한 기초작업이다. 저자는 논의를 풀어 가기 위한 작업 질문으로 세 가지를 설정하는데, 제2장은 그중 첫 번째 질문, 곧 "윤리란 무엇인가?"에 대답할 목적으로 기획되었다. 이에 대한 대답을 규명하는 과정에서 먼저 윤리와 도덕, 윤리와 법, 윤리와 정치, 윤리와 종교의 관계가 고찰된다. 다 아는 것 같은데 사실상 명쾌하지 않았던 양자의 관계와 개념을 분명히 정리하는 데 도움이 된다.

다음으로, 저자는 다양한 도덕이론(신적명령이론, 공리주의, 자연권이론, 자연법이론, 사회계약이론, 덕 윤리, 돌봄의 윤리, 심층생태학)을 소개하며, 또한 응용윤리를 다루는 데 활용되는 윤리원칙(악행금지의 원칙, 선행의 원칙, 자율의 원칙, 정의의 원칙, 공리의 원칙, 신용의 원칙, 정직의 원칙, 사생활의 원칙)을 설명한다. 그 다음은 윤리적 딜레마를 해결하기 위한 '선택'의 방법이다. 일단 윤리적 질문이 제기되면(1단계), 정보를 수집하고(2단계), 다른 대안을 조사하며(3단계), 대안을 평가하고(4단계), 결단을 내리고(5단계), 행동을 취하는(6단계) 일련의 과정이 수반되어야 한다. 이때 결정에 도달하기 전에 "과학자로서 나는 일반 대중 앞에서 이 결정을 정당화할 수 있는가?"(공적 책임), "나는 이 결정에 책임지며 살 수 있는가?"(사적 책임), "나는 이 결정을 내리는 데 도움이 될 만한 다른 누군가의 경험이나 전문가의 의견에 의지할 수 있는가?"(멘토링) 등의 질문을 스스로에게 던져 보라고 저자는 조언한다. 과학에서의 도덕적 의사결정이 지닌 무게감을 새삼 재확인하게 되는 대목이다.

제 3장 "전문직업으로서의 과학"은 과학에서 윤리의 역할을 짚어 보기 위한 두 번째 작업 질문, 곧 "과학이란 무엇인가?"에 답하는 장이다. 저자는 1차적으로 과학이 넓은 사회 속에서 또 하나의 사회로 작동하는 제도적 측면이 있지만, 동시에 그 '일'을 하는 사람들에게 가치 있는 목표뿐만 아니라 재화와 용역을 획득하게 해주는 직업적 측면이 있음을 무시하면 안 된다고 못을 박는다. 과학을 직업으로 접근하는 것에 어쩌면 과학자들은 거북해할 수도 있겠지만, 이런 이해는 '일종의 품질관리 기준'(가령, 동료 심사제도)을 정당화한다는 점에서 유용하다는 것이 저자의 생각이다.

그 연장으로 저자는 과학의 목표와 과학자의 목표를 구분할 필요가 있다고 제안한다. 요컨대, 과학의 목표는 '고상'할 수 있지만, 과학자의 목표는 여타 직업인의 목표와 마찬가지로 '오염'될 가능성이 있기에 윤리적 잣대를 피할 수 없다. 여기에 덧붙여 대학에서 수행되는 과학연구가 이른바 '순수연구'에서 '응용연구'로, 또한 정부나 기업 또는 군과 연계된 고등연구로 변화하는 과정에서 과학적 부정행위가 더 많이 발생할 수 있는 가능성 역시 간과되어서는 안 된다고 강조한다.

이제 과학에서 윤리의 역할을 살펴보기 위한 세 번째 작업 질문에 대답할 차례다. 이 질문은 "과학과 윤리는 서로 어떻게 연관되는가?"인데, 제 4장 "윤리적 과학행위의 기준"에 제시된 12가지 원칙들을 음미해 보면, 그 대답이 저절로 떠오른다. 이 원칙들은 각각 하나의 도덕적 가치와 연관되는데 이런 식이다. "과학자는 데이터나 연구결과를 위조하거나 변조하거나 잘못 전달해서는 안 된다. 과학자는 연구과정의 모든 측면에서 객관적이며 편견에 치우치지 않고 진실해야 한다"는 원칙은 '정직성'을 내포한다. 그런가 하면, "과학자는 마땅히 공로를 인정해야 할 때는 인정하되, 공로가 없을 때는 인정하지 말아야 한다"는 원칙은 '공로 배분'에서의 공정성과 연관된다. 우리나라에서 2005년을 뜨겁게 달구었던 황우석 사건 때도 교신저자(연구의 책임을 지는 연구자)와 공동저자들의 공로 배분

문제가 크게 불거졌던 것을 생각하면, 이 원칙을 숙지하는 것이 얼마나 중요한 일인지 새삼 고개를 끄덕이게 된다. 특히 과학에서는 약간의 거짓말조차 엄청난 사회적 파장과 과학 자체의 손상을 야기할 수 있기에 과학에서의 정직의 의무는 일반적인 정직의 의무보다 훨씬 더 강력하다. 여기서 12가지 원칙을 단순 나열하면 아래와 같다.

- **정직성** : 과학자는 데이터나 연구결과를 위조하거나 변조하거나 잘못 전달해서는 안 된다. 과학자는 연구과정의 모든 측면에서 객관적이며 편견에 치우치지 않고 진실해야 한다.
- **신중성** : 과학자는 연구상의 오류를 피해야 한다. 특히 결과를 제출할 때는 더더욱 조심해야 한다. 과학자는 실험적·방법론적 오류는 물론이고 인간적인 실수까지 최소화해야 하며, 자기기만과 편견, 이해갈등을 피해야 한다.
- **개방성** : 과학자는 데이터, 결과, 방법, 사상, 기술, 도구 등을 공유해야 한다. 과학자는 다른 과학자가 자신의 작업을 검토하도록 허용해야 하고, 비판과 새로운 견해에 개방적이어야 한다.
- **자유** : 과학자는 어떠한 문제나 가설에 대해서도 연구를 수행할 자유가 보장되어야 한다. 과학자는 새로운 사상을 추구하고, 낡은 사상을 비판하도록 허용되어야 한다.
- **공로** : 과학자는 마땅히 공로를 인정해야 할 때는 인정하되, 공로가 없을 때는 인정하지 말아야 한다.
- **교육** : 과학자는 전도유망한 과학자를 교육시켜야 하며, 그들이 좋은 과학을 수행하는 방법을 배울 수 있도록 보장해야 한다. 과학자는 대중에게 과학을 교육시키고 정보를 제공할 의무가 있다.
- **사회적 책임** : 과학자는 사회에 해를 끼치지 않도록 해야 하며, 사회적 유익을 생산하고자 노력해야 한다. 과학자는 자신의 연구결과에

책임을 져야 하고, 그 결과를 대중에게 알릴 의무가 있다.

- 합법성 : 연구과정에서 과학자는 자신의 연구에 수반되는 법을 지켜야 한다.
- 기회균등 : 과학자는 과학적 자원을 사용하거나 과학 분야의 진보를 이룰 기회를 부당하게 거부당해서는 안 된다.
- 상호존중 : 과학자는 동료를 존경으로써 대우해야 한다.
- 효율성 : 과학자는 자원을 효율적으로 사용해야 한다.
- 실험대상에 대한 존중 : 과학자는 인체를 대상으로 실험할 때 인권이나 인간존엄성을 침해하지 말아야 한다. 과학자는 인간이 아닌 동물을 대상으로 실험할 때도 적절한 존중과 돌봄의 정신으로 대우해야 한다.

제5장 "연구의 객관성"은 앞 장에서 제시된 윤리원칙을 현실에 적용할 때 발생할 수 있는 윤리적 딜레마를 다룬다. 예를 들어, 정직성과 관련한 과학적 부정행위로는 위조나 변조 또는 허위발표나 표절이 있을 수 있는데, 여기서는 대표적인 논문조작의 사례로 서멀린의 생쥐 실험이, 그리고 허위발표의 사례로 밀리컨의 유적 실험이 소개된다. 그런데 이러한 부정행위가 단순한 오류인지 아니면 고의적인 사기인지를 어떻게 알 수 있을까. 이에 대해 저자는 혐의가 있는 과학자의 성품이나 학생 및 동료들과의 관계 혹은 그들과 나눈 대화는 물론, 과거 그가 수행한 작업들에 동일한 패턴이 있는지 여부 등을 폭넓게 확인해야 한다고 제안한다. 아울러 과학에서의 오류는 지식의 진보에 큰 해를 미치기 때문에, 오류 자체를 피하기 위한 노력을 결코 게을리해서는 안 된다고 덧붙인다. 이 대목에 등장하는 '엔 레이' 소동은 특히 과학자의 '자기기만'과 관련하여 여러 가지 생각을 불러일으킨다.

눈여겨 볼 부분은 이해갈등이다. 우리나라처럼 연고(緣故) 문화나 정실문화가 만연한 사회에서는 곳곳에서 이해갈등이 생겨나기 마련이다. 저자는 개인의 판단력이 결정적으로 마비된 '지독한 실제 이해갈등'에서부터 겉보기에 갈등이 생길 법하다고 믿을 만한 근거가 있는 '외관상의 이해갈등'까지 다양한 '정도'의 이해갈등을 상세히 다룬다. 과학에서의 이해갈등은 객관적인 판단과 결정에 손상을 입히고, 궁극적으로는 과학 전체에 해를 끼치기 때문에, 어떻게든 피하지 않으면 안 된다.

　연구의 객관성을 위해서는 해당 연구가 비밀리에 진행되면 안 되지만, 예컨대 동료심사제도가 원활히 작동되기 위해서나 혹은 피실험자의 사생활보호 등을 목적으로 비밀유지가 필요할 때도 있다. 한편, 정부나 기업 또는 군과 연관된 연구의 경우 '기밀유지'가 요구되기도 하는데, 이때는 '개방성'의 윤리원칙과 충돌할 수밖에 없다. 이 딜레마를 헤쳐 나가기 위해서는 어떻게 해야 할까. 이와 관련해서는 이 장 외에 제8장에서 더욱 자세히 논의된다.

　그보다 먼저 저자는 연구의 객관성에 대한 논의에 이어 출판에서의 객관성 문제로 넘어간다. 논리적으로 적합한 순서다. 제6장 "과학출판의 윤리문제"는 과학자가 연구결과물을 대중적으로 알리는 방법과 관련하여 어떤 윤리문제가 있을 수 있는지를 제4장에 제시된 윤리적 잣대를 중심으로 살펴본다. 출판에서의 객관성 확보를 위해서는 동료심사제도가 편견에 치우치지 않고 객관적으로 공정하게, 신중하면서도 비판적으로 이루어져야 한다는 논의가 여기서도 반복된다. 그러기 위해서는 이해갈등의 요소가 최대한 개입되지 않도록 예방하는 일이 관건이다.

　그런데 연구비를 따고 정년보장교수직을 얻는 등 여러 가지 목적으로 저자들은 가능한 한 많은 양의 논문을 출판해야 한다는 압박에 시달리기 마련이다. 이것은 질 낮은 논문이 양산되는 문제로 연결될 뿐만 아니라, 특정인에게 더 많은 출판기회를 허락하는 등 '기회균등'의 윤리적 가치가 훼손되는 문제를 야기하며, 더 나아가 과도한 경쟁화를 낳을 우려로 이어진다. 출판과 관련하여 공로 배분 역시 중요한 윤리문제이기는 마찬가지다. 앞서 잠시 언급한 밀리컨의 경우, 전하량에 관한 그의 논문에서 플레처의 공로를 명시하지 않았다. 과학계에서는 이름난 과학자들은 자기가 받아야 할 적절한 몫보다 더 많은 명성과 인지도를 얻는 반면, 무명 과학자는 더 적은 명성과 인지를 얻는 풍조가 있는데, 이를 '마태효과'라 부른다고 한다. 저자는 이러한 관행이 단지 공로 분배 체계만 왜곡시키는 것이 아니라, 과학 자체에 악영향을 미친다고 일침을 놓는다.

한편, 저작권과 관련한 윤리문제는 비단 과학 분야에 국한되지 않고 우리 삶에 두루 포진한 것으로, '개방성'의 가치와 연관 지어 윤리적 딜레마를 내포한다. 현재의 특허법이 실용주의적 접근에 경도되어 있는 상황에서 저자는 지식재산에 대한 논의가 적절하려면 비용과 이익만 따지지 말고, 인간존엄성, 인권, 사회정의 등 기타 중요한 도덕적 관심과 균형을 맞추어야 한다고 제안한다. 끝으로, 대중매체가 대중이 과학을 잘못이해하도록 호도하는 문제에 대한 저자의 분석은 날카롭기 그지없어, 과학자가 어떤 식으로 대중교육에 봉사해야 하는지를 고민하도록 만든다.

제7장 "실험실의 윤리문제"는 실험실 환경에서 일어날 수 있는 윤리문제를 숙고하는 장이다. 여기에는 권력관계가 작동하는 스승과 제자 사이에 발생 가능한 '착취'와 같은 문제들을 포함하여, 성추행이나 내부고발 문제, 강의와 연구의 비중을 어떻게 조율하는가의 문제, 연구진을 구성하거나 모집 또는 고용할 때 특정 인종이나 성(性)이 저평가될 수 있는 문제, 자원분배의 문제, 인간을 대상으로 한 연구의 문제, 동물실험의 문제 등이 비교적 소상히 다루어진다.

이 가운데 인간을 대상으로 한 연구에 등장하는 '터스키기 매독 실험'의 사례는 과학계에서는 널리 알려져 있지만 일반인에게는 다소 생소하여 충격을 안겨 주는데, 냉전시대의 방사능 실험과 더불어 인체실험 역사에서 가장 어두운 일화로 꼽힌다. 이에 대한 대비책으로 '뉘른베르크

강령' 등이 뒤늦게 마련되기는 했지만, 지금도 사기업을 통해 공식적이든 비공식적이든 다양한 인체실험이 자행되는 현실에서 피실험자의 인권보호는 명확히 챙겨야 할 윤리적 요청이라 하겠다. 이 맥락에 등장하는 '충분한 설명에 근거한 동의'는 특히 우리 사회처럼 권위주의가 팽배한 문화에서 요원한 숙제가 아닐 수 없다. 그러므로 저자는 '충분한 설명에 근거한 동의'라는 이상(理想)에 호소하기보다는 인체실험으로 얻을 이익과 위험에 대한 객관적인 평가가 선행될 것을 주문한다.

동물실험 역시 간단하지 않은 주제다. 동물권 운동가들의 활약으로 찬반론이 뜨거운 가운데, 아예 중단할 수도 없고 무조건 계속할 수도 없는 윤리적 딜레마에 빠져 있다. 이에 대해 저자는 동물실험에 반대하는 논변들이 그 자체로 탄탄한 논리구조를 갖추지는 못했다고 해도, 또한 비록 인간의 유익을 위해 동물실험이 불가피하다는 점을 인정한다 하더라도, 동물실험을 대체할 다른 방법을 발전시키고, 동물들의 인지적·감정적 특징을 더 많이 배울 필요가 있다고 강변한다.

제8장 "사회 속의 과학자"는 제목 그대로 과학자의 사회적 책임에 대해 고찰하는 장이다. 과학자 중에는 대중과 소통하고 싶지 않은 이들도 있겠지만, 본인의 의사와 상관없이 과학자들은 자신이 하는 일 때문에 사회적 책임으로부터 자유로울 수가 없다. 그런데 이 책임에 충실하기 위하여 과학자가 공공논쟁에 참여할 경우, 그에게는 전문 과학자로서의 역할과 일반 시민으로서의 역할이 때로 상반된 의무를 동반할 수 있다. 전문 과학자로서는 객관성의 의무를 지켜야 하지만, 일반 시민으로서는 자신의 주관적인 견해를 자유롭게 피력하는 것이 허용되기 때문이다.

예를 들어, 기후변화에 대하여 과학자가 대중에게 의견을 피력하도록 요청받을 경우에는 어떻게 해야 할까. 이처럼 과학과 정치가 미묘하게 결합할 수 있는 사안에 대해 저자는 과학자가 자신의 역할을 명확히 숙지하고 또 구분할 것을 요구한다. 이를테면, 국회나 법정에서 또는 대중매체를 향해 자신의 의견을 말할 때는 전문가로서 객관성을 유지해야 하지만, 다른 시민들과 토론하거나 잡지에 칼럼을 쓰는 경우라면 얼마든지 시민으로서 이야기할 수 있다는 것이다. 물론 어느 경우든, 정직성의 원칙과 이해갈등을 피해야 한다는 원칙은 반드시 지켜야만 한다.

과학자가 자신의 역할을 보다 넓은 사회적 맥락에서 고려해야 할 필요성은 산업과학이나 군사적 과학, 혹은 정부의 연구비 수주 등과 관련하여 더욱 두드러진다. 과학기술자가 산업 분야에 고용되는 현상은 지난 100여 년 사이에 계속해서 증가하고 있는바, 이와 관련된 윤리적 딜레마에는 예컨대 '기밀유지'가 있다. 회사 측은 자신들이 고용한 과학자의 연구결과가 회사의 명성에 해를 입히고 이윤창출을 위협할 경우, 평생 기밀유지를 강요할 것이다. 이럴 때 과학자는 대중의 '알 권리'를 위해 또한 사회적 공공선을 이루기 위해 자신의 연구결과를 공개해도 될까, 아니면 회사와의 계약을 존중하여 끝내 침묵해야 할까. 이 부분에서 유명한 담배 회사인 필립모리스에 고용되어 니코틴 중독에 관한 연구를 수행한 과학자들의 사례가 흥미롭다. 저자는 이런 경우에 발생하는 윤리적 딜레마는 단순히 과학과 산업 사이의 갈등으로 접근하지 말고, 보다 큰 도덕적 기준들에 호소함으로써 해결의 실마리를 찾아야 한다고 권면한다. 다시 말해, 과학자는 자기가 속한 사기업에 헌신할 의무 못지않게, 과학자로서 '정직'해야 할 의무라든가, 또한 사회구성원으로서 다른 구성원들에게 해를 미치지 않을 의무 역시 지닌다는 사실을 두루 고려할 필요가 있다는 것이다.

과학과 군 사이의 관계는 훨씬 더 오래된 인연이고, 그런 만큼 더 복잡한 딜레마를 포함한다. 군대를 위해 일하는 과학자에게는 산업연구에서와 마찬가지로 통상 '기밀유지'의 의무가 있다. 그런데 군의 주도로 인간에게 미치는 방사능의 영향에 대한 연구에 참여하게 된 과학자라면 어떤가. 그것은 군사기밀이므로 발설해서는 안 되는가, 아니면 도덕적으로 문제가 많으므로 대중에게 폭로해도 되는가. 이에 대해 저자는 비밀연구를 폭로했을 때 국가안보에 타격이 가해질 수도 있지만, 비밀이 유지됨으로써 공공이 입을 해가 더 크다면, 과학자의 비밀 공개는 정당화될 수 있지 않을까라고 조심스럽게 반문한다.

　사회 속의 과학자의 마지막 면모는 정부와의 관계다. 정부에 의한 연구비 지원은 국민의 세금과 직결된 문제이므로, 과학자에게 더 큰 윤리적 책임성을 부과한다. 이 부분에서 저자는 정부가 '순수연구'에 대한 지원을 멈춰서는 안 된다고 강조한다. 정부의 연구비를 수주한 과학자들에게 어떻게든지 '국익 창출'에 이바지하라고 압박하는 우리네 풍토를 생각하면, 특히 새겨들어야 하는 대목이다. 아울러 정부가 연구자금 지원을 결정할 때는 정치가나 일반 대중의 견해보다도 자격 있는 과학자들의 전문 의견을 경청하여 '과학적 이점'이 주요 변수가 되어야 한다는 저자의 주장은 매우 설득력이 있다.

　마지막 "후기"는 제목 그대로 "더욱 윤리적인 과학을 지향하며" 저자가 제안하는 실천적 전략들이다. 과학에서 윤리적 행위를 장려하기 위해서는 우선 '교육'이 필요한바, 도대체 어떻게 가르쳐야 하느냐가 문제가 된다. 공식 교육도 중요하지만, 가령 멘토링이나 역할모델, 사례연구 등 다양한 경로의 비공식 교육이 과학에서의 윤리교육을 실제적으로 만들 것이라고 저자는 조언한다. 뿐만 아니라 과학에서의 윤리교육을 촉진하기 위한 '시스템'을 마련하기 위하여 모든 연구기관이 연구윤리위원회를 두어야 한다거나, 부정행위가 발생했을 때 이를 적절히 다루기 위한 매뉴얼이 있어야 한다는 등의 제안은 우리 학계에서도 서서히 준비하던 것으로, 형식적인 구색 맞추기가 아니라 윤리적인 과학으로 거듭나기 위한 처절한 몸부림으로써 진정성 있는 시스템을 구축해야 할 것이다.

　부록의 50가지 사례연구에는 실제상황에 근거를 두고 분석과 토론을 위해 가설적으로 기술하는 방식을 취한 아주 좋은 자료를 제공한다. 정말 과학윤리의 핵심내용을 알기 쉽게 설명하여 실제로 경험하는 것 같은 효과를 준다.

이 책은 과학자는 물론이요, 일반 대중에게도 매우 의미심장한 교훈을 던져 준다. 과학과 윤리는 결코 서로 무관할 수도 없고, 무관해서도 안 된다는 단순한 진리가 여러 가지 사례를 통해 제시된다. 과학은 윤리를 필요로 하며, 윤리와 더불어 성장해야지, 윤리를 걸림돌로 여겨서는 안 된다. 참으로 윤리적인 과학만이 인류에게 봉사할 수 있고, 참으로 윤리적인 과학자만이 인류의 친구가 될 수 있다. 과학이 스스로 특권적 지위를 포기하고 겸손히 윤리와 대화할 때라야 비로소 자신의 정당한 목적을 달성할 수 있을 것이다.

어떤 이들은 윤리란 단지 '어릴 때나 배우는' 것이라고 가볍게 여기기도 한다. 또는 '윤리적인 선배'를 잘 모방하기만 하면 저절로 몸에 익혀지는 게 윤리라고 말하기도 한다. 많은 과학자들이 정직하게 연구하면 된다는 안일한 생각에 안주하기도 한다. 그리하여 '훌륭한 과학자 양성'을 목표로 삼는 대학의 교과과정에서 윤리 과목을 필수로 채택하는 경우가 매우 드문 것이 현실이다. 과학적 탁월성(excellence)은 어느덧 윤리를 배제한 용어가 되고 말았다. 이러한 현상은 특정 과학의 연구성과가 마치 황금 알을 낳는 거위라도 되듯이 경제적 이득을 보장한다고 과대 포장된 상황에서 더더욱 심각하다. 이런 상황 속에서 이 책은 과학윤리의 기초를 정리하고 과학윤리 교육의 핵심을 제공한다는 점에서 의미가 크다고 할 수 있다.

윤리적인 과학은 우리 모두의 숙제다. 이 책을 과학자뿐만 아니라 일반 시민 모두가 읽어야 하는 이유다. 이 책을 통해 얻어야 할 것은 어쩌면 단순한 '정보'나 '지식'만이 아닐 것이다. 무엇보다도 달리 살아야 한다는 생각, 과학자이기 이전에, 또 일반 시민이기 이전에 먼저 인간으로서, 곧 장구한 인류 공동체의 일원으로서 공동선을 추구하고 살아야 한다는 단순한 진리, 요컨대 종교적 회심에 버금가는 '깨달음' 앞에 겸허히 옷깃을 여미는 자세가 필요할 것이다.

이 책의 초고를 읽고 의견을 나누어 주신 데이비드 헐(David Hull), 스콧 오브라이언(Scott O'brien), W. H. 뉴튼-스미스(W. H. Newton-Smith), 마셜 톰센(Marshal Thomsen), 그 밖에 여러 논평자들께 감사의 말씀을 드리고 싶다. 그 밖에도 다양한 견해를 밝혀 주시고 비판을 해주신 분들이 많다. 스테파니 버드(Stephanie Bird), 프레드 그린넬(Fred Grinnell), 론 칸터나(Ron Canterna), 마이클 데이비스(Michael Davis), 클락 글리모어(Clark Glymour), 앨빈 골드먼(Alvin Goldman), 수잔나 구딘(Susanna Goodin), 마이클 하킨(Michael Harkin), 히긴스(A. C. Higgins), 마이클 레스닉(Michael Resnik), 오드리 클라인소서(Audrey Kleinsasser), 헬렌 롱기노(Helen Longino), 클라우디아 밀스(Claudia Mills), 케네스 핌플(Kenneth Pimple), 데일 제이미슨(Dale Jamieson), 제프리 맥코드(Geoffrey Sayre McCord), 에드 셜린(Ed Sherline), 린다 스위팅(Linda Sweeting) 로버트 스위처(Robert Switzer), 그리고 1996년도 봄 학기에 와이오밍대학교(University of Wyoming)에서 과학연구의

윤리문제를 다룬 수업에 참가한 모든 학생들에게 감사한다. 아울러 국립
과학재단이 이 책을 위해 일부 후원(연구비 과제번호: SBR-960297, SBR-
9511817, SBR-9223819, AST-9100602)을 제공했다는 점도 여기에 밝혀
둔다.

데이비드 레스닉

Aaron, T. (1993), *Sexual Harassment in the Workplace*, Jefferson, NC: McFarland and Co.

Alexander, R. (1987), *The Biology of Moral System*, New York: de Gruyter.

Altman, L. (1995), "Promises of miracles: news releases go where journals fear to tread", *New York Times*, 10 January: C3.

_____ (1991), "Drug firm relenting, allows unflattering study to appear", *New York Times*, 16 April: A1, A16.

American Anthropological Association (1990), "Statements on ethics and professional responsibility".

American Association for the Advancement of Science (AAAS) (1991a), *Principles of Scientific Freedom and Responsibility*, revised draft, Washington: AAAS.

_____ (1991b), *Misconduct in Science, Executive Summary of Conference*, Washington: AAAS.

American Chemical Society (1994), "The chemist's code of conduct".

American Medical Association (AMA) (1994), "Code of medical ethics".

American Physical Society (1991), "Guidelines for professional conduct".

American Psychological Association (1990), "Ethical principles of psychologists".

American Statistical Association (1989), "Ethical guidelines for statistical practice".

Aristotle (1984), *Nichomachean Ethics*, in J. Barnes (ed.), *Complete Works of Aristotle*, Princeton, NJ: Princeton University Press.

Armstrong, J. (1997), "Peer review for journals: evidence of quality control, fairness and innovation", *Science and Engineering Ethics 3*,

1: 63~84.

Association of Computer Machinery (1996), "Code of ethics".

Babbage, C. (1970), *Reflections on the Decline of Science in England*, New York: Augustus Kelley.

Bacon, F. (1985), *The Essays*, ed. J. Pitcher, New York: Penguin.

Bailar, J. (1986), "Science, statistics, and deception", *Annals of Internal Medicine 104* (February): 259~260.

Baram, M. (1983), "Trade secrets: what price loyalty?", in V. Barry (1983).

Barber, B. (1961), "Resistance by scientists to scientific discovery", *Science 134*: 596~602.

Barbour, I. (1990), *Religion in the Age of Science*, San Francisco: Harper and Row.

Barnard, N. and Kaufman, S. (1997), "Animal research is wasteful and misleading", *Scientific American 276*, 2: 80~82.

Barnes, B. (1974), *Scientific Knowledge and Sociological Theory*, London: Routledge and Kegan Raul.

Barry, V. (ed.) (1983), *Moral Issues in Business*, 2nd ed., Belmont, CA: Wadsworth.

Baumrind, D. (1964), "Some thoughts on the ethics of research: after reading Milgram's 'behavioral study of obedience'", *American Psychologist 19*: 431~423.

Bayer, R. (1997), "AIDS and ethics", in R. Veatch (1997).

Bayles, M. (1988), *Professional Ethics*, 2nd ed., Belmont, CA: Wadsworth.

Beardsley, T. (1995), "Crime and punishment: meeting on genes and behavior gets only slightly violent", *Scientific American 273*, 6: 19, 22.

Beauchamp, T. (1997), "Informed consent", in R. Veatch (1997).

Beauchamp, T. and Childress, J. (1994), *Principles of Biomedical Ethics*, 2nd ed., New York: Oxford University Press.

Bela, D. (1987), "Organization and systematic distortion of information", *Journal of Professional Issues in Engineering 113*: 360~370.

Benedict, R. (1946), *Patterns of Culture*, New York: Pelican Books.

Ben-David, J. (1971), *The Scientist's Role in Society*, Englewood Cliffs, NJ:

Prentice-Hall.

Bethe, H., Gottfried, K. and Sagdeev, R. (1995), "Did Bohr share nuclear secrets?", *Scientific American 272*, 5: 85~90.

Bimber, B. (1996), *The Politics of Expertise in Congress*, Albany, NY: State University of New York Press.

Bird, S. and Houseman, D. (1995), "Trust and the collection, selection, analysis, and interpretation of data: a scientist's view", *Science and Engineering Ethics 1*: 371~382.

Bird, S. and Spier, R. (1995), "Welcome to science and engineering ethics", *Science and Engineering Ethics 1*, 1: 2~4.

Bloor, D. (1991), *Knowledge and Social Imagery*, 2nd ed., Chicago: University of Chicago Press.

Bok, S. (1978), *Lying*, New York: Pantheon Books.

_____(1982), *Secrets*, New York: Vintage Books.

Botting, J. and Morrison, A. (1997), "Animal research is vital to medicine", *Scientific American 276*, 2: 83~85.

Bowie, N. (1994), *University-Business Partnerships: An Assessment*, Lanham, MD: Rowman and Littlefield.

Broad, W. (1981), "The publishing game: getting more for less", *Science 211*: 1137~1139.

_____(1992), *Teller's War*, New York: Simon and Schuster.

Broad, W. and Wade, N. (1993), *Betrayers of the Truth*, new ed., New York: Simon and Schuster.

Bronowski, J. (1956), *Science and Human Values*, New York: Harper and Row.

Brown, G. (1993), "Technology's dark side", *New York Times magazine*, 30 June: B1.

Browning, T. (1995), "Reaching for the low hanging fruit: the pressure for results in scientific research—a graduate student's perspective", *Science and Engineering Ethics 1*: 417~426.

Buchanan, A. and Brock, D. (1989), *Deciding for Others*, New York: Cambridge University Press.

Budiansky, S., Goode, E., and Gest, T. (1994), "The Cold War experiments", *US News and World Report 116*, 3: 32~38.

Cantelon, P., Hewlett, R., and Williams, R. (eds) (1991), *The American Atom*, 2nd ed., Philadelphia: University of Pennsylvania Press.

Cape, R. (1984), "Academic and corporate values and goals: are they really in conflict?", in D. Runser (ed.), *Industrial-Academic Interfacing*, Washington: American Chemical Society.

Caplan, A. (1993), "Much of the uproar over 'cloning' is based on misunderstanding", *Denver Post*, 7 November: D4.

Capron, A. (1993), "Facts, values, and expert testimony", *Hastings Center Report 23*, 5: 26~28.

_____ (1997), "Human experimentation", in R. Veatch (1997).

Carson, R. (1961), *Silent Spring*, Boston: Houghton Mifflin.

Carter, S. (1995), "Affirmative action harms black professionals", in A. Sadler (1995).

Cary, P. (1995), "The asbestos panic attack", *US News and World Report*, 20 February: 61~63.

Chalk, R. and van Hippel, F. (1979), "Due process for dissenting whistle blowers", *Technological Reviews 8*: 48.

Chubin, D. and Hackett, E. (1990), *Peerless Science*, Albany, NY: State University of New York Press.

Cline, B. (1965), *Men Who Made Physics*, Chicago: University of Chicago Press.

Clinton, W. (1997), "Prohibition on federal funding for cloning of human beings: memorandum for the heads of executive departments and agencies", The White House, Office of the Press Secretary, 4 March.

Clutterbuck, D. (1983), "Blowing the whistle on corporate conduct", in V. Barry (1983).

Cohen, C. (1979), "When may research be stopped?", in D. Jackson and S. Stich (eds), *The Recombinant DNA Debate*, Englewood Cliffs, NJ: Prentice-Hall.

Cohen, J. (1994), "US-French patent dispute heads for a showdown", *Science 265*: 23~25.

_____(1997), "AIDS trials ethics questioned", *Science 276*: 520~522.

Cohen, L. and Noll, R. (1994), "Privatizing public research", *Scientific American 271*, 3: 72~77.

Cole, L. (1983), *Politics and the Restraint of Science*, Totowa, NJ: Rowman and Littlefield.

Committee on the Conduct of Science (1994), *On Being a Scientist*, 2nd ed., Washington, DC: National Academy Press.

Committee on Women in Science and Engineering (1991), *Women in Science and Engineering*, Washington: National Academy Press.

Commoner, B. (1963), *Science and Survival*, New York: Viking Press.

Crigger, B. (1992), "Twenty years after: the legacy of the Tuskegee syphilis study", *Hastings Center Report 22*, 6: 29.

Cromer, A. (1993), *Uncommon Sense*, New York: Oxford University Press.

Cullen, F., Maakestad, W., and Cavender, G. (1984), "The Ford Pinto case and beyond: corporate crime, moral boundaries, and the criminal sanction", in E. Hochstedler (ed.), *Corporations as Criminals*, Beverly Hills, CA: Sage Publications.

Daly, R. and Mills, A. (1993), "Ethics and objectivity", *Anthropology Newsletter 34*, 8: 1, 6.

Davies, P. (1990), *The Mind of God*, New York: Simon and Schuster.

Davies, M. (1982), "Conflict of interest", *Business and Professional Ethics Journal 1*, 4: 17~27.

De George, R. (1995), *Business Ethics*, 4th ed., Englewood Cliffs, NJ: Prentice-Hall.

Dennett, D. (1995), *Darwin's Dangerous Idea*, New York: Simon and Schuster.

Denver Post (1992), "Saccharin may cause cancer only in rats", 9 April: A10.

_____(1993), "Drug maker Lilly accused of cloaking toxic reaction", 10 December: A22.

Dickson, D. (1984), *The New Politics of Science*, Chicago: University of Chicago Press.

Dijksterhuis, E. (1986), *The Mechanization of the World Picture*, trans. C.

Dikshorn, Princeton, NJ: Princeton University Press.

Dixon, K. (1994), "Professional responsibility, reproductive choice, and the limits of appropriate intervention", in D. Wueste (1994).

Drenth, J. (1996), "Proliferation of authors on research reports in medicine", *Science and Engineering Ethics 2*: 469~480.

Dreyfuss, R. (1989), "General overview of the intellectual property system", in V. Weil and J. Snapper (1989).

Edsall, J. (1995), "On the hazards of whistle blowers and on some problems of young biomedical scientists of our time", *Science and Engineering Ethics 1*: 329~340.

Eisenberg, A. (1994), "The art of scientific insult", *Scientific American 270*, 6: 116.

Ellenberg, J. (1983), "Ethical guidelines for statistical practice: an historical perspective", *The American Statistician 37* (February): 1~4.

Elmer-Dewitt, P. (1993), "Cloning: where do we draw the line?", *Time Magazine*, 8 November: 64~70.

Elms, A. (1994), "Keeping deception honest: justifying conditions for social scientific research strategems", in E. Erwin, S. Gendin, and L. Kleiman (1994).

Erwin, E., Gendin, S., and Kleiman, L. (eds) (1994), *Ethical Issues in Scientific Research*, Hamden, CT: Garland Publishing Co.

Etzkowita, H. *et al.* (1994), "The paradox of critical mass for women in science", *Science 266*: 51~54.

Feyerabend, P. (1975), *Against Method*, London: Verso.

Feynman, R. (1985), *Surely You're Joking, Mr. Feynman*, New York: W. W. Norton.

Fleischmann, M. and Pons, S. (1989), "Electrochemically induced nuclear fusion of Deuterium", *Journal of Electroanalytic Chemistry 261*: 301.

Fletcher, R. and Fletcher, S. (1997), "Evidence for the effectiveness of peer review", *Science and Engineering Ethics 3*: 35~50.

Foegen, J. (1995), "Broad definition of sexual harassment may be counterproductive for business", in K. Swisher (1995a).

Foster, F. and Shook, R. (1993), *Patents, Copyrights, and Trademarks,*

2nd ed., New York: John Wiley and Sons.

Fotion, N. and Elfstrom, G. (1986), *Military Ethics*, Boston: Routledge and Kegan Paul.

Fox, R. and DeMarco, J. (1990), *Moral Reasoning*, Chicago: Holt, Rinehart, and Winston.

Frankena, W. (1973), *Ethics*, 2nd ed., Englewood Cliffs, NJ: Prentice-Hall.

Franklin, A. (1981), "Millikan's published and unpublished data on oil drops", *Historical Studies in the Physical Sciences 11*: 185~201.

Fraser, S. (ed.) (1995), *The Bell Curve Wars*, New York: Basic Books.

Freedman, B. (1992), "A response to a purported difficulty with randomized clinical trials involving cancer patients", *Journal of Clinical Ethics 3*, 3: 231~234.

Friedman, T. (1997), "Overcoming the obstacles to gene therapy", *Scientific American 276*, 6: 96~101.

Fuchs, S. (1992), *The Professional Quest for the Truth*, Albany, NY: State University of New York Press.

Gardner, M. (1981), *Science-Good, Bad, and Bogus*, Buffalo, NY: Prometheus Books.

Garte, S. (1995), "Guidelines for training in the ethical conduct of research", *Science and Engineering Ethics 1*: 59~70.

Gaston, J. (1973), *Originality and Competition in Science*, Chicago: University of Chicago Press.

Gergen, D. (1997), "The 7 percent solution: funding basic scientific research is vital to America's future", *US News and World Report*, 19 May: 79.

Gibbard, A. (1986), *Wise Choices, Ape Feeling*, Cambridge, MA: Harvard University Press.

Gilligan, C. (1982), *In A Different Voices*, Cambridge, MA: Harvard University Press.

Glass, B. (1965), "The ethical basis of science", *Science 150*: 1254~1261.

Goldberg, S. (1991), "Feminism against science", *National Review*, 18 November: 30~48.

Golden, W. (ed.) (1993), *Science and Technology Advice to the President*,

Congress, and Judiciary, 2nd ed., Washington, DC: AAAS.

Goldman, A. (1986), *Epistemology and Cognition*, Cambridge, MA: Harvard University Press.

＿＿＿(1992), *Liaisons*, Cambridge, MA: MIT Press.

Goldman, A. H. (1989), "Ethical issues in proprietary restrictions on research results", in V. Weil and J. Snapper (1989).

Goldstein, T. (1980), *The Dawn of Modern Science*, Boston: Houghton Mifflin.

Goodman, T., Brownlee, S., and Watson, T. (1995), "Should the labs get hit? The pros and cons of federal science aid", *US News and World Report*, 6 November: 83~85.

Gould, S. (1981), *The Mismeasure of Man*, New York: W. W. Norton.

＿＿＿(1997), "Bright star among billions", *Science 275*: 599.

Griffin, D. (1992), *Animal Minds*, Chicago: University of Chicago Press.

Grinnell, F. (1992), *The Scientific Attitude*, 2nd ed., New York: Guilford Publications.

Grmek, M. (1990), *The History of AIDS*, trans R. Maulitz and J. Duffin, Princeton, MJ: Princeton University Press.

Gross, P. and Levitt, N. (1994), *Higher Superstition*, Baltimore, MD: Johns Hopkins University Press.

Guenin, L. and Davis, B. (1996), "Scientific reasoning and due process", *Science and Engineering Ethics 2*: 47~54.

Gunsalus, C. (1997), "Ethics: sending out the message", *Science 276*: 335.

Gurley, J. (1993), "Postdoctoral researchers: a panel", in Sigma Xi (1993).

Harding, S. (1986), *The Science Question in Feminism*, Ithaca, NY: Cornell University Press.

Hardwig, J. (1994), "Toward an ethics of expertise", in D. Wueste (1994).

Hart, H. (1961), *The Concept of Law*, Oxford: Clarendon Press.

Hawkins, C. and Sargi, S. (eds) (1985), *Research: How to Plan, Speak, and Write About It*, New York: Springer-Verlag.

Hedges, S. (1997), "Time bomb in the crime lab", *US News and World Report*, 24 March: 22~24.

Hempel, C. (1960), "Science and human values", in R. Spillar (ed.), *Social*

Control in a Free Society, Philadelphia: University of Pennsylvania Press.

Hilts, P. (1991a), "US and French researchers finally agree in long feud on AIDS virus", *New York Times*, 7 May: A1, C3.

_____ (1991b), "Nobelist apologizes for defending a paper found to have faked data", *New York Times*, 4 August: A1, A7.

_____ (1992), "A question of ethics", *New York Times*, 2 August: 4A: 2 6~28.

_____ (1994a), "Tobacco firm withheld results of 1983 research", *Denver Post*, 1 April: A14.

_____ (1994b), "MIT scientist gets hefty penalty", *Denver Post*, 27 November: A22.

_____ (1996), "Noted finding of science fraud is overturned by a federal panel", *New York Times*, 22 June: A1, A20.

_____ (1997), "Researcher profited after study by investing in cold treatment", *New York Times*, 1 February: A6.

Hixson, J. (1976), *The Patchwork Mouse*, Garden City, NJ: Doubleday.

Hollander, R., Johnson, D., Beckwith, J., and Fader, B. (1995), "Why teach ethics in science and engineering?", *Science and Engineering Ethics 1*: 83~87.

Holloway, M. (1993), "A lab of her own", *Scientific American 269*, 5: 94~103.

Holton, G. (1978), "Subelectrons, presuppositions, and the Millikan-Ehrenhaft dispute", *Historical Studies in the Physical Sciences 9*: 166~224.

Hooker, B. (1996), "Ross-style pluralism versus rule-consequentialism", *Mind 105*: 531~552.

Horgan, J. (1993), "Wanted: a defense R&D policy", *Scientific American 269*, 6: 47~48.

_____ (1994), "Particle metaphysics", *Scientific American 270*, 2: 96~106.

Houghton, J. *et al.* (eds) (1992), *Climate Change 1992: The Supplementary Report to the IPCC Scientific Assessment*, Cambridge: Cambridge University Press.

Howe, E. and Martin, E. (1991), "Treating the troops", *Hastings Center Report 21*, 2: 21~24.

Howes, R. (1993), "Physics and the classified community", in M. Thomsen (1993).

Hubbard, R. and Wald, E. (1993), *Exploding the Gene Myth*, New York: Beacon Press.

Huber, P. (1991), *Galileo's Revenge*, New York: Basic Books.

Huff, D. (1954), *How to Lie with Statistics*, New York: W. W. Norton.

Huizenga, J. (1992), *Cold Fusion*. Rochester, NY: University of Rochester Press.

Hull, D. (1988), *Science as a Process*, Chicago: University of Chicago Press.

Huth, E. (1986), "Irresponsible authorship and wasteful publication", *Annals of Internal Medicine 104*: 257~259.

Institute of Electrical and Electronic Engineers (1996), "Code of ethics".

International Committee of Medical Journal Editors (1991), "Guidelines for authorship", *New England Journal of Medicine 324*: 424~428.

Jackson, J. (1995), "People of color need affirmative action", in A. Sadler (1995).

Jacob, M. (1988), *The Cultural Meaning of the Scientific Revolution*, Philadelphia: Temple University Press.

_____ (1997), *Scientific Culture and the Making of the Industrial West*, New York: Oxford University press.

Jardin, N. (1986), *The Fortunes of Inquiry*, Oxford: Clarendon Press.

Jennings, B., Callahan, D., and Wolf, S. (1987), "The professions: public interest and common good", *Hastings Center Report 17*, 1: 3~10.

Johnson, H. (1993), "The life of a black scientist", *Scientific American 268*, 1: 160.

Jonas, H. (1969), "Philosophical reflections on experimenting with human subjects", *Daedalus 98*: 219~247.

Jones, J. (1980), *Bad Blood*, New York: Free Press.

Joravsky, D. (1970), *The Lysenko Affair*, Cambridge, MA: Harvard University Press.

362

Kant, I. (1981), *Grounding for the Metaphysics of Morals*, trans. J. Ellington, Indianapolis, IN: Hackett.

Kantorovich, A. (1993), *Scientific Discovery*, Albany, NY: State University of New York Press.

Karl, T., Nicholls, N., and Gregory, J. (1997), "The coming climate", *Scientific American 276*, 5: 78~83.

Kearney, W., Vawter, D., and Gervais, K. (1991), "Fetal tissue research and the misread compromise", *Hastings Center Report 21*, 5: 7~13.

Keller, E. (1985), *Reflections on Gender and Science*, New Haven, CT: Yale University Press.

Kemp, K. (1994), "Conducting scientific research for the military as a civic duty", in E. Erwin, S. Gendin, and L. Kleiman (1994).

Kennedy, D. (1985), *On Academic Authorship*, Stanford, CA: Stanford University.

Kiang, N. (1995), "How are scientific corrections made?", *Science and Engineering Ethics 1*: 347~356.

Kilzer, L., Kowalski, R., and Wilmsen, S. (1994), "Concrete tests faked at airport", *Denver Post*, 13 November: A1, A14.

Kitcher, P. (1983), *Abusing Science*, Cambridge: MA: MIT Press.

_____(1993), *The Advancement of Science*, New York: Oxford University Press.

Klaidman, S. and Beauchamp, T. (1987), *The Virtuous Journalist*, New York: Oxford University Press.

Koertge, N. (1995), "How feminism is now alienating women from science", *Skeptical Inquirer 19*, 2: 42~43.

Kohn, R. (1986), *False Prophets*, New York: Basil Blackwell.

Kolata, G. (1993), "Scientists clone human embryos, and create an ethical challenge", *New York Times*, 24 October: A1, A22.

_____(1994), "Parkinson patients set for first rigorous test of fetal implants", *New York Times*, 8 February: C3.

_____(1995), "Lab charged with homicide over misread pap smear", *Denver Post*, 13 April: A1, A19.

_____(1997), "With cloning of a sheep, the ethical ground shifts", *New*

York Times, 24 February: A1, B8.

Krystyna, G. (1996), "The computer revolution and the problem of global ethics", *Science and Engineering Ethics* 2: 177~190.

Kuflik, A. (1989), "Moral foundations of intellectual property rights", in V. Weil and J. Snapper (1989).

Kuhn, T. (1970), *The Structure of Scientific Revolutions*, 2nd ed., Chicago: University of Chicago Press.

_____ (1977), *The Essential Tension*, Chicago: University of Chicago Press.

Kyburg, H. (1984), *Theory and Measurement*, Cambridge: Cambridge University Press.

Lackey, D. (1994), "Military funds, moral demands: personal responsibilities of the individual scientist", E. Erwin, S. Gendin, and L. Kleiman (1994).

LaFollette, H. and Shanks, N. (1996), *Brute Science*, New York: Routledge.

LaFollette, M. (1992), *Stealing into Print*, Berkeley: University of California Press.

Lakoff, S. (1980), "Ethical responsibility and the scientific vocation", in S. Lakoff (ed.), *Science and Ethical Responsibility*, Reading, MA: Addison-Wesley.

Lasagna, L. (1971), "Some ethical problems in clinical investigation", in E. Mendelsohn, J. Swazey, and I. Traviss (eds), *Human Aspects of Biomedical Innovation*, Cambridge, MA: Harvard University press.

Latour, B. and Woolgar, S. (1979), *Laboratory Life*, Beverly Hills, CA: Sage Publications.

Laudan, L. (1990), *Science and Relativism*, Chicago: University of Chicago press.

Leatherman, C. (1997), "Ohio State withdraws its job offer to Yale professor accused of harassing student", *Chronicle of Higher Education*, 10 January: A10.

Lederer, E. (1997), "Britain to cut off funding to sheep cloning project", *Denver Post*, 2 March: A6.

Locke, J. (1980), *Second Treatise of Government*, ed. C. Macpherson,

Indianapolis, IN: Hackett.

Loftus, E. (1995), "Remembering dangerously", *Skeptical Inquirer 19*, 2: 20 ~29.

Lomasky, L. (1987), "Public money, private gain, profit for all", *Hastings Center Report 17*, 3: 5~7.

Longino, H. (1990), *Science as Social Knowledge*, Princeton, NJ: Princeton University Press.

_____(1994), "Gender and racial biases in scientific research", in K. Shrader-Frechette.

MacArthur, J. (1992), *Second Front*, New York: Hill and Wang.

Macrina, F. (ed.) (1995), *Scientific Integrity*, Washington, DC: American Society for Microbiology Press.

Markie, P. (1994), *A Professor's Duties*, Lanham, MD: University Press of America.

Marshall, E. (1997), "Publishing sensitive data: who calls the shots?", *Science 276*: 523~525.

Martino, J. (1992), *Science Funding*, New Brunswick, NJ: Transaction Publishers.

McMullin, E. (1982), "Values in science", in P. Asquith and T. Nickles (eds), *PSA 1982*, vol. 2, East Lansing, MI: Philosophy of Science Association.

Meadows, J. (1992), *The Great Scientists*, New York: Oxford University Press.

Merges, R. (1996), "Property rights theory and the commons: the case of scientific research", in E. Paul, F. Miller, and J. Paul (eds), *Scientific Innovation, Philosophy, and Public Policy*, New York: Cambridge University Press.

Merton, R. (1973), *The Sociology of Science*, ed. N. Storer, Chicago: University of Chicago Press.

Milgram, S. (1974), *Obedience to Authority*, New York: Harper and Row.

Mill, J. (1979), *Utilitarianism*, ed. G. Sher, Indianapolis, IN: Hackett.

Milloy, S. (1995), *Science Without Sense*, Washington, DC: CATO Institute.

Morgenson, G. (1991), "May I have the pleasure", *National Review*, 18

November: 36~41.

Morrison, P. (1995), "Recollections of a nuclear war", *Scientific American 273*, 2: 42~46.

Mukerji, C. (1989), *A Fragile Power*, Princeton, NJ: Princeton University Press.

Munthe, C. and Welin, S. (1996), "The morality of scientific openness", *Science and Engineering Ethics 2*: 411~428.

Naess, A. (1989), *Ecology, Community, and Lifestyle*, trans. D. Rothenberg, New York: Cambridge University Press.

National Academy of Sciences (1994), *On Being a Scientist*, Washington, DC: National Academy Press.

Nelkin, D. (1972), *The University and Military Research*, Itaca, NY: Cornell University Press.

_____ (1984), *Science as Intellectual Property*, New York: Macmillan.

_____ (1994), "Forbidden research: limits to inquiry in the social sciences", in E. Erwin, S. Gendin, and L. Kleiman (1994).

_____ (1995), *Selling Science*, revised ed., New York: W. H. Freeman.

Newton-Smith, W. (1981), *The Rationality of Science*, London: Routledge and Kegan Paul.

Nozick, R. (1974), *Anarchy, State, and Utopia*, New York: Basic Books.

Nuremburg Code (1949) in *Trials of War Criminals before Nuremburg Military Tribunals*, Washington, DC: US Government Printing Office.

Ofshe, R. and Waters, E. (1994), *Making Monsters*, New York: Charles Scribner's Sons.

Panel on Scientific Responsibility and the Conduct of Research (PSRCR) (1992), *Responsible Science*, vol. 1, Washington, DC: National Academy Press.

Pearson, W. and Bechtel, H. (1989), *Blacks, Science, and American Education*, New Brunswick, NJ: Rutgers University Press.

Pence, G. (1995), *Classic Cases in Medical Ethics*, 2nd ed., New York: McGraw-Hill.

Petersdorf, R. (1986), "The pathogenesis of fraud in medical science",

Animals of Internal Medicine 104: 252~254.

Pojman, L. (1990), "A critique of moral relativism", in L. Pojman (ed.), *Philosophy*, 2nd ed., Belmont, CA: Wadsworth.

_____ (1995), *Ethics*, Belmont, CA: Wadsworth.

Pollock, J. (1986), *Contemporary Theories of Knowledge*, Totowa, NJ: Rowman and Littlefielf.

Pool, R. (1990), "Struggling to do science for society", *Science 248*: 672~673.

Popper, K. (1959), *The Logic of Scientific Discovery*, London: Routledge.

Porter, T. (1986), *The Rise of Statistical Thinking*, Princeton, NJ: Princeton University Press.

President's Commission for the Study of Ethical Problems in Medicine and Biomedical and Behavioral Research (1983), *Implementing Human Research Regulations*, Washington, DC: President's Commission.

Puddington, A. (1995), "Affirmative action should be eliminated", in A. Sadler (1995).

Putnam, H. (1990), *Realism with a Human Face*, Cambridge, MA: Harvard University Press.

Rawls, J. (1971), *A Theory of Justice*, Cambridge, MA: Harvard University Press.

Reagan, C. (1971), *Ethics for researchers*, 2nd ed., Springfield, MA: Charles Thomas.

Regan, T. (1983), *The Case for Animal Rights*, Berkeley: University of California Press.

Reister, S. (1993), "The ethics movement in the biological sciences: a new voyage of discovery", in R. Bulger, E. Heitman, and S. Reiser (eds), *The Ethical Dimensions of the Biological Sciences*, New York: Cambridge University Press.

Resnik, D. (1991), "How-possibly explanations in biology", *Acta Biotheoretica 39*: 141~149.

_____ (1996a), "The corporate responsibility for basic research", *Business and Society Review 96*: 57~60.

_____ (1996b), "Social epistemology and the ethics of research", *Studies in the History and Philosophy of Science* 27: 565~586.

_____ (1997a), "The morality of human gene patents", *Kennedy Institute of Ethics Journal* 7, 1: 31~49.

_____ (1997b), "Ethical problems and dilemmas in the interaction between science and the media", in M. Thomsen (ed.), *Ethical Issues in Physics*, East Lansing, MI: Eastern Michigan University.

_____ (forthcoming), "A proposal for a new system of credit allocation in science", *Science and Engineering Ethics*.

Rest, J. (1986), *Moral Development*, New York: Praeger.

Rest, J. and Narvaez, D. (eds) (1994), *Moral Development in the Professions*, Hillsdale, NJ: Lawrence Erlbaum.

Roberts, C. (1993), "Colloider loss stuns CU researchers", *Denver Post*, 14 November: A20.

Rodd, R. (1990), *Biology, Ethics, and Animals*, Oxford: Clarendon Press.

Rollin, B. (1995), *The Frankenstein Syndrome*, Cambridge: Cambridge University Press.

Rose, M. and Fisher, K. (1995), "Policies and perspectives on authorship", *Science and Engineering Ethics* 1: 361~371.

Rosen, J. (1996), "Swallow hard: what *Social Text* should have done", *Tikkum* (September/October): 59~61.

Rosenberg, A. (1995), *Philosophy of Social Science*, 2nd ed., Boulder, CO: Westview Press.

Ross, W. (1930), *The Right and the Good*, Oxford: Clarendon Press.

Rudner, R. (1953), "The scientist qua scientist makes value judgments", *Philosophy of Science* 20: 1~6.

Sadler, A. (ed.) (1995), *Affirmative Action*, San Diego: Greenhaven Press.

Saperstein, A. (1997), "Research vs. teaching: an ethical dilemma for the academic physicists", in M. Thomsen (ed.) *Ethical Issues in Physics*, Ypsilanti, MI: Eastern Michigan University.

Sapolsky, H. (1977), "Science, technology, and military policy", in I. Spiegel-Rosing and D. de Solla price (1977).

Sarasohn, J. (1993), *Science on Trial*, New York: St. Martin's Press.

Schaub, J., Pavlovic, K., and Morris, M. (eds) (1983), *Engineering Pro-*

fessionalism and Ethics, New York: John Wiley and Sons.

Schlossberger, E. (1993), *The Ethical Engineer*, Philadelphia: Temple University Press.

_____(1995), "Technology and civil disobedience: why engineers have a special duty to obey the law", *Science and Engineering Ethics 1*: 169 ~172.

Schneider, K. (1993), "Secret nuclear research on people comes to light", *New York Times*, 17 December: A1, B11.

Scriven, M. (1994), "The exact role of value judgments in science", in E. Erwin, S. Gendin, and L. Keiman (1994).

Sergestrale, U. (1990), "The murky borderland between scientific intuition and fraud", *International Journal of Applied Ethics 5*: 11~20.

Shadish, W. and Fuller, S. (eds) (1993), *The Social Psychology of Science*, New York: Guilford Publications.

Shrader-Frechette, K. (1994), *Ethics of Scientific Research*, Boston: Rowman and Littlefield.

Sigma Xi (1986), *Honor in Science*, Research Triangle Park, NC: Sigma Xi.

_____(1993), *Ethics, Values, and the Promise of Science*, Research Triangle Park, NC: Sigma Xi.

Singer, P. (1975), *Animal Liberation*, New York: Random House.

Slakey, P. (1993), "Public science", in M. Thomsen (1993).

_____(1994), "Science policy in a tug-of-war", *New Scientist 142*: 47.

Snow, C. (1964), *The Two Cultures and the Scientific Revolution*, Cambridge: Cambridge University Press.

Sokal, A. (1996a), "Transgressing the boundaries: toward a transformative hermeneutics of quantum gravity", *Social Text 46/47*: 217~252.

_____(1996b), "A physicist experiments with cultural studies", *Lingua Franca* (May/June): 62~64.

_____(1996c), "Transgressing the boundaries and afterward", *Philosophy and Literature 20*, 2: 338~346.

Solomon, M. (1994), "Social empiricism", *Nous 28*, 3: 355~373.

Spiegel-Rosing, I. and de Solla Price, D. (eds) (1977), *Science, Technology, and Society*, London: Sage Publications.

Spier, R. (1995), "Ethical aspects of the university-industry interface", *Science and Engineering Ethics 1*: 151~162.

Steiner, D. (1996), "Conflicting interests: the need to control conflicts of interests in biomedical research", *Science and Engineering Ethics 2*: 457~468.

Stevens, W. (1996), "Greenhouse effect bunk, says respected scientist", *Denver Post*, 23 June, 1996: A22.

Stix, G. (1995), "Fighting future wars", *Scientific American 273*, 6: 92~101.

Stone, M. and Marshall, E. (1994), "Imanish-Kari case: ORI finds fraud", *Science 266*: 1468~1469.

Swisher, K. (ed.) (1995a), *What is Sexual Harassment?*, San Diego: Greenhaven Press.

_____(1995b), "Businesses should clearly define sexual harassment", in K. Swisher (1995a).

Thomsen, M. (ed.) (1993), *Proceedings of the Ethical Issues in Physics Workshop*, Ypsilanti, MI: Eastern Michigan University.

Tomoskovic-Debey, T. (ed.) (1993) *Gender and Racial Inequality at Work*, Ithaca, NY: ILR Press.

Traweek, S. (1988), *Beamtimes and Lifetimes*, Cambridge, MA: Harvard University Press.

_____(1993), "The culture of physics", paper presented to the Gender and Science Colloquium, University of Wyoming, 19 March.

United Nations Scientific and Cultural Organization (UNESCO) (1983), *Racism, Science, and Pseudo-Science*, Paris: UNESCO.

US Congress, House Committee on Science and Technology, Subcommittee on Investigations and Oversight (1990), *Maintaining the Integrity of Scientific Research, Hearings, One Hundred and First Congress, First Session*, Washington, DC: US Government Printing Office.

Varner, G. (1994), "The prospects for consensus and convergence in the animal rights debate", *Hastings Center Report 24*, 1: 24~28.

Veatch, R. (1987), *The Patient as Partner*, Bloomington, IN: Indiana University Press.

_____(1995), "Abandoning informed consent", *Hastings Center Report 25*,

2: 5~12.

_____(ed.) (1997), *Medical Ethics*, 2nd ed., Boston: Jones and Bartlett.

Volti, R. (1995), *Society and Technological Change*, 3rd ed., New York: St. Martin's Press.

von Hippel, F. (1991), *Citizen Scientist*, New York: American Institute of Physics.

Wadman, M. (1996), "Drug company suppressed publication of research", *Nature 381*: 4.

Wallerstein, M. (1984), "US participation in international science and technology cooperation: a framework for analysis", in *Scientific and Technological Cooperation Among Industrialized Countries*, Washington, DC: National Academy Press.

Wasserman, D. (1995), "Science and social harm: genetic research into crime and violence", *Philosophy and Public Policy 15*, 1: 14~19.

Weaver, D., Reis, M., Albanese, C., Costantini, F., Baltimore, D., and Imanishi-Kari, T. (1986), "Altered repertoire of endogenous immunoglobin gene expression in transgenic mice containing a rearranged MY heavy chain gene", *Cell 45*: 247~259.

Webb, S. (1995), "Sexual harassment should be defined broadly", in K. Swisher (1995a).

Weil, V. and Snapper, J. (eds) (1989), *Owning Scientific and Technical Information*, New Brunswick, NJ: Rutgers University Press.

Weinberg, A. (1967), *Reflections on Big Science*, Cambridge, MA: MIT Press.

Weiner, T. (1994a), "US plans overhaul on secrecy, seeking to open millions of files", *New York Times*, 18 March: A1, B6.

_____(1994b), "Inquiry finds 'Star Wars' plan tried to exaggerate test results", *New York Times*, 22 July: A1, 26.

Weiss, R. (1996), "Proposed shifts in misconduct reviews unsettle many scientists", *Washington Post*, 30 June: A6.

Weisskpof, V. (1994), "Endangered support of basic science", *Scientific American 270*, 3: 128.

Westrum, R. (1991), *Technologies and Society*, Belmont, CA: Wadsworth.

Whitbeck, C. (1995a), "Teaching ethics to scientists and engineers: moral agents and moral problems", *Science and Engineering Ethics 1*: 299 ~308.

_____(1995b), "Truth and trustworthiness in research", *Science and Engineering Ethics* 1: 403~416.

Wilkins, L. and Paterson, P. (1991), *Risky Business*, New York: Greenwood Press.

Williams, G. (1995), "America's food cup", *Denver Post*, 31 August: E1~2.

Wilmut, I., Schnieke, A., McWhir, J., Kind, A., and Campbell, K. (1997), "Viable offspring derived from fetal and adult mammalian cells [letter]", *Nature* 385: 767, 771.

Woodward, J. and Goodstein, D. (1996), "Conduct, misconduct, and the structure of science", *American Scientist* (September/October): 479 ~490.

Wueste, D. (ed.) (1994), *Professional Ethics and Social Responsibility*, Lanham, MD: Rowam and Littlefield.

Ziman, J. (1984), *An Introduction to Science Studies*, Cambridge: Cambridge University Press.

Zolla-Parker, S. (1994), "The professor, the university, and industry", *Scientific American 270*, 3: 120.

Zuckerman, S. (1966), *Scientists and War*, New York: Harper and Row.

찾아보기(용어)

찾아보기(인명)

데이비드 레스닉(David B. Resnik, 1962~)

데이비드슨대학 철학과를 졸업하고 노스캐롤라이나대학에서 철학박사 학위를 취득하였으며, 콩코드대학에서 법학석사 학위를 취득하였다. 와이오밍대학의 철학과 교수와 윤리진흥센터 소장을 역임하였고, 현재는 국립환경건강과학연구소에서 생명윤리학자로 활동하고 있다. 《환경적 건강윤리》(*Environmental Health Ethics*, 2012), 《진리의 가격: 어떻게 자본이 과학의 규범에 영향을 미치는가?》(*The Price of Truth*: *How Money Affects the Norms of Science*, 2007) 등의 유명 저서를 출판하였다.

양재섭

서울대학교 생명과학부와 동 대학원을 거쳐 인류세포유전학으로 이학박사를, 샌프란시스코 신학대학원에서 생명윤리학으로 문학석사 학위를 덧붙여 취득하였다. 캘리포니아 공과대학 교환교수를 역임하였으며, 대구대학교 자연과학대학장과 대학원장을 거쳐 현재는 생명과학과 명예교수이다. 한국유전학회 회장, 한국생명윤리학회 편집위원장, 한국분자세포생물학회 윤리위원장 등을 역임하였으며, 자연과학과 인문학을 넘나들며 생명과 평화 문제에 매달리고 있다. 공저로 《분자세포생물학》, 《과학의 역사적 이해》 등이, 공역으로 《필수유전학》, 《왓슨 분자생물학》, 《기초생명윤리학》, 《생명의 해방: 세포에서 공동체까지》 등이 있다.
philhuman@daum. net.

구미정

이화여자대학교 철학과와 동 대학원 기독교학과를 거쳐 기독교윤리학으로 문학박사 학위를 취득하였다. 계명대학교 초빙교수와 대구대학교 필휴먼(Phil-human) 생명학연구소 전임연구원 등을 거쳐 현재 숭실대학교 외래교수로 학생들을 가르친다. 여성과 자연, 생명과 평화를 화두로 삼고 다양한 인문학적 글쓰기를 통해 대중과 소통하는 중이다. 저서로 《이제는 생명의 노래를 불러라》, 《생태여성주의와 기독교윤리》, 《한 글자로 신학하기》, 《야이로, 원숭이를 만나다》, 《호모 심비우스: 더불어 삶의 지혜를 위한 기독교윤리》, 《핑크 리더십: 성경을 통해 깨닫는 여성주의 리더십》, 《성경 속 세상을 바꾼 여인들》 등이 있고, 번역서로는 《기초생명윤리학》(공역), 《생명의 해방: 세포에서 공동체까지》(공역), 《아웅 산 수지, 희망을 말하다》 등이 있다.

지식탐구를 위한 과학 ①②
현대 생물학의 기초
존 무어 지음 | 전성수(경원대) 옮김

"일반인을 위한 생물학사!"
구석기 자연과학사부터 세포학과 발생학까지!
생물학적 개념의 확립과 발전과정을 학생과 일반인도 이해할 수
있도록 쉽게 풀어낸 책이다.

· 양장본 | 400면 내외 | 각 권 24,000원

과학적 실천과 일상적 행위
민속방법론과 과학사회학
마이클 린치 지음 | 강윤재(동국대) 옮김

"과학적 진리는 어떻게 만들어지는가?"
민속방법론으로 보는 새로운 과학사회학
실재론과 회의주의의 딜레마에 빠진 과학지식사회학을 위한 새로
운 접근법으로서 민속방법론을 다룬다. 인식론의 문제점을 명확히
함으로써 그 해결을 위한 중요한 일보를 내디뎠다.

· 양장본 | 556면 | 32,000원

발견을 예견하는 과학
우주의 신비, 생명의 기원, 인간의 미래에 대한 예지
존 매독스 지음 | 최돈찬(용인대) 옮김

"무엇이 발견될 것인가?"
수수께끼로 풀어 보는 과학의 미래
천체 및 물질의 출발에서 생명체의 탄생, 그리고 진화를 연결시키
면서 생겨나는 의문점을 담았다. 이를 통해 여전히 과학에서 새로
운 발견을 이룰 수 있다는 희망을 주는 책이다.

· 양장본 | 518면 | 35,000원

생명의 해방
세포에서 공동체까지
찰스 버치 · 존 캅 지음 | 양재섭(대구대) · 구미정(숭실대) 옮김

"생물학과 신학이 만나 펼치는 우주적 대화"
예언자적 예지가 빛나는 생명의 길잡이
과학, 윤리학, 철학, 종교학, 사회학을 아우르는 '생태학적 생명모델'에 입각하여 우리 시대가 당면한 문제들을 살핀다. 나아가 '생명신앙' 개념을 통해 정의롭고 지속가능한 미래를 꿈꾼다.

· 양장본 | 568면 | 30,000원

적응과 자연선택
현대의 진화적 사고에 대한 비평
조지 C. 윌리엄스 지음 | 전중환(경희대) 옮김

"다윈의 저작 이래 가장 중요한 진화이론서"
현대 진화론을 새로운 단계로 끌어올린 명저
진화적 적응은 오직 유전자의 이득을 위해 이루어진다는 새로운 시각으로 현대 생물학의 고전이 된 책이다. 리처드 도킨스《이기적 유전자》의 모태가 되었다.

· 양장본 | 336면 | 20,000원

동물에서 유래된 인간
다윈주의의 도덕적 함의
제임스 레이첼스 지음 | 김성환(경희대) 옮김

"진화론과 인문 사회과학의 관계 탐구"
인문학자가 되짚는 진화론!
다윈의 일대기, 진화론과 도덕 및 종교와의 관계, 그리고 인간 존엄성의 근거를 꼼꼼히 살핀 책. 다윈의 자연선택 이론이 윤리와 종교 등에 함의하는 바에 대한 논의까지 포괄적으로 다루었다.

· 양장본 | 432면 | 25,000원